军事信息系统基础

主 编 戴 耀 牛治永 陈秋琼

国防工业出版社
·北京·

内容简介

本书共分七章，主要介绍了信息系统基础理论，信息获取、信息传输、信息处理、信息对抗技术，以及军事信息系统安全等内容。本书全面系统地阐述了军事信息系统的核心概念、基础理论、关键技术及应用，讨论了军事信息系统的发展趋势，可作为从事军事信息系统建设与运用的工程技术人员的参考书，也可作为相关专业的教材。

图书在版编目(CIP)数据

军事信息系统基础／戴耀，牛治永，陈秋琼主编．北京：国防工业出版社，2025．—ISBN 978－7－118－13876－4

Ⅰ．E919

中国国家版本馆 CIP 数据核字第 20258WP237 号

※

国防工业出版社出版发行

（北京市海淀区紫竹院南路 23 号　邮政编码 100048）

北京凌奇印刷有限责任公司印刷

新华书店经售

*

开本 787×1092　1/16　**印张** 18½　**字数** 420 千字

2025 年 9 月第 1 版第 1 次印刷　**印数** 1—1300 册　**定价** 128.00 元

（本书如有印装错误，我社负责调换）

国防书店：(010)88540777　书店传真：(010)88540776

发行业务：(010)88540717　发行传真：(010)88540762

前　言

武器装备的现代化、信息化迅猛发展，其作战信号与信息处理是武器装备信息化、指挥控制系统智能化的关键技术。军事信息系统在高、精、尖装备的精确制导、目标跟踪与识别、指挥控制决策等方面的广泛应用，已成为作战指挥系统的有机组成部分。作为军事信息系统基础的有关内容，电磁场与电磁波、信息的统计度量、编码理论、调制与解调理论等信息系统基础理论，信息获取、信息传输、信息处理、信息对抗、军事信息系统安全等模块虽然在一些专著或教材中有所体现，但是作为一体化、适合我院人才培养特色的教材仍然空白。因此，本书以信息的概念、信息系统基础理论、信息感知、信息传输、信息处理、信息对抗及军事信息系统安全为主线贯穿相关技术基础，覆盖相关知识点，适用于生长军官、高等教育生长指挥军官，是专业背景学科基础模块中必修课程的对应教材。其编写出版将解决教学之急需，同时也可作为军内外从事军事信息系统建设与运用的工程技术人员、教员和研究生的参考书。

全书共7章：第一章主要介绍信息与信息技术的基本概念、特征，军事信息系统组成、信息流程与功能，讨论军事信息系统发展趋势；第二章主要介绍军事信息系统基础理论，包括电磁场与电磁波、信息的统计度量、编码理论、调制与解调理论等知识；第三章从信息的获取手段入手，介绍几种典型的信息获取技术；第四章着重介绍信息传输系统的组成以及目前典型的通信技术，包括短波、超短波、卫星通信和数据链；第五章主要介绍信息处理的技术基础，包括目标跟踪滤波，以及目标识别和信息融合等信息处理技术；第六章主要介绍信息对抗技术，包括电子对抗与网络对抗；第七章主要介绍军事信息系统安全的基本概念与实体安全、运行安全、信息安全。

本书的第一章、第三章、第六章、第七章由戴耀编写，第二章、第五章由牛治永编写，第四章由陈秋琼编写，戴耀负责全书的统稿和修改，本书由吕明山教授主审。在本书编写过程中参考了很多优秀著作，在此向参考文献的各位原作者表示真诚的谢意。

由于编者水平有限，时间仓促，不妥之处在所难免，恳请读者批评指正。

编　者

2024 年 12 月

目　　录

第一章 绪 论

人类社会正由工业时代向信息时代迈进。“信息”(Information)是当代社会最重要的主题词之一,是信息科学中最基本、最重要的概念。信息已经成为社会经济发展的重要资源之一,是社会发展生活中不可缺少的重要支柱。当然,以信息化为核心的世界新军事变革,正在改变着传统的战争形态和建军模式,推动军队向信息化转型已成为世界各国的普遍选择。如何应对挑战,把握机遇,科学认识和解决军队信息化等重大理论与实践问题是重大而紧迫的战略任务。牢固地掌握了信息,才能抓住作战行动的脉搏;有效地认知了信息,才能更加精准地指挥、控制战争。

第一节 信息与信息技术

一、信息

(一)信息的定义

信息与人类息息相关,我们的眼、耳、鼻、舌、身无时无刻不在接受和处理着信息。信息与物质、能量并称为信息社会的三大支柱,可见信息的重要性。但什么是信息呢?有一些比较典型、有代表性的说法。例如,信息就是消息;信息是可以消除不确定性的东西;信息应该是得到信息的一方(称为收信者)事先所不知道的东西,于是说信息就是情报;信息经过一定的加工可以成为知识,因此又可以说信息就是知识,更确切一点,信息是加工知识的原材料;日常生活的经验,信息就是信号,可以利用通信设备来传输;同时,信息又是数据,可以存储。为了更深入研究信息,人们从哲学角度对信息进行了定义和思考,认为信息就是信息,既不是物质也不是能量,信息是物质的普遍属性,信息是事物相互作用的表现形式。在管理科学领域中,将信息认为是经过加工处理之后的一种数据形式,是一种有序的符号排列,是系统传输和处理的对象,在此意义下定义为:信息是指被制作成对人有意义的、形式上有用的数据。数据则代表正发生在周边物理环境中事件的原始事实流,在这些原始事实流被组织和排列成某种形式前,人们是不能理解和使用的。

现代信息论的创始人之一香农在《信息论理论基础》一书中提出,“信息是用来消除随机不确定性的东西”。按信息论的观点,信息是有序性的度量,信息是负熵,于是给信息的度量提供了方法和依据。控制论的创始人维纳认为“信息就是信息,既不是物质,也不是能量”“凡是在一种情况下能减少不确定性的任何事物都称为信息”。

以上这些有关信息的说法,在一定条件和场合下都是正确的,因为每种描述都从一定的角度、侧重某些方面、从不同层次、基于不同的约束条件对信息进行了解释。由此可见,要给出有关信息的概念和定义,需要从多个角度、站在不同高度、基于不同的约束条件来进行。而一个准确的定义又是深入研究信息的起点,一个被广大学者都认同的定义是:信息是事物存在的方式或运动状态,以及这种方式或运动状态的直接或间接的表述。这个定义由于没有任何约束条件,因而是最高的层次,又称为本体论信息概念。

对信息内涵的理解应把握几个要点:首先,信息是客观事物存在、联系、作用和发展变化的反应,是可以为人们所认识、掌握和利用的;其次,信息不是物质,它是从物质的运动中产生出来的,又可以脱离物质而相对独立存在;最后,信息不是能量,作为对事物运动状态和方式的反应,信息提供的是知识和智慧。

(二)信息的基本形态

信息一般表现为数据、文本、声音和图像4种形态。

数据通常被人们理解为“数字”,这不算错,但不全面。从信息科学的角度来考察,数据是指计算机能够生成和处理的所有事实、数字、文字、符号等。当文本、声音、图像在计算机里被简化成“0”和“1”的原始单位时,它们便成了数据。

文本是指书写的语言即书面语,以表示同口头语的区别。文本可以用手写,也可以用机器印刷出来。虽然计算机可以代替人们写字,但手写的文字永远具有魅力,不可忽视。在人类目前所处的经济发展阶段,鉴于计算机已经具备识别手写文字的能力,一旦需要,它就可为协议、合同等验明正身。

声音是一种最为常见的信息表现形式。目前,人们听到的基本上是说话的声音和音乐两种。无线电、电话、唱片、录音机、MP3等都是用来处理这种信息的工具。

图像是一种最能引起人类视觉反应的信息表现形式。图像可以是黑白的,也可以是彩色的;可以是照片,也可以是图画;可以是艺术的,也可以是纪实的;可以是一些表述或描述、印象或表示,只要能被人们看见就行。复印机、传真机、打印机、扫描仪是4种不同的机器,但处理的对象都是图像,所以可以将4种功能合而为一。当然,从技术处理难度来说,在静态图像和动态图像、自然图像和绘制图像之间,仍存在着很大差别。

(三)信息与消息、信号等概念的关系

消息、信号、数据、情报和知识等都是与信息比较相近的概念,但它们是有区别的:消息是信息的外壳,信息是消息的内核,信息描述事物运动的状态和方式,而信号是信息的物理载体。

数据是信息的一种记录形式,但不是唯一的记录形式,如信息还可通过文字、图形、语言等各种形式记录。

情报是一种特殊的信息,是信息集合的一个子集,任何情报都是信息,但并非所有信息都是情报。

知识是信息加工的产物,是一种高级形式的信息。任何知识都是信息,但任何信息并非都是知识。

信息对不同人员所具有的价值是不同的。低层次信息是不需花费多大力气就能收集到的,它只是部分事物的片面反应,如广告、电视节目预告等;高级信息则要经过深入加工处理才能得到,如雷达目标识别等;更高级、更有价值的信息是那些和创造发明有关的信息,如机器的发明、国家战略规划、重大工程项目的决策,以及作战行动的决策等。

(四)信息的特征

信息具有客观性、寄载性、传递性、时效性、共享性、能动性等特征。

客观性是指信息的存在是客观的，即使是主观信息，如决策、判断、指令、计划等，也有它的客观实际背景，并受客观实际检验。

寄载性是指信息必须借助物质载体才能存在、传播和应用。信息自身不能独立存在和交流，必须借助一定的符号体系才能表现出来，最基本的信息表现符号就是人类的语言符号。信息也不便于直接处理、传输和获取，必须将信息寄载于一定的物理介质上，如电磁波用于通信，使信息交换突破了距离和时空的界限，实现了新的飞跃。

传递性是指信息可借助一定的传递工具在时空中传递而被人们所接收，如人与人之间、系统与系统之间的信息传输，这些是信息可用、有用的基础。

时效性是指信息的价值与时间成反比。一个有价值的信息，如果传递很慢，失去时效，就会变成无用信息。信息从产生到消亡的过程称为信息的生命周期，信息只有在生命周期内才是有效可用的，超出生命周期的信息是没有价值的，如金融股市行情、瞬息万变的敌情信息等。

共享性是指信息作为一种特殊资源，可以让人类突破时空限制共同享用信息。例如，新闻广播、电视节目人人可以收听、收看；因特网用户可以共享网上的信息。

能动性是指信息可以控制或支配物质和能量的流动，并对其价值改变产生影响。对物质和能量的控制往往是通过对信息的采集和测量来实现的，因此对物质和能量的控制过程就是对信息的控制过程。当然，对信息采集的范围和深度，对信息的存储、传输、显示和使用的过程也都是可以控制的。

二、信息技术

（一）信息技术的含义

信息技术是研究信息的产生、获取、变换、传输、存储和利用的工程技术。本质上，信息技术是扩展人的信息器官功能的一类技术。当前所说的信息技术实际上是一个新兴的技术群，主要包括基础信息技术、主体信息技术和应用信息技术三个层面。

基础信息技术主要包括微电子技术、光电子技术、真空电子技术、超导电子技术、分子电子技术等。信息技术和信息系统在性能上的提高，归根到底来源于基础信息技术的进步。

主体信息技术包含信息获取技术、信息传输技术、信息处理技术、信息控制技术等。这 4 项技术称为信息技术的四基元，是完成信息获取、传输、处理、再生和施效等功能的设备与系统的开发、设计及实现的技术，是整个信息技术的主体。

应用信息技术泛是指由以上信息技术派生出来的针对各种应用目的的技术群类。它包含了信息技术在工业、农业、交通、科学研究、文化教育、商业、医疗卫生、体育、艺术、行政管理、社会服务、家庭娱乐等各个领域的应用以及随之而形成的各行各业的信息系统。

（二）信息技术的特点

信息技术作为现代高技术的主导技术，已经渗透到经济、文化、教育等各个领域，引领人类快速走向信息时代。信息技术之所以能够发挥巨大作用，这同信息技术本身的特点密不可分。信息技术最典型的特点就是高速度、高融合性和高渗透性。

高速度是信息技术的第一大特点，主要表现为信息技术发展快，信息处理电路与系统发展速度符合摩尔定律(集成电路上可容纳的晶体管数目每隔约 18 个月会增加 1 倍,而性能也将提升 1 倍)。短短数十年内,就处理速度而言,普通微机的主频已达到数吉赫,并集成了数个内核;就信息传输而言,已达太比特/s/光纤对,交换中已有太比特级的路由交换器;信息获取的手段越来越多,传感器的分辨率越来越高。

高融合性是信息技术的第二大特点。随着技术和业务的发展,原先各自独立展开的部分逐渐交叉、渗透,直至融合。交叉融合有不同的层次。首先是计算机联网,在局域网阶段,可以单独建网,发展到广域网时,就要依托通信网,因此出现了计算机与通信的融合;其次是信息传递、加工和信息内容的一体化,这在因特网上体现得比较明显,网上存在大量提供信息的网站,可以查阅到各种各样的信息;最后是信息基础设施和信息应用的结合,利用信息网可以提供各种用途,从国家管理到电子商务,从网上聊天到交互式游戏等。曾广泛谈论的三网融合(即电话网、计算机网和有线电视网的融合),其含义有几个方面:一是用公共的传输媒体;二是在一个网中提供不同的业务,因特网用户是通过电话拨号大量上网的,综合业务数字网 (Integrated Services Digital Network, ISDN)业务也可传输图像,因特网上也可以传输因特网协议(Internet Protocol,IP)电话,也可以有电视节目,但已不是原来意义上的广播电视;三是由同一个经营者提供各种业务。目前,移动通信和因特网的结合及声像与因特网的结合快速发展,移动上网急速增加,信息家电高速发展。

高渗透性是信息技术的第三大特点。信息技术之所以成为新技术革命中的标志性技术,不仅在于它支撑了日益加速发展的信息产业,更重要的是信息技术已渗透到各行各业,正在改变着人们的生产方式和生活方式。例如,信息技术渗透到农业,形成了精细农业;信息技术渗透到制造业,形成了先进制造;信息技术渗透到工业流程,使之广泛采用自动控制;信息技术渗透到运输业,形成了现代指挥调度系统;信息技术渗透到流通业,产生了现代物流系统和电子商务;信息技术渗透到金融业,产生了电子货币和现代金融交易系统;信息技术渗透到教育,产生了远程教育;信息技术渗透到媒体,形成了第四媒体;信息技术渗透到娱乐业,出现了交互式电子游戏以及交互电视等;信息技术渗透到行政管理,形成了管理信息系统;信息技术渗透到军事领域,引发了方兴未艾的新军事变革,使得武器装备信息化、作战指挥自动化、教育训练模拟化。

(三)信息技术的发展趋势

信息技术在最近几十年里得到了空前的发展,速度惊人。但是,信息技术仍然是非常年轻的技术,有着极大的发展空间。基于目前的现状,从信息技术总体的发展来看,今后将继续具有并呈现出如下主要趋势。

(1)数字化。信息一旦具有数字形式就容易加工处理、存储、传递和使用,有模拟电子技术所不具备的优势。数字技术具有如下优点:数字信息可处理性好、数字信息可压缩性强、数字信息无差错率高、数字信息可拓展性佳、数字信息保密性好、数字信息传输速率高、数字化是实现多媒体的关键、数字化能使通信系统走向网络智能化和个人化、数字信息易于使处理设备通用化,从而提高信息处理的速度和质量。

(2)网络化。信息的快速传输和广泛共享依赖于发达的通信系统,通信线路的数字化、网络化是近年来一直进行的工作。现在已经形成了公用电信网、电视广播网和计算机数据通信网等网络体系。公用电信网的干线已基本实现数字化、程控化,有线电视网的同轴电缆已连接到千家万户。

(3)综合化。信息技术的综合是指各种不同信息技术的综合、各种信息业务的综合和各种信息网络的综合。各种信息技术在发展过程中实现综合,如计算机技术与通信技术的综合,无论信息的传输、交换还是通信处理的功能都采用数字技术,实现网络技术一体化业务的综合,即通过建立综合业务数字网 ISDN 和宽带综合业务数字网(Broadband Integrated Services Digital Network,B－ISDN),把电视、电话、电报、传真、语音、图像、数据、文字等各项信息业务综合在同一信息网上进行传送、交换和处理,并能在不同业务的终端之间实现互联、互通、互转。通过虚拟专用网络(Virtual Private Network,VPN),即在同一个物理网络上构建多个逻辑网络等技术,使各种专用网络逐渐走向综合。例如,视频会议和高速联网技术的进步将提升虚拟办公室及虚拟商务旅行等远程通信能力。在未来的虚拟世界里,视频会议将演变为更为逼真的虚拟会议。放置在体育场、音乐会及商务会议中数以千计的全视角摄像机和立体声麦克风将为网络用户提供全面控制所看、所听和所体验事物的能力。

(4)宽带化。宽带化包括基础网的宽带化和接入网的宽带化。以通信光缆为骨干的基础网,其宽带化所依赖的技术是密集波分复用(Dense Wavelength Division Multiplexing,DWDM)系统。DWDM 系统是目前世界上最先进的传输系统,同一条光纤可以承载多条不同波长的信道。当高速时分多路复用(Time － Division Multiplexing,TDM)技术与 DWDM 相结合时,能极有效地利用网络带宽。在局域网领域,作为用户和高速光纤传输连接节点的企业和因特网服务提供商(Internet Service Provider,ISP)之中,千兆已经成为事实。随着对高速以太网需求的增加,下一步的发展趋势有可能是开发出新的以太网标准,向万兆进军。传输系统的宽带化是网络宽带化的核心和关键,目前采用同步数字系列(Synchronous Digital Hierarchy, SDH)光传输系统,必与 DWDM 系统相结合。

(5)智能化。智能化是信息技术的又一个重要的发展趋势,分为生物智能、人工智能和计算智能。人工智能和计算智能的典型代表有智能网络、智能机器人、专家系统、智能计算机、智能终端等;人工神经网络则是对人脑的模仿,属于生物智能。智能网是近年来迅速发展的新的通信技术,智能网最终将实现电信网经营者和业务提供者能自行编程,使电信经营公司、业务提供者和用户三者均可参与业务生成过程,从而更经济、有效、全面地为用户提供各种电信业务。

三、军事信息与军事信息技术

(一)军事信息

虽然军事信息的概念广泛使用,但是目前还没有军事信息的统一定义。军事信息包括敌情、我情、友情、天文、地理、气象、水文等所有对军事行动决策所必需的知识。在某种程度上,军事信息与军事情报可以等效。具有潜在情报价值的信息可分为科学与技术、地缘政治、环境、编制、战斗序列和军事行动 6 类。军事情报的搜集并不限于战时,它无时无刻不在进行,贯穿于战前的和平时期、战争时期和战后的恢复时期。正如孙子所说:“知己知彼,百战不殆。”军事情报是军队指挥的基础,没有军事情报,一切军事活动都无法开展。

军事信息来源非常多,主要可分为人工情报和技术情报两大类。技术情报中主要是采用电子技术方法获得的军事电子信息。军事电子信息的获取手段是各种主动的探测器和被动的传感器，如军用侦察卫星、电子侦察飞机、电子侦察船和各种地面侦察监视台站等。用电子方法获得的信息当然是电子信息，因为电子信息最容易传输、处理和存储，而且电子信息在传输和存储过程中容易加密，防止情报泄漏，因此用其他方法获得的信息，如用照相得到的信息也往往要转换为电子信息。雷达、声纳是主动方式工作的探测器，遥感、红外探测、无线电侦测等是被动方式工作的信息获取装置。

军事信息的获取手段很多，且其基本原理是相似的，但是战略信息、战役信息、战术信息获取所用的作战平台和设备的战术指标差别很大。战略信息的收集主要依靠大型预警系统，作用距离 300 ~ 600km 的陆基雷达对超声速飞机的预警时间只有 10min，机载雷达的作用距离只有几百千米。应对战略轰炸机主要靠陆基防空雷达和在主要威胁方向上部署远程相控阵雷达，大型相控阵雷达的作用距离可以达到数千千米，后向散射超视距雷达探测距离也为数千千米。预警卫星主要用于探测大型目标和强红外辐射目标（如大型水面舰只和弹道导弹的发射等）。应对战略导弹的预警则主要是靠发展新的监视和跟踪系统。在导弹发射助推阶段用带有红外探测器的卫星监视，在飞行中段用天基成像雷达、天基红外探测器来监视，飞行末段则用机载光学辅助跟踪系统、机载雷达和地面加固雷达来监视。战役和战术信息的收集一方面靠低轨战术侦察卫星和有人或无人驾驶侦察机；另一方面靠把传感器隐蔽地投放或撒布到欲侦察地区，包括磁性、振动、压力、气味、红外等物理或化学传感器。

（二）军事信息技术

虽然军事信息的定义没有统一，但是军事信息技术对军事变革意义重大，已经渗透到了现代军事领域的各个方面，成为现代军事技术的核心和基础。指挥自动化、精确制导武器、智能化武器等现代军事领域，几乎都依赖于军事信息技术的发展。军事信息技术是指应用于军事领域的各种信息技术，也就是各种军事信息系统、信息武器装备的研究、设计、制造、保障等技术。由于信息技术的渗透性、通用性特别强，所以军事信息技术与信息技术本质上具有一致性。

军事信息技术的广泛应用，改善了军队的武器系统，改变了战争形态，其发展速度和规模已成为衡量一个国家军事技术进步和武器装备发展的重要标志，使得信息化作战呈现独特特征和发展趋势：作战人员向知识主题跃升、作战空间向信息空间扩展、武器装备向智能主体演化、作战体系向多元一体分布式网络化嬗变、火力打击向精确高效发展、作战协同向多维同步转变、指挥控制向实时精确转变、作战保障向预先精确转型。

军事信息技术是军事信息的内容、载体、流动、效用等基本要素的决定因素。信息的内容主要由信息获取和处理技术决定；信息的载体主要由信息表达技术决定；信息的流动主要由信息传输决定；信息的效用主要由信息施效对象以及信息本身的价值决定。因此，军事信息技术可以划分为信息获取技术、信息传递技术、信息处理技术、信息对抗技术、信息安全技术、信息系统总体技术、信息基础技术等主要方面。

军事信息技术为在信息化战争中夺取信息优势、决策正确进而取得战场优势奠定了技术基础。其主要表现为以下几个方面。

（1）集信息获取、传输、处理和利用等各种技术之大成的指挥信息系统，为武装力量构造了神经中枢和军队战斗力的倍增器。

（2）以电磁干扰、压制和网络对抗为核心，用以打击敌方信息系统的信息战，成为夺取信息优势和克敌制胜的关键。

(3)信息化武器平台和以信息技术为核心的精确制导武器,成为军队的主战装备,并继续向智能化方向发展。

(4)信息技术在军事上的广泛应用正在改变战争的形态,产生了网络中心战等新的作战理论,推动了军队的体制、编制和指挥方式的变革。

因此,寻求打赢信息化战争之道,探索建设信息化军队之法,必须大力发展信息获取技术、信息传输技术、信息处理技术、信息网络技术、精确制导技术和信息对抗技术等军事信息技术,筑牢打赢信息化战争、建设信息化军队的基础。

第二节 军事信息系统

一、信息系统

(一)信息系统定义

信息系统既可以是人工的,也可以是基于计算机的自动化系统,那种认为有了计算机才有信息系统的看法是错误的。但是,随着科学技术的进步,信息的处理越来越依赖于通信、计算机等现代化技术手段,使得以计算机为基础的信息系统得到了快速发展,极大地提高了人类开发利用信息资源的能力。从这个意义上分析,信息系统确实是指基于计算机、通信网络等现代化工具和手段,服务于管理领域的信息处理系统,是基于信息科学、计算机科学、管理科学、决策科学、系统科学、认知科学以及人工智能等相互渗透而发展起来的。

因此,信息系统是一序列相互关联的可以收集、操作、存储、处理、传播数据和信息并提供反馈机制,以实现其目标的元素集合。

(二)信息系统特征

信息系统特征有整体性、目的性、相关性和环境适应性。

整体性是指一个系统至少要由两个或更多的可以相互区别的要素或子系统组成,它是这些要素和子系统的集合。作为集合的整体系统的功能要比所有子系统的功能总和还大。

目的性是指系统运行要达到的预期目标,它表现为系统所要实现的各项功能,系统的目的或功能决定着系统各要素的组成和结构。

相关性是指系统内的各要素既相互作用,又相互联系,如结构联系、功能联系、因果联系等。

环境适应性是指系统在环境中运转。环境是一种更高层次的系统。不能适应环境变化的信息系统是没有生命力的。

(三)信息系统组成

信息系统包括信息源、信息处理器、信息接受器和信息管理者 4 个部分。

(1)信息源。信息源主要是指被采集和录入数据(或信息)的来源。

(2)信息处理器。广义的信息处理器是指获取数据并将它们转换成为信息,向信息接受器提供这些信息的一套完整的装置。通常来说,它又由数据采集、操作、存储、处理、传输和检索等一系列实际装置组成。图 1－1 所示信息系统中，输入是获取和收集原始数据的活动，既可以是一个人工过程，也可以是一个自动化过程；加工处理是将数据转换成有用的输出，按照广义的理解，一切为了更好地利用信息而对信息本身所施加的各种操作过程，都可以称为信息加工处理；输出则是指生成有用的信息。在许多情况下，一个系统的输出能够用作另外一个系统的输入或控制其他输入；信息系统的反馈是一种用来改变输入或处理的输出，反馈回来的误差或问题可以用来修正输入数据或处理过程。

（3）信息接收器。信息接收器是指系统输出信息的接收者。

（4）信息管理者。广义地说，信息管理者是指负责信息系统本身分析、设计、实施、维护和施行的管理人员。

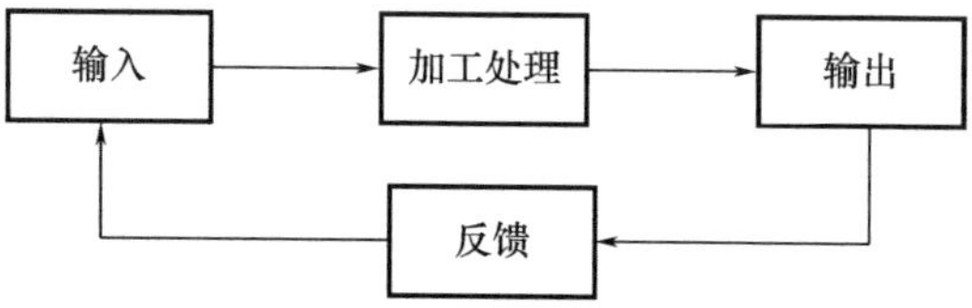

图 1－1　信息系统处理过程

对于典型军事信息系统组成，或称结构模型，按以上信息系统组成来划分是由若干功能单元组成的，图 1－2 所示为军事信息系统结构模型。

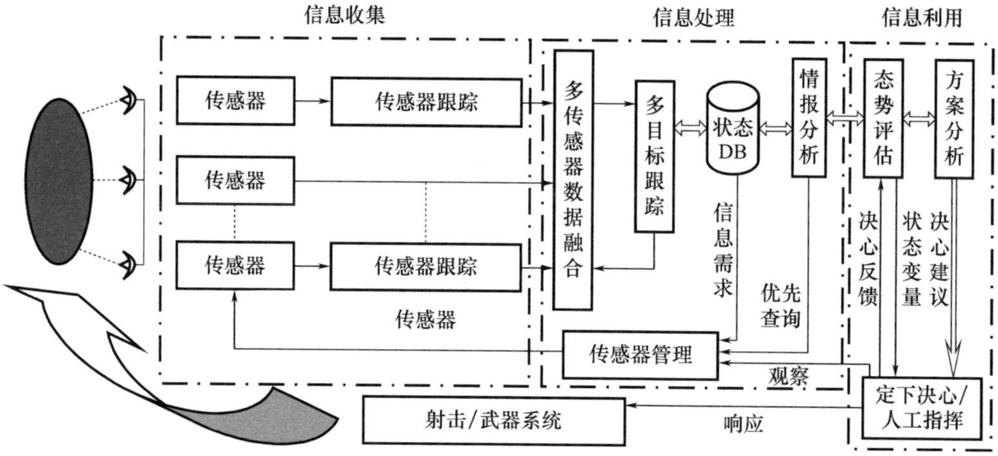

图 1－2　军事信息系统结构模型

（四）信息系统类型

信息系统主要研究信息处理过程中内在的规律性以及信息系统在计算机等现代化工具上，形式化表达与处理的规律。信息系统具有提供信息服务、辅助决策和自适应处理三大功能。其基本功能包括信息采集、信息处理、信息传输、信息存储、信息管理和信息检索。

信息系统是一种面广量大的计算机应用系统，其主要类型有以下几种。

1. 数据处理系统

数据处理系统（Data Processing System，DPS），属于操作层的经常重复但变化不大的各种过程处理和事务处理。例如，工资计算、账务处理中的原始凭证录入等。这种系统多为一项一项地处理各种信息，各项处理之间的联系很少。DPS 是开发信息系统初级阶段的产物,是信息系统的基础。

2. 管理信息系统

20 世纪 70 年代兴起的管理信息系统(Management Information System,MIS)是管理科学和计算机科学结合的产物。管理科学应用管理学和运筹学的原理与方法,建立数学模型和进行计算机仿真,给管理决策提供科学依据。管理信息系统是为实现系统的整体管理目标,对各类管理信息进行系统、综合处理,并辅助各级管理人员进行管理决策的信息处理系统。MIS 主要由信息收集、信息存储、信息加工、人机对话与输出以及信息管理者所组成。MIS 一般可以根据决策层次、管理职能和信息处理方式,分成若干个相互关联的子系统,以便于整个系统的开发。严格来说,MIS 只是一种辅助管理系统,它所提供的信息需要由管理人员去分析、判断和决策。

3. 决策支持系统

决策支持系统(Decision Support System,DSS)是最近年代迅速发展起来的新型计算机学科,是 MIS 的发展与深化。管理决策的制定,是一个包括确定目标、收集信息、探索方案,以及对各种方案进行分析、预测、选择的过程。而 MIS 往往只是按照它在建立时所确定的模式来收集、存储和加工信息。因此,对于那些目标明确、具有确定的规则和程序及信息需求的决策问题,即结构化决策,MIS 可以有效地支持决策中各个阶段的活动。但是,现代管理决策中面临的问题,往往是目标含糊不清,多个目标相互冲突,方案的比较和选取没有固定规则和程序可循,所需信息不全且比较模糊等问题,这类决策问题称为半结构化决策问题。

DSS 通常具有以下特点:①较强的语言处理和人机交互能力;②由数据库、模型库和知识库组成的知识系统是 DSS 的基础;③将数学模型、计算机推理方法结合起来的问题处理系统。

20 世纪 90 年代中期,兴起了两项决策支持新技术——数据仓库(Data Warehouse,DW)和数据挖掘(Data Mining,DM)。数据仓库是在数据库的基础上发展起来的。数据挖掘是在人工智能的机器学习中发展起来的,其中面向数据库的机器学习方法形成了知识发现(Knowledge Discovery in Database,KDD)。1995 年提出 KDD 发现知识的关键步骤是“数据挖掘”,从数据库中发现的知识也是支持决策的。

4. 军事信息系统

军事信息系统是指具备军事信息采集、传输、处理、存储、分发等功能,为军队和武器装备的指挥控制以及决策提供服务的专门信息系统,是最重要的一类信息系统。

此外,还有诸如地理信息系统、办公信息系统、情报检索系统、医学信息系统、银行信息系统、民航订票系统等都属于这个范畴。

二、军事信息系统

军队信息化的先行领域是信息系统。信息技术在军事领域中的应用,首先通过各种信息系统,包括嵌入武器平台的信息单元来体现。作为信息获取、传输、处理、共享的平台,信息系统提高了指挥手段和武器平台的一体化、智能化程度,极大地延伸了人对战场信息的感知能力、对武器平台的控制能力,给军事机体进化了“大脑”和“神经”。特别是把作战的“侦、控、打、评”这些过去分离的环节,连接成完整、有序、闭合的信息链路,指挥员通过“人在回路”的方式,准确判断态势,迅速做出决策,有效调动战争资源、控制战场力量、组织作战行动。

军事信息系统是军队信息化建设的核心。其主要包括信息基础设施、指挥控制系统、侦察监视情报系统、军队政务系统、其他支援保障信息系统 5 个部分。①信息基础设施:主要由通信系统、通用信息处理系统、国防基础数据系统、测绘导航保障系统、气象水文保障系统、频谱资源管理系统、信息安全保障系统构成。信息基础设施是支撑军队各种作战单元、平台、弹药等信息技术应用的基础。因此,应突出信息基础设施在军队信息化建设中的基础地位,通过优先发展信息基础设施,进而带动信息技术的广泛应用。②指挥控制系统:主要由固定指挥所指挥控制系统、机动指挥所指挥控制系统、可搬移/携行/嵌入式指挥控制系统构成。在军事信息系统中,指挥控制系统是龙头,是现代军队作战指挥的必备手段。只有将指挥控制系统与信息基础设施、侦察监视情报系统、军队政务系统和其他支援保障信息系统有机连接起来,真正实现一体化,才能充分发挥军事信息系统的功能,提高军队的整体作战效能。③侦察监视情报系统:主要由各类侦察系统、预警系统和情报处理系统构成。侦察监视情报系统是军事信息系统发挥作战功能的前提,只有首先"看得见","判断、决策和行动"等环节才能更好地得以展开,军事信息系统的各项功能才能更好地发挥。④军队政务系统:主要由军队通用政务系统和专用政务系统构成。⑤其他支援保障信息系统:主要由军队后勤保障类、装备保障类、科研生产类、教育训练类、工程防化保障类等信息系统构成。

在军队信息化体系中,军事信息系统起着先行带动作用。这是因为军队信息化的实质,是通过信息技术的广泛应用和信息资源的开发利用推动军队的整体转型,而军事信息系统是信息技术在军事领域最为直接、最为广泛的应用,也是信息资源开发利用的平台。军事信息化是以信息为逻辑起点的演进发展过程,其建设活动都是围绕军事信息功能的扩展和军队信息能力的提高而展开的。网络化作战、精确打击、精确后勤等现代战争理论和思想的形成与实现,在很大程度上取决于军事信息系统的能力和水平。离开了军事信息系统,军队信息化建设的整体水平就难以从根本上得到提高,信息化建设也就缺少根本的物质基础。

军事信息系统的涵盖范围广泛,目前没有公认的统一分类方法。从军兵种角度分类,军事信息系统可以分为陆军军事信息系统、海军军事信息系统、空军军事信息系统、导弹部队军事信息系统、航空兵军事信息系统等;从指挥层次分类,可分为战略级军事信息系统、战役级军事信息系统、战术级军事信息系统和平台级军事信息系统等;从应用领域分类,可分为预警探测系统、情报侦察系统、导航定位系统、指挥控制系统、军事通信系统、电子对抗系统、综合保障系统等。从功能上分类,主要包括指挥信息系统、信息作战系统、日常业务信息系统三类。

以美军为例来看,随着以信息技术为主的高新技术群在军事领域的广泛运用,美军军事信息系统建设开始步入了网格化、栅格化的网络中心阶段,力求以全球信息栅格为基础,建立全球互联、信息共享的综合信息系统,使美军具有高度的共享态势感知能力,具有绝对的信息优势和决策优势。与之相应的美军联合作战理论日益丰富,催生了非线式非接触非对称作战、网络中心战、快速决定性作战、高效型联合作战等信息化战争理论。军事信息系统中的侦察监视、指挥控制、综合通信、信息对抗等技术还为精确制导武器提供了信息支持,从而促使其在战争中的广泛运用,精确打击的手段和方式也在不断发展变化，呈现出多手段、多领域、多方向、一体化的特点。从这个意义上讲，军事信息系统是美军“精确作战理论”的基础。

军事信息系统以信息集成为核心。知彼知己，百战不殆，对敌方与己方各方面军事信息的准确掌握，历来是军事家们做出正确决策的基础。为决策所必需的资料、情报、指令、任务、反馈、调控等各种信息驻留于分散的部队和广阔的战场时空之中，如果不能通过一定的情报侦察手段把它们剥离出来，通过信息网把它们连接起来，就会形成一个个的信息孤岛。在整个军事系统范围内使军事信联网共享，清除信息孤岛，实现信息集成，是军事信息系统集成的首要任务，也是贯穿于系统集成各个方面的核心内容。信息集成的实质是建立以各种传感器和信息通道、信息处理中心组成的信息网络，构建当代军事系统的神经与大脑，便于信息从传感器到射手之间、各武器系统之间、各作战部队之间顺畅流动，实现各维战场空间信息同步互联互通共享，为战斗行动一体化、情报信息搜集一体化、战斗保障一体化、战场空间一体化以及数字化战场建设、数字化军队建设等，提供及时准确的情报服务。

军事传感与通信革命导致侦察与监视能力、信息传递能力极大提高，为实现信息集成创造了有利条件；一方面，随着军事传感革命的发展，多手段、高精度、远距离的探测侦察系统，陆、海、空、天、电磁五位一体的情报侦察监视体系，机载监视雷达系统、无人机机载合成孔径雷达、卫星星载红外预警系统、预警机等，大大提高了军队获取和分析战场信息的能力，使得战场变得越来越透明，大大提高了发现敌方、了解敌方情况的能力；另一方面，通过一体化的信息网络建设，使军事强调以网络为中心的集成，注重将侦察遥感系统、通信传输系统、信息处理系统、部队行动和武器系统、后勤保障系统等通过信息网络联结起来，使预警探测、情报侦察、指挥控制、通信与电子对抗一体化，使各级指挥员快速全面地共享战场信息。

军事信息系统战时用于部队作战指挥、武器控制、综合保障等，平时则用于军事训练、作战模拟、部队管理、战备值班和反恐、维稳、抢险救灾等突发事件处置，其功能和作用具体体现在对军队上述行动及任务的信息获取、处理、传递、利用及信息对抗等信息服务方面。

（一）军事信息流程

1. 信息的产生和传输

信源是信息的出处或源头，在通信领域，信源是信件的出发地、发话者的电话和电台、发布信息的网页和电子邮件地址等；在侦察领域，信源是要获取的对象信息的所在地。可见，在通信领域和侦察领域信源是不同的。一般来讲，在侦察领域，信源是指敌情、地形和天气等；而在通信领域信源是指自己发出信息的节点，因此敌方的通信设施也就成了我方通信侦察的信源。

信道是信息从信源到信宿必须通过的途径。用现代技术眼光看，信道可以是封闭的，也可以是开放的。例如，电缆和光缆可以看作封闭式信道，而无线电则是典型的开放式信道。

信宿是信息的目的地，是收集信息的地方。无论通信还是侦察，信息只有被收集，才能完成一个完整的信息传输过程。

2. 信息获取

信息获取是人们利用信息的首要条件。以前人们获取信息只是依靠人体的感觉器官进行耳闻目睹、鼻嗅手摸等原始方式，后来出现了望远镜、声纳等设备，人们可以看到和听到更远的信息，在20世纪，随着雷达、声纳、激光测距机、红外热像仪、微光观察仪、现代窃听器等信息技术的发明和应用，获取信息的方式、方法和效果有了奇迹般的改变。现代信息技术中很重要的一部分是指信息的获取技术，是依靠运用电磁波、可见光、红外线、声波等原理制成的各类传感器进行侦察的技术。当今，获取军事信息的途径多种多样：太空中有搭载了侦察装备的各类卫星，空中有预警机、侦察机，地面有各种雷达、夜视仪和传感器，水中有电子侦察船和载有雷达、声纳系统的舰艇等。总之，各种监控设备与探测装置密布战场，提高了现代战场的透明度，“千里眼”和“顺风耳”已不能准确和充分地描述现代军事信息获取技术的能力和水平了。

3. 信息应用

以信息技术为主的高新技术在军事领域里得到了广泛的应用，战场向着陆、海、空、天、电磁多维空间扩展，战争形态正在向信息化的方向发展。现代军事建设发展的关键目标基本都是以信息技术为基础。信息作战的基本目的是对己方的信息隐真示假，对敌方的信息去伪存真，真正做到知己知彼和不被彼知。信息技术在军事斗争中发挥着不可替代的作用，具体表现在侦察、通信、指挥自动化、精确制导、对抗与反对抗、心理战、战场评估和模拟训练等各方面。

(1)信息技术与指挥自动化。指挥自动化是军队信息化的一个重要标志，主要依赖于指挥控制的自动化系统，指挥自动化系统是伴随着信息技术的发展而发展起来的，其核心是计算机。一个典型的指挥自动化系统是由信息获取、信息传输、信息处理、组织指挥、装备和兵力控制等几方面组成的。随着信息技术和军事理论的发展，指挥自动化系统的内涵也在不断地发生着变化，演变出许多术语和概念，如 C^3I 系统、C^4ISR 系统、C^4KISR 系统等。

(2)信息技术与精确制导。从侦察到通信，从干扰到安全，从指挥到保障，军队的作战终将是消灭敌人和摧毁敌方设施装备的弹药送到目标上。这是作战中最具决定性的环节，是一个以信息引导物质和能量的攻击过程。精确制导技术包含信息获取技术、信息传输技术、信息对抗技术和信息处理技术等。

(3)信息的对抗与反对抗。信息的对抗技术多种多样，但按照物质、能量和信息的观点，这些信息对抗技术分为物质形态、能量形态和信息形态三种。烟雾弹是一种物质型的对抗干扰技术。通过结构设计和涂敷吸波材料达到隐身目的的技术也是物质型的对抗干扰技术，而采用等离子体达到吸波目的的技术属于物质－能量型的对抗干扰技术，主动的无线电干扰技术则是以信息为主要特征的信息对抗技术。新型干扰技术包括电磁弹、高功率微波武器、石墨弹等。抗电子干扰一般是指在通信和侦察领域采取技术措施对抗敌方的干扰行动，在技术上抗干扰主要是在频率、功率、时间、空间等方面实施反干扰或消除干扰。在频率上采取的措施是使自己的信号频率躲避敌方干扰信号的频率，通信领域中常采用直接序列扩频技术、跳频技术、实时选频技术、频率分集发射技术等实现躲避干扰。电子干扰是电子进攻的主要手段，强有力的干扰手段本身也是一种十分有效的反电子干扰手段。如果电子设备既具有干扰能力，又具有反电子干扰能力，使电子设备的干扰与反干扰能力一体化，扰防兼备，以扰促防，则会提高电子设备的作战能力。

(4)信息技术与心理战。心理战是现代战争中的第二战场，使用信息作战的手段，可以阻断对方获取基本信息的来源，达到扰乱其作战决心，引导其意志转入低潮和动摇，从而加速其心理防线彻底崩溃的效果。

(5)信息技术与战场评估和模拟训练。信息技术在直接作用于战场时，也催生了新的量化分析战场问题和精确描绘作战。同时,信息技术为评估所需的信息获取、存储、传输、处理等提供了快捷方便的平台。

(二)军事信息系统的功能

1. 信息获取

军事信息系统的信息获取主要由预警探测、侦察情报等功能单元提供,是利用系统的各种侦察探测器材、装备和各类侦察部队、人员及各类信息触角获取作战及其他行动任务情报信息的过程。

知彼知己是作战指挥的基础．作战指挥的首要任务之一是搜集情报和处理情报。各类军事情报信息通过各类信息源及时准确地输送给信息中心,进行处理并分发给有关指挥人员,并及时显示让指挥员迅速全面地了解情况,为定下决心创造条件。因此,及时、准确地搜集情报信息是对信息系统的重要要求,是其必备的功能之一。

2. 信息处理

军事信息系统的另一个突出功能是对各类信息的处理。战场上的信息一般包括以下几类:共享信息,即通过信息获取与感知功能单元得到的情报信息,一般包括敌情、我情和战场环境信息等;控制信息,一般包括指令信息和反馈信息;协调信息,一般包括协同和行动信息;研讨信息,一般包括个体信息和研讨后形成的共识信息。4 类信息中除了共享信息是由信息获取功能单元获取的,其余均是随着作战过程的发展而必然产生的。

信息处理的内容广泛。在整个信息系统的运行过程中,信息的获取、处理、传递、利用、对抗等信息服务的各个环节都需要对信息进行处理。可以说信息的处理在系统运行过程中一直存在,如信息的格式转换、编码、解码、调制、解调、加密、压缩、计算和显示等。对 4 类战场信息的处理,主要是对这些信息进行融合、分析、筛选、加工、编辑、存储和分发等处理,一般需要人的监控、分析和判断等操作来完成。通常所说的信息处理,一般是指在信息服务过程中对信息的处理,其中最重要的是对共享信息的处理,即把获取的情报信息通过综合处理后到达信息处理中心并最终形成通用态势图等可用信息的过程。

3. 信息传递

军事信息系统必须把收集到的情报传递到各个指挥机构和作战单元,并把指挥人员的命令快速传送到作战部队,否则将无法实施指挥。

军事信息系统的通信系统构成了信息传递和交互网络。通信系统主要包括战术互联网干线、动中通高速传输信道和三军协同数据链等,涵盖计算机网络和光缆、被覆线等组成的有线通信网络,以及微波、短波、超短波、卫星、红外等无线通信网络,这些网络构成了信息传递的多种通信信道。其任务是通过局域网或广域网,有线或无线等各种通信传输手段,构成综合通信网络,并提供电话、电报、数据和图像等多种信息传输综合业务,还要为信息化联合作战部队的作战提供以战术互联网为主、全员覆盖的信息网络基础平台,有效保证战场信息的及时、可靠和不间断的传递。

通信系统是整个军事信息系统的基础,也是军队信息化建设的基础,在战场上实施有效的指挥控制必须依靠通信。信息化战场上,作战节奏快,发现即意味着摧毁,因此指挥系统的反应和部队的行动必须快速及时,作战指挥信息交互所依赖的通信系统举足轻重。如果把信息处理、指挥决策比作人的大脑,把信息终端比作人的感觉器官,那么通信就像是维系大脑和感觉器官相互联系的神经一样,可见信息传递的重要性。

4. 信息对抗

信息化战争是多军兵种联合作战,战场是海上、空中、陆上、空间、电磁频谱五维一体的,具有大纵深、宽正面、多层次、多梯次、立体和全时域、全空域、宽频域的特点,战场情况瞬息万变,情报数据处理量大,电子对抗异常激烈。军事信息系统支持以电子对抗为主的信息对抗侦察、进攻、防御的情报获取、筹划决策、组织计划、控制协调,具体体现在以下方面:支持对电磁环境的侦察、威胁分析与判断;支持通信干扰、雷达干扰、光电干扰、计算机网络攻击等功能;具备防干扰、防病毒、防泄露、防破译、防渗透等信息防护功能;具备数据容灾(容灾是指信息网络系统遭遇自然灾害及战争等不可抗拒的灾难和意外时,仍能保证系统数据的完整性和可用性,系统能从各种灾害破坏中迅速恢复运行,从而保证关键业务的连续性)备份和战损自毁功能。

5. 信息利用

军事信息系统的最终功用是为作战指挥机构和指挥人员提供信息利用的服务。信息利用功能及作用主要体现在系统的指挥控制、武器控制、综合保障和训练等功能单元,用于支持军队作战的指挥控制、武器控制、作战协同、综合保障、战备等级转换、军事训练等各个方面,以实现指挥控制的智能化、武器控制的自动化、指挥决策的科学化、军队建设的信息化,最终实现作战效能的最大化。

(三)典型军事信息系统

军事指挥控制系统也称为战场电子信息系统,是目前最典型的军事信息系统。

军事指挥控制系统是指在军事活动过程中,帮助指挥人员实施各项指挥业务,辅助指挥人员对部队、武器装备进行指挥与控制,使得指挥员能够及时、全面、准确掌握战场态势,制订合理作战方案,快速准确地下达命令,从而控制战场主动权的军事信息系统。

指挥控制系统也称为 C^4ISR 系统,是指挥(Command)、控制(Control)、通信(Communication)、计算机(Computer)、情报(Intelligence)、监视(Surveillance)与侦察(Reconnaissance)的英文单词首字母组成的缩写词。C^4ISR 系统的基本组成与功能模型如图 1-3 所示。

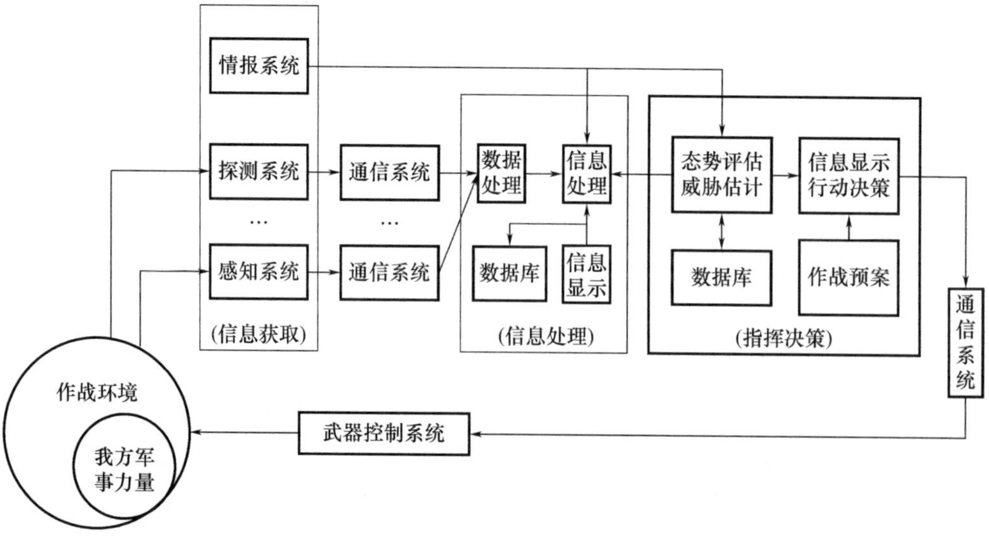

图 1-3　C^4ISR 系统基本组成与功能模型

第三节　军事信息系统发展趋势

军事信息系统已从最初的数据处理功能发展到集数值计算、数据处理、知识处理、智能处理、管理理论与方法以至高层决策和组织战略、发展规划于一身的综合性处理系统。新的应用需求和新的计算机技术是推动军事信息系统发展的动力,但有其共同发展趋势。

一、系统集成化

由于计算机网络、分布式处理和分布式数据库系统的发展,信息有可能在更大的范围内共享信息资源。应用也迫切要求将多个信息系统集成起来,甚至建立全球性的信息系统。例如,全球环境保护信息系统,以提高信息系统的效率、效能和效益。集成是信息系统的发展方向,也是一个复杂和困难的问题。信息系统的集成一般是对已运行的异构系统的集成,要求在原来独立发展的信息系统的基础上,解决网络的集成、数据的集成和应用程序的集成等一系列问题。标准化有利于信息系统的集成,但完全标准化还有差距,需要研究异构信息系统间的互操作性问题。

二、信息多媒体化

信息多媒体化既是计算机科学和技术发展的趋势,也是信息系统应用的需求。信息多媒体化可扩大其应用领域和提高其服务质量,这需要解决诸如多媒体数据库、多媒体数据处理及其语言、高级人机交互等技术。

三、功能智能化

目前,信息系统智能化程度不高,主要表现为:系统只能被动处理用户提交的任务,而不能主动向用户提供服务,或根据发生的事件、出现的状态自动完成必要的处理;系统缺少推理功能,只能按系统中存储的数据向用户提供信息,而不能从这些数据经推理导出其他有用信息;系统基本以事务性操作为主,具有辅助决策功能的信息系统、特殊领域的专家系统仍限于局部应用。为了提高信息系统的效能,充分发挥信息的效益,必须克服上述缺点,因此,未来的信息系统既是数据密集型的又是知识密集型的,具有知识获取、知识管理以及推理等功能,可以提供报警、自动跟踪记录和统计、专人或专题情报服务、预测和规划、决策和咨询等服务。

四、结构分布化

由于信息在大范围内集成,信息源和用户一般在地理上是分散的。信息系统结构分布化既是应用的需要,也是技术发展的必然趋势。当前,客户机－服务器已成为分布式信息系统的流行结构。在分布式信息系统中用户不但可以共享包括数据在内的各种计算机资源,而且还可以在系统的支持下,合作完成某项任务,如共同决策、共同拟订计划、共同设计产品等,系统在这方面的功能称为计算机协同工作(Computer Supported Cooperative Work,CSCW)。CSCW 可望成为信息系统的基本功能之一。

本章小结

本章给出了信息、信息技术的定义,阐述了信息与消息、信号等概念的关系;介绍了信息系统的组成、功能及典型类型,尤其介绍了军事信息系统的信息流程及其功能;最后简要说明了军事信息系统的发展趋势。

习　题

1. 什么是信息？战场作战信息分为哪几类？
2. 简述信息、消息与信号之间的关系。
3. 简述信息系统的组成及其功能。
4. 简述信息系统的分类。
5. 军事信息系统的特点及功能有哪些？
6. 简述军事信息系统的发展趋势。

第二章 信息系统基础理论

信息系统的建设和运用涉及信息论、电子学、计算机科学、人工智能、系统工程学、自动化技术等多学科，其基础理论源于这些学科的交叉运用，主要是用数理统计方法来研究信息的度量、传递和变换规律的科学，研究通信和控制系统中普遍存在着信息传递的共同规律以及研究最佳解决信息的获取、度量、变换、储存和传递等问题。本章重点介绍了电磁场与电磁波理论、信息的统计度量、编码理论和调制与解调理论。

第一节 电磁场与电磁波

一、电磁场与电磁波基本知识

电和磁是同一物质的两个方面描述，在电荷的周围存在着电场，电流的周围存在着磁场。变化的磁场和变化的电场是相互联系着的，变化的电场产生磁场，变化的磁场产生电场，形成一个不可分离的统一体，这就是电磁场，电磁场是电场与磁场的统称。时变的电场和时变的磁场互相耦合，并以一定速度向前传播而形成的波称为电磁波，通常称为电波。电磁波是以波动方式在空间传播的交变电磁场，虽然看不见摸不着，但它是物质的和客观存在的。

电磁波具有波的属性。首先，它具有波动性，电和磁在相互转化的过程中，彼消此长，以一定的周期或频率不断转换。其次，电磁波具有传播性。视媒质的不同，它能以与媒质相关的一定的速度向前传播。再次，电磁波同其他波一样，在借助媒质进行传播的过程中，不推动媒质产生传播方向上的位移。最后，电磁波具有能量，在传播的过程中，能够将能量传递下去。

人类认识电磁波经历了一个漫长的而不断发展的过程。早在 2000 多年前，人们就发现了电现象和磁现象，而人类对于电和磁的真正认识和广泛应用，迄今才只有 100 多年的历史。

1785 年，法国物理学家库仑在总结前人对于电磁现象认识的基础上，根据电荷之间的作用力，提出了“库仑定律”。1820 年，物理学家奥斯特发现通电导线下的小磁针会发生偏转，即其周围存在磁场，同年物理学家安培发现通电的电流环之间存在相互作用力，提出了“安培定律”。在此之前，人类还没有建立电场与磁场之间的明确关系。经过 10 多年的艰苦努力，直到 1831 年，英国物理学家法拉第在前人所做大量工作的基础上，提出了电磁感应定律，证明了磁场可以产生电场。那么电场能不能产生磁场呢？1856—1865 年，英国科学家麦克斯韦在前人研究的基础上，大胆提出位移电流假说，变化的电场可以产生磁场，从而建立了电与磁的统一理论，即麦克斯韦电磁理论。利用该理论分析表明：变化的电场会产生磁场，变化的磁场会产生电场，形成逐渐向外传播、看不见的电磁波。

1887 年,德国物理学家赫兹用实验方法证明了电磁波的存在,实现了电磁波的产生和接收。在这一基础上,1895 年和 1896 年,意大利的马可尼和俄国的波波夫在不同的国度里,分别成功地进行了无线电通信试验。1901 年,跨越大西洋的越洋无线电通信试验成功,人类从此揭开了电磁波应用的新篇章,进入了电磁时代。

(一)电磁波的概念

电磁波是由电和磁组成并能相互转化的波。交变的电场能产生交变的磁场,交变的磁场又能产生交变的电场,以此循环往复,使得电磁场能够持续下去。

(二)电磁频谱

电磁频谱是指电磁辐射在频域上分布状况的一种描述,它反映电磁辐射在频率或波长上的表现形态。其频率范围主要覆盖甚低频、低频、中频、高频、甚高频、特高频、超高频、极高频。按波长分为超长波、长波、中波、短波、超短波、微波、毫米波、红外线、可见光、紫外线等。电磁频谱是按频率或者波长排序的,成条状结构,如图 2 - 1 所示。各种电磁波在电磁频谱中占有不同的频率范围,如无线电波占有的频率范围称为无线电频谱,其频率范围为 0 ~ 3000GHz。

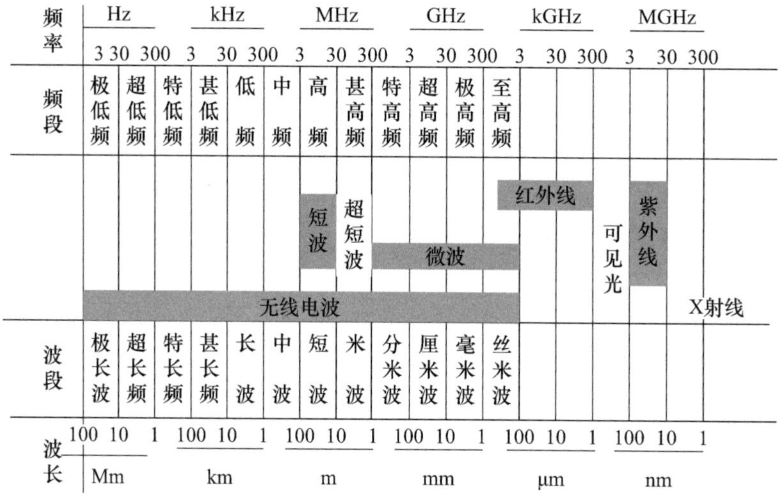

图 2 - 1　电磁频谱

从理论上讲,电磁频谱资源是无限的,但受技术、设备、外界环境、传播特性、实现机理等条件的制约,目前人们通常只使用国际电信联盟划分出来的 9kHz ~ 275GHz 的频谱范围,且绝大部分在 20GHz 以下。更低或更高的频谱资源还有待进一步研究和开发。

电磁频谱也是一种自然资游,具有有限性、三维性、非耗竭性、传播的固有性、易受污染性等特点。它同矿山、森林等自然资源的区别在于:可以被人们所利用,但不会被消耗掉。不使用它,是一种浪费,但如果使用不当,同样也是一种浪费。由于频谱不受地域、空域、时域限制,也不受行政区域、国家边界的限制,因此对它的开发和利用国际上均有严格管理规定,任何部门、地区和个人,包括任何国家都应在一定范围内使用,以避免造成相互干扰。另外,频谱极易受到外界污染。人为噪声、自然噪声、宇宙环境噪声、高压输电线以及工业、科学、医疗电子设备等都可能对空中传播的电波产生干扰。

（三）电磁波的能量

1. 电磁辐射的能量分布

理想情况下，电磁辐射是在无限空间向所有方向传播的，在自由空间任何一点的能量密度只和传播距离有关．其影响因素称为传播衰减因子。但是，在非自由空间的实际情况下，由于各种辐射传播因素的存在，更为了满足不同作战行动的需要，空间的电磁辐射能量密度是不会均匀的，可能很大，也可能很小。为了按照需要控制能量密度，人们发明了电磁发射天线，通过各种天线及其控制技术的运用，把电磁能量发送到特定空间，有控制的发射天线使战场电磁环境的能域特征更加丰富。

在现代战场，可以运用电磁信号和电磁能的强大威力，控制着战场电磁环境的能量形态，使局部区域、在特定时间内的电磁辐射可能特别强大。以此为手段，一方面，可以更多、更远、更好地探测或者传递电磁信息；另一方面，可以对电子装备形成毁伤、压制、干扰或者欺骗的作用效果。战场电磁环境中电磁能量密度的高低直接决定着对电子装备的影响程度。例如，每平方厘米 10kW 的连续激光辐射能量可以烧毁光电探测器，雷电电磁脉冲和核爆炸瞬间生成的电磁辐射脉冲都是极高能量密度的电磁辐射。对于雷电来说，若以它的平均值计算，一次闪电中就含有 1 万个脉冲放电过程，每个脉冲的平均峰值电流可以达到数万安培，它击穿的空气行程可从数百米到数千米，如此强大的电磁辐射能量以电磁脉冲形式向空间四周辐射，当它被通信网或其他电子接收设备接收后，设备就会被彻底毁坏。它耦合感应到计算机、电视机等电子设备中时，能引起计算机等电子设备程序紊乱、信息处理失误，甚至烧毁、损坏计算机的中央处理器及外围部件，从而造成无可估量的损失。

2. 电磁波的能量表示

电磁波的能量表示电磁信号功率强弱的变化情况，通常用场强来表示，它通过图形、表格或数据的形式，给出特定区域、特定时段、特定频谱范围的信号强度分布规律。

根据式（2－1），不失一般性，在一定作战空间 V_Ω、时间范围 $[t_1, t_2]$ 和频率范围 $[f_1, f_2]$ 内，某一处的信号强度可以表示为

$$S = \frac{1}{V_\Omega(t_1 - t_2)(f_2 - f_1)} \iint_\Omega \int_{f_1}^{f_2} \int_{t_1}^{t_2} S(r, t, f)\,\mathrm{d}t\mathrm{d}\Omega \tag{2-1}$$

其中的三重积分分别是对时间、频率和空间进行积分，S 是信号平均功率密度谱。

能量是电磁活动的基础，所有电磁波的应用都是基于电磁能量的传播，各种调制样式都是在频域、时域和空域上控制辐射能量。例如，雷达天线的作用是将电磁波能量集中在一个特定方向上，跳频电台则是在不同频率点上依次辐射能量。同时，能量是各种电磁活动产生相互影响的根本原因，当接收到的外界信号的功率大于有用信号时，干扰随即产生；空域、时域和频域不过是能量得以到达接收机的三个基本“窗口”或“渠道”，不同“渠道”输送的能量大小各不相同，其影响作用也相对不同。在所有关于战场电磁环境的监测、分析、表示中，不论是描述其空域、时域、频域特征，都要通过信号强度这一物理量给予具体体现，所以，式（2－1）计算得到的 S 就是表示给定位置、给定时间、给定频率范围的信号强度大小。它同样是受到辐射源功率大小、辐射源多少的影响。

正是由于能量从根本上决定了外界影响的强度，功率大小的控制也就成为最为基本的战场电磁资源控制方法。从能量控制的角度去分析战场电磁态势，可以直观地显示当

前时刻战场电磁信号的场强分布情况,得出一些重要的信息。例如,通过对侦测到电磁信息进行能量的统计分析,可以推断和预测敌方指挥机构和部队进行重要活动的规律。

通常情况下,辐射功率越大,相应的电磁活动目的也就越容易达到,但在有限的战场空间内,若各种电磁活动都以大功率状态工作,那么必将引发电磁环境的进一步混乱,如同各种车辆都以最高速度行驶情况下的交通状况。因此,能量使用的基本原则是以够用为主。战时,由于作战目标和行动的变化,电磁辐射能量的大小往往也需要随之而变。例如,增大发信台的发射功率就是最为简便的通信抗干扰方式,往往由电台操作员自行掌握。但在复杂电磁环境中,这种方式很可能会对其他电子信息设备产生严重的干扰影响,尤其是部署距离较近,工作频率邻近的电子信息设备,所受影响最为强烈。而那些受影响的电子信息设备也采取类似方式抵御干扰,则必然引发“多米诺”骨牌效应,扰乱整个战场电磁环境。因此,将电磁能量控制与频率控制、工作时机控制、设备部署控制同样看待,将其控制权限限定在适当的指挥层次上,有利于维持和控制整个战场电磁环境稳定有序。

为实现全球信息的控制权,美军正在积极发展将化学能转换为电磁能的高功率微波武器、电磁脉冲弹,这类武器在其电磁波传播通道上有着极高的能量密度。它们的主要特点是使被攻击的电子设备接收到的信号功率远大于其正常工作电平,使高功率的射频能量进入敌电子设备前端电路,或者通过隙缝直接破坏电子器件,使之饱和或局部损坏,甚至被高功率烧毁,从而达到降低其正常工作能力,或毁坏对方电磁设备的目的。

二、电磁波的辐射与传播

(一)电磁波的辐射

自从麦克斯韦从理论上预言电磁波的存在,马可尼首次获得一个完整的无线电报系统专利以来,伴随着科学技术的不断进步,人类对自然界广泛存在的电磁波这一物质形态的认识不断深化,同时又创造了多种多样的电磁波工程系统,如图 2-2 所示的无线电通信系统。任何无线电电子系统的信息利用或传输都必须有电磁能量的发射和接收,都需要进行电磁波的辐射。而电磁波的辐射需要两个基本条件:一是要有开放的结构,即天线;二是要有变化的电磁场,即有效的激励。

天线是任何包括通信系统在内的无线电系统都离不开的重要前端器件,起着电磁波辐射的作用。尽管设备的任务并不相同,但天线在其中所起的作用基本上是相同的。天线的任务是将发射机输出的高频电流能量转换成电磁波,并朝着一定的方向辐射出去,或将有用的空间电波信号转换成高频电流能量送给接收机。为了能较好地实现上述目的,要求天线具有一定的方向特性,较高的转换效率,能满足系统正常工作的频带宽度。天线作为无线电系统中不可缺少而且非常重要的部件,其本身的质量直接影响着无线电系统的整体性能。现代信息系统的迅速发展既对天线提出许多新的研究方向,同时也促使了许多新型天线的诞生。由于无线电系统的多样性,天线的种类很多,按照用途,可将其分为通信天线、广播和电视天线、雷达天线、导航和侧向天线等;按照工作波长,可将其分为长波天线、中波天线、短波天线、超短波天线以及微波天线等:按照天线的特色,可将其分为圆极化天线、线极化天线、窄频带天线、宽频带天线、非频变天线以及数字波束天线等。

为了理论分析的方便，通常将天线按照其结构分成两大类：一类是由导线或金属棒构成的线天线，主要用于长波、短波和超短波；另一类是由金属面或介质面构成的面天线，主要用于微波波段。

图 2－2　电磁频谱

（二）电磁波的传播

天线将电磁能量辐射出去之后，电磁波就会按照一定的电波规律向前传播。其示意图如图 2－3 所示。

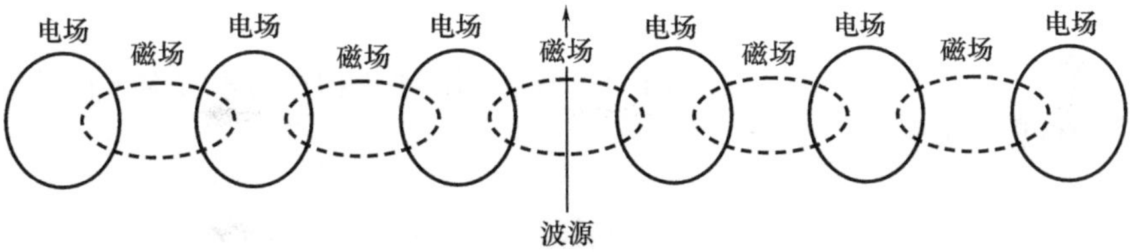

图 2－3　电磁传播示意图

电磁波的传播过程与声波在空气中传播相似，但电磁波不仅可以在一定的媒质（如空气）中传播，还可以在真空（如太空）中传播。真空环境通常称为"自由空间"，电波在理想的自由空间中传播时，没有其他物质的存在和影响，电磁场与电磁波的存在和传播会更加"自由"。但是，由于存在逐渐发散的现象，越远位置上的能量会越弱；若在一定媒质中传播，还会受到媒质的衰减作用，变得更弱。电波传播特性取决于媒质结构特性和电波特征参量。特定频率和极化的电波与特定媒质条件能够形成较佳匹配，而出现某种特色的传播方式。常见的电波传播方式有以下几种。

1. 地面波传播

如图 2－4 所示，电波沿着地球表面传播的方式为地面波传播。此种方式要求天线的最大辐射方向沿着地面，采用垂直极化，工作的频率多位于超长波、长波、中波和短波波段，地面对电波的传播有着强烈的影响。这种传播方式的优点是传播的信号质量好，但是频率越高，地面对电波的吸收越严重。

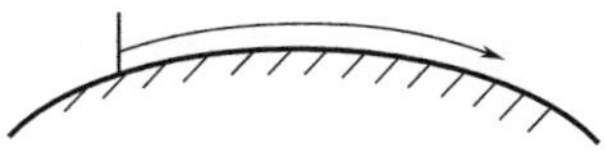

图 2－4　地面波传播

2. 天波传播

如图 2－5 所示，发射天线向高空辐射的电磁波在电离层内经过连续折射而返回地面到达接收点的传播方式称为天波传播。其主要以中波、短波传播采用这种传播方式，尤其以短波为主。它的优点是能以较小的功率实现远达数千千米的远距离传播。天波传播的规律与电离层活动密切相关，由于电离层具有随机变化的特点，天波信号的衰落现象也比较严重。

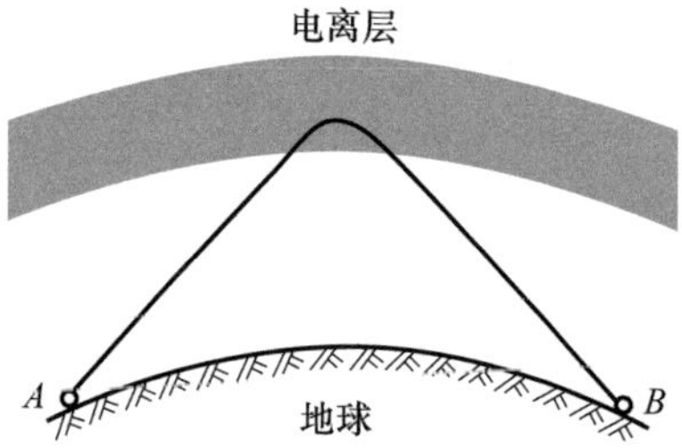

图 2－5　天波传播

3. 视距传播

如图 2－6 所示,电波在发射天线与接收天线的直视范围内的传播方式称为视距传播。它不存在地面波传播和天波传播中的电波“转弯”传播的现象,可以分为地－地视距传播和地－空视距传播。视距传播的工作频段为超短波及微波波段。此种工作方式要求天线具有强方向性并且具有足够高的架设高度。信号在传播中所受到的主要影响是视距传播中的直射波和地面反射波之间的干涉。在几千兆赫和更高的频率上,还必须考虑雨和大气成分的衰减及散射作用。在较高的频率上,山、建筑物和树木等对电磁波的散射和绕射作用变得更加显著。

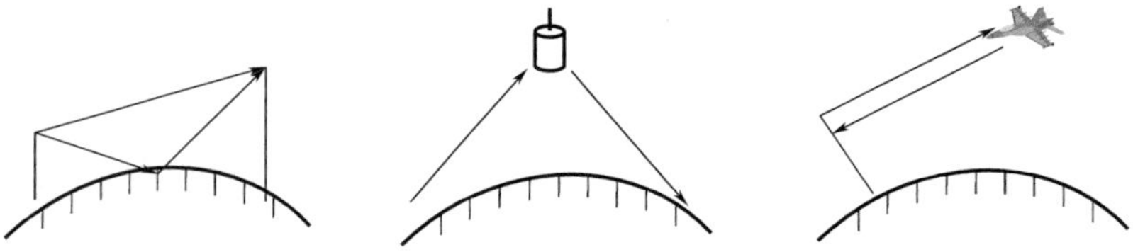

图 2－6　视距传播

4. 散射传播

如图 2－7 所示,散射传播是利用低空对流层、高空电离层下缘不均匀的“介质团”对电波的散射作用实现远距离的传播。散射传播的距离可以远远超过地－地视距传播的距离。对流层散射主要用于 100MHz ~ 10GHz 频段,传播距离 $r < 800$km;电离层散射主要用于 30 ~ 100MHz 频段,传播距离 $r > 1000$km。基于散射传播的散射通信的主要优点是距离远、抗毁性好、保密性强。

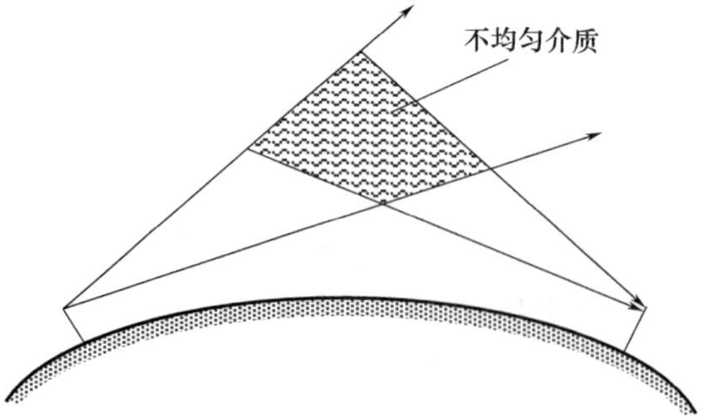

图 2－7　散射传播

5. 波导传播

波导传播有多种形式，其中之一是30kHz以下的电波传播，该频段波导传播利用电离层与地球表面形成的球形波导进行传播。波导传播的特点是：在大气中传播衰减很小，为1.2～1.5dB/km；在海水中传播的衰减率也较小，约0.3dB/m。在东西传播方向和西东传播方向，呈现出较明显的传播差别；受核爆炸引起的电磁脉冲干扰的影响也小于其他波段的电磁传播。另一种是微波波段波导传播，它是利用对流层媒质的不均匀性来实现的，所以又称为大气波导传播。

如图2－8所示，在大气中电波传播根据射线弯曲的情况可以将大气折射分为三类：第一类是零折射，对流层大气为均匀大气，电波射线轨迹为直线；第二类是负折射，射线上翘，曲率半径为负值；第三类是正折射，射线向下弯曲。但是，第一、第二类折射实际上很少发生，第三类折射最为常见。正折射中又有三种特殊的折射：一是标准大气折射；二是临界折射：折射曲率刚好等于地球的半径，水平发射的电波射线将与地球同步弯曲，形成一种临界状态；三是超折射：射线的曲率半径小于地球半径，此时大气的折射能力特别强，电波靠大气折射与地面反射向前传播，构成所谓的大气波导。临界折射和超折射可使电波传播距离远远超过视距，特别是海上的大气波导，这也是有时能收到远处的超短波、微波信号的主要原因。

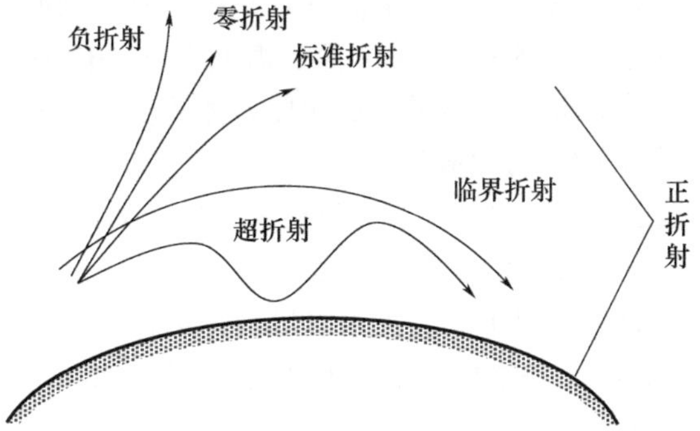

图2－8　折射类型

在各种传播方式中，媒质的电参数（包括介电常数、磁导率与电导率）的空间分布和时间变化及边界状态，是传播特性的决定性因素。实际上，一根天线所辐射的电波往往不是以单一的形式进行传播的，但由于电波传播方式与频率有着密切的关系，其中肯定有一种传播形式是主要的。

（三）自然环境对电磁传播影响

自然环境包括陆地、海洋等地形地貌特征和特殊的天气影响。尤其对于海军来说，现代海战是以海洋为主要战场而展开的作战行动。与陆地相比，海上没有依托，没有参照物，且目标都是移动的，这使得岸基对其监视（测）和战场通信、导航定位更加困难；海洋又是一个动态变化的世界，物理特性极其复杂、环境气象极为恶劣、海底地形变幻难测，不仅对舰艇安全航行及作战行动极为不利，而且对信息的获取、传输和处理增加了难度。海军大量信息装备的性能均与电磁波和声波有关，它们无不受海上气象、水文等自然因素的制约。例如，短波通信、声呐探测和光电探测分别受高空电离层、水文特性和雨雾的明显影响。因此,在信息化战场上,不仅电磁对抗、光电对抗和水声对抗异常激烈,而且在实施这些对抗时,必须充分考虑海洋气象、水文条件等自然因素的影响与制约。

1. 大气波导的影响

对流层对电磁波传播的主要影响是吸收、折射、反射和散射。雷达、微波接力通信设备、导弹寻的头等电子信息设备均工作于微波波段,采用面状天线,运用电磁波的视距传播原理来工作。当对流层大气出现所谓大气波导现象时,电波传播距离可远远超出视距范围,如有的雷达在超折射传播条件下可探测到地平线以下的目标。大气波导按特性可分为蒸发波导、表面波导和抬升波导三类。下面分述三类波导对电磁波传播的影响。

1)蒸发波导对电磁波传播的影响

一是蒸发波导使相当部分的电磁波在波导内传播,从而极大地扩展了舰艇上侦察探测系统对海面或超低空目标的侦察探测距离和截收距离,以及舰与舰之间的超高频通信距离。二是由于蒸发波导顶部上方存在着电磁盲区,使处于蒸发波导内的舰艇在该区存在防御的薄弱部位,进攻一方可利用该盲区选择最佳突防路径,以达成战术上的突然性。

2)表面波导对电磁波传播的影响

表面波导的存在极大地扩大了位于该波导内且频率高于甚高频的雷达、电子支援措施、通信、电子干扰及制导等电子武器系统的有效作用距离。例如,舰艇之间的超高频通信在正常情况下有效距离为46.3~55.6km,而当海面存在表面波导时,有效通信距离可达370.4km,这有利于大范围机动作战的水面舰艇各战斗群之间的通信联络和指挥协同;但同时又可能被敌方探测截获,为此应实施严格的频谱管理。又如,存在表面波导可使水面舰艇探测到位于舰载雷达视距之外来袭的飞机及巡航导弹;同样,位于视距外的舰艇也可利用舰载电子支援措施截收到相距很远处敌方水面舰艇所发射的电磁信号,从而为实现超视距探测、预警、截收和超视距攻击提供引导信息创造了条件。需要指出的是,表面波导的存在改变了信息武器装备电磁波的正常覆盖范围,使得在正常条件下能被探测到的目标由于出现电磁盲区而探测不到;而在正常传播条件下电子装备盲区的低空、超低空区域却成了有效覆盖区,这就使传统的低空、超低空突防战术难以实现。表面波导的存在还会使得在正常传播条件下接收不到的、位于视距之外的陆地杂波、海面杂波呈现在雷达显示器上,从而增强了雷达的杂波强度,降低了雷达对目标的探测能力,出现虚警或无法工作。

3)抬升波导对电磁波传播的影响

同蒸发波导、表面波导相类似,抬升波导也会改变电磁波的有效覆盖范围,在增大位于波导内的电磁波有效作用距离的同时,还在波导顶部形成电磁盲区,还会增加雷达杂波,降低电子信息装备的作战性能。抬升波导主要是影响航空兵的空对空侦察、预警、截收、通信、制导和电子干扰等。

2. 云、雾、降水等的影响

云、雾、降水对微波传播具有较大的吸收、反射、折射、散射等衰减作用,将导致微波通信受扰、预警探测不准、制导方式失灵等一系列问题,而对红外、可见光探测系统影响更大。

经大气环境对电磁波传播影响的综合研究发现:一是对流层大气对电磁波(含光

波)辐射的衰减随波长的减小而增大,尤其是云和雾。二是降水对电磁波的衰减,在微波波段随波长的减小而显著增大,在毫米波段随波长的减小变化很慢,并缓慢达到衰减的最大值,进入光波段后,衰减几乎与波长无关,且衰减值比毫米波略有减小,故在有降水的区域,应当选用激光制导和激光测距方式。三是风对信息环境的影响也不可忽视。风速的大小能决定电子战行动中"干扰云"在空中的扩散速度、存留时间;风速也影响烟幕和气溶胶悬浮物的浓度、厚度和宽度,故选择施放烟幕和气溶胶悬浮物的时机很重要。

3. 海杂波的影响

海杂波是指海浪在对海预警探测系统的显示器上产生的回波。海杂波是对海预警探测系统的主要噪声源,其影响超过热噪声。为此,对海搜索雷达都有减小海杂波的相应电路。例如,传统的对海搜索雷达有海浪抑制电路,但该电路是以降低雷达接收机的增益为代价的,即在抑制海杂波的同时也把近距离上的小目标回波抑制了,使得雷达难以发现掠海飞行的导弹等小目标。为了既消除海杂波的影响又能从海杂波中发现掠海飞行的反舰导弹,新一代对海搜索雷达运用了相关检测技术,如动目标显示技术等。

第二节 信息的统计度量

信息的可度量性是建立信息理论的基础。信息度量的方法有结构度量、统计度量、语义度量、语用度量、模糊度量等,最常用的方法是统计度量。它是用事件统计发生概率的对数来描述事物的不确定性,得到消息的信息量,进而建立熵的概念。熵的概念是香农信息理论最基本、最重要的概念。从随机变量出发来研究信息,正是香农信息理论的基本假说。

一、自信息量

通过某个过程或手段,获得了对于随机信息源一定的了解,减少了不确定性,即从这个信息源获得了信息。从信息源获取信息的过程就是其不确定性缩减的过程。由此可见,信息源包含的信息与其不确定性是紧密相关的。在统计分析中,使用概率作为衡量不确定性的一种指标。可以推论,随机事件包含信息的度量应是其概率的函数。

任意随机事件的自信息量定义为该事件发生概率的对数的负值。设事件 x_i 的概率为 $p(x_i)$,那么,它的自信息量定义为

$$I(x_i) = -\lg p(x_i) \tag{2-2}$$

信息量是取其概率的对数的负值,故为非负。自信息量的单位与所取对数的底有关。通常取对数的底为2,信息量的单位为比特(bit)。若 $p(x_i)=1/2$,则 $I(x_i)=1\text{bit}$,即该事件 x_i 具有1bit的自信息量。比特是信息理论中最常用的信息量单位。

由于各种随机事件发生的概率不同,它们所包含的不确定性也有大小的差别。一个随机事件的出现概率接近于1,说明该事件发生的可能性很大,它所包含的不确定性就很小。相反,对于小概率事件,它所包含的不确定性就很大。

可以看出,小概率事件所包含的不确定性大,其自信息量大;大概率事件所包含的不确定性小,其自信息量小。在极限情况下,概率为1的确定性事件,其自信息量为零。

随机事件的不确定性在数量上等于其自信息量,可以用式(2-2)计算。

例2-1 某地2月份天气的概率分布统计如下:

$$\begin{pmatrix} X \\ P(X) \end{pmatrix} = \begin{Bmatrix} x_1(\text{晴}), x_2(\text{阴}), x_3(\text{雨}), x_4(\text{雪}) \\ \frac{1}{2}, \frac{1}{4}, \frac{1}{8}, \frac{1}{8} \end{Bmatrix}$$

这4种气候的自信息量分别为$I(x_1)=1\text{bit}$,$I(x_2)=2\text{bit}$,$I(x_3)=3\text{bit}$,$I(x_4)=3\text{bit}$,容易证明,自信息量$I(x_i)$具有下列性质。

1. $I(x_i)$非负

式(2-2)中的$p(x_i)$代表随机事件发生的概率,在闭区间[0,1]上取值。根据对数的性质,$\lg p(x_i)$为负值,故$-\lg p(x_i)$恒为非负值。信息量非负说明随机事件发生后总能提供一些信息量,最差情况是零,即什么信息也没有提供,但不会因事件发生使不确定性更大。

2. 当$p(x_i)=1$时,$I(x_i)=0$

$p(x_i)=1$说明该事件为必然事件,必然事件不含有任何不确定性。所以不含有任何信息量。

3. $p(x_i)=0$时,$I(x_i)=\infty$

这是数学运算带来的结果,单从概念上理解,有时难以令人接受。但如果与信息接收者的主观感受联系在一起,则有它的合理之处。说明不可能事件一旦发生,带来的信息量就是非常大的,所产生的后果也是难以想象的。2001年的9·11事件就是典型的事例。

4. $I(x_i)$是$p(x_i)$的单调递减函数

从概念上来说,概率越大的事件,不确定性越小,发生后提供的信息量就越小。

二维联合集XY上的元素(x_iy_j)的联合自信息量定义为

$$I(x_iy_j) = -\lg p(x_iy_j) \tag{2-3}$$

式中:x_iy_j为积事件;$p(x_iy_j)$为元素x_iy_j的二维联合概率。

当X和Y相互独立时,$p(x_iy_j)=p(x_i)p(y_j)$,代入式(2-3),就有$I(x_iy_j)=I(x_i)+I(y_j)$,说明两个随机事件相互独立时,同时发生得到的自信息量,等于这两个随机事件各自独立发生得到的自信息量之和。因为两个随机事件毫不相关,是否同时发生,对事件发生的结果没有影响,因而同时发生与各自独立发生提供的信息总量是一样的。

二、条件自信息量

联合集XY中,对事件x_i和y_j,事件x_i在事件y_j给定的条件下的条件自信息量定义为

$$I(x_i \mid y_j) = -\lg p(x_i \mid y_j) \tag{2-4}$$

由于每一个随机事件的条件概率都处在0~1范围内,所以条件自信息量均为非负值。

例2-2 设在一正方形棋盘上共有64个方格,如果甲将一粒棋子随意地放在棋盘中的某方格且让乙猜测棋子所在位置:

(1)将方格按顺序编号,令乙猜测棋子所在方格的顺序号;

(2)将方格分别按行和列编号,甲将棋子所在方格的行(或列)编号告诉乙之后,再令乙猜测棋子所在列(或行)的位置。

由于甲是将一粒棋子随意地放在棋盘中某一方格内,因此棋子在棋盘中所处位置为二维等概率分布。二维概率分布函数为 $p(x_iy_j)=1/64$,则

(1)在二维联合集 XY 上的元素 x_iy_j 的自信息量为

$$I(x_iy_j)=-\lg p(x_iy_j)=-\text{lb}\frac{1}{64}=\text{lb}2^6=6\text{bit}$$

(2)在二维联合集 XY 上,元素 x_i 相对于 y_j 的条件自信息量为

$$I(x_i\mid y_j)=-\lg p(x_i\mid y_j)=-\lg\frac{p(x_iy_j)}{p(y_j)}=-\text{lb}\frac{1/64}{1/8}=3\text{bit}$$

在给定 $x_i(y_j)$ 的条件下,随机事件发生 $y_j(x_i)$ 所包含的不确定度在数值上与条件自信息量 $I(y_j/x_i)[I(x_i/y_j)]$ 相同,可以用式(2-4)计算,但两者含义不同。不确定度表示含有多少信息,信息量表示随机事件发生后可以得到多少信息。

三、互信息量

设有两个离散的符号消息集合 XY,X 表示信源发出的符号消息集合,Y 表示信宿接收到的符号消息集合。由于信宿事先不知道信源发出的是哪一个符号信息,因此每个符号消息相当于一个随机事件。信源发出的符号消息通过信道传递给信宿,如图 2-9 所示。有时也把信源发出的消息说成是信道的输入消息,而把信宿收到的消息说成是信道的输出消息。

图 2-9　简化的信息传输系统模型

通常预先知道信源集合 X 的概率空间为

$$\begin{bmatrix}X\\P\end{bmatrix}=\begin{bmatrix}x_1 & x_2 & \cdots & x_n\\ p(x_1) & p(x_2) & \cdots & p(x_n)\end{bmatrix}$$

式中:概率 $p(x_i)$,$i=1,2,\cdots$ 称为先验概率。

信宿收到的符号消息集合 Y 的概率空间为

$$\begin{bmatrix}Y\\P\end{bmatrix}=\begin{bmatrix}y_1 & y_2 & \cdots & y_n\\ p(y_1) & p(y_2) & \cdots & p(y_n)\end{bmatrix}$$

对两个离散随机事件集 X 和 Y,事件 y_j 的出现给出关于事件 x_i 的信息量,定义为互信息量。其定义式为

$$I(x_i;y_j)=\lg\frac{p(x_i\mid y_j)}{p(x_i)}\tag{2-5}$$

互信息的单位与自信息量的单位一样取决于对数的底,当对数底为 2 时,互信息量的单位为比特。由式(2-5)可得

$$I(x_i;y_j)=\lg\frac{1}{p(x_i)}-\lg\frac{1}{p(x_i\mid y_j)}$$

上式意味着互信息量等于自信息量减去条件自信息量。或者说互信息量是一种消除的不确定性的度量,即互信息量等于先验的不确定性 $\lg[1/p(x_i)]$ 减去尚存在的不确定性

$\log[1/p(x_i|y_j)]$。

互信息量具有下述基本性质。

(一)互信息量的互易性

互信息量的互易性可表示为

$$I(x_i;y_j)=I(y_j;x_i) \tag{2-6}$$

证明:由式(2-5),有

$$\begin{aligned}I(x_i;y_j)&=\lg\frac{p(x_i|y_j)}{p(x_i)}=\lg\frac{p(x_i|y_j)p(y_j)}{p(x_i)p(y_j)}\\&=\lg\frac{p(x_iy_j)/p(x_i)}{p(y_j)}\\&=\lg\frac{p(y_j|x_i)}{p(y_j)}=I(y_j;x_i)\end{aligned}$$

式(2-7)表明,由事件 y_j 提供的有关事件 x_i 的信息量等于由事件 x_i 提供的有关事件 y_j 的信息量。

(二)互信息量可为零

当事件 x_i,y_j 统计独立时,互信息量为零,即

$$I(x_i;y_j)=0 \tag{2-7}$$

证明:由于 x_i,y_j 统计独立,故有 $p(x_iy_j)=p(x_i)p(y_j)$

于是 $I(x_i;y_j)=\lg\dfrac{p(x_i|y_j)}{p(x_i)}=\lg\dfrac{p(x_iy_j)}{p(x_i)p(y_j)}=\text{lb}1=0$。可见,当事件 x_i,y_j 统计独立时,其互信息量为零。这意味着不能从观测 y_j 获得关于另一个事件 x_i 的任何信息。

(三)互信息量可正可负

在给定观测数据 y_j 的条件下,事件 x_i 出现的概率 $p(x_i|y_j)$ 称为后验概率。当后验概率 $p(x_i|y_j)$ 大于先验概率 $p(x_i)$ 时,互信息量大于零,$I(x_i;y_j)$ 为正值;当后验概率小于先验概率时,互信息量为负值。互信息量为正,意味着事件 y_j 的出现有助于肯定事件 x_i 的出现;反之,则是不利的。造成不利的原因是存在信道干扰。

(四)任何两个事件之间的互信息量不可能大于其中任一事件的自信息量

证明:由于互信息量为

$I(x_i;y_j)=\lg\dfrac{p(x_i|y_j)}{p(x_i)}$,一般 $p(x_i|y_j)\leqslant1$,所以 $I(x_i;y_j)\leqslant\lg\dfrac{1}{p(x_i)}=I(x_i)$。

同理,因 $p(y_j|x_i)\leqslant1$,所以 $I(y_j;x_i)\leqslant\lg\dfrac{1}{p(y_j)}=I(y_j)$。

这说明自信息量 $I(x_i)$ 是为了确定事件 x_i 的出现所必须提供的信息量,也是任何其他事件所能提供的关于事件 x_i 的最大信息量。

例2-3 某人 A 预先知道他的三位朋友 B,C,D 中必定会有一人于某晚要到他家来,并且这三人来的可能性相同,其先验概率为 $p(B)=p(C)=p(D)=1/3$。但是,这天上午 A 接到 D 的电话,说因故不能来了。若把上午这次电话作为事件 E,那么有后验概率 $p(D|E)=0,p(B|E)=p(C|E)=1/2$。这天下午,$A$ 又接到 C 的电话,说他因晚

上出席一个重要会议不能来 A 家。若把下午这一次电话作为事件 F,那么有后验概率 $p(C|EF)=p(D|EF)=0$,而 $p(B|EF)=1$。

在接到上午的电话后,A 获得关于 B,C,D 的互信息量为

$$I(B;E)=\lg\frac{p(B|E)}{p(B)}=\text{lb}\,\frac{1/2}{1/3}=\text{lb}1.5=0.585\text{bit}$$

$$I(C;E)=I(B;E)=0.585\text{bit}$$

因为 $p(D|E)=0$,即在事件 E 发生的条件下不会出现事件 D,所以无须考虑事件 D 与事件 E 之间的互信息量。

在接到两次电话后,A 获得关于 B,C,D 的互信息量为

$$I(B;EF)=\lg\frac{p(B|EF)}{p(B)}=\text{lb}\,\frac{1}{1/3}=\text{lb}3=1.585\text{bit}$$

因为其他两个条件概率 $p(C|EF)$,$p(D|EF)$ 均为零,所以不必考虑事件 C,D 与事件 E,F 之间的互信息量。

由此例看出,由于 $I(B;EF)=1.585\text{bit}$,$I(B;E)=0.585\text{bit}$,因此事件 E,F 的出现有助于肯定事件 B 的出现。

四、条件互信息量

联合集 XYZ 中,在给定 z_k 的条件下,x_i 与 y_j 之间的互信息量定义为条件互信息量。其定义为

$$I(x_i;y_j|z_k)=\lg\frac{p(x_i|y_jz_k)}{p(x_i|z_k)} \tag{2-8}$$

联合集 XYZ 上还存在 x_i 与 y_jz_k 之间的互信息量,其定义式为

$$I(x_i;y_jz_k)=\lg\frac{p(x_i|y_jz_k)}{p(x_i)} \tag{2-9}$$

或进一步表示为

$$\begin{aligned}I(x_i;y_jz_k)&=\lg\left[\frac{p(x_i|y_jz_k)}{p(x_i)}\cdot\frac{p(x_i|y_j)}{p(x_i|y_j)}\right]\\&=\lg\frac{p(x_i|y_j)}{p(x_i)}+\lg\frac{p(x_i|y_jz_k)}{p(x_i|y_j)}\\&=I(x_i;y_j)+I(x_i;z_k|y_j)\end{aligned} \tag{2-10}$$

式(2-10)表明,一对事件 y_jz_k 出现后所提供的有关 x_i 的信息量 $I(x_i;y_jz_k)$,等于事件 y_j 出现后所提供的有关 x_i 的信息量 $I(x_i;y_j)$ 加上在给定事件 y_j 的条件下再出现事件 z_k 所提供的有关 x_i 的信息量。

五、信息熵

自信息量 $I(x_i)$,$i=1,2,\cdots$ 是指某一信源 X 发出某一消息符号 x_i 所含有的信息量。发出的消息不同,它们所含有的信息量也就不同。因此,自信息量是一个随机变量,它不能用来作为整个信源的信息测度。于是,引入平均自信息量,即信息熵。

集 X 上,随机变量 $I(x_i)$ 的数学期望定义为平均自信息量,即

$$H(X)=E[I(x_i)]=E[-\lg p(x_i)]=-\sum_{i=1}^{q}p(x_i)\lg p(x_i) \tag{2-11}$$

集 X 的平均自信息量又称为是集 X 的信息熵，简称为熵。集 X 的平均自信息量表示集 X 中事件出现的平均不确定性，即为了在观测之前，确定集 X 中出现一个事件平均所需的信息量；或者说，在观测之后，集 X 中每出现一个事件平均给出的信息量。

平均自信息量的表示和统计物理学中热熵的表示式相似。在热力学中，热熵 $H(X)$ 描述了在某一给定时刻一个系统可能出现的有关状态的不确定程度。故在含义上，信息熵与热熵有相似之处。

如果一个事件的概率为零，显然它无法提供任何信息。因此，定义 $0=\log 0$，即零概率事件的信息熵为零。

信息熵的单位取决于对数选取的底。设有一个包含 n 个消息的集合 X，其概率空间为

$$\begin{bmatrix}X\\P\end{bmatrix}=\begin{bmatrix}x_0 & x_1 & \cdots & x_{n-1}\\p(x_0) & p(x_1) & \cdots & p(x_{n-1})\end{bmatrix}$$

每个消息的概率相等，均为 $1/n$。选取对数底为 n，由信息熵的定义公式可得

$$H_n(X)=-\sum_{i=1}^{n}\frac{1}{n}\log_n\frac{1}{n}=1$$

可以说，此集合 X 包含了 1 个 n 进制单位的信息量，即使用 1 个 n 进制数就可以表示此集合的信息。特别地，当 $n=2$ 时，信息熵的单位为二进制单位(Binary Units)，简称比特(bit)。当以自然数为底时，信息熵的单位为自然单位(Natural Units)，简称奈特(nat)。当以 10 为对数底时，信息熵的单位为哈脱来(Haitely)，简称哈特(hat)。

在现代数字传输系统中，一般选用二进制计数方式。在信息熵的计算中也多以 2 为对数底。本章中当以 2 为对数底时，信息熵写成 $H(X)$ 形式，单位为比特。其他对数底的信息熵可以利用对数换底公式进行转换。

由对数换底公式 $\log_r x=\dfrac{\log_b x}{\log_b r}$ 可得

$$H_r(x)=H(x)/\text{lb}r \tag{2-12}$$

例 2-4 电视屏上约有 $500\times600=3\times10^5$ 个格点，按每点有 10 个不同的灰度等级考虑，则共能组成 $10^{3\times10^5}$ 个不同的画面。按等概率计算，平均每个画面可提供的信息量为

$$H(X)=-\sum_{i=1}^{n}p(x_i)\lg p(x_i)=-\text{lb}\,10^{-3\times10^5}=3\times10^5\times3.32\approx10^6\text{bit}$$

例 2-5 一个布袋内放 100 个球，其中 80 个球是红色的，20 个球是白色的，若随机摸取一个球，猜测其颜色，求平均摸取一次所能获得的自信息量。

这一随机事件的概率空间为

$$\begin{bmatrix}X\\P\end{bmatrix}=\begin{bmatrix}x_1 & x_2\\0.8 & 0.2\end{bmatrix}$$

式中：x_1 为摸出的球是红球事件；x_2 为摸出的球是白球事件。

这是一个随机事件试验。试验结果是，当被告知摸出的是红球，则获得的信息量是

$$I(x_1) = -\lg p(x_1) = -\mathrm{lb}0.8\mathrm{bit}$$

当被告知摸出的是白球，则获得的信息量是

$$I(x_2) = -\lg p(x_2) = -\mathrm{lb}0.2\mathrm{bit}$$

如果每次摸出一个球后又放回袋中，再进行下一次摸取，那么如此摸取 n 次，红球出现的次数为 $np(x_1)$ 次，白球出现的次数为 $np(x_2)$ 次。随机摸取 n 次后总共所获得的信息量为

$$np(x_1)I(x_1) + np(x_2)I(x_2)$$

而平均随机摸取一次所获得的信息量则为

$$\begin{aligned} H(X) &= \frac{1}{n}[np(x_1)I(x_1) + np(x_2)I(x_2)] \\ &= -[p(x_1)\lg p(x_1) + p(x_2)\lg p(x_2)] = -\sum_{i=1}^{2} p(x_i)\lg p(x_i) \end{aligned}$$

从此例可以看出，平均自信息量，亦即信息熵 $H(X)$ 是从平均意义上来表征信源的总体特征的一个量，它们表征信源的平均不确定性。

六、条件熵

上面讨论的是单个离散随机变量的概率空间的不确定性的度量问题。当将此概率空间视为信源时，相当于讨论离散信源的平均信息含量，即信源熵。实际应用中，常常需要考虑两个或两个以上的概率空间之间的相互关系，此时需要引入条件熵的概念。

联合集 XY 上，条件自信息量 $I(y|x)$ 的概率加权平均值定义为条件熵。其定义式为

$$H(Y|X) = \sum_{XY} p(x_i y_j) I(y_j | x_i) \tag{2-13}$$

式(2-13)称为联合集 XY 中，集 Y 相对于 X 的条件熵。条件熵又可写成

$$H(Y|X) = \sum_{XY} p(x_i y_j) \lg p(y_j | x_i) \tag{2-14}$$

式中取和的范围包括 XY 二维空间中的所有点。要注意条件熵是用联合概率 $p(xy)$，而不是用条件概率 $p(y|x)$ 进行加权平均的。

现在说明条件熵要用联合概率进行加权平均的原因。

按熵的定义，有

$$H(Y|X = x_i) = -\sum_{j=1}^{m} p(y_j | x_i) \lg p(y_j | x_i)$$

该式表示前面一个消息符号给定时 $(X = x_i)$ 信源输出下一个消息符号的平均不确定性。由于给定不同的 x_i，$H(Y|X = x_i)$ 是变动的，因此 $H(Y|X = x_i)$ 是一个随机变量，故应求出 $H(Y|X = x_i)$ 的统计平均值。

$$\begin{aligned} H(Y|X) &= \sum_{i=1}^{n} p(x_i) H(Y|X = x_i) \\ &= -\sum_{i=1}^{n}\sum_{j=1}^{m} p(x_i) p(y_j | x_i) \lg p(y_j | x_i) \\ &= -\sum_{XY} p(x_i y_j) \lg p(y_j | x_i) \end{aligned}$$

当 X 表示信道的输入，Y 表示信道的输出时，条件熵 $H(X|Y)$ 表示在得到输出 Y 的条

件下,输入 X 中剩余的不确定性,即信道损失。

七、联合熵

联合集 XY 上,每对元素 x_iy_j 的自信息量的概率加权平均值定义为联合熵。其定义式为

$$H(XY) = \sum_{XY} p(x_iy_j)I(x_iy_j) \tag{2-15}$$

联合熵又可定义为

$$H(XY) = \sum_{XY} p(x_iy_j)\lg p(x_iy_j) \tag{2-16}$$

联合熵又称为共熵。

八、各种熵的性质

(一)联合熵与信息熵、条件熵的关系

联合熵与信息熵、条件熵存在关系为

$$H(XY) = H(X) + H(Y \mid X) = H(Y) + H(X \mid Y) \tag{2-17}$$

证明:对于离散联合集 XY,联合熵为

$$\begin{aligned}
H(XY) &= -\sum_{i=1}^{n}\sum_{j=1}^{m} p(x_iy_j)\lg p(x_iy_j) \\
&= -\sum_{i=1}^{n}\sum_{j=1}^{m} p(x_iy_j)\lg[p(x_i)p(y_j \mid x_i)] \\
&= -\sum_{i=1}^{n}\Big(\sum_{j=1}^{m} p(y_j \mid x_i)\Big)p(x_i)\lg p(x_i) - \sum_{i=1}^{n}\sum_{j=1}^{m} p(x_iy_j)\lg p(y_j \mid x_i) \\
&= -\sum_{i=1}^{n} p(x_i)\lg p(x_i) + H(Y \mid X) \\
&= H(X) + H(Y \mid X)
\end{aligned}$$

其中

$$\sum_{j=1}^{m} p(y_j \mid x_i) = 1, i = 1,2,\cdots,n$$

联合熵等于在前一个集合 X 出现的熵加上前一个集合 X 出现的条件下,后一个集合 Y 出现的条件熵。

如果集 X 和集 Y 相互统计独立,则有

$$H(XY) = H(X) + H(Y) \tag{2-18}$$

此时,$H(Y \mid X) = H(Y)$。式(2-17)表示熵的可加性,而式(2-18)表示熵的强可加性。

由式(2-17)可得

$$H(X) - H(X \mid Y) = H(Y) - H(Y \mid X) \tag{2-19}$$

此性质还可推广到多个随机变量构成的概率空间之间的情况。设有 N 个概率空间 $X_1, X_2, \cdots, X_N$,其联合熵可表示为

$$\begin{aligned}&H(X_1X_2\cdots X_N)\\&=H(X_1)+H(X_2\mid X_1)+\cdots+H(X_N\mid X_1X_2\cdots X_{N-1})\\&=\sum_{i=1}^{N}H(X_i\mid X_1X_2\cdots X_{i-1})\end{aligned}\tag{2-20}$$

如果 N 个随机变量相互独立,则有

$$H(X_1X_2\cdots X_N)=\sum_{i=1}^{N}H(X_i)\tag{2-21}$$

(二)联合熵与信息熵的关系

$$H(XY)\leqslant H(X)+H(Y)\tag{2-22}$$

等式成立的条件是集 X 和集 Y 统计独立。

证明:按熵的定义,有

$$\begin{aligned}&H(XY)-H(X)-H(Y)\\&=-\sum_{i=1}^{n}\sum_{j=1}^{m}p(x_iy_j)\lg p(x_iy_j)-\left(-\sum_{i=1}^{n}p(x_i)\lg p(x_i)\right)-\left(-\sum_{j=1}^{m}p(y_j)\lg p(y_j)\right)\\&=-\sum_{i=1}^{n}\sum_{j=1}^{m}p(x_iy_j)\lg p(x_iy_j)+\sum_{i=1}^{n}\sum_{j=1}^{m}p(x_iy_j)\lg[p(x_i)p(y_j)]\\&=\sum_{i=1}^{n}\sum_{j=1}^{m}p(x_iy_j)\lg\frac{p(x_i)p(y_j)}{p(x_iy_j)}\\&\leqslant\lg e\cdot\sum_{i=1}^{n}\sum_{j=1}^{m}p(x_iy_j)\left[\frac{p(x_i)p(y_j)}{p(x_iy_j)}-1\right]\\&=\lg e\cdot\left[\sum_{i=1}^{n}\sum_{j=1}^{m}p(x_i)p(y_j)-\sum_{i=1}^{n}\sum_{j=1}^{m}p(x_iy_j)\right]\\&=0\end{aligned}$$

故

$$H(XY)\leqslant H(X)+H(Y)$$

若集 X 和集 Y 统计独立,则有

$$p(x_iy_j)=p(x_i)p(y_j)$$

显然

$$H(XY)-H(X)-H(Y)=\sum_{i=1}^{n}\sum_{j=1}^{m}p(x_iy_j)\lg\frac{p(x_i)p(y_j)}{p(x_iy_j)}=0$$

故

$$H(XY)=H(X)+H(Y)$$

(三)条件熵与信息熵的关系

$$H(Y\mid X)\leqslant H(Y)\tag{2-23}$$

九、平均条件互信息量

除了前面讨论的各种熵(信息熵、条件熵和联合熵),不同概率空间集合之间的平均互信息量在探讨信息传输问题时也是十分重要的。

信息传输的目的是在接收端精确地以一定的允许失真复现发送的消息。信息传输系统就是对输入作某种变换。信息传输系统的输出和输入存在一定的概率关系。

首先讨论输入、输出均为离散的情况，它们均可用离散概率空间描述。现令 X 和 Y 分别表示输入离散时间和输出离散时间集。其中，$X=\{x_i, i=1,2,\cdots,n\}$，对每个事件 $x_i \in X$，相应概率为 $p(x_i)$，简化为 p_i，且

$$\begin{cases} p_i \geqslant 0, i=1,2,\cdots,n \\ \sum_{i=1}^{n} p_i = 1 \end{cases}$$

以 $\{X,P\}$ 表示输入概率空间，$P=\{p_i, i=1,2,\cdots,n\}$，类似地有 $Y=\{y_j, j=1,2,\cdots,m\}$，对每个事件 $y_j \in Y$，相应概率为 $p(y_j)$，简记为 p_j，且

$$\begin{cases} p_j \geqslant 0, j=1,2,\cdots,m \\ \sum_{j=1}^{m} p_j = 1 \end{cases}$$

以 $\{Y,P\}$ 表示输出概率空间，$P=\{p_j, j=1,2,\cdots,m\}$。

X 和 Y 的联合空间：

$$XY=\{x_iy_j : x_i \in X, y_j \in Y, i=1,2,\cdots,n; j=1,2,\cdots,m\}$$

与每组事件（积事件）$x_iy_j \in XY$ 相应的概率为二维联合概率 $p(x_iy_j)$，且

$$\begin{cases} \sum_{i=1}^{n}\sum_{j=1}^{m} p(x_iy_j) = 1 \\ p(x_i) = \sum_{j=1}^{m} p(x_iy_j) \\ p(y_j) = \sum_{i=1}^{n} p(x_iy_j) \end{cases}$$

以 $\{XY, p(xy)\}$ 表示二维联合概率空间。一般地，有条件概率：

$$\begin{cases} p_{ij} = p(y_j \mid x_i) = \dfrac{p(x_iy_j)}{p(x_i)}, p(x_i) \geqslant 0 \\ p_{ji} = p(x_i \mid y_j) = \dfrac{p(x_iy_j)}{p(y_i)}, p(y_j) \geqslant 0 \end{cases}$$

当事件 x_i 和 y_j 彼此统计独立时，有

$$p(x_i, y_j) = p(x_i)p(y_j)$$

若上式对所有的 i,j 成立，则称集 X 与集 Y 统计独立，否则称为统计相关。

在联合集 XY 上，由 y_j 提供的关于集 X 的平均条件互信息量等于由 y_j 所提供的互信息量 $I(x_i;y_j)$ 在整个 X 中以后验概率加权的平均值，其定义式为

$$I(X;y_j) = \sum_{X} p(x_i \mid y_j) I(x_i;y_j) \tag{2-24}$$

式中：$p(x_i \mid y_j)$ 为后验概率。

由于互信息 $I(x_i;y_j)$ 是表示观测到 y_j 后获得的关于事件 x_i 的信息量，即

$$I(x_i;y_j) = \lg \frac{p(x_i \mid y_j)}{p(x_i)}$$

故平均条件自信息量又可以表示为

$$I(X;y_j) = \sum_X p(x_i \mid y_j) \lg \frac{p(x_i \mid y_j)}{p(x_i)} \tag{2-25}$$

联合集 XY 上的平均条件互信息量有

$$I(X;y_j) \geqslant 0 \tag{2-26}$$

当且仅当 X 集中的各个 x_i 都与事件 y_j 相互独立时，等号成立。

证明：将式(2-25)改写成

$$-I(X;y_j) = \sum_X p(x_i \mid y_j) \lg \frac{p(x_i)}{p(x_i \mid y_j)}$$

若令

$$\omega = p(x_i)/p(x_i \mid y_j)$$

再引用式(2-24)则可得

$$-I(X;y_j) \leqslant \sum_X p(x_i \mid y_j)\left[\frac{p(x_i)}{p(x_i \mid y_j)} - 1\right]\lg \mathrm{e} = \sum_X [p(x_i) - p(x_i \mid y_j)]]\lg \mathrm{e} = 0$$

故 $I(X;y_j) \geqslant 0$。当且仅当 $p(x_i) = p(x_i \mid y_j)$ 时，式(2-26)取等号。

平均互信息量就是互信息量 $I(X;y_j)$ 在整个集 Y 上的概率加权平均值，其定义式为

$$I(X;Y) = \sum_Y p(y_j) I(X;y_j) \tag{2-27}$$

或定义为

$$I(X;Y) = \sum_{XY} p(x_i, y_j) \lg \frac{p(x_i \mid y_j)}{p(x_i)} \tag{2-28}$$

$$I(X;Y) = \sum_{XY} p(x_i) p(y_j \mid x_i) \lg \frac{p(y_j \mid x_i)}{p(y_j)} \tag{2-29}$$

也可定义为

$$I(X;Y) = \sum_{XY} p(x_i, y_j) I(x_i; y_j) \tag{2-30}$$

其中

$$I(x_i;y_j) = \lg \frac{p(x_i \mid y_j)}{p(x_i)} = \lg \frac{p(y_j \mid x_i)}{p(y_j)} \tag{2-31}$$

当 x_i 和 y_j 相互独立时，$I(x_i;y_j) = 0(i = 1,2,\cdots;j = 1,2,\cdots)$；且 $I(X;Y) = 0$。

平均条件互信息量具有以下基本性质。

（一）非负性

$$I(X;Y) \geqslant 0$$

当且仅当 X 与 Y 相互独立时，等号成立，即如果 X 与 Y 相互独立，它们之间相互不能提供任何信息。

（二）互易性（对称性）

$$I(X;Y) = I(Y;X) \tag{2-32}$$

平均互信息量 $I(X;Y)$ 的对称性表示从集 Y 中获得关于 X 的信息量和从集 X 中获得关于 Y 的信息量相等。

（三）平均互信息和各类熵的关系

平均互信息和熵、条件熵的关系为

$$I(X;Y)=H(X)-H(X|Y)=H(Y)-H(Y|X) \tag{2-33}$$

平均互信息和熵、联合熵的关系为

$$I(X;Y)=H(X)+H(Y)-H(XY) \tag{2-34}$$

平均互信息量 $I(X;Y)$ 和各类熵的关系可以用维拉图表示。图 2－10 中两个长方形的长度分别代表熵 $H(X)$ 和 $H(Y)$。其重叠部分的长度代表平均互信息量 $I(X;Y)$。不重叠部分的长度分别代表条件熵 $H(X|Y)$ 和 $H(Y|X)$。而总长度代表共熵 $H(X,Y)$。当集 X 和集 Y 统计独立时，则 $I(X;Y)=0$，于是有

$$H(X,Y)_{\max}=H(X)+H(Y)$$

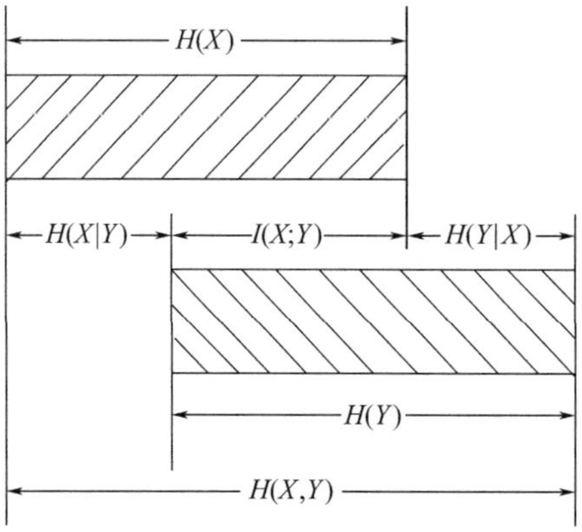

图 2－10　平均互信息和信息熵的关系

条件熵 $H(X|Y)$ 表示在已知输出 Y 的条件下输入 X 的剩余不确定性，即信道损失。由互信息量 $I(X;Y)$ 与条件熵 $H(X|Y)$ 的关系可看出，$I(X;Y)$ 等于输入平均信息量 $H(X)$ 减去信道损失，它反映了信道传输信息的能力。最大平均互信息量就是信道容量。

（四）极值性

$$I(X;Y)\leqslant H(X) \tag{2-35}$$

$$I(X;Y)\leqslant H(Y) \tag{2-36}$$

第三节　编码理论

一、信源编码

信息编码是提高信息传输有效性的重要手段，它通过对信息输出的消息进行有效变换，使变换后的新信源的冗余度尽量减少，即通过压缩编码，以最少的数码表示信源所发出的消息，减少容纳信源信息的信号空间。这里，所谓信号空间是指：①物理空间：如存储器、磁盘、磁带、光盘等数据存储介质；②时间区间：如传输给定信源消息集合所需要的时间；③电磁频谱区域：如为传输给定信源消息集合所要求的带宽等。总而言之，就是通过压缩减少某信号集合所占的空域、时域或频域空间。信号空间的这几种形式是相互关联的，如存储空间的减少往往也意味着传输效率的提高与占用带宽的节省。可见，信源压缩编码的实质是压缩数据中的冗余内容。

经典而实用的信源编码包括预测编码、变换编码和统计编码，它们以信息论为理论基础，目前对信源压缩编码的研究已突破了香农信息论的基本框架，出现了各种新的编码原理和方法，如小波变换编码、分形编码、模型编码、语音参数编码等，它们主要是针对各种信源的不同特点，如二维图像的相似特性、人脸图像的框架模型、语音信号的声学特征等进行处理，从而得到了完全不同的结果，也使压缩编码理论和技术的研究呈现出百花齐放的局面。

任何数据压缩方法，都可以抽象成图 2－11 所示的三个步骤。建立数学模型，以便能更紧凑或更有效地重新表达规律性不是很明显的原始数据；设法更简洁地表达在第 1 步中所建立的模型参数（即新的数据表示分量），由于这些参数可能会具有过高的表示精度，因此可以将其量化为有限的精度（为区别于对原始信号数字化时已进行过的一次量化过程，称为二次量化）；对模型参数的量化表示或消息流进行码字分配，以得到尽可能紧凑的压缩码流，此时的编码要求能真实地再现模型参数的量化符号，即尽量满足信息无失真要求，往往通过熵编码或统计编码完成。

图 2－11　数据压缩的一般步骤

如果没有第 2 步，且建模表达是一个可逆过程，则从压缩后的码流中就可能完全恢复原始数据；否则，由于二次量化的存在，便无法完全再现原始数据。由此，能够取得一致的分类方法，就是将数据压缩分为在某种程度上可逆的（即无损过程）与实际上不可逆的（即有损过程）两大类，这样更能说明它们的本质区别。压缩编码的分类情况和常见信源的标准压缩方法，如表 2－1 所示。

表 2－1　压缩编码技术的简单分类

无损压缩（熵编码）	统计编码	Huffman 编码、流程编码等			
		算术编码			
		基于字典的编码：LZW 编码等			
	其他编码	完全可逆的小波分解＋统计编码等			
有损压缩（熵压缩）	特征抽取	分析/综合编码			子带、小波、分形、模型基等
	量化				其他
		无记忆量化			均匀量化、MAX 量化、压扩量化等
		有记忆量化	序列量化	预测编码	增量调制、线性预测、非线性预测、自适应预测、运动补偿预测等
				其他方法	序贯量化等
			分组量化	直接映射	矢量量化、神经网络、方块截尾等
				变换编码	正交变换：KLT、DCT、DFT、WHT 等
					非正交变换
					其他函数变换等

对于实际应用而言，量化是更为通用的有损压缩技术，除了直接对无记忆信源的单个样本做所谓零记忆量化，还可以将有记忆信源的多个相关样本映射到不同的空间，去除了

原始数据中的相关性后再做量化处理。由此又引出了预测编码和变换编码两类常见的实用压缩技术。一个实用的高效编码方案常常要同时综合考虑各类编码技术之所长。下面介绍经典的霍夫曼(Huffman)编码和 LZW 编码方法。

(一)霍夫曼编码方法

1952 年,霍夫曼提出了一种信源编码方法,称为霍夫曼码。霍夫曼码是即时码,且是最佳码,即平均码长最短。

二元霍夫曼编码步骤如下:

(1)将信源 U 的 n 个符号 u_i 按概率 $p(u_i)$ 从大到小排列。

(2)将两个概率最小的符号合并成一个新符号,新符号的概率为两个符号概率之和,得到只包含 $n-1$ 个符号的缩减信源 U_1。

(3)把缩减信源 U_1 的符号仍按概率从大到小排列,将其中两个概率最小的符号合并成一个符号,形成 $n-2$ 个符号的缩减信源 U_2。

(4)依次继续,直至信源最后只剩下 1 个符号为止。

(5)将每次合并的两个信源符号分别用“0”码和“1”码表示。

(6)从最后一级缩减信源开始,向前返回,就得出各信源符号所对应的码符号序列,即得各信源符号对应的码字。

例 2-6 现有一个由 5 个不同符号组成的 30 个符号的字符串,具体如下:

BABAC ACADA DABBC BABEB EDDAB EEEBB

试编写该字符串的霍夫曼码。

解: 根据霍夫曼编码的步骤,编码过程如下。

(1)将信源字符按照其概率由大到小的顺序排列。

(2)将概率最小的两个信源字符 C 和 D 合并(即将最小的两个概率相加),形成一个新的概率集合。

(3)按照(1)和(2)重复,直至剩下两个符号的概率集合(此时它们的概率之和为 1),形成图 2-12 所示的编码树。

(4)对每次相加的两个字符赋予二进制码元,赋值规则可以自定,如概率大的赋“1”,概率小的赋“0”;若两个概率相等,任选一个赋“0”,另一个赋“1”。

(5)从树的最右端向左追踪,就得到了该字符的编码输出码字。

11101110010 100101001110 011101111010 1110110011 000110111011 0000001111

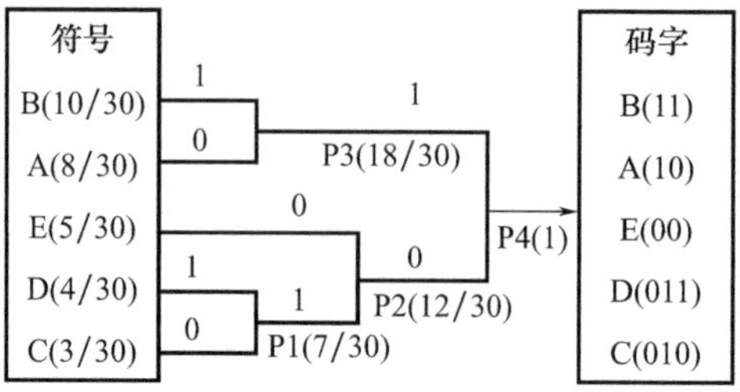

图 2-12 霍夫曼编码树

二元霍夫曼码的编码方法可以推广到 r 元编码中,不同的只是每次把概率最小的 r 个符号合并成一个新的信源符号，并分别用0,1,…,$(r-1)$等码元表示。

为了使短码得到充分利用，使平均码长最短，必须使最后一步的缩减信源有r个信源符号。因此，对于r元编码，信源U符号个数n必须满足

$$n=(r-1)Q+r$$

即要求方程有整数解，其中Q为未知数。当此方程没有整数解时，可以通过人为增加一些概率为"0"的符号来解决。

r元霍夫曼的编码步骤如下：

(1)验证所给信源符号数是否满足编码方程，若不满足，需要人为增加一些概率为"0"的符号。

(2)将信源符号按概率从大到小排列，将概率最小的r个符号合并成一个新符号，新符号的概率为r个符号概率之和，并分别用0,1,…,$(r-1)$给各个分支赋值。

(3)将新节点和剩下节点重新排队，重复步骤(2)直至树根。

(4)取树根到叶子的各树枝上的值，得到各符号码字。

(二)LZW 编码

霍夫曼编码是高效的无失真信源编码方法，但是其要求事先知道信源的统计特性。然而在工程实践当中，有时要确知信源的统计特性是相当困难的，因此出现了信源统计特性未知时的无失真信源编码方法，这类编码方法称为通用编码。

1977年，以色列学者兰佩尔(A. Lempel)和齐费(J. Ziv)提出一种基于字典的语法解析码，1978年，他们又提出了改进算法，习惯上将这两个算法分别称为L277和L278。1984年，韦尔奇(T. A. Welch)将L278修改成一种实用的算法，后定名为LZW算法。LZW算法保留了L278的自适应能力，压缩效果也大致相同，但LZW算法的显著特点是逻辑性强，易于硬件实现，且运算速度快。LZW算法已经作为一种通用压缩方法，广泛应用于任何小消息信源的压缩，主要是二值数据的压缩。LZW算法的基本思想是建立一个编码表(转换表)，韦尔奇称为串表，该表将信源序列映射成定长的码字，通常码长设为12bit，也就是12位。算法在产生输出的同时动态更新串表。

LZW算法只需扫描一次信源序列，无须进行有关信源的概率统计。LZW算法对信源序列起始段的压缩效果较差，但随着信源序列的增长，串表由空逐步自适应建立，压缩效果逐步提高。

LZW算法具有所谓的"前缀性"：假设任何一个字符串P和某一个字符S组成一个字符串PS，若PS在串表中，则P也一定在串表中。S为P的扩展，P为S的前缀。正是由于LZW算法的前缀性，使得它可以实现压缩。这是因为假设P的长度为L，则信源序列中第一次出现P时，把L编码为12bit；当P第二次出现时，把P和其后的符号S一起放在串表中，此时是把$L+1$编码为12bit；当PS再次出现时，把$L+2$编码为12bit。由此可见，P出现的次数越多，压缩效果越好。

LZW算法是对信源序列进行编码，编码步骤如下：

(1)将待编码信源序列中的所有单个字符存入串表中，并给每个符号赋一个码字值。

(2)读入第一个输入字符，赋给前缀变量P。

(3)读下一个输入字符，赋给扩展变量S。

(4)如果S为空，输出P，停止；否则执行步骤(5)。

(5)如果 PS 不在串表中,则将 P 对应的码字值输出,将 PS 存入串表,并分配一个码字值,同时将扩展字符 S 赋给 P;否则将 PS 赋给 P。

(6)重复步骤(3)。

例 2 -7 对信源序列 XYXYZYXYXYXXXXXXX 进行 LZW 编码。

解:编码过程如图 2 -13 所示。

次数	串表	P	S	输出
0	字符串 X Y Z 码字 1 2 3			
1	字符串 X Y Z XY 码字 1 2 3 4	X	Y	1
2	字符串 X Y Z XY YX 码字 1 2 3 4 5	Y	X	2
3	字符串 X Y Z XY YX 码字 1 2 3 4 5	X	Y	
4	字符串 X Y Z XY YX XYZ 码字 1 2 3 4 5 6	XY	Z	4
5	字符串 X Y Z XY YX XYZ ZY 码字 1 2 3 4 5 6 7	Z	Y	3
6	字符串 X Y Z XY YX XYZ ZY 码字 1 2 3 4 5 6 7	Y	X	
7	字符串 X Y Z XY YX XYZ ZY YXY 码字 1 2 3 4 5 6 7 8	YX	Y	5
8	字符串 X Y Z XY YX XYZ ZY YXY 码字 1 2 3 4 5 6 7 8	Y	X	
9	字符串 X Y Z XY YX XYZ ZY YXY 码字 1 2 3 4 5 6 7 8	YX	Y	
10	字符串 X Y Z XY YX XYZ ZY YXY YXYX 码字 1 2 3 4 5 6 7 8 9	YXY	X	8
11	字符串 X Y Z XY YX XYZ ZY YXY YXYX XX 码字 1 2 3 4 5 6 7 8 9 10	X	X	1
12	字符串 X Y Z XY YX XYZ ZY YXY YXYX XX 码字 1 2 3 4 5 6 7 8 9 10	X	X	
13	字符串 X Y Z XY YX XYZ ZY YXY YXYX XX XXX 码字 1 2 3 4 5 6 7 8 9 10 11	XX	X	10
14	字符串 X Y Z XY YX XYZ ZY YXY YXYX XX XXX 码字 1 2 3 4 5 6 7 8 9 10 11	X	X	
15	字符串 X Y Z XY YX XYZ ZY YXY YXYX XX XXX 码字 1 2 3 4 5 6 7 8 9 10 11	XX	X	
16	字符串 X Y Z XY YX XYZ ZY YXY YXYX XX XXX XXXX 码字 1 2 3 4 5 6 7 8 9 10 11 12	XXX	X	11
17	字符串 X Y Z XY YX XYZ ZY YXY YXYX XX XXX XXXX 码字 1 2 3 4 5 6 7 8 9 10 11 12	X		1

图 2 -13 LZW 编码过程

LZW 算法的译码过程比较简单,译码器收到 1 2 4 3 5 8 1 10 11 1 之后,只需查编码表中最后一步形成的串表,即可得到原始信源序列。

通过例题,读者可能觉得 LZW 算法的压缩效果非常差,信源序列的长度为 17,编码之后长度变为 120,不但没有压缩,反而数据量更大了。这与为了书写方便,举的例子较短有关。其实在工程实践中,信源序列的长度都非常长,如二值图像,一个很小的 100×100 的二值图像,信源序列的长度就达到了 10000,信源序列越长,LZW 算法的压缩效果越好。

二、信道编码

信道编码又称纠错编码。在实际信道上传输数字信号时,接收端收到的信号不可避免地会发生错误,造成传输或存储错误的原因是信道上存在干扰和噪声,以及信道传输特性不理想所造成的码间串扰。一个典型噪声信道的比特错误概率可以高达 10^{-2},对于大多数应用来说,这样的可靠性远不能满足要求,表 2-2 列出了不同应用可接受的比特错误概率。

表 2-2　不同应用可接受的比特错误概率

应用	错误概率
普通电报	10^{-3}
语音电话	10^{-4}
声乐数据	10^{-6}
电子邮件、电子报纸	10^{-6}
因特网访问	10^{-6}
可视电话、高速计算	10^{-7}

为了提高系统的可靠性,有多种方法,如通过均衡技术消除码间串扰,通过合理设计基带信号,选择调制体制等方法使误比特率降低,还可以采用增大发射功率、加强天线方向性等措施。但采用这些方法降低差错的程度是有限的,要进一步提高系统的可靠性,就必须采用以信道编码为核心的差错控制技术,以满足系统指标要求。

(一)差错控制方式

差错控制是以纠错编码为核心将系统差错控制在一定范围的一项技术,即是"针对某一特定的数据传输或存储系统,应用纠错或检错编码及其相应的其他技术(如反馈重传等)来提高整个系统传输数据可靠性"的方法。在数字通信系统中,利用纠错码或检错码进行差错控制的方式大致有自动重传反馈(Automatic Repeat re Quest,ARQ)方式、前向纠错(Forward Error Correction,FEC)方式、混合纠错(Hybrid Error Correction,HEC)方式以及信息反馈(Information Repeat re Quest,IRQ)方式等几类,如图 2-14 所示。

1. 自动重传反馈方式

发送端发出能够发现错误的码(检错码),通过工作信道送到接收端,译码器只需判决码组中有无错误出现。再把判决信号通过反馈信道送回发送端。发送端根据这些判决信号,把接收端认为有错误的消息再次传送,直到接收端认为正确为止。

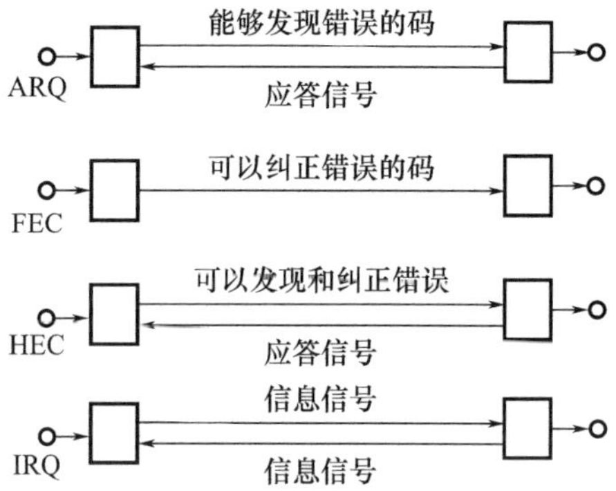

图 2-14　差错控制的基本方式

由图 2-14 可知，应用 ARQ 方式必须有一个反馈信道，一般适用于一个用户对一个用户（点对点）的通信，它要求系统收发两端必须互相配合、密切协作，这种方式的控制电路比较复杂。且由于自动反馈重发次数与信道干扰情况有关，若信道干扰很频繁，则系统经常处于重发消息的状态，因此这种方式传送消息的连贯性和实时性较差。该方式的优点是：编译码设备比较简单；在一定的冗余度码元下，编码的检错能力一般比纠错能力要高得多，因而整个系统的纠错能力极强，能获得极低的误码率；由于检错码的检错能力与信道干扰的变化基本无关，因此这种系统的适应性很强，特别适应于短波、散射、有线等干扰情况复杂的信道中。

2. 前向纠错方式

发送端发送具有一定纠错能力的码，接收端收到这些码后，根据码的规律性，译码器不仅能自动地发现错误，而且还能自动地纠正接收码字在传输中的错误，不需反馈信道，能进行一个用户对多个用户的同播通信，译码实时性较好，控制电路比 ARQ 的简单。其缺点是译码设备比较复杂，所选用的纠错码必须与信道的干扰情况相匹配，因而对信道的适应性较差。为了要获得比较低的误码率，往往需以最坏的信道条件来设计纠错码，故所需的多余码元比检错码要多得多，从而使编码效率降低。但由于这种方式能同播，特别适用于军用通信，并且随着编码理论的发展和编译码设备所需的大规模集成电路成本的不断降低，译码设备有可能做得越来越简单，成本越来越低，因而在实际的数字通信中逐渐得到广泛应用。

3. 混合纠错方式

混合纠错方式下发送端发送的码不仅能够检测出错误，而且还具有一定的纠错能力。接收端收到序列以后，首先检验错误情况，如果在纠错码的纠错能力以内，则自动进行纠正。如果错误很多，超过了码的纠错能力，但能检测出来，则接收端通过反馈信道，要求发端重新传送有错误的消息。这种方式在一定程度上避免了 FEC 方式要求用复杂的译码设备和 ARQ 方式信息连贯性差的缺点，并能达到较低的误码率，因此在实际中应用越来越广。

除了上述三种主要方式，还有所谓狭义信息反馈（IRQ）方式。这种方式是接收端把收到的消息原封不动地通过反馈信道送回发送端，发送端比较发送的与反馈回来的消息，从而发现错误，并且把传错的消息再次传送，最后达到使对方正确接收消息的目的。

（二）信道编码方法

和信源编码一样，信道编码也包含编码器和译码器两部分。但是，由于信道编码和信源编码的目的不同,两者存在非常大的差别,表2-3概括了这些差别,可见两者在目的、指标、编译码之间的关系等方面都是不一样的。

表2-3　信道编码和信源编码的区别

项目	信源编码	信道编码
目的	压缩,通过去除信源冗余实现	纠错,通过引入冗余实现
主要指标	平均码长	平均错误译码概率
影响主要指标的因素	编码方法	编码方法、译码方法
编译码之间的关系	一种编码方法对应一种译码方法,译码是编码的逆过程	一种编码方法可能对应多种译码方法,在这多种译码方法中有一个能使平均错误译码概率最小

1. 奇偶校验码

奇偶校验码是一种简单而又常用的信道编码方法,分为奇校验和偶校验。

说明:如偶校验,它的编码规则为在一个字节中,前7位为数据,最后一位为校验位,如果前7位的和为奇数,则校验位为1;如果前7位的和为偶数,则校验位为0。换句话说,校验位使得一个字节的8位数加起来一定是偶数。

偶校验的译码规则为如果收到的一个字节数据的8位的和为偶数,则认为数据中没有错误;如果和为奇数,则认为数据在传输过程中发生了错误,至于是第几位发生错误,不能确定。

由此可见:

(1)校验位就是人为加入的冗余,正是由于校验位(冗余)的存在,使得奇偶校验码具有检错能力。

(2)奇偶校验码只具有检错能力而不具有纠错能力,这是因为它只能发现错误,而不能纠正错误。

(3)当8位中只有1位发生错误时,奇偶校验码可以发现;当有2位发生错误时,奇偶校验码不能发现,它会认为这是一个正确的码字,即奇偶校验码只能检测 r 位错误,因此奇偶校验码的检错能力为1位。

2. 重复编码

重复编码也是一种常用的信道编码方法。

试分析其中的一次重复编码和三次重复编码。说明:假设要传输二元数据0、1。

先分析一次重复编码。一次重复编码实际上是不进行信道编码,将数据直接发送出去,即信道编码规则为0—0、1—1,译码规则为0—0、1—1。

由此可见,一次重复编码有以下特点。

(1)没有冗余。

(2)如果接收的某一位发生错误,一次重复编码既不能检测到,更不能纠正,因此一次重复编码不具有检错/纠错能力。

再分析三次重复编码。

三次重复编码的编码规则为0—000、1—111。译码规则采用大数译码法则000,001,010,100—0、111,110,101,011—1。

由此可见,三次重复编码有以下特点。

（1）有 2 位冗余。

（2）当一个码字的 3 个位中有 1 位或者 2 位发生错误时，接收者都能够知道该码字在传输过程中发生了错误，因此三次重复编码可以检 2 位错。

（3）当一个码字的 3 个位中有 1 位发生错误时，能够正确译码；当有 2 位发生错误时，不能正确译码，因此三次重复编码可以纠 1 位错。例如，发送者发送的是 0，编码为 000，如果传输过程中发生 1 位错，接收者接收到的是 100，则译码为 0，译码正确；如果传输过程中发生 2 位错，接收者接收到的是 101，则译码为 1，译码错误。

3. 汉明码

汉明码是能够纠正 1 位错码且编码效率较高的一种线性分组码。

汉明码的构造原理如下：

在偶数监督码中，由于使用了一位监督位 a_0，它和信息位 $a_{n-1}\cdots a_1$ 一起构成一个代数式：

$$a_{n-1}\oplus a_{n-2}\oplus\cdots\oplus a_0=0$$

在接收端解码时，实际上就是在计算

$$S=a_{n-1}\oplus a_{n-2}\oplus\cdots\oplus a_0$$

若 $S=0$，就认为无错码；若 $S=1$，就认为有错码。S 称为校正子。

由于校正子 S 只有两种取值，故它只能代表有错和无错两种信息，而不能指出错码的位置。

若监督位增加 1 位，即变成 2 位，则能增加一个类似的监督关系式。由于两个校正子的可能值有 4 种组合：00，01，10，11，故能表示 4 种不同的信息。若用其中 1 种组合表示无错，则其余 3 种组合就有可能用来指示一个错码的 3 种不同位置。同理，r 个监督关系式能指示 1 位错码的（$2r-1$）个可能位置。

一般来说，若码长为 n，信息位数为 k，则监督位数 $r=n-k$。如果希望用 r 个监督位构造出 r 个监督关系式来指示 1 位错码的 n 种可能位置，则要求：

$$2^r-1\geqslant n \quad 或 \quad 2^r\geqslant k+r+1$$

例 2-8　设分组码为（7，4），设计汉明码，使其能纠正 1 位错码。

解：用 $a_6\,a_5\cdots a_0$ 表示这 7 个码元，a_2，a_1，a_0 为监督码元，用 S_1、S_2 和 S_3 表示 3 个监督关系式中的校正子。

a_0 是 a_6、a_4、a_3 的偶校验码：

$$a_6\oplus a_4\oplus a_3\oplus a_0=0$$

a_1 是 a_6、a_5、a_3 的偶校验码：

$$a_6\oplus a_5\oplus a_3\oplus a_1=0$$

a_2 是 a_6、a_5、a_4 的偶校验码：

$$a_6\oplus a_5\oplus a_4\oplus a_2=0$$

根据编码的监督关系式，可以得到编码表，如表 2-4 所示。

表 2-4　（7，4）汉明码编码表

信息位 $a_6\,a_5\,a_4\,a_3$	监督位 $a_2\,a_1\,a_0$	信息位 $a_6\,a_5\,a_4\,a_3$	监督位 $a_2\,a_1\,a_0$
0000	000	1000	111

续表

信息位 $a_6\ a_5\ a_4\ a_3$	监督位 $a_2\ a_1\ a_0$	信息位 $a_6\ a_5\ a_4\ a_3$	监督位 $a_2\ a_1\ a_0$
0001	011	1001	100
0010	101	1010	010
0011	110	1011	001
0100	110	1100	001
0101	101	1101	010
0110	011	1110	100
0111	000	1111	111

如果接收到的码字不在表 2－4 中，一定是出现了错误。

如何判断是哪位出现错了呢？仅当 1 位错码的位置在 a_2、a_4、a_5或 a_6时，校正子 S_1为 1；否则 S_1为零。结合其他校正子的数值，可以判断出错码的位置。判断错码位置所依据的编码表如表 2－5 所示。

表 2－5　(7,4)汉明码检错纠错编码表

a_6	a_5	a_4	a_3	a_2	a_1	a_0	$S_2S_1S_0$
							000
							111
							110
							101
							011
							100
							010
							001

例如，收到的码字为 0101011，监督公式值为 110，说明第 a_5 位出错。发现错误位后，只要将对应位取反，0 改为 1，1 改为 0，就完成了纠错。

第四节　调制与解调理论

一、调制的概念

调制是信息传输中一个十分重要的概念，是一种信号处理技术。无论在模拟传输、数字传输还是数据信息传输中都扮演着重要角色。那么为什么要对信号进行调制处理？什么是调制呢？我们先看看下面的例子。

在传播人声时，可以用话筒把人声变成电信号，通过扩音机放大后再用喇叭（扬声

器）播放出去。由于喇叭的功率比人嗓大得多，所以声音可以传得比较远。但是如果还想将声音传得更远一些，那该怎么办？大家自然会想到用电缆或无线电进行传输。但会出现两个问题：一是敷设一条几十千米甚至上百千米的电缆只传输一路声音信号，其传输成本之高、线路利用率之低，人们是无法接受的；二是利用无线电信息传输时，需满足一个基本条件，即欲发射信号的波长必须能与发射天线的几何尺寸可比拟，该信号才能通过天线有效地发射出去（通常认为天线尺寸应大于波长的 1/10）。而音频信号的频率范围是 20Hz ~ 20kHz，最小的波长为

$$\lambda = \frac{c}{f} = 3 \times 10^8 / (20 \times 10^3) = 1.5 \times 10^4$$

式中：λ 为波长（m）；c 为电磁波传播速度（光速，单位为 m/s）；f 为音频（Hz）。

由此可见，要将音频信号直接用天线发射出去，其天线几何尺寸即便按波长的 1/100 取值也要有 150m 高（不包括天线底座或塔座）。因此，要想把音频信号通过可接受的天线尺寸发射出去，就需要想办法提高欲发射信号的频率（频率越高波长越短）。

第一个问题的解决方法之一是在一个物理信道中对多路信号进行频分多路复用（Frequency Division Multiplex，FDM）；第二个问题的解决方法是把欲发射的低频信号“搬”到高频载波上去（或者说把低频信号“变”成高频信号）。两种方法有一个共同点就是要对信号进行调制处理。

那么什么是调制呢？本书给出一个概括性的定义：让载波的某个参量（或几个）随调制信号（原始信号）的变化而变化的过程或方式称为调制。而载波就是一种用来搭载原始信号的高频周期信号，它本身不含有任何有用信息。

生活中，人们要把一件货物运到几千千米外的地方，就必须使用运载工具，或汽车、或火车、或飞机。在这里，货物相当于调制信号，运载工具相当于载波。把货物装到运载工具上相当于调制，从运载工具上卸下货物就是解调。这个例子虽然不是很贴切，但可以帮助理解调制与解调的概念。

知道了调制的概念，人们自然会关心下一个问题：如何对信号进行解调。在傅里叶变换中可知，若一个信号 $f(t)$ 与一个正弦信号 $\cos(\omega_c t)$ 相乘，从频谱上看，相当于把 $f(t)$ 的频谱搬移到 ω_c 处。设 $f(t)$ 的傅里叶变换（也可称为频谱）为 $F(\omega)$，则有

$$f(t) \leftrightarrow F(\omega)$$

$$\cos(\omega_c t) \leftrightarrow \pi[\delta(\omega + \omega_c) + \delta(\omega - \omega_c)]$$

$$s_m(t) = f(t)\cos(\omega_c t) \leftrightarrow \frac{1}{2}[F(\omega + \omega_c) + F(\omega - \omega_c)] \tag{2-37}$$

这也称为调制定理，是调制技术的理论基础。其示意图如图 2-15 所示。式中 $f(t)$ 称为调制信号或基带信号（原始信号）；$\cos(\omega_c t)$ 称为载波；$s_m(t)$ 称为已调信号。通常载波频率比调制信号的最高频率要高很多。例如，中波收音机频段的最低频率（载波频率）为 535kHz，比音频最高频率 20kHz 高 25 倍。注意，正弦型信号是正弦信号（$\sin(wt)$）和余弦信号（$\cos(wt)$）的统称。

由图 2-15 可见，$s_m(t)$ 的振幅是随低频信号 $f(t)$ 的变化而变化的，也就是说，将调制信号“放”在了载波的振幅参量上。从频域上看，$s_m(t)$ 的频谱与 $f(t)$ 的频谱相比，只是幅值减半，形状不变，相当于将 $f(t)$ 的频谱搬移到 ω_c 处。这种将调制信号调制到载波的幅

值参量上的方法称为幅度调制,简称调幅。

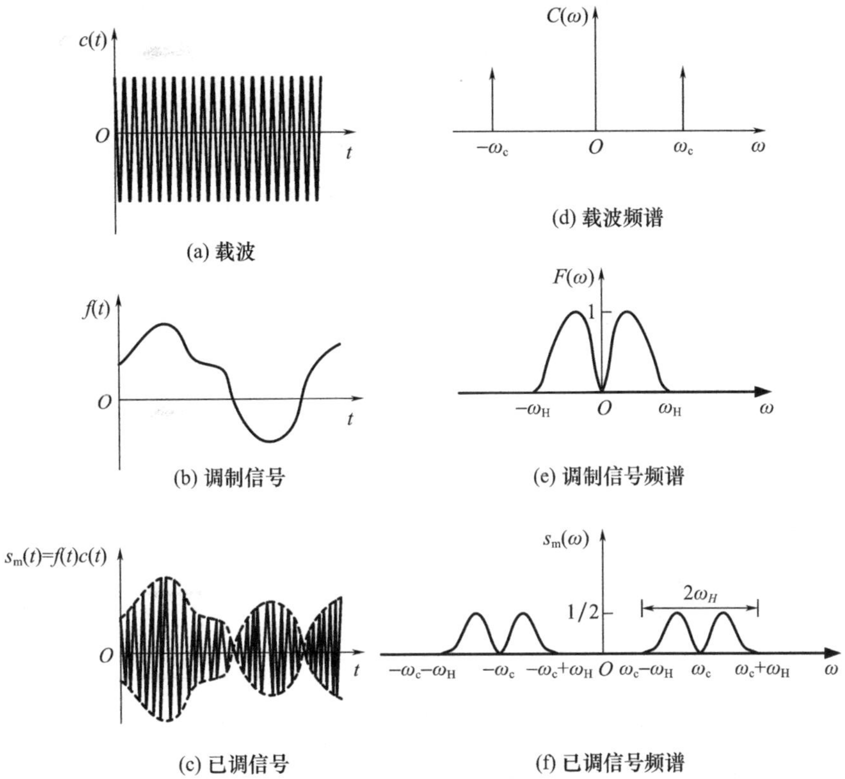

图 2－15　抑制载波双边带调幅示意图

通过上述调制方法,就可以将多路调制信号分别调制到不同频率的载波上去,只要它们的频谱在频域上不重叠,就能够想办法把它们分别提取出来,实现频分复用。同样,也可将一低频信号调制到一个高频载波上去,完成“低”到“高”的频率变换,从而通过几何尺寸合适的天线将信号发射出去。

幅度调制技术主要解决了信息传输中信息大量传输和长距离传输(包括无线传输)的问题。

二、抑制载波的双边带调幅

(一)DSB 信号的调制

在图 2－15 中,调制信号与载波直接相乘后的频谱已经没有了载波频谱中的冲激分量,在载频两边是完全对称的调制信号的频谱(从式 2－37 中可见)。小于载频的部分称为下边带频谱,大于载频的部分称为上边带频谱。这种已调信号的频谱中包含上、下两个边带且没有冲激分量的调制方法称为抑制载波的双边带调幅(Double Side Band,DSB),其已调信号通常记为 $s_{\mathrm{DSB}}(t)$。

DSB 可直接用乘法器产生,抑制载波的双边带调幅模型如图 2－16 所示。最常用的调制电路是平衡式调制器,其示意图如图 2－17 所示。图中两个非线性器件要求性能完全对称。若非线性器件的输入－输出特性为 $y=ax+bx^2$，则调制原理如下：

$$\begin{cases}x_1=f(t)+\cos(\omega_c t)\\ x_2=-f(t)+\cos(\omega_c t)\\ y_1=a[f(t)+\cos(\omega_c t)]+b[f(t)+\cos(\omega_c t)]^2\\ \quad =af(t)+a\cos(\omega_c t)+bf^2(t)+2bf(t)\cos(\omega_c t)+b\cos^2(\omega_c t)\\ y_2=a[-f(t)+\cos(\omega_c t)]+b[-f(t)+\cos(\omega_c t)]^2\\ \quad =-af(t)+a\cos(\omega_c t)+bf^2(t)-2bf(t)\cos(\omega_c t)+b\cos^2(\omega_c t)\end{cases}$$

$$y=y_1-y_2=2af(t)+4bf(t)\cos(\omega_c t) \qquad (2-38)$$

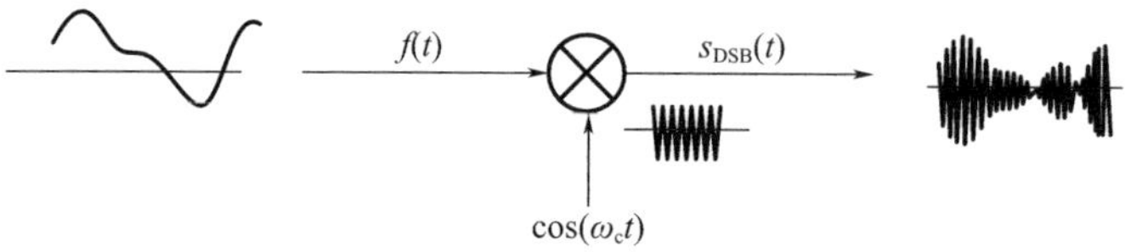

图 2－16　抑制载波的双边带调幅模型

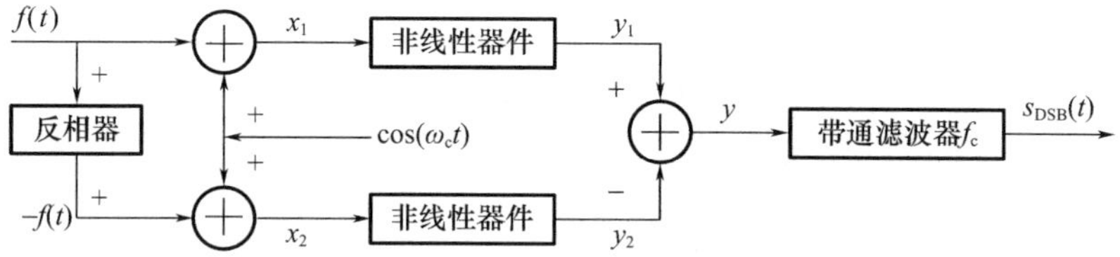

图 2－17　平衡式调制器

从式(2－38)中可见，y 既含有原始信号分量(第一项)，也含有已调信号分量(第二项)，而人们需要的是第二项。为此，在 y 后面加一个中心频率为 f_c 的带通滤波器，将第一项原始信号分量滤除掉，这样，滤波器的输出就是抑制载波的双边带调幅信号。由于实际工程中多用平衡式调制器产生抑制载波的双边带调幅信号，所以把抑制载波的双边带调幅也称为平衡式调幅。

这里有两个问题：一是什么是非线性器件？二是为什么要求两个非线性器件特性完全对称。所谓线性器件，是指工作特性(电阻的电压－电流特性、电容的电压－电荷特性、电感的电流－磁通特性)满足线性关系的器件，如普通电阻器；而非线性器件就是工作特性不满足线性关系的器件，如二极管。本例中使用非线性器件是为了产生乘法运算，完成调幅任务。非线性器件的一个主要特性是输出(响应)信号可以产生输入(激励)信号没有的新频率分量，这一特性在信息传输领域中应用非常广泛。收音机和电视机中的混频(或变频)电路，就是利用三极管的非线性产生输入信号和本地振荡波之间的差频信号并作为中频信号进行放大、检波等处理；倍频器也是利用器件的非线性产生输入信号频率加倍的输出信号。从上述平衡调制的推导过程中可以清楚地看到，如果两个非线性器件特性不完全对称，也就是说，两个器件 a 和 b 不一样，那么显然在公式推导中，载波及其平方项就消不掉，也就得不到最终的 DSB 信号，这就是为什么要称为平衡式调制器的原因。

(二) DSB 信号的解调

通过前面的介绍，人们知道在发信端一个低频信号可以通过调幅的方法“变”成高频信号，再由天线发射出去；或者几路低频信号利用调制方法调制到不同的频段，然后在同一个信道中传输（即 FDM）。那么大家自然会想到另一个问题——在收信端如何从已调信号中恢复调制信号（即原始信号）？从图 2－14 中可以看到，已调信号的幅值虽然随调制信号的变化而变化，但其时域波形与调制信号并不一样，收信端必须想办法从中恢复出调制信号。

从已调信号中恢复调制信号的过程或方法称为解调。

解调方法不止一种，对于 DSB 信号的解调通常采用相干解调法。

从数学的三角函数变换公式中可知

$$\cos(\omega_c t)\cdot\cos(\omega_c t)=\cos^2(\omega_c t)=\frac{1}{2}+\frac{1}{2}\cos(2\omega_c t) \tag{2-39}$$

从信息传输的角度上看，式（2－39）中两个余弦信号相乘与调制过程类似，可以看成对一个信号（载波）用另一个同频同相的载波进行一次“调制”，即可得到一个直流分量和一个二倍于载频的载波分量，相干解调正是利用这一原理，即

$$\begin{aligned}s_{\mathrm{DSB}}(t)\cos(\omega_c t)&=f(t)\cos(\omega_c t)\cdot\cos(\omega_c t)=f(t)\cos^2(\omega_c t)\\&=\frac{1}{2}f(t)+\frac{1}{2}f(t)\cos2(\omega_c t)\end{aligned} \tag{2-40}$$

式（2－40）表明，收信端只要对接收到的 DSB 信号再用与原载波同频同相的载波“调制”一下，即可得到含有原始信号分量的已调信号。对于式（2－40）中的二倍频载波分量，可以用一个低通滤波器滤除掉，剩下的就是原始信号分量。这种在收信端利用本地载波对已调信号直接相乘，然后再滤除的解调方法称为相干解调或同步解调，相干解调模型如图 2－18 所示。

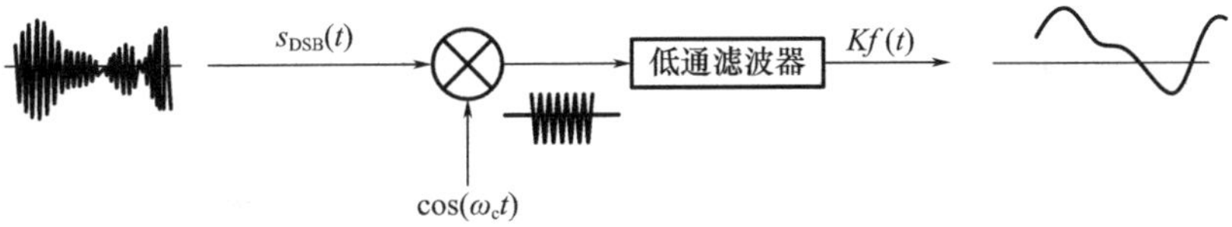

图 2－18　相干解调模型

需要说明，相干解调在具体实现中比较复杂，因为在收信端产生与发信端同频同相的载波，即本地载波，并不容易，若不能保证产生同频同相的本地载波，则解调任务将难以完成。

三、常规双边带调幅

（一）AM 信号的调制

在 DSB 信号中，已调信号的幅值虽然随调制信号的变化而变化，但它的时域波形与调制信号并不一样。人们注意到已调信号的波形在幅值的形状上（包络上）部分地与调制信号相同。具体地说，就是已调信号的包络只与调制信号正值波形成正比关系。那么能不能想办法让已调信号在包络上完全与调制信号成正比呢？回答是肯定的。这就是本小节的内容——常规双边带调幅。

从图 2－14 可知，若调制信号没有负值，则已调信号的包络就完全与调制信号的幅值

变化成正比。那么如何使具有负值的调制信号变为没有负值呢？方法很简单，给调制信号加上一个大于或等于其最小负值的绝对值的常数即可。从波形上看，就是将调制信号向上移一个 A 值，而 A 值不能小于调制信号的负振幅值。将上移后的信号再与载波相乘，即可得到包络与调制信号幅值变化成正比的已调信号，称为常规调幅信号，这种调制方法就是常规双边带调幅(Amplitude Modulation，AM)法，其具体过程的示意图如图 2－19 所示。数学推导如下：

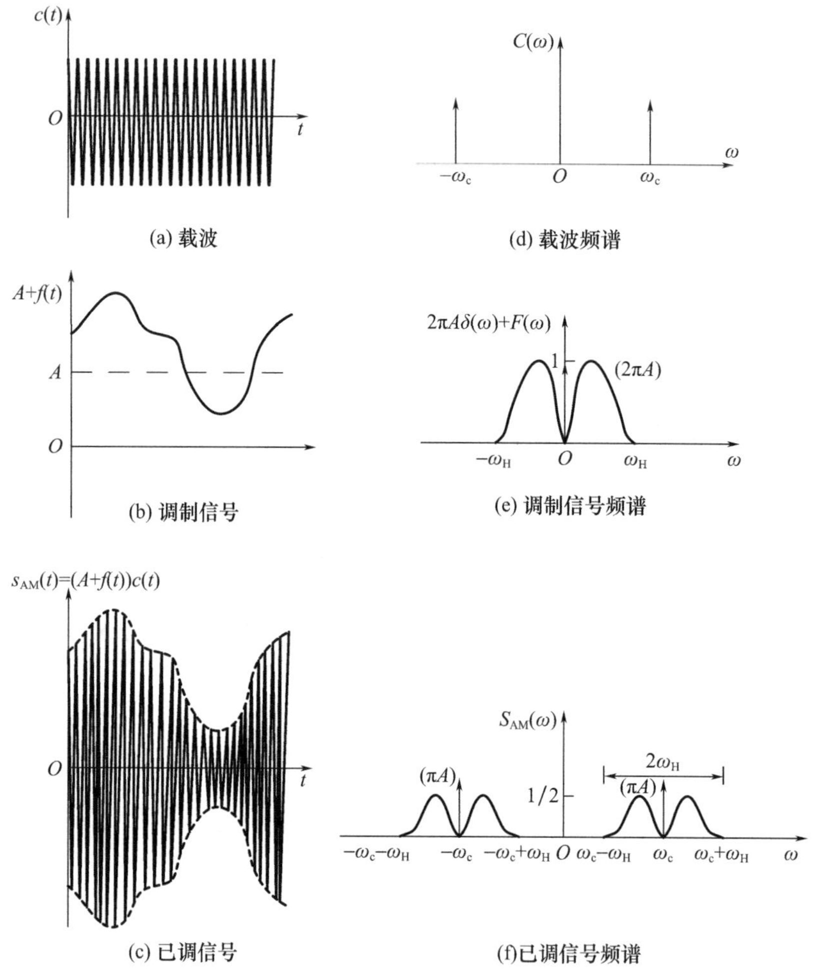

图 2－19　常规双边带调幅示意图

设调制信号为 $f(t)$，其频谱为 $F(\omega)$，即有

$$f(t) \leftrightarrow F(\omega)$$

$$A + f(t) \leftrightarrow 2\pi A\delta(\omega) + F(\omega)$$

设载波为 $c(t)$，则有

$$c(t) = \cos(\omega_c t) \leftrightarrow \pi[\delta(\omega + \omega_c) + \delta(\omega - \omega_c)]$$

则已调信号为

$$s_{AM}(t) = [A + f(t)]\cos(\omega_c t) \tag{2-41}$$

其频谱为

$$
\begin{aligned}
S_{AM}(\omega) &= \frac{1}{2\pi}\{[2\pi A\delta(\omega) + F(\omega)] \cdot \pi[\delta(\omega+\omega_c) + \delta(\omega-\omega_c)]\} \\
&= [2\pi A\delta(\omega) + F(\omega)] \cdot \frac{1}{2}[\delta(\omega+\omega_c) + \delta(\omega-\omega_c)] \qquad (2-42) \\
&= \pi A[\delta(\omega+\omega_c) + \delta(\omega-\omega_c)] + \frac{1}{2}[F(\omega+\omega_c) + F(\omega-\omega_c)]
\end{aligned}
$$

(二)AM 信号的解调

比较 DSB 信号与 AM 信号的频谱和时域波形可以发现,在频谱上 AM 信号比 DSB 信号多了载波分量即冲激分量(比较式(2－37)和式(2－42)可得到同样的结论),也就是说,AM 信号在发射时要比 DSB 信号多发送一个载波分量,即在边带信号功率相同的情况下,AM 信号的发射功率要比 DSB 信号大。由于载波中并不包含有用信息,所以发送载波对信号的传送没有意义,而且造成功率浪费(这也就是为什么要提出抑制载波双边带调幅法的原因)。那么多用一些功率发射载频分量有什么好处呢? 答案是其优点体现在解调上。

根据相干解调的原理,AM 信号同样可以采用相干解调法解调。但在 AM 系统中发射没有信息的载波分量,是为了让接收端能够采用包络解调法(也称为包络检波法)实现简化解调。

包络检波法(图 2－19)非常简单,只用一个二极管、一个电容和一个电阻三个元器件即可。二极管用来半波整流,即将 AM 信号的负值部分去掉,而保留正值部分,并为电容的充电提供通路;电阻的作用是为电容的放电提供回路。

解调原理是:二极管首先将 AM 信号的负值部分去掉,AM 信号变成一连串幅值不同的正余弦脉冲(半周余弦波),在每个余弦脉冲的前半段(即从零到最大值),二极管导通,电流通过二极管给电容充电并达到最大值;在每个余弦脉冲的后半段(即从最大值到零),二极管截止,电容上储存的电能就通过电阻放电,电容两端的电压随之下降;等到下一个余弦脉冲的前半段到来后,又对电容进行充电并达到该半周的最大值;然后又开始下一个余弦脉冲的前半段到来后,又对电容进行充电并达到该半周的最大值,最后又开始放电,如此重复,电容两端的电压基本上就随 AM 信号的包络(即调制信号)而变化。但有一个前提条件,就是电容的放电时间要比充电时间慢得多,也就是说电容的充电时常数要比放电时常数小。放电时常数 $\tau = RC$ 也不能太大,否则放电过慢,输出波形不能紧跟包络线的下降而下降,就会产生包络失真(图 2－20 所示)。通常要求 $2\pi/\omega_c \ll \tau \ll 2\pi/\Omega_m$,$\omega_c$ 为载频,Ω_m 为调制信号的最高频率。对于普通收音机,中频(载频)为 465kHz,音频信号(调制信号)最高频率取 5kHz,则 $2\mu s \ll \tau \ll 200\mu s$,通常取 $\tau = 50\mu s$,那么 R 取 5kΩ 左右,C 取 0.01μF 左右。

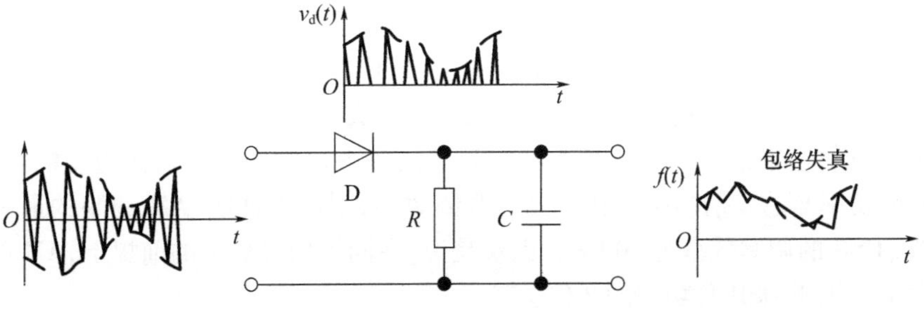

图 2－20　包络检波器

需要说明的是，二极管的输出波形与电容两端的电压波形应该是一样的，图 2 – 19 中的二极管输出波形 $v_d(t)$ 是不考虑后面接电容时的波形，目的是说明解调原理。

例 2 – 9　画出图 2 – 21 所示原始（基带）信号 $s(t)$ 的 DSB 和 AM 波形以及通过包络检查后的波形，并说明包络检波后的波形差别。

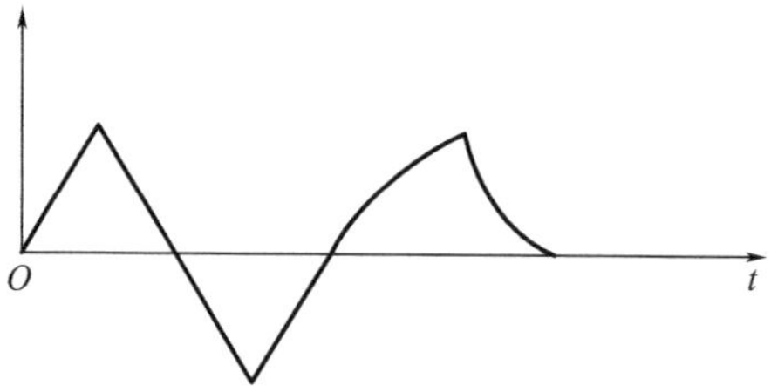

图 2 – 21　信号波形

解：该信号的 DSB、AM 波形及其通过包络检查后的波形如图 2 – 22 所示。显然，DSB 的解调波形包络与原信号相比，已严重失真，而 AM 的解调波形包络没有变化，说明 DSB 信号不能直接采用包络检波。

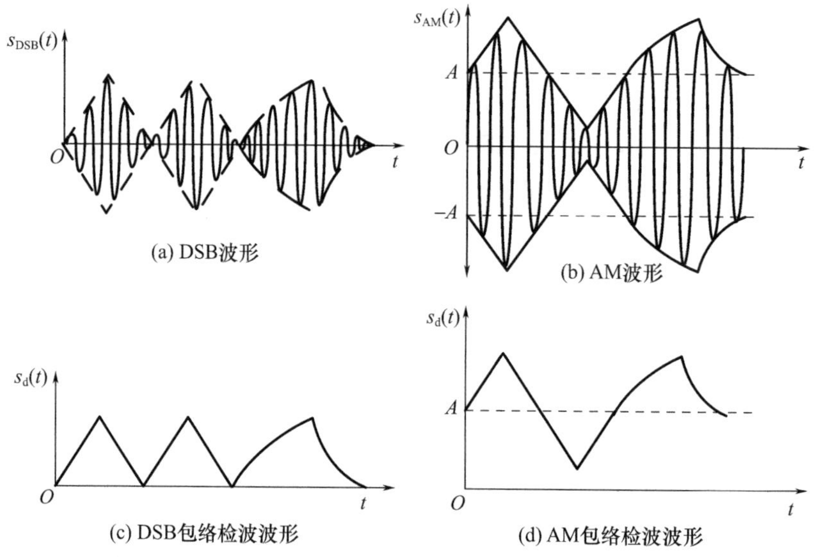

图 2 – 22　AM 和 DSB 的解调波形

四、AM 和 DSB 的性能比较

AM 和 DSB 调制虽然都属于幅度调制的范畴，但在性能上各有千秋。本小节主要从两个方面来加以比较：一是发射效率；二是总的使用成本。

如果把发射边带信号的平均功率和发射载波的平均功率加起来作为总的发射功率，把边带发射功率与总发射功率之比定义为调制效率，则可以证明，AM 调制的最高调制效率为 50%；DSB 的调制效率为 100%。也就是说，在同等信号功率的前提下，AM 的总功率至少要大于或等于 DSB 总功率的 2 倍。

虽然从发送信息的角度上看，AM 的成本较高，技术较复杂。但却因为解调电路简单而给其信息接收者带来了实惠。信息接收者(用户)越多,这种效益越明显。因此,一般来说,在总的使用成本上 AM 调制要比 DSB 低。大家熟悉的无线电广播(点到多点)就是采用 AM 调制的。

DSB 的发射系统虽然比 AM 经济,但它的接收机却比较复杂。因此,一般多用于一些不在乎成本的专用信息传输中。

AM 和 DSB 的性能比较告诉人们一个非常浅显但却重要的辩证法原理:任何事物都是一分为二的。正所谓“甘蔗没有两头甜”。

第五节　信息系统结构理论

信息系统结构理论是研究网络结构的基础,有助于使用标准化语言来表达网络结构的属性。本节基于图论介绍信息系统结构理论,为军事信息系统网络结构研究奠定基础。

一、基本定义

(一)图的定义

这里所说的图(Graph),是以一种抽象的形式来表示若干对象的一个集合以及这些对象之间的关系。一个图包含一组元素以及元素与元素之间连接关系的集合,这些元素称为节点(Node),连接关系称为边(Edge)。例如,图 2－23(a)包含 4 个节点,分别标记为 A、B、C 和 D,其中 B 通过边和另外三个节点相连,C 与 D 也通过边彼此连接。两节点间有边相连时称此二节点为邻居(Neighbors)。图 2－23 所示的是一种典型的画图方法:以圆圈表示节点,以连接节点的线段表示边。

在图 2－23(a)中,认为位于一条边两端的两个节点具有对称的关系。但是,许多情况下需要借助图的概念表达不对称的关系。例如,A 指向 B,但 B 并不指向 A,为表示此类关系,定义有向图(Directed Graph)为节点和有向边的集合。其中,有向边(Directededges)为两个节点间的有向连接。有向图的表示如图 2－23(b)所示,其中有向边用箭头表示其方向。相应地,强调一个图不是有向图时,称为无向图(Undirected Graph)。通常情况下,除非特别注明,否则表示所讨论的图均为无向图。

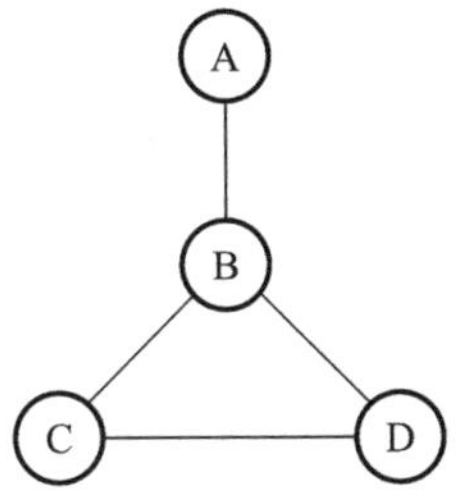

(a) 包含4个节点的图

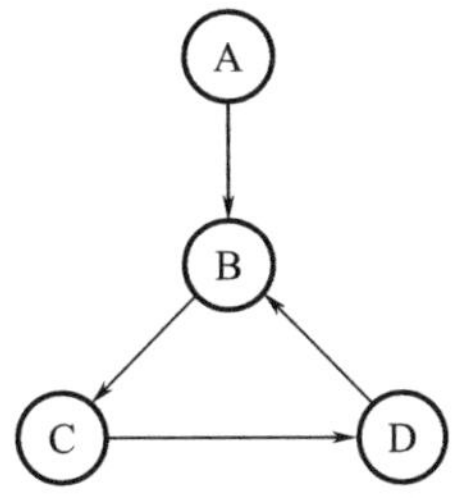

(b) 包含4个节点的有向图

图 2－23　无向图与有向图

(二)作为网络模型的图

图是网络结构的数学模型,图 2－24 描述了最初互联网——ARPA 计算机网的网络结构。1970 年 12 月,该网络结构仅有 13 个站点。节点表示主机,如果两台主机间可直接通信,则用边将其连接。如果忽略美国地图的叠加(以及表示放大马萨诸塞州和南加州区域的圆圈),这幅图其实是一个简单的 13 节点图,图中所用的点与线的模式与图 2-23 无异。为表示连接的模式,图中节点所在的位置并不重要,重要的是节点间的连接关系。由此,图 2-25 所示的 13 节点 ARPANET 图与图 2-24 并无实际差别。

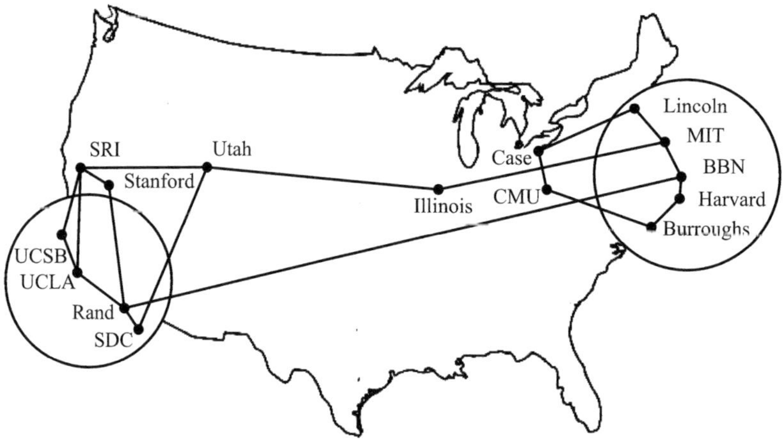

图 2-24　1970 年 12 月 ARPA 计算机网

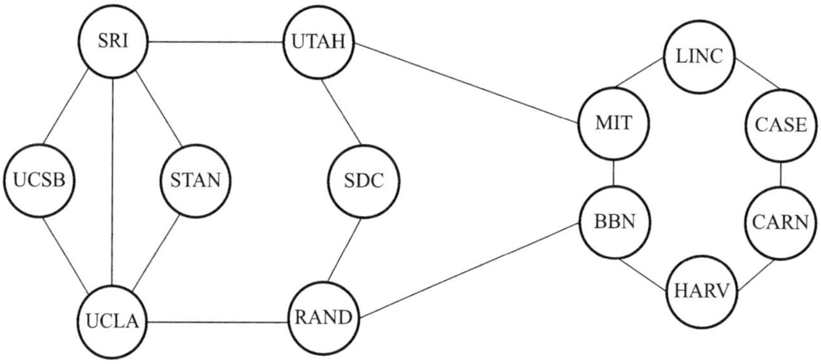

图 2-25　改写为 13 节点图的 ARPA 计算机网

图以其可以清晰反映网络中元素之间的实际或逻辑关系的特点,被广泛应用于许多不同的领域。图 2-24 和图 2-25 所示的 13 节点 ARPA 计算机网是一个通信网络(Communication Network)的例子。其中,节点表示计算机或其他可以传送信息的设备,而边则表示设备间是否可以直接传送信息。

二、路径与连通性

(一)路径

路径(Path)即一个节点序列的集合,序列中任意两个相邻节点间都由一条边相连。从另一个角度而言,也可把路径理解为连接这些节点的边集合。例如,在图 2-24 和

图 2－25中，节点序列 MIT、BBN、RAND、UCLA 可称为一个互联网图中的路径，而 CASE、LINC、MIT、UTAH、SRI、UCSB 则是另外一个路径。根据这个定义，路径可以包含重复的节点。例如，SRI、STAN、UCLA、SRI、UTAH、MIT 是一条路径。然而，本书所讨论的多数路径不包含重复节点。在必要的时候，为强调不包含重复节点的路径，将其称为简单路径。

（二）圈

有一类很重要的非简单路径称为圈（Cycle），也就是通俗意义上的“环状”结构，例如图 2－25 中右侧的 LINC、CASE、CARN、HARV、BBN、MIT、LINC 序列。更准确地说，圈是至少包含三条边，且起点和终点相同，而除此以外的所有节点均不重复的路径。图 2－25 中有很多这样的圈，SRI、STAN、UCLA、SRI 是符合我们定义的最短圈（因为它仅包含三条边），而 SRI、STAN、UCLA、RAND、BBN、MIT、UTAH、SRI 显然是一个较长圈的例子。

事实上，在 1970 年 ARPA 计算机网的例子中，每一条边均属于一个圈，而这是事先设计好的。这是因为，假设任意一条边失效（例如一条电缆因施工原因被意外切断），图中的任意两点间总有另外一条路径相连。一般而言，在通信和交通网中，圈通常意味着允许冗余，它们通过圈提供了“另一条路”。类似的情况在社交圈或朋友圈中亦然，甚至在日常生活中也普遍存在。

（三）连通性

给定一个图，一个很重要的问题是：是否任意节点均可通过某条路到达其他任一节点。由此引发了以下的定义：若一个图中任两点间有路相通，称此图为连通图。例如，13 节点 ARPANET 图是一个连通图。一般而言，大部分通信及交通网均被期待为可连通的或至少以此为目标。图 2－26 和图 2－27 即为非连通图的例子。图 2－26 为模型图；图 2－27 则是一个生物研究中心的合作图，其中节点代表研究员，节点间的边代表相连的两位研究员有共同署名的论文发表。在图 2－27 中，边仅表达了一种特定的合作关系，即拥有一篇共同署名的论文，而并非试图涵盖其他所有合作情况。

（四）连通分量

图 2－26 和图 2－27 展现了非连通图的一个基本特性：一个非连通图可以由一组连通“部件”表示，每个“部件”都是一个独立的连通图，且它们之间无交集。例如，图 2－26 中共有三个“部件”：一个包含节点 A 和 B，一个包含节点 C、D 和 E，还有一个包含其余的节点。图 2－27 所示的网络同样包含三个：分别有 3 个节点、4 个节点以及许多节点。

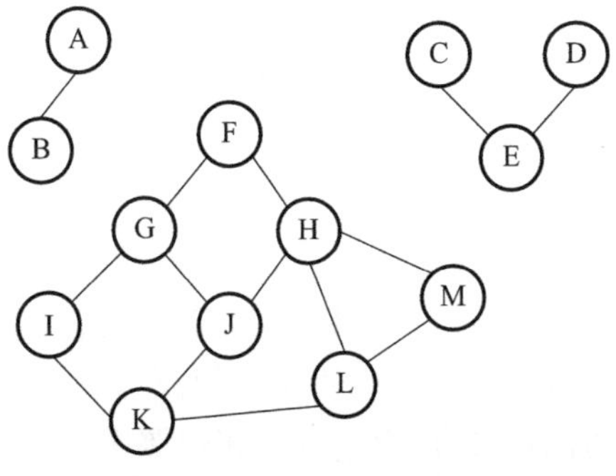

图 2－26　包含三个连通分量的图

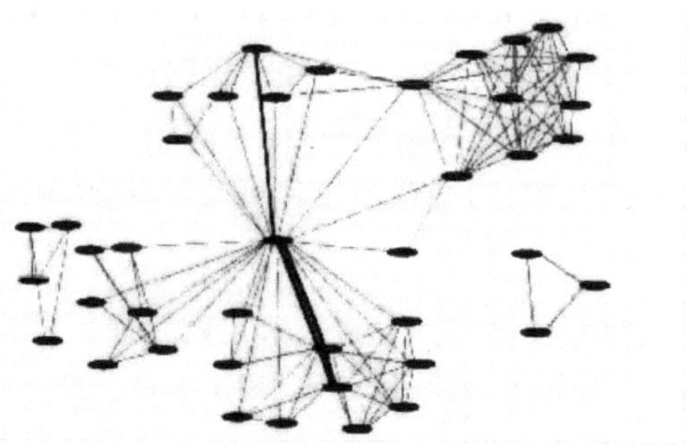

图 2－27　病源原生物结构基因组学研究中心合作图

为更加精确地表示上述概念，定义图的连通分量（或称为连通分支）如下：若图 G 的节点子集满足如下两个条件：①子集中任意两个节点间均有路径相连；②该子集不是其他任何其他满足条件①的子集的一部分，则称该子集为图 G 的一个连通分支。此处应特别注意，条件①和条件②同时满足的必要性：①强调了连通分量自身的连通性；②强调了连通分量的独立性，即本身并不是其他任一连通分量的一部分。如图 2－26 所示，节点集 F、G、H 和 J 并不能构成图 2－26 的一个连通分量，因为该组违反了连通分量定义的第二个条件，即尽管该组中的所有节点间均有边相连，但它实际隶属于连通分量 F－M。

三、强联系和弱联系

网络在现今社会所扮演的重要角色之一就是将系统的局部与全局行为联系起来。研究网络，使人们有可能解释在单个节点与边的层次发生的简单过程波及开来在整体层面产生复杂效果的现象。

（一）三元闭包

前文主要针对网络的静态结构进行了讨论，分析了在某一特定时间点上，节点和边的相互关系。然后在同一前提下，又学习了路径、连通分量、距离等相关概念。这种分析方式构成了思考网络问题的基础。事实上，许多数据集本身是静态的，提供的仅是网络某一时刻的快照。而事实上思考网络如何随时间的推移而演变同样具有积极意义。其中特别重要的是导致节点的到达和离开，以及边的形成和消失的机制。以下为最基本的原则。

以社交圈为例，在一个社交圈内，若两个人有一个共同的朋友，则这两人在未来成为朋友的可能性就会提高，称为三元闭包（Triadic Closure），如图 2－28 所示。如果节点 B 和节点 C 有一个共同的朋友 A，则 B 和 C 之间一条边的形成就产生了图中三个节点（A、B 和 C）彼此相连的情形。在网络中，称该结构为三角形结构。“三元闭包”名称的由来，源于 B－C 边在该三角结构中为起到“闭合”作用的第三条边，因此也称为“三元闭合”。当观察同一社交网在不同时间点的两个网络快照，则通常会发现，在后来的快照中有相当数量通过三元闭包产生的新边出现，即两个在前一张快照中有共同朋友的人，在后来的快照中也成为朋友。图 2－29 表示社交网经过一段时间后所产生的新边。

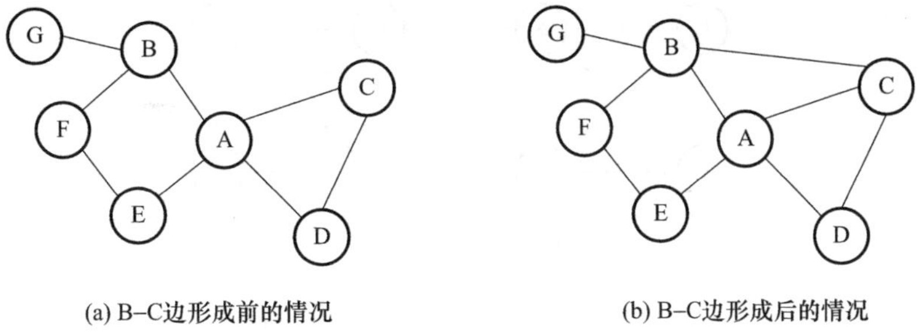

图 2 - 28　三元闭包效果示意图 1

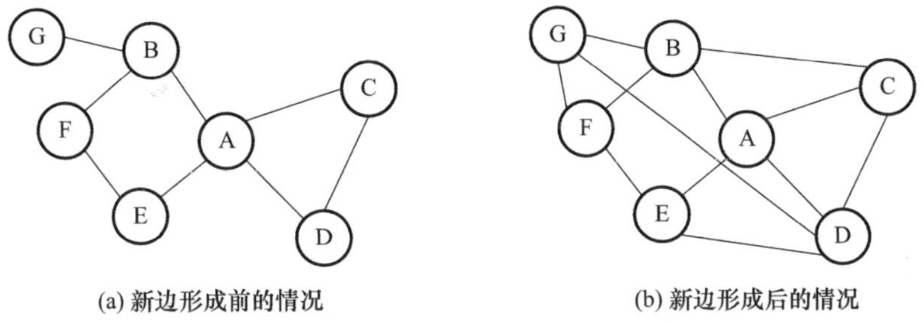

图 2 - 29　三元闭包效果图示意图 2

1. 聚集系数

三元闭包的一个测度称为聚集系数(The Clustering Coefficient)。节点 A 的聚集系数定义为 A 的任意两个朋友彼此也是朋友的概率。换句话说,A 的聚集系数即为与 A 相邻的节点之间边的实际数和与 A 相邻节点对的个数之比。例如,图 2 - 29(a)中节点 A 的聚集系数是 1/6(因为与 A 相邻的 6 个节点对 B - C、B - D、B - E、C - D、C - E 和 D - E 中,仅有一个边 C - D),而在图 2 - 29(b)所示的网络快照中,该系数增加至 1/2(因为在同样的 6 个节点对中,已有 3 个边 BC、CD 和 DE 出现)。通常,一个节点的聚集系数范围为 0(该节点的朋友中没有人互相认识) ~ 1(该节点的所有朋友彼此也都是朋友),且该节点附近的三元闭包过程越强,其聚集系数就倾向于越大。

2. 弱联系的力量

马克 · 格兰诺维特曾描述面试问题,“较远的连接关系相比紧密的连接关系,更能给人带来新的工作机会”,事实上,三元闭包正是解释该现象的重要思想之一。

1)桥和捷径

首先需要明确几个前提:好的工作机会信息相对稀缺,某些人从别人那里听到一个有前途的工作机会,表明他们有获取有用信息的来源。现在,考虑图 2 - 30 所示的一个简单社交网络状况。如图 2 - 30 所示,A 有 4 个朋友,而其中的一段朋友关系与其他的有本质不同:A 和 C、D 和 E 的关系为一个闭合图形,其中每个人都与组中的其他人相连接;而 A 与 B 的关系似乎拓展到了另一个不同的社交网。可以就此推测,A 与 B 关系的结构特点将给 A 的日常生活带来不同以往的转机:在 A 的闭合朋友圈中,C、D 和 E 有较大可能提供类似角度的意见和相近的工作机会信息,而 A 和 B 的关系则可能使他有机会接触完全不同的观点和信息。

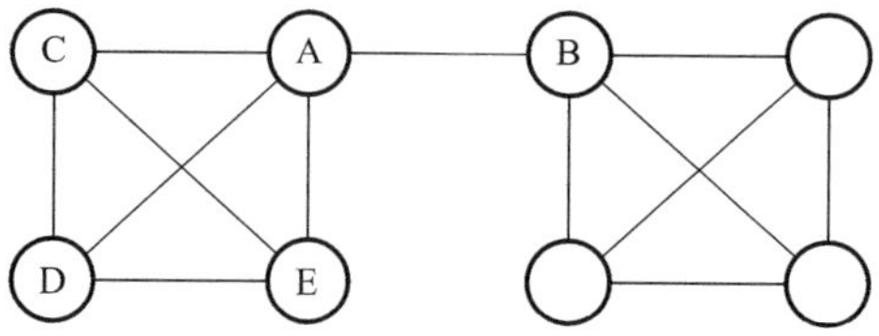

图 2－30 桥示意图

图 2－30 中，AB 边是一个桥，删除了它，A 和 B 就落到图的两个不同的连通分量中。

为了更明确表示例子中 A－B 关系的特别，介绍以下定义。一个图中，已知 A 和 B 相连，若去掉连接 A 和 B 的边会导致 A 和 B 分属不同连通分量，则称该边为桥（Bridge）。换句话说，该边为其两个端点 A 和 B 间的唯一路径。

桥在实际社交网络中是罕见的。你可能有一个成长背景与自己完全不同的朋友，似乎友谊是连接你和他的唯一桥梁，但事实是，在这个纷杂的世界中，除了你们的友谊，总还有一些其他难以发现的潜在关联存在。换句话说，如果将图 2－30 延伸至一个更大的社交网络，则图 2－31 是比较可能出现的情况。

图 2－31 中，AB 边并不是连接其端点的唯一路径，尽管 A 和 B 也许并没有意识到这一点——它们同时还通过一个较长的路径 F、G 和 H 相连。类似这样的结构在真实的社交网络中较之桥更为普遍，给出如下定义：若边 AB 的端点 A 和 B 没有共同的朋友，则称边 AB 为捷径（Local Bridge）。换句话说，删除该边将把 A 和 B 的距离增加至 2 以上（不含 2），则称该边为捷径。定义捷径的跨度为该边两端点在没有该边情况下的实际距离。因此，图 2－31 中，AB 边为跨度 4 的捷径；同时可以查看，该图中没有其他边为捷径，因为在删除该图中的任意其他边后，其顶点的距离均不超过 2。捷径与三元闭包在概念上隐含着一种对立：一条边若是捷径，则不可能是三元闭包关系中的任意一边。

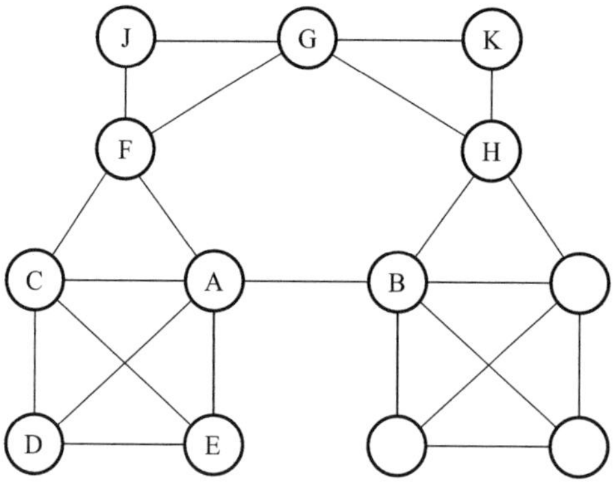

图 2－31 捷径示意图

图 2－31 中，AB 边是一个跨距为 4 的捷径，这是因为删除这条边，A 和 B 之间的距离增加到 4。捷径，特别是其中跨度较大的捷径，其作用和桥无明显差异，只是不那么极端：其两个端点直接触及社交网的两个不同部分并可通过该方式获取原本离自己很遥远的信息。这是我们找到的第一个用来解释格兰诺维特教授关于找工作问题观察的社交网络结构。可以预计，如果节点 A 需要获取全新的信息（例如找一份新工作），则对他提供帮助

的很可能是一位通过捷径连接到的朋友。因为在他所属的紧密关联的群体内,虽然每个人都热心地想要帮忙,但他们掌握的信息,多数早已经知道了。

2)强三元闭包性质

当然,接受格兰诺维特教授访问的人并不会说"我是通过和我以捷径相连的朋友找到现在的工作的"。如果认为捷径在人们找工作的例子上被过分强调,又怎样认识所观察到的事实,即实际上更多是关系较远的熟人提供新信息呢?

为了便于讨论,需要区别社交网络中不同关系的强度。在为"强度"下确切定义之前,先明确其所要表达的意思,即关系的强度越大表示友谊越亲密,且互动越频繁。一般来说,关系的强度可以是一定范围内的任意值,然而,为了简化概念,并与我们的朋友/熟人二分原则相匹配,将社交网中的所有关系归为两大类:强联系(较强的关系,对应朋友关系)和弱联系(较弱的关系,对应熟人关系)。

一旦决定了按强弱将关系分类,就可以来标注社交网络中的每一条边(强或弱)。例如,让图 2-31 所示社交网中各节点报告所相邻节点中哪些算朋友、哪些算熟人,据此标注该图,如图 2-32 所示。

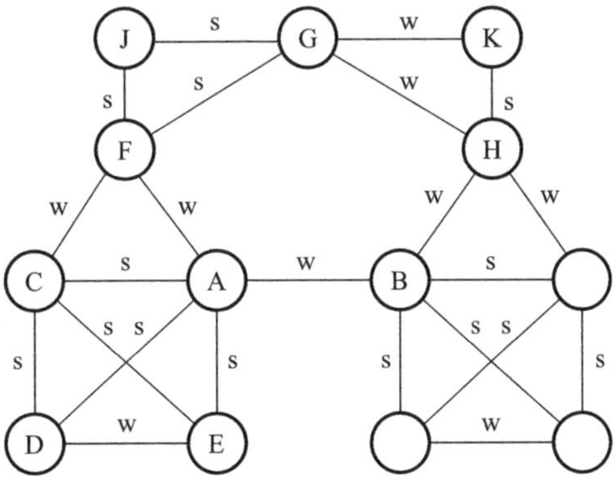

图 2-32　强联系弱联系示意图

图 2-32 为图 2-31 社会网络的每条边打上表示关系强度的标签,s 表示强联系,w 表示弱联系。现在将强联系和弱联系的概念应用回三元闭包关系。首先,回顾在讨论三元闭包关系时所包含的几个重要因素:机会、信任、动机。当所涉及的边是强联系时,这三个因素均会发挥更大的作用。由此有以下定性的假设:设在社会网络中有 AB 边和 AC 边。如果这两条边都是强联系,则很有可能形成 BC 边。

为了将以上讨论具体化,格兰诺维特给出了以下更为正式(也较为极端)的定义:若节点 A 与节点 B 和 C 的关系均为强联系,且 B 和 C 之间无任何连接(强或弱),则称节点 A 违反了强三元闭包性质。否则,称节点 A 满足强三元闭包性质。

根据以上定义,可以检查图 2-32 中所有节点均满足强三元闭包性质。而如果将 AF 边性质改为"强联系",则节点 A 和 F 均违反了强三元闭包性质:节点 A 与节点 E 和 F 均为强联系,而节点 E 和 F 之间并无 EF 边相连;节点 F 同时与节点 A 和 G 强相连,而节点 A 和 G 并无直接联系。需要注意的是,根据定义,该图中节点 H 也满足强三元闭包性质:事实上,H 不可能违反该性质,因为它与相邻节点的关系中仅有一个为强联系。

显而易见,强三元闭包性质的极端性使我们不会指望大型社交网络的所有节点都满足，但它作为将实际问题抽象化的重要步骤，能够进一步推理强联系和弱联系的结构性含义。正如在初级物理课上研究球体飞行时，常忽略空气阻力的影响。同理，在讨论社交网络问题中，一个相对严格的假设可将研究环境简单化，从而有利于问题的分析。现在将顺着已有思路继续讨论，然后回到最初的假设命题，来观察这些概念如何作用于该命题。

3）捷径和弱联系

现在已将网络中的连接关系明确划分为强联系和弱联系两大类，这是一种纯粹局部的概念。同时，又将社交网中的边区分为捷径和非捷径，这是一种全局的结构性概念。表面上看，这两个概念间并无直接关系，但实际上，通过三元闭包概念，可以在这两者间建立起一种联系。

断言：社交网络中，若节点 A 满足强三元闭包性质，并有至少两个强联系边与之相连，则与其相连的任何捷径均为弱联系。

换句话说，在假设满足强三元闭包性质及充分数目的强联系边存在的前提下，社交网络中的捷径必然为弱联系。

接下来使用反证法证明该断言。设已知一社交网络及一节点 A，满足强三元闭包性质并涉及至少两个强联系边。现在假设 A 与 B 之间有一捷径相连，且该捷径为强联系。现需要证明以上假设是不可能成立的，其中的要点如图 2-33 所示。首先，因为 A 至少涉及两个强联系边，于是 B 只是其中之一，则 A 必与另外的某节点（称为 C）以强联系相连。试问：B 和 C 间是否有边相连？因为 A、B 间的边为捷径，则 A 和 B 必没有共同的朋友，则 BC 边不存在。但由强三元闭包性质可知，由于 AB 边和 AC 边均为强联系边，则 BC 边必然存在，两者相悖。由此可知，这样一条同为捷径和强联系的边是不可能存在的。

若 AB 边是一个强联系，则 B 和 C 之间必须有一条边，于是 AB 边不能是一个捷径。

该断言在网络中的局部属性（联系的强度）和全局属性（捷径与否）之间建立了一个联系，同时也提供了一种将纯人际关系和网络结构相关联的新型思考方式。

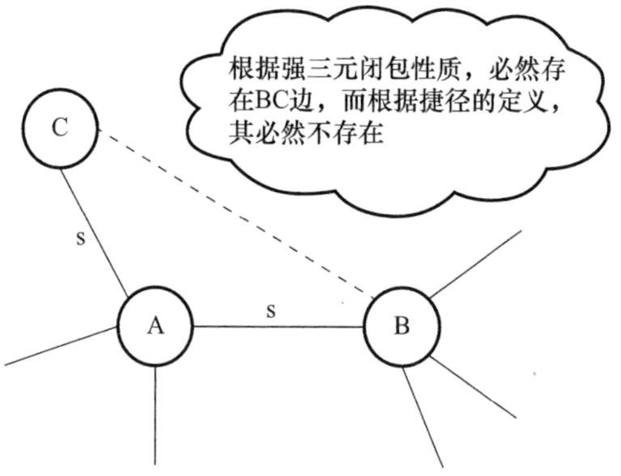

图 2-33　强三元闭包示意图

（二）闭包和结构洞

在网络中，并不是所有节点都有同等机会利用到那些跨群体的边：某些节点处在多个群体交界的位置，可以用到跨越边界的边，而另外的节点都在单一群体内部。以图 2-34 的网络为例，特别关心节点 A 和 B 的体验，前者在一个关系紧密群体的中心，后者在多个群体交界处。

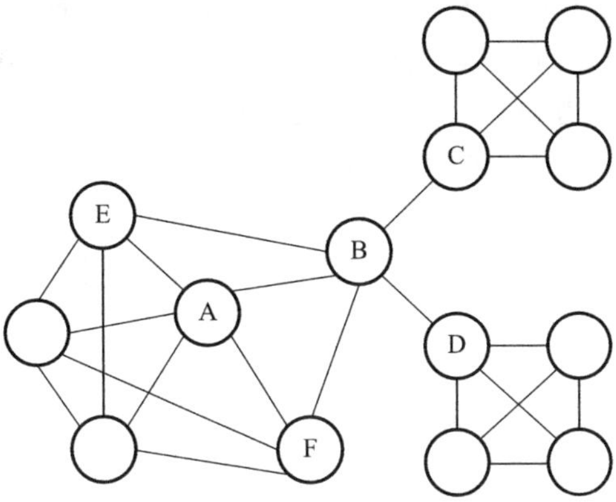

图 2－34　闭包和结构洞示意图

图 2－34 中，社会网络中节点 A 和 B 位置不同，体现关系紧密群体和跨界群体之间的不同。

1. 嵌入性

节点 A 所属网络邻里有很强的三元闭包特征，它有很高的聚集系数。一个节点的聚集系数即它的邻居中两两互为邻居的情形在所有可能中的占比。

定义网络中一条边的“嵌入性”为其两个端点共同的邻居的数量。例如，AB 边的嵌入性为 2，因为节点 A 和 B 有共同的两个邻居节点 E 和 F。该定义与前面的两个概念相关。首先，一条边的嵌入性，等于邻里重叠度的分子；其次，捷径就是那些嵌入性为 0 的边，因为按照定义，捷径是两个端点没有共同邻居的边。

图 2－34 的例子中，节点 A 的突出之处就是和它相关的边都有明显的嵌入性。社会学的一系列研究都试图论证，如果两个个体由嵌入性很高的边相连，他们就比较相互信任，也就会对之间所发生的交往（社会、经济或其他）的诚实性有信心。共同朋友的存在的确将两个人的交往行为“展现在”社会中了，即便那些行为是在私底下发生的。

如果交往的一方行为不端，潜在就会有来自共同朋友的社会制裁和信誉后果。正如格兰诺维特教授所说：“对于背叛好友的愧疚，即使没有被发现也仍旧存在。当一个朋友发现的时候，这种愧疚感可能会增加。而当我们共同的朋友发现这种欺骗背叛而告诉另一个人时，这会使你更加难以承受。”

对嵌入性为 0 的边来说，由于没有那么一个人同时认识交往的双方，就没有这种潜在的威胁。在这个意义上，节点 B 与节点 C 和 D 的交往，就要比与节点 A 的交往有风险。此外，节点 B 的行为就会比较复杂，因为他涉及对其具有不同预期的群体，导致他的行为准则具有潜在的矛盾性。

2. 结构洞

社会学的一些相关研究（特别是美国社会学家罗纳德·伯特具有影响力的工作）认为，网络中节点 B 所处的位置，虽然在大量捷径的末端，但同样也有一些基础性的优势。图 2－34 的网络，把网络想象成表示在大型公司内部管理者之间的交往和合作。用伯特的话说，节点 B 用与他有关的多条捷径跨越了组织里的一个结构洞（Structural Hole）。结构洞看起来就是存在于网络中两个没有紧密联系的节点集合之间的“空地”(与有严格数学定义的“捷径”不同,这里的“结构洞”是非形式化的)。下面要说明的是节点B所处的位置在多个方面要比节点A的位置优越。

第一种优势在于信息方面:节点B可以更早地获得来自网络中多个互不交叉部分的信息。每个人投入在维护组织中联系的精力有限,节点B通过积极联系多个不同的群体(而不是仅限于某个群体)更有效地投入自己的精力。

第二种优势在于处在捷径的一端对其创造性有放大功能。许多领域的经验表明,创新常常源自多个观点的意外合成,这里的每个观点本身或许是人们熟知的,但只是在不同且不相关的专业领域内被熟知。因此,位于三个无交互群体交界处的节点B,不仅可以得到这些群体的所有信息,还有机会整合来自不同群体的信息。

最后,网络中节点B的位置意味着某种社交“把关”的机会,该节点不仅可以控制节点C和D访问他所属的群体,还可以控制他所属的群体从节点C和D的群体获取信息。这样,这个位置给予B一种权力资源。可以想象,在这种情况下,某些人会试图阻止围绕他们所在的捷径形成三角形,例如从节点C或D产生一条到达B所在群体另一节点的边,很有可能会削弱B社交“把关者”的地位。

四、图的应用

现实生活中的许多问题都可以转化为图来解决。例如,如何以最小成本构建一个通信网络,如何计算地图中两地之间的最短路径,如何为复杂活动中各子任务的完成寻找一个较优的顺序等。本节将结合这些常用的实际问题,介绍图的几个常用算法,包括最小生成树和最短路径。

(一)最小生成树

假设要在 n 个城市之间建立通信联络网,则连通 n 个城市只需要 $n-1$ 条线路。这时,自然会考虑这样一个问题——如何在最节省经费的前提下建立这个通信网。

在每两个城市之间都可设置一条线路,相应地都要付出一定的经济代价。n 个城市之间,最多可能设置 $n(n-1)/2$ 条线路,那么,如何在这些可能的线路中选择 $n-1$ 条,以使总的耗费最少呢?

可以用连通网来表示 n 个城市,以及 n 个城市间可能设置的通信线路,其中网的顶点表示城市,边表示两城市之间的线路,赋予边的权值表示相应的代价。对于 n 个顶点的连通网可以建立许多不同的生成树,每一棵生成树都可以是一个通信网。最合理的通信网应该是代价之和最小的生成树。在一个连通网的所有生成树中,各边的代价之和最小的那棵生成树称为该连通网的最小代价生成树(Minimum Cost Spanning Tree),简称为最小生成树。

构造最小生成树有多种算法,其中多数算法利用了最小生成树的一种简称为MST的性质:假设 $N=(V,E)$ 是一个连通网,U 是顶点集 V 的一个非空子集。若 (u,v) 是一条具有最小权值(代价)的边,其中 $u\in U, v\in V-U$,则必存在一棵包含边 (u,v) 的最小生成树。

可以用反证法来证明。假设网N的任何一棵最小生成树都不包含 (u,v)。设 T 是连通网上的一棵最小生成树,当将边 (u,v) 加入到 T 中时,由生成树的定义,T 中必存在一条包含(u,v)的回路。另一方面,由于T是生成树,则在T上必存在另一条边(u',v'),其中,$u' \in U, v' \in V-U$,且u和u'之间、v和v'之间均有路径相通。删去边(u',v'),便可消除上述回路,同时得到另一棵生成树T。因为(u,v)的权值不高于(u',v'),则T的权值亦不高于T,T'是包含(u,v)的一棵最小生成树。由此与假设矛盾。

普里姆(Prim)算法和克鲁斯卡尔(Kruskal)算法是两个利用MST性质构造最小生成树的算法。

1. 普里姆算法

1)普里姆算法的构造过程

假设$N=(V,E)$是连通网,TE是N上最小生成树中边的集合。

(1)$U=\{u_0\}(u_0 \in V)$,$TE=\{\}$。

(2)在所有$u \in U, v \in V-U$的边$(u,v) \in E$中找一条权值最小的边(u_0,v_0),并入集合TE,同时v_0并入U。

(3)重复步骤(2),直至$U=V$为止。

此时TE中必有$n-1$条边,则$T=(V,TE)$为N的最小生成树。

图2-35所示为一个连通网G_5从v_1开始构造最小生成树的例子。可以看出,普里姆算法逐步增加U中的顶点,可称为“加点法”。

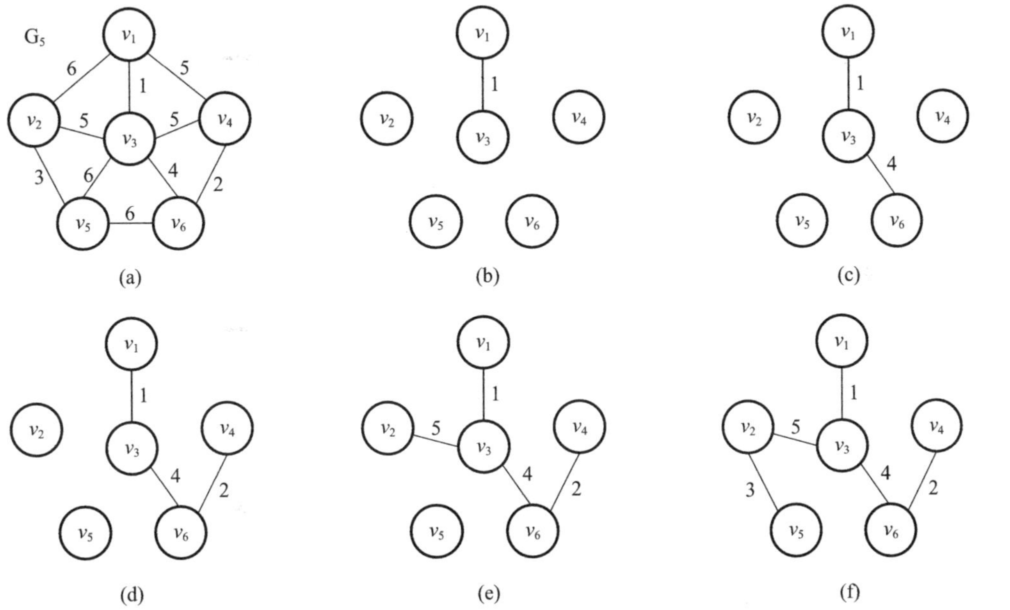

图2-35　普里姆算法构造最小生成树的过程

2)普里姆算法步骤

(1)首先将初始顶点u加入U中,对其余的每一个顶点v,将closedge[j]均初始化为到u的边信息。

(2)循环$n-1$次,做如下处理:

①从各组边closedge中选出最小边closedge[k],输出此边;

②将k加入U中。

更新剩余的每组最小边信息 closedge[j]，对于 $V-U$ 中的边，新增加了一条从 k 到 j 的边，如果新边的权值比 closedge[j]. lowcost 小，则将 closedge[j]. lowcost 更新为新边的权值。

3）普里姆算法分析

假设网中有 n 个顶点，则第一个进行初始化的循环语句的频度为 n，第二个循环语句的频度为 $n-1$。其中第二个有两个内循环：一是在 closedge[v]. lowcost 中求最小值，其频度为 $n-1$；二是重新选择具有最小权值的边，其频度为 n。由此，普里姆算法的时间复杂度为 $O(n^2)$，与网中的边数无关，因此适用于求稠密网的最小生成树。

例 2－10　利用普里姆算法，对图 2－35(a) 所示的连通网 G_5 从顶点 v_1 开始构造最小生成树，给出算法中各参量的变化，如表 2－6 所示。

初始状态时，由于 $U=\{v_1\}$，则到 $V-U$ 中各顶点的最小边，即为从依附于顶点 v_i 的各条边中，找到一条权值最小的边 (v_1,v_3) 为生成树上的第一条边，同时将顶点 v_3 并入集合 U 中。然后修改辅助数组中的值，首先将 closedge[2]. lowcost 改为 0，表明顶点 v_3 已并入 U。由于边 (v_3,v_2) 上的权值小于 closedge[1]. lowcost，则需修改 closedge[1] 为边 (v_3,v_2) 及其权值。同理修改 closedge[4] 和 closedge[5]。依此类推，直到 $U=V$。

表 2－6　图 2－35 构造最小生成树过程中辅助数组中各分量的值

closede[i] i	0	1	2	3	4	5	U	$V-U$	k	(u_0,v_0)
adjvex lowcost	0	v_1 6	v_1 1	v_1 5	v_1 ∞	v_1 ∞	$\{v_1\}$	$\{v_2,v_3,v_4,v_5,v_6\}$	2	(v_1,v_3)
adjvex lowcost	0	v_3 5	0	v_1 5	v_3 6	v_3 4	$\{v_1,v_3\}$	$\{v_2,v_4,v_5,v_6\}$	5	(v_3,v_6)
adjvex lowcost	0	v_3 5	0	v_6 2	v_3 6	0	$\{v_1,v_3,v_6\}$	$\{v_2,v_4,v_5\}$	3	(v_6,v_4)
adjvex lowcost	0	v_3 5	0	0	v_3 6	0	$\{v_1,v_3,v_6,v_4\}$	$\{v_2,v_5\}$	1	(v_3,v_2)
adjvex lowcost	0	0	0	0	v_2 3	0	$\{v_1,v_3,v_6,v_4,v_2\}$	$\{v_5\}$	4	(v_2,v_5)
adjvex lowcost	0	0	0	0	0	0	$\{v_1,v_3,v_6,v_4,v_2,v_5\}$	$\{\}$		

2. 克鲁斯卡尔算法

1）克鲁斯卡尔算法的构造过程

假设连通网 $N=(V,E)$，将 N 中的边按权值从小到大的顺序排列。

（1）初始状态为只有 n 个顶点而无边的非连通图 $T=(V,\{\})$，图中每个顶点自成一个连通分量。

（2）在 E 中选择权值最小的边，若该边依附的顶点落在 T 中不同的连通分量上（即不形成回路），则将此边加入到 T 中，否则舍去此边而选择下一条权值最小的边。

（3）重复（2），直至 T 中所有顶点都在同一连通分量上为止。

例如，对图 2－35（a）所示的连通网 G_5，图 2－36 所示为依照克鲁斯卡尔算法构造一棵最小生成树的过程。权值分别为 1、2、3、4 的 4 条边由于满足上述条件，则先后被加入到 T 中，权值为 5 的两条边 (v_1,v_4) 和 (v_3,v_4) 被舍去。因为它们依附的两顶点在同一连通分量上，若加入 T 中，则会使 T 中产生回路，而下一条权值（5）最小的边 (v_2,v_3) 连接两个连通分量，则可加入 T。由此，构造成一棵最小生成树。

可以看出，克鲁斯卡尔算法逐步增加生成树的边，与普里姆算法相比，可称为“加边法”。与普里姆算法一样，每次选择最小边时，可能有多条同样权值的边可选，可以任选其一。

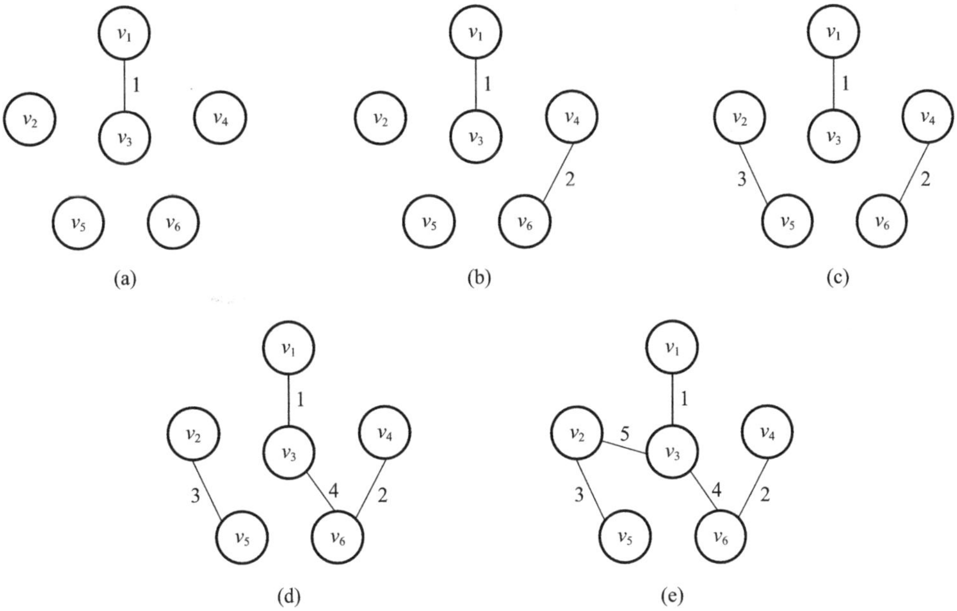

图 2－36　克鲁斯卡尔算法构造最小生成树的过程

2）克鲁斯卡尔算法步骤

（1）将数组 Edge 中的元素按权值从小到大排序。

（2）依次查看数组 Edge 中的边，循环执行以下操作：

①依次从排好序的数组 Edge 中选出一条边 (U_1,U_2)；

②在 Vexset 中分别查找 V_1 和 V_2 所在的连通分量 Vs_1 和 Vs_2，进行判断：如果 Vs_1 和 Vs_2 不等，表明所选的两个顶点分属不同的连通分量，输出此边，并合并 Vs_1 和 Vs_2 两个连通分量；如果 Vs_1 和 Vs_2 相等，表明所选的两个顶点属于同一个连通分量，舍去此边而选择下一条权值最小的边。

3）克鲁斯卡尔算法分析

对于包含 e 条边的网，上述算法排序时间是 $O(e\log_2 e)$。在 for 循环中最耗时的操作是合并两个不同的连通分量，只要采取合适的数据结构，可以证明其执行时间为 $O(e\log_2 e)$，因此整个 for 循环的执行时间是 $O(e\log_2 e)$，由此，克鲁斯卡尔算法的时间复杂度为 $O(e\log_2 e)$，与网中的边数有关，与普里姆算法相比，克鲁斯卡尔算法更适合于求稀疏网的最小生成树。

（二）最短路径

若要在计算机上建立一个交通咨询系统，则可以采用图的结构来表示实际的交通网络。如图 2－37 所示，图中顶点表示城市，边表示城市间的交通联系。例如，一位旅客要从 A 城到 B 城，他希望选择一条中转次数最少的路线。假设图中每一站都需要换车，则这个问题反映到图上就是要找一条从顶点 A 到 B 所含边的数量最少的路径。只需从顶点 A 出发对图做广度优先搜索，一旦遇到顶点 B 就终止。由此所得的广度优先生成树上，从根顶点 A 到顶点 B 的路径就是中转次数最少的路径，路径上 A 与 B 之间的顶点数就是中转次数，但是，这只是一类最简单的图的最短路径问题。有时，对于旅客来说，可能更关心的是节省交通费用；而对于司机来说，里程和速度则是他们感兴趣的信息。为了在图上表示有关信息，可对边赋以权，权的值可以表示两城市间的距离、途中所需时间、交通费用等。此时路径长度的度量就不再是路径上边的数量，而是路径上边的权值之和。考虑到交通图的有向性，例如，汽车的上山和下山，轮船的顺水和逆水，所花费的时间或代价就不相同，所以交通网往往是用带权有向网表示。在带权有向网中，习惯上称路径上的第一个顶点为源点（Source），最后一个顶点为终点（Destination）。

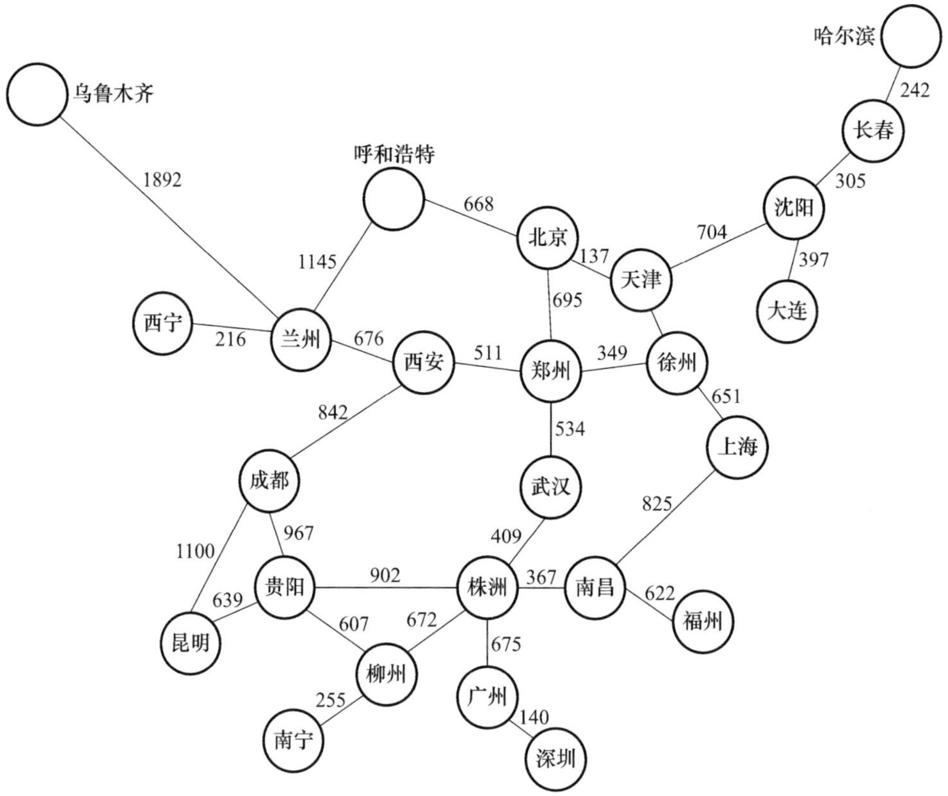

图 2－37　一个表示交通网的例图

本小节主要讨论一种最常见的最短路径问题，即求从某个源点到其余各顶点的最短路径。

给定带权有向图 G 和源点 v_0，求从 v_0 到 G 中其余各顶点的最短路径。迪杰斯特拉

(Dijkstra)提出了一个按路径长度递增的次序产生最短路径的算法,称为迪杰斯特拉算法。

下面给出迪杰斯特拉算法的求解过程。

对于网 $N=(V,E)$,将 N 中的顶点分成两组。

第一组 S:已求出的最短路径的终点集合(初始时只包含源点 v_0)。

第二组 $V-S$:尚未求出的最短路径的顶点集合(初始时为 $V-\{v_0\}$)。

算法将按各顶点与 v_0间最短路径长度递增的次序,逐个将集合 $V-S$ 中的顶点加入到集合 S 中去。在这个过程中,总保持从 v_0到集合 S 中各顶点的路径长度始终不大于到集合 $V-S$ 中各顶点的路径长度。

这种求解方法能确保是正确的。因为,假设 S 为已求得最短路径终点的集合,则可证明:下一条最短路径(设其终点为 x)或者是边(v,x),或者是中间只经过 S 中的顶点而最后到达顶点 x 的路径。

可用反证法来证明。假设此路径上有一个顶点不在 S 中,则说明存在一条终点不在 S 而长度比此路径短的路径。但这是不可能的。因为算法是按路径长度递增的次序来产生最短路径的,故长度比此路径短的所有路径均已产生,它们的终点必定在 S 中,即假设不成立。

例如,图 2－38 所示的带权有向图 G_6 中,从 v_0到其余各顶点之间的最短路径如表 2－7 所示。

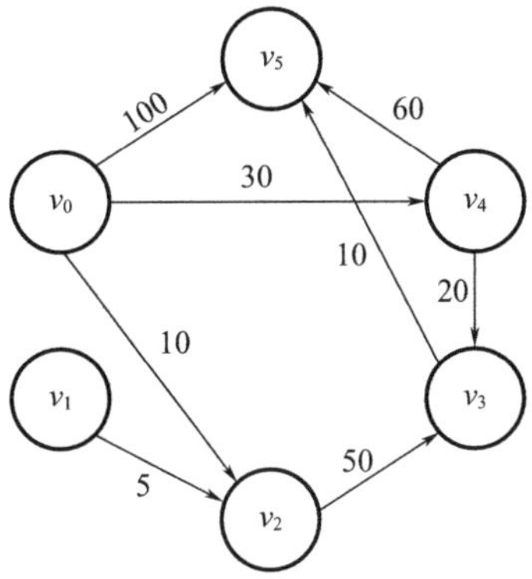

图 2－38　带权有向图 G_6

表 2－7　有向图 G_6 中从 v_0到其余各点的最短路径

源点	终点	最短路径	路径长度
v_0	v_2	$\{v_0,v_2\}$	10
	v_4	$\{v_0,v_4\}$	30
	v_3	$\{v_0,v_4,v_3\}$	50
	v_5	$\{v_0,v_4,v_3,v_5\}$	60
	v_1	无	∞

根据迪杰斯特拉算法的求解过程,首先求出 v_0到 v_2 的路径(v_0,v_2),然后按路径长度递增的次序依次得到 v_0到 v_4 的路径(v_0,v_4)、v_0到 v_3 的路径(v_0,v_4,v_3)、v_0到 v_5 的路径$(v_0$,

v_4, v_3, v_5），而从 v_0 到 v_1 没有路径。

第六节　博弈理论

一、博弈的构成要素

博弈论作为一门研究决策主体在相互作用时的策略选择和均衡结果的学科，在军事决策领域具有重要的应用价值。理解博弈的构成要素是深入研究和有效应用博弈论的前提。在军事行动中，从战略规划到战术执行，无不体现着博弈的思想，而参与者、策略、支付和信息这四个要素，共同构成了军事博弈的基本框架。

（一）参与者

参与者是博弈的主体，是做出决策并承担决策后果的个体或团体。在军事博弈中，参与者可以包括国家、军队、军事联盟、作战部队甚至单个军人。他们具有独立的决策能力和目标追求。根据其规模和性质，参与者可以分为不同类型。国家作为最高层次的参与者，其决策往往涉及军事战略的制定、军事资源的分配以及战争与和平的抉择。军队作为具体的作战实体，负责制定战术策略和执行作战任务。军事联盟则是多个国家为了共同的军事目标而组成的联合体，其内部的协调和决策机制对联盟的战斗力和行动效果产生重要影响。

参与者在博弈中追求特定的目标，这些目标通常与军事利益、政治利益、国家安全等相关。例如，国家可能追求领土完整、资源保障、国际地位提升等；军队可能追求战斗胜利、减少伤亡、完成作战任务等。动机是推动参与者采取行动的内在驱动力。在军事博弈中，动机可以包括保卫国家主权、维护地区稳定、展示军事实力等。动机的强弱和明确程度会影响参与者的决策决心和努力程度。

参与者的能力包括军事指挥能力、作战技能、情报收集与分析能力等。资源则包括人力、物力、财力、武器装备等。参与者的能力和资源状况决定了其在博弈中的选择空间和行动能力。例如，拥有先进武器装备和高素质军事人才的军队在面对装备落后和训练不足的对手时，具有更大的策略选择优势。然而，能力和资源并非决定博弈结果的唯一因素，巧妙的策略运用和对信息的有效利用同样可以弥补能力和资源的不足。

在军事博弈中，参与者之间的关系复杂多样，包括敌对关系、盟友关系、竞争关系等。敌对关系中，双方致力于击败对方以实现自身目标；盟友关系则需要各方在合作中协调行动，共同应对共同的敌人；竞争关系可能存在于同一阵营内部，为争夺有限的资源或荣誉而展开竞争。参与者之间关系的变化会影响博弈的格局和结果。例如，在战争中，原本敌对的双方可能因为共同的利益而暂时结盟；盟友之间也可能因为利益分配不均而产生矛盾和分歧。

（二）策略

策略是参与者在博弈中可供选择的行动方案。在军事博弈中，策略涵盖了广泛的范围，包括作战计划、战术安排、兵力部署、武器使用等。

根据策略的性质和特点，可以分为进攻策略、防御策略、迂回策略、突袭策略等。进攻策略旨在主动出击，消灭敌人的有生力量，夺取战略要地；防御策略则侧重于坚守阵地，抵御敌人的进攻，保存自己的实力；迂回策略通过绕开敌人的正面防线，从侧翼或后方进行攻击；突袭策略则强调出其不意，以快速、突然的行动给敌人造成重大打击。

策略的制定需要综合考虑多种因素，包括参与者的目标、对手的可能行动、自身的能力和资源、战场环境等。在军事博弈中，情报的准确性和及时性对于策略制定至关重要。通过对敌人兵力部署、武器装备、作战意图等方面的情报收集和分析，可以更好地预测对手的行动，从而制定出有效的应对策略。

策略的选择通常基于对各种可能策略的评估和比较。评估的标准可以包括预期的收益、风险、可行性等。在复杂的军事博弈中，往往需要根据战场形势的变化及时调整策略，以适应新的情况。在军事博弈中，单个策略的效果往往有限，需要多种策略的组合和协同才能达到最佳效果。例如，在一场战役中，可以同时采用正面进攻、侧翼迂回和敌后突袭等多种策略，相互配合，以打乱敌人的部署，实现作战目标。策略的协同要求不同的作战部队、武器装备和作战行动之间能够密切配合，形成一个有机的整体。这需要高效的指挥控制系统、良好的通信保障和严格的作战纪律。

军事博弈充满了不确定性和变化，因此策略需要具备灵活性和适应性。灵活性意味着能够根据战场形势的变化迅速调整策略的方向和重点；适应性则要求策略能够在不同的作战环境和对手面前保持有效性。例如，在抗日战争中，中国军队根据敌我力量对比的变化，灵活运用游击战、运动战和阵地战等多种战术，有效地抗击了日本侵略者。

（三）支付

支付是参与者在不同策略组合下所获得的收益或损失，也称为收益。在军事博弈中，支付可以表现为领土的得失、人员的伤亡、资源的消耗、政治影响力的变化等。支付的形式可以是物质的，如财富、资源；也可以是非物质的，如荣誉、声望、战略地位等。支付的大小和正负取决于博弈的结果和参与者的目标实现程度。

支付函数是对参与者在不同策略组合下支付的量化描述。构建支付函数需要明确各种可能的结果及其对应的价值。在军事博弈中，由于结果的复杂性和不确定性，支付函数的构建往往具有很大的难度。通常需要考虑多个因素，如军事目标的实现程度、政治和外交影响、经济成本等。同时，不同参与者对同一结果的价值评估可能存在差异，这也增加了支付函数构建的复杂性。

在进行策略选择时，需要对不同策略所导致的支付进行评估和比较。评估的方法可以包括定量分析和定性分析。定量分析通过建立数学模型和运用统计方法，对支付进行精确的计算和预测；定性分析则依靠经验、判断和直觉，对支付的大致趋势和相对重要性进行评估。比较支付时，不仅要考虑当前的收益和损失，还要考虑长期的影响和潜在的风险。例如，一场战役的胜利可能带来短期的领土扩张和军事优势，但如果付出了巨大的人员伤亡和资源消耗，从长期来看可能并不利于国家的发展。

支付往往与风险相伴而生。在军事博弈中，采取冒险的策略可能获得高额的支付，但也伴随着失败的巨大风险；保守的策略虽然风险较低，但可能获得的支付也相对较少。参与者需要在支付和风险之间进行权衡，根据自身的风险承受能力和战略目标选择合适的策略。例如，在进行战略轰炸时，选择高价值目标可能会对敌人造成重大打击，但也面临着被敌方防空力量击落的风险；选择低价值目标则风险较小，但对敌人的影响也相对有限。

（四）信息

信息在博弈中具有至关重要的地位。准确、及时、全面的信息是参与者制定有效策略、评估支付和做出正确决策的基础。在军事博弈中，信息的作用尤为突出，它直接关系到战争的胜负和国家的安危。通过获取信息，参与者可以了解对手的兵力部署、作战计划、武器装备等情况，从而预测对手的行动，制定相应的对策。同时，信息还可以帮助参与者发现自身的优势和劣势，及时调整策略，提高作战效率。

在军事博弈中，信息可以分为敌情信息、我情信息和战场环境信息等。敌情信息包括敌人的军事力量、作战意图、指挥系统等；我情信息包括自身的兵力、装备、士气等；战场环境信息包括地形、气象、水文等。信息的来源多种多样，包括侦察卫星、侦察机、雷达、情报人员、通信监听等。此外，通过对公开资料的分析和研究，也可以获取有价值的信息。信息的收集需要运用各种侦察手段和技术设备，同时要建立完善的情报网络和信息传递渠道。在收集到大量信息后，还需要进行有效的处理和分析，提取有价值的情报。信息处理包括筛选、分类、整合、评估等环节。通过对信息的处理，可以去除冗余和错误的信息，提高信息的准确性和可靠性。同时，运用数据分析和情报分析方法，可以挖掘出隐藏在信息背后的规律和趋势，为决策提供支持。

在军事博弈中，信息不对称是常见的现象。一方掌握的信息多于另一方，就可能在决策中占据优势。同时，为了迷惑对手，双方还会采取信息误导的手段，故意发布虚假信息或隐瞒真实信息。例如，在诺曼底登陆前，盟军通过一系列的情报欺骗行动，使德军误以为登陆地点在加莱，从而分散了德军的防御力量，为诺曼底登陆的成功创造了条件。

博弈的构成要素——参与者、策略、支付和信息，在军事领域相互交织、相互影响，共同决定着军事博弈的进程和结果。参与者是博弈的主体，其目标、动机、能力和资源决定了博弈的基本格局；策略是参与者实现目标的手段，其制定、选择、组合和灵活性决定了博弈的策略空间；支付是参与者在博弈中的收益或损失，其评估和比较影响着策略的选择；信息是博弈的基础，其准确性、及时性和完整性决定了参与者的决策质量。

二、博弈的分类

博弈的分类方式多样且复杂，不同的分类标准反映了博弈的不同特征和应用场景，对于理解和解决现实中的问题具有重要意义。在军事领域，博弈分类的应用尤为关键，它有助于军事决策者制定战略、规划战术，以及预测和应对潜在的冲突局势。

（一）按照博弈参与者数量分类

1. 两人博弈

两人博弈是最基本且常见的博弈类型。在这种博弈中，只有两个参与者相互作用和决策。例如，在一场空战中，两架战斗机之间的较量就可以看作是双人博弈。双方飞行员需要根据对方的动作和态势来决定自己的飞行轨迹、攻击时机等策略，以争取在战斗中取得优势。常见的还有两人零和博弈，如象棋、围棋等，一方的胜利必然意味着另一方的失败，总收益为零。

在军事战略中，双方的军备竞赛也可以看作是一种两人博弈。一方增加军备，另一方可能会采取相应的对策,双方的决策相互制约。

2. 多人博弈

多人博弈涉及三个或更多的参与者。在这种情况下,参与者之间的关系更加复杂,策略选择不仅要考虑直接对手,还要考虑其他参与者的可能行动。例如,在一场多国参与的地区冲突中,每个国家都有自己的利益和目标,其决策不仅要针对敌对国家,还要考虑其他盟友或中立国家的立场和行动。

多人博弈中的联盟形成是一个重要的特点。参与者可能会为了共同的利益结成联盟,以增强自己的实力和影响力。例如,在国际军事冲突中,一些国家可能会联合起来组成军事同盟,一起应对共同的威胁。但联盟内部也可能存在利益分配和协调的问题。

(二)按照博弈各方是否同时决策分类

1. 静态博弈

静态博弈中,参与者同时做出决策,或者即使决策有先后顺序,但后行动者在做出决策时并不知道先行动者的具体选择。在军事战略中,双方在同一时间进行兵力部署的情况可以视为静态博弈。例如,在边境防御中,敌我双方同时部署防御工事和兵力,双方都不知道对方的确切部署方案,只能根据对对方可能行动的预测来做出自己的最优决策。

静态博弈的分析通常基于纳什均衡的概念,即一组策略组合,使得每个参与者在给定其他参与者策略的情况下,都没有单方面改变自己策略的动机。

2. 动态博弈

动态博弈中,参与者的决策有先后顺序,并且后行动者能够观察到先行动者的行动,从而根据这些信息来调整自己的策略。军事行动中的进攻与防御过程常常呈现出动态博弈的特征。比如,一方先发动进攻,另一方在观察到对方的进攻路线和方式后,进行有针对性的防御部署。在这种情况下,先行动者可能具有一定的先发优势,但后行动者也可以通过准确的观察和灵活的反应来获取优势。

动态博弈的分析通常借助逆向归纳法,从博弈的最后一个决策点开始,逐步向前推导,以确定每个参与者在每个决策点的最优策略。

(三)按照参与者之间是否具有合作分类

1. 合作博弈

合作博弈强调参与者之间存在合作的可能性和意愿,通过共同协商、达成协议来实现集体利益的最大化,并在此基础上分配合作所带来的收益。在军事联盟中,成员国之间为了共同对抗外部威胁,会进行合作博弈。例如,在联合反恐行动中,各国军队需要协调行动、共享情报、合理分配资源,以提高整体作战效率,实现共同的安全目标。

合作博弈的核心在于设计合理的合作机制和收益分配方案,以确保合作的稳定性和可持续性。

2. 非合作博弈

非合作博弈假设参与者之间不存在有效的合作,每个参与者都独立地追求自身利益的最大化,不考虑与其他参与者的合作可能。在军事对抗中,敌对双方通常处于非合作博弈状态。例如,在海战中,双方舰队会根据自身的战略目标和战术优势,独立地决定攻击、防御或撤退等行动,而不会与对方协商合作。

非合作博弈的研究重点是个体的最优策略和纳什均衡的求解，以预测在没有合作的情况下博弈的可能结果。

（四）按照博弈结果的不同分类

1. 零和博弈

零和博弈是指参与者之间的利益完全对立，一方的所得必然等于另一方的所失，博弈的总收益为零。在军事冲突中，某些直接的战斗对抗往往呈现零和博弈的特征。比如，在一场阵地争夺战中，一方占领阵地意味着另一方失去阵地，双方的得失总和为零。

零和博弈的策略选择通常是激烈的竞争和对抗，参与者力求在直接冲突中取得优势，或者通过战胜对方来获取全部利益。

2. 非零和博弈

非零和博弈中，参与者的收益之和不为零，可能存在双赢、双输或一赢一输等多种结果。在军事外交和军备控制领域，非零和博弈的情况较为常见。例如，通过军备控制谈判，双方可以减少军备竞赛带来的资源消耗和安全风险，实现共赢；而如果双方陷入恶性的军备竞赛，可能导致双输的局面。

非零和博弈的策略选择更加注重合作、协调和妥协，以实现更优的整体结果。

（五）按照信息的完整性和对称性分类

1. 完全信息博弈

完全信息博弈是指所有参与者都对博弈的规则、其他参与者的策略空间、支付函数等信息有完全的了解。在军演中，如果双方都清楚彼此的兵力构成、武器装备性能、作战计划等详细信息，那么就可以看作是完全信息博弈。

在完全信息博弈中，参与者可以基于准确和全面的信息进行理性决策，通过计算和比较不同策略的收益来选择最优策略。

2. 不完全信息博弈

不完全信息博弈中，至少有一些参与者对博弈的某些关键信息不完全了解。在实战中，敌方的真实作战意图、隐藏的军事力量、武器研发的最新进展等信息往往是不完全可知的，这就构成了不完全信息博弈。

不完全信息博弈需要参与者通过收集和分析有限的信息、形成对未知信息的估计和猜测来做出决策。同时，还可以通过信号传递、信息甄别等方式来获取更多的信息或误导对方。

（六）按照博弈的重复次数分类

1. 一次性博弈

一次性博弈是指参与者之间只进行一次交互和决策，没有后续的重复机会。在军事特种作战中，某些机密的、一次性的任务就属于一次性博弈。例如，对敌方关键目标的突袭行动，一旦实施，无论成功与否，都不会有再次尝试的机会。

一次性博弈中，参与者往往需要在有限的信息和时间内做出决策，决策的风险和不确定性较高。

2. 重复博弈

重复博弈是指相同的参与者在相同的环境下多次进行相同或相似的博弈。在长期的军事对峙或边境冲突中，双方的军事行动和策略选择会不断重复，形成重复博弈。

重复博弈中，参与者的声誉和长期利益变得尤为重要。由于存在多次交互的机会，参与者可以通过建立合作的声誉来获取长期的利益，也可能因为短视的背叛行为而遭受对方的长期报复。

在战场指挥中，指挥官需要根据具体情况判断博弈类型。例如，在遭遇战中，可能是静态的非零和博弈，双方需要迅速做出决策，同时也要考虑合作的可能性以减少双方的损失；而在长期的阵地战中，则可能演变成重复的动态博弈，双方不断根据对方的行动调整策略。

情报部门在收集和分析情报时，需要判断敌方的决策模式属于哪种博弈类型。如果敌方采取的是零和博弈思维，那么我方的应对策略将更加侧重于强化自身实力和防御；如果敌方表现出合作博弈的倾向，我方则可以寻求通过外交和谈判等手段解决争端。

三、典型的博弈思维模式

在军事领域，决策的制定和行动的执行常常处于复杂多变、充满不确定性和对抗性的环境中。博弈思维模式为指挥官和决策者提供了一种有效的分析和解决问题的方法。

（一）零和思维

零和思维是一种认为一方的收益必然导致另一方的损失，双方的利益总和为零的思维模式。在这种思维下，博弈的结果是完全对抗性的，没有合作的空间。例如在海战中，双方舰队在狭窄海域的争夺，一方占领该海域就意味着另一方失去，这是典型的零和博弈。又如，在海上资源的争夺中，一方获取更多的资源，另一方所能获得的就相应减少。

零和思维下，我方的策略重点在于增强自身实力，削弱对方力量，以争取最大的胜利。这包括发展先进的武器装备、提高作战平台的作战能力、实施有效的情报侦察以掌握对方的动态等。

（二）非零和思维

非零和思维认为博弈双方的利益并非完全对立，存在通过合作实现双赢或通过妥协减少双方损失的可能性。比如在海上联合搜救行动中，多国海军可以合作共享资源和信息，提高搜救效率，共同实现拯救生命的目标，这就是一种双赢的非零和博弈。另外，在面对共同的海上安全威胁，如海盗、恐怖主义等，各国海军也可以通过合作来共同应对，降低威胁带来的损失。

非零和思维下，海军的策略重点在于寻找合作的机会和共同利益点，建立合作伙伴关系。这可能包括参与国际海军联合演习、签订海上安全合作协议等。例如，在某些海域的护航行动中，各国海军通过协商制定统一的行动规则和分工，共同保障海上航线的安全，体现了非零和思维下的合作策略。

（三）逆向思维

逆向思维是一种从结果反推过程、从目标倒推手段的思维方式。它打破了常规的思维顺序，通过反向思考来寻找解决问题的新途径。在战略规划中，假设敌方已经达成了某种战略目标，然后逆向推导敌方可能采取的行动步骤和策略，从而提前做好防范和应对。例如，假设敌方成功突破了我方的海上防线，那么逆向思考敌方可能的突破路线和方式，提前加强这些薄弱环节的防御。在战术运用中,也可以通过逆向思维来出其不意。比如,预计敌方认为我方会采取常规的进攻路线,而我方反其道而行之,选择敌方意想不到的方向进行攻击。

逆向思维要求指挥官和决策者具备敏锐的洞察力和创新能力,敢于打破常规。在制定战略和战术时,要充分考虑敌方的思维模式和可能的行动,从相反的角度思考问题。同时,逆向思维也需要结合实际情况进行验证和调整,确保所制定的策略具有可行性和有效性。

(四)全局思维

全局思维是一种从整体、系统的角度来分析和解决问题的思维方式,它考虑到问题的各个方面、各种因素以及它们之间的相互关系,以实现整体最优的结果。在作战中,全局思维要求不仅关注战场的直接对抗,还要考虑到政治、经济、外交等多个领域的因素对战争的影响。比如一场海上军事冲突的决策不仅要考虑军事胜利的可能性,还要考虑战争对国家经济的负担、国际舆论的压力以及对地区稳定的影响。在战略布局上,全局思维要求综合考虑海洋的地理环境、气候条件、敌我双方的兵力分布、后勤保障能力等多方面因素,制定全面的战略计划。

全局思维下,策略制定需要综合权衡各种因素,实现军事、政治、经济等多目标的平衡。这需要建立高效的情报收集和分析系统,全面了解各种相关信息。同时,要加强各部门之间的协调与合作,确保决策的综合性和统一性。在作战指挥中,要从全局的高度统筹调配资源,实现整体作战效能的最大化。

(五)动态思维

动态思维是一种能够随着时间和情况的变化,不断调整和更新思维方式和决策策略的思维模式。它强调对变化的敏感性和适应性。在海战中,战场形势瞬息万变,敌方的战术调整、天气的突然变化、新的情报信息等都可能影响作战的进程和结果。我方需要及时察觉并相应地调整自己的作战策略。在装备的发展中,也需要动态思维。随着科技的进步和战争形态的演变,不断更新和改进装备,以适应新的作战需求。

动态思维要求军队建立灵活的指挥体系和决策机制,能够快速响应变化。加强情报的实时监测和分析,为决策提供及时准确的信息支持。同时,要培养指挥官和士兵的应变能力和创新精神,使他们能够在变化的环境中迅速做出正确的决策和行动。

博弈的典型思维模式为我们提供了丰富的思考角度和决策方法。在军事斗争中,单一的思维模式往往难以应对复杂多变的局势,只有综合运用多种思维模式,才能制定出更加科学、合理和有效的战略战术。

四、纳什均衡

纳什均衡是博弈论中的一个关键概念,由美国数学家约翰·纳什(John Nash)提出。它在解释和预测参与者在博弈中的策略选择方面具有重要作用,尤其在军事战略分析、军事资源分配等领域有着广泛的应用。

(一)纳什均衡的定义

纳什均衡是指在一个博弈中,一组策略组合使得每个参与者在给定其他参与者策略的情况下，选择的策略是最优的，并且任何一个参与者单方面改变自己的策略都不会获得更好的收益。

纳什均衡反映了一种稳定的策略状态，在这种状态下，参与者之间达到了一种相互制约的平衡。每个参与者的策略选择都是基于对其他参与者策略的理性预期，并且没有任何参与者有动机偏离当前的策略选择。

（二）纳什均衡的性质

1. 自我实施性

一旦达到纳什均衡，参与者无需外部强制力量就能自动维持当前的策略选择。换句话说，纳什均衡是一种稳定的状态，在这种状态下，每个参与者都处于自己的最优选择上，改变策略会导致收益减少，因此没有理由主动改变策略。经典的案例是囚徒困境，在此不再阐述分析。

2. 非唯一性

一个博弈可能存在多个纳什均衡，或者在某些情况下不存在纳什均衡。这意味着在某些情况下，不同的策略组合都能够满足纳什均衡的定义或者都不满足纳什均衡的定义。

（三）纳什均衡的分析原理

1. 参与者的理性假设

假设每个参与者都具有充分的理性，能够准确判断其他参与者的策略选择，并基于自身利益最大化的原则做出决策。

2. 策略相互依存性

参与者的策略选择相互影响，一个参与者的最优策略取决于其他参与者的策略。

3. 收益比较与最优选择

通过比较在不同策略组合下的收益，确定每个参与者的最优策略。当所有参与者的最优策略组合达到一种平衡时，即形成纳什均衡。

（四）纳什均衡的求解方法

1. 划线法

对于简单的双人有限策略博弈，划线法是一种直观的工具，用于在支付矩阵中识别纳什均衡。下面通过两个实例，展示如何使用划线法求解纳什均衡。

实例一：空中拦截决策。

设想两个国家 A 和 B 正在进行空中监视和拦截训练，目的是测试各自的防空系统和飞机性能。国家 A 和 B 各有两种策略：一是进行常规飞行（C）；二是进行突袭飞行（S），即突然加速或改变航线以测试对方的反应能力。可以通过一个简单的支付矩阵来表示双方的可能收益。

	B 常规飞行（C）	B 突袭飞行（S）
A 常规飞行（C）	0，0	−5，<u>6</u>
A 突袭飞行（S）	<u>5</u>，−5	<u>−3</u>，<u>3</u>

在这个支付矩阵中，正数代表收益，负数代表损失。每组数字中，第一个数字代表 A 的支付，第二个数字代表 B 的支付。例如，如果 A 国选择突袭飞行而 B 国选择常规飞行，

A 国获得 5 单位的收益，而 B 国则损失 5 单位。现在，我们使用划线法来找出纳什均衡。

(1) 寻找 A 的最佳反应：对于 A 国，若 B 选择常规飞行(C)时，第一行的支付是 0，第二行的支付是 5，所以在第二行的 5 下方画一条横线；同理，若 B 选择突袭飞行(S)时，第一行的支付是 -5，第二行的支付是 -3，所以在第二行的 -3 下方画一条横线。

(2) 寻找 B 的最佳反应：对于 B 国，若 A 选择常规飞行(C)时，第一列的支付是 0，第二列的支付是 6，所以在第二列的 6 下方画一条横线；同理，若 A 选择突袭飞行(S)时，第一列的支付是 -5，第二列的支付是 3，所以在第二列的 3 下方画一条横线。

(3) 查找交点：策略组合收益值均划横线的地方即为纳什均衡。在这个例子中(A 突袭飞行，B 突袭飞行)是纳什均衡，因为如果任何一方单方面改变策略，其支付都会降低。

实例二：电子战中的频率选择。

在电子战中，两个敌对国家 E 和 F 正在尝试干扰对方的通信系统。E 国和 F 国各有两种策略：一是使用高频段(H)；二是使用低频段(L)。使用高频段可能会遇到更多的干扰，但信号传输距离远；使用低频段则信号质量好，但覆盖范围小。可以建立一个支付矩阵来表示双方的可能收益。

	F 使用高频(H)	F 使用低频(L)
E 使用高频(H)	<u>-3</u>，-2	<u>5</u>，-4
E 使用低频(L)	-6，<u>5</u>	<u>2</u>，2

(1) 寻找 E 的最佳反应：对于 E 国，若 F 选择使用高频(H)时，第一行的支付是 -3，第二行的支付是 -6，所以在第一行的 -3 下方画一条横线；同理，若 F 选择使用低频(L)时，第一行的支付是 5，第二行的支付是 2。所以在第一行的 5 下方画一条横线。

(2) 寻找 F 的最佳反应：对于 F 国，若 E 选择使用高频(H)时，第一列的支付是 -2，第二列的支付是 -4，所以在第一列的 -2 下方画一条横线；同理，若 E 选择使用低频(L)时，第一列的支付是 5，第二列的支付是 2。所以在第一列的 5 下方画一条横线。

(3) 查找交点：策略组合收益值均画横线的地方即为纳什均衡。在这个例子中(E 使用高频(H)，F 使用高频(H))是纳什均衡，因为如果任何一方单方面改变策略，其支付都会降低。

2. 逻辑推理法

该方法适用于简单的博弈模型，特别是那些具有有限策略空间的博弈。逻辑推理法的基本步骤是识别所有可能的策略组合，然后逐一检查每个组合是否满足纳什均衡的条件，最终找到纳什均衡策略组合。下面通过两个实例，展示如何使用逻辑推理法得出纳什均衡策略组合。

实例一：部署防御体系决策。

设想两个相邻的国家 A 和 B，国家 A 计划在其领土上部署一套先进的导弹防御系统，以保护其关键基础设施免受敌方导弹攻击。国家 B 则考虑是否对其导弹发射系统进行升级，以穿透 A 国的防御系统。可以将此场景建模为一个简单的静态博弈。

参与方：国家 A 和国家 B。

策略：A 国有两种策略，部署防御系统(D)或不部署(ND)；B 国有两种策略，升级导弹系统(U)或不升级(NU)。

支付矩阵如下：

	B 升级(U)	B 不升级(NU)
A 部署(D)	-10, -15	-5, -17
A 不部署(ND)	-12, -3	0, 0

这里的支付矩阵反映了以下情况：

(1)如果 A 部署防御系统且 B 升级导弹,A 的防御成本和 B 的升级成本都很高,双方都损失(-10, -15)。

(2)如果 A 部署防御而 B 未升级导弹,A 成功防御,B 的导弹无功而返,支付为(5, -2)。

(3)如果 A 未部署防御而 B 升级导弹,A 可能面临更大的威胁,B 则节省了升级成本,支付为(-2, 5)。

(4)如果双方均不采取行动,支付为(0, 0)。

分析求解如下：

最佳响应:A 国的最佳响应是当 B 国升级导弹时部署防御系统(D),当 B 国不升级导弹时不部署防御系统(D);B 国的最佳响应是当 A 国部署防御系统时不升级导弹(U),当 A 国不部署时不升级导弹(U)。

纳什均衡:在这个博弈中,(A 不部署, B 不升级)构成了纳什均衡,因为任何一方单独改变策略都会降低其支付。

实例二:海上封锁与突破。

假设两个对立的海军力量 C 和 D,C 国试图通过海上封锁阻止 D 国的补给线,而 D 国则考虑是否冒险突破封锁。再次将其建模为一个静态博弈。

参与方:C 国和 D 国。

策略:C 国有两种策略,实施封锁(B)或不实施封锁(NB);D 国有两种策略,尝试突破(S)或不尝试突破(NS)。

支付矩阵如下：

	D 尝试突破(S)	D 不尝试突破(NS)
C 实施封锁(B)	-10, -15	-5, 0
C 不实施封锁(NB)	-12, -5	0,0

这里的支付矩阵反映了以下情况：

(1)如果 C 实施封锁且 D 尝试突破,双方都付出巨大代价,支付为(-10, -15)。

(2)如果 C 实施封锁而 D 不尝试突破,C 成功封锁,D 被迫寻找其他补给路线,支付为(5, 0)。

(3)如果 C 不实施封锁而 D 尝试突破,D 顺利通过,C 失去控制,支付为(-2, 5)。

(4)如果双方均不采取行动,支付为(0, 0)。

分析求解如下：

最佳响应:C 国的最佳响应是当 D 国尝试突破时实施封锁(B),当 D 国不尝试突破时则不实施封锁(NB);D 国的最佳响应是当 C 国实施封锁时不尝试突破(S),当 C 国不实施封锁时不尝试突破(S)。

纳什均衡:(C 不实施封锁, D 不尝试突破)构成纳什均衡,因为如果任一方单独改变策略,其支付将会减少。

本章小结

本章主要围绕信息系统的基础理论展开,具体内容包括以下五个方面:

(1)电磁场与电磁波,主要介绍了电磁波的产生、辐射、传播与接收以及电磁波在信息技术中的应用。

(2)信息的统计度量,主要介绍了采用统计方法定量化描述信息的一些基本概念如信息量、互信息量、信息熵、互信息熵等,以及这些概念之间的关系。

(3)编码理论,主要介绍了信源编码和信道编码的基本概念、功能以及典型的编码方法。

(4)调制与解调理论,主要介绍了调制与解调的基本概念、主要作用,并以幅度调制技术为重点,分析了几种典型调制解调方法。

(5)博弈理论,主要介绍了博弈的构成要素、分类、典型思维模式,以纳什均衡为重点,阐述了纳什均衡的分析原理和求解方法。

习　题

1. 依据麦克斯韦方程组的物理意义,简述时变场源产生电磁波的机理。

2. 什么是电磁波的极化? 电磁波的极化特征有哪些?

3. 如何理解天线方向图? 什么是半功率宽度?

4. 天线增益的大小与方向图形状有什么关系?

5. 电磁波传播过程中,可能受到哪些效应影响?

6. 同时抛掷一对质地均匀的骰子,也就是各面朝上的概率均为 1/6。试求:

(1)3 和 5 同时发生的自信息量;

(2)两个 1 同时发生的自信息量;

(3)两个点数中至少有一个是 1 的自信息量。

7. 设在一只布袋中装有 100 只对人手的感觉完全相同的木球,每只球上涂有一种颜色。100 只球的颜色有下列三种情况:

(1)红色球和白色球各 50 只;

(2)红色球 99 只,白色球 1 只;

(3)红、黄、蓝、白色各 25 只。

求从布袋中随意取出一只球时,猜测其颜色所需要的信息量。

8. 在布袋中放入 81 个硬币,它们的外形完全相同。已知有一个硬币的重量与其他 80 个硬币的重量不同,但不知这一个硬币是比其他硬币重还是轻。问确定随意取出的一个硬币恰好是重量不同的一个硬币所需要的信息量是多少? 若要进一步确定它比其他硬币是重一些还是轻一些所需要的信息量是多少?

9. 居住某地区的女孩中有 25% 是大学生,在女大学生中有 75% 是身高 1.6 米以上的，而女孩中身高 1.6 米以上的占总数一半。假如得知“身高 1.6 米以上的某女孩是大学生”的消息，问获得多少信息量？

10. 有两个二元随机变量 X 和 Y，它们的联合概率分布函数如表所列。

Y	X	
	0	1
0	$\frac{1}{8}$	$\frac{3}{8}$
1	$\frac{3}{8}$	$\frac{1}{8}$

同时定义另一随机变量 $Z = XY$（一般乘积）。试计算：

(1)熵 $H(X)$，$H(Y)$，$H(Z)$，$H(X,Z)$，$H(Y,Z)$ 和 $H(X,Y,Z)$。

(2)条件熵 $H(X|Y)$，$H(Y|X)$，$H(X|Z)$，$H(Z|X)$，$H(Y|Z)$，$H(Z|Y)$，$H(X|Y,Z)$，$H(Y|X,Z)$ 和 $H(Z|X,Y)$。

(3)互信息 $I(X;Y)$，$I(X;Z)$，$I(Y;Z)$，$I(X;Y|Z)$，$I(Y;Z|X)$ 和 $I(X;Z|Y)$。

11. 简述霍夫曼编码和 LZW 的特点。

12. 一个有 4 个符号的信源，若对其进行霍夫曼编码，需要增加的概率为 0 的符号数为多少？

13. 信道编码与信源编码有什么区别？

14. (7,4)汉明码可以纠正 1bit 的差错，请问是否存在一个(14,8)码能纠正 2bit 的差错？

15. 什么是调制？调制有哪几种常用方法？

16. 什么称为解调？

17. 常规调制和抑制载波的双边带调制各有什么特点？

第三章　信息获取

信息获取技术也称为传感技术。它是应用信息科学原理和方法，实现并扩展人类感觉器官的功能，增强人类感知和认识事物能力的技术，能帮助人们更好地获取信息。信息获取技术的种类繁多，可以从不同的角度、以不同的方式进行分类。按运用场合，可以分为空间信息获取技术、空中信息获取技术、地面信息获取技术、水下信息获取技术等。按照信息获取功能的实现是否有赖于专门向目标发出能量，可分为两类：一类是有源信息获取技术，或称主动信息获取技术；另一类是无源信息获取技术，或称被动信息获取技术。而按信息获取过程所利用的媒质，又可以分为光电信息获取技术、无线电波信息获取技术、声波信息获取技术等。本章从满足信息作战需求的角度，将信息获取主要技术分作以下三个部分介绍：一是雷达信息获取，二是光电信息获取，三是声波信息获取。

第一节　雷达信息获取

雷达是一种利用无线电波探测目标位置、速度和其他特征的电子设备。雷达具有发现目标距离远、测定目标坐标速度快、能全天候工作等特点，在军事上广泛应用于警戒、引导、武器控制、侦察、测量、航行保障、敌我识别和气象观测等方面，是一种重要的军用电子技术装备。

一、雷达概述

（一）雷达的分类

“雷达”是英语“RADAR”的译音，而 RADAR 是 Radio Detection and Ranging 的缩写，直译是“无线电探测与测距”，这是按雷达发明当时的功能而得来的命名。经过半个多世纪的发展，现代雷达的基本任务是利用目标对电磁波的反射现象发现目标并测定其空间位置；而其进一步的功能还可包括对目标的跟踪、识别、参数估计以及目标成像等。

雷达是利用物体对电磁波的反射（或称为二次散射）现象来发现目标并且测量目标位置的，因此，凡是能够发生电磁散射现象的物体都可以作为雷达的目标，包括各种飞机、导弹、车辆和舰船等运动目标；山丘、平原和沙漠等地形；江、河、湖、海等水系；机场、大楼等建筑。雷达的用途不同，探测的目标也不一样。

（二）雷达的基本组成和基本工作过程

雷达是以辐射电磁波和检测目标的反射回波及回波特性的方式进行工作的，因此雷达是一种有源装置，它用自身控制的照射来探测目标及其特性，其不像辐射计那样依赖于由目标自身释放的能量，也不像光学照相机那样依赖于由非控制源反射回来的能量。雷达要发现目标和测量目标参数，就应该具备产生、发射、接收以及测量和显示电磁波的设备，这些设备就是雷达的基本组成。图 3－1 所示为典型的单基地脉冲雷达的基本组成框图，其包括定时器、发射机、收发转换开关、天线、天线伺服系统、接收机、显示器和数据录取设备。

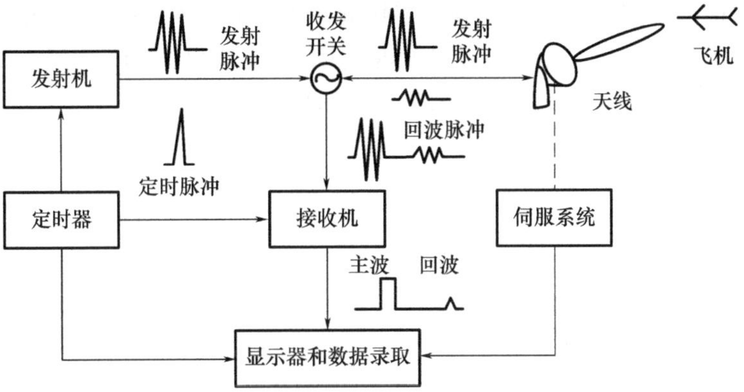

图 3－1　典型的单基地脉冲雷达的基本组成框图

定时器产生定时触发脉冲，送到发射机、接收机和显示器等雷达子系统，使整个系统同步工作。定时器为雷达系统提供了一个时间基准。

发射机产生发射信号，并对发射信号进行波形调制和功率放大，使信号波形和功率满足雷达工作的要求。

收发转换开关避免发射和接收的耦合。在发射期间，将天线与发射机相连，断开接收机，以免大的发射信号进入接收机，使接收机饱和，或者烧毁接收机；在接收期间，将天线与接收机相连，断开发射机，避免微弱的接收信号旁路进入发射机，减小信号能量。对于收发共用同一天线的雷达，收发转换开关是必需的。

天线有两个作用：一个是将发射机输出的电磁波形成波束，实现定向辐射；另一个是接收天线波束范围内目标反射回来的电磁波。

天线伺服系统控制天线的转动，使天线波束按照一定的方式在空间扫描。

接收机对回波信号进行放大、滤波，变成可显示的视频回波脉冲，送给显示器。

显示器和数据录取：显示器是雷达的终端设备，用来显示目标回波，提供给操作员观察和判断。数据录取是对测量出的目标参数进行记录。

雷达的工作过程：在定时器的控制下，发射机产生雷达信号（通常是脉冲串），经过收发转换开关传输给天线，由天线定向辐射到空间。在天线波束照射范围内的目标会截获一部分雷达信号，并将截获的雷达信号向各个方向散射，其中一部分散射到雷达方向的电磁波会被天线接收，天线接收到的电磁波经过收发转换开关馈送给接收机，接收机将微弱的回波信号进行滤波和放大，如果接收机输出信号的幅度足够大，就说明目标已被检测。雷达通常测量目标位置（距离和方位）。但回波信号也包含有目标特性信息。显示器显示接收机的输出，操作员根据显示器的显示判断目标存在与否，或者采用电子设备处理接收机的输出以便自动判断目标的存在与否，并根据发现目标后一段时间内的检测建立目标航迹。使用自动检测和跟踪设备时，通常向操作员提供处理后的目标航迹，而不是原始雷达检测信号。在某些应用中，处理后的雷达输出信号可直接用于控制一个系统（如制导导弹),而无须操作员干预。

(三)雷达的工作频率

由于雷达的工作环境要求、性能要求以及便于工程实现等因素,常用的雷达工作频率范围为220MHz~35GHz。有一些雷达的工作频率超出了上述范围,如天波超视距雷达的工作频率为4MHz或5MHz,地波超视距雷达的工作频率则仅2MHz;而毫米波雷达工作频率可高达94GHz,激光雷达工作频率则更高。实际上,绝大部分雷达工作于220MHz~10GHz频段。

对于舰载雷达来说,频率选择主要考虑舰上有限的物理空间、恶劣的气候条件和观测海面目标时波束低仰角问题三个方面。为尽量减小舰载雷达的体积,应选择较高频率。但为减少海浪、雨滴对雷达波的衰减,保证雷达在恶劣的气候条件下工作,这又限制了可使用的频率上限。另外,舰载雷达在观测海上目标时,雷达波束几乎是平射出去的,这就使波束掠地角接近于零,从而使雷达所接收的从目标直接反射回来的回波几乎完全被从同一目标但由水面反射回来的回波所抵消,这个现象称为多路径传播,如图3-2所示。抵消是由回波反射时产生180°相移所造成的。随着掠地角的增加,直接路径和间接路径的长度的差别加大,于是抵消现象减小。波长越小,抵消现象消失得越快。由于这个原因,为了进行海面搜索,低空目标检测以及领航,舰载雷达一般使用S和X频段。

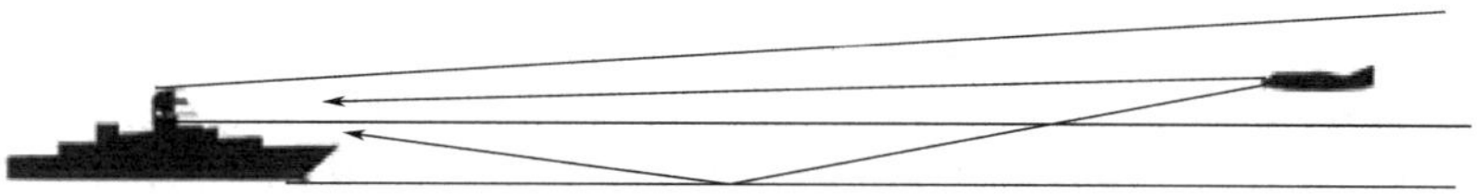

图3-2 多路径传播

二、雷达原理

雷达的基本任务是发现目标并测定其空间位置,下面主要介绍雷达的工作原理,重点说明其测定目标位置的原理。因脉冲雷达目前应用最广,本小节主要介绍脉冲雷达。

(一)雷达目标的位置

雷达测定目标位置,通常采用球坐标系,就是在以雷达所在位置为坐标原点的球坐标系中测定目标的坐标数值,如图3-3所示。由图可见,空间任一目标P所在位置由以下三个坐标参数值所确定:

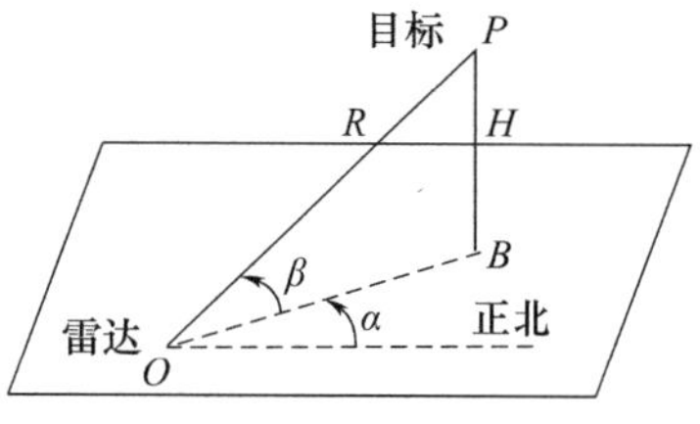

图3-3 目标位置在球坐标系中的表示

一是目标的斜距R,即目标与雷达之间的直线距离,在图中以线段OP表示。

二是目标的方位角α,即斜距R在水平面上的投影(图中以线段OB表示)与某一起始方向在水平面上的夹角。这里所谓起始方向通常为正北,也可以是其他参考方向。α的取值在起始方向为零,沿顺时针方向增大。

三是目标的仰角β,即斜距R与其自身在水平面上的投影(图中的线段OB)之间在铅垂面上的夹角。β的取值在水平方向为零,向上为正值增大,向下为负值增大。

目前,应用最广的是二坐标雷达,通常以测定目标的距离与方位角两个参数为主。若必需同时获取目标位置的三个坐标数值，常以两部雷达配合工作：一部探测方位和距离，另一部主要用于测高。随着技术的发展，可以同时获取以上三个参数值的雷达即三坐标雷达日渐增多。

（二）目标距离测定原理

雷达工作时，向空间发出大功率射频脉冲串，如果在电磁波传播途径上有目标存在，雷达接收机就会接收到来自目标的反射回波。从雷达发出电磁波到接收到回波，经历的一段时间 t 显然是可以测定的。电磁波在空中的传播速度是一个常数，每秒 30 万千米，用 C 代表。在 t 时间里，电磁波以速度 C 在雷达和目标之间往返一次；因此，这段时间内电磁波传播的距离 Ct 正好是雷达和目标之间距离 R 的 2 倍。于是，得到简单公式为

$$R = Ct/2 \tag{3-1}$$

式中：R 为目标斜距，即目标与雷达之间的直线距离（m）；t 为电磁波往返于雷达和目标之间的时间（s）；C 为电磁波传播速度，即 3×10^8 m/s。

实际上，显示器上的扫描线就是一种时间刻度。从扫描线起点到代表某目标的亮点或波形之间的距离，正好对应于雷达发出探测波到接收到回波之间的时间间隔 t。由于 $R=Ct/2$ 的关系，使用者就可以从显示器上代表目标的亮点或波形所在位置，直接得知目标与雷达之间的距离。在具体雷达的终端设备，R 数值的显示可以有多种不同的方式。

（三）目标角位置测定原理

目标角位置是指目标的方位角或仰角，雷达对这两个参数值的测定基本上都是利用天线的方向性来实现的。雷达通过天线发出电磁波，天线的作用能使电磁波的传播具有很强的方向性，就是使发出的电磁波能量集中在某个比较狭窄的有限空间体积之内。对这种方向性用图形来表示，便是通常所说的天线波束，如图 3－4 所示。天线波束所指的方向实际上也是辐射波波前的方向。

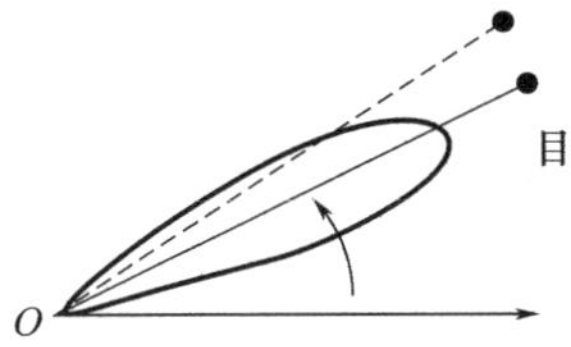

图 3－4　雷达天线波束及目标角位置的测定

图 3－4 表明：当天线波束的轴线对准目标时，如图中实线所示，雷达收到的目标回波信号最强；当天线波束的轴线偏离目标时，如图中虚线所示，目标回波信号就减弱。普通雷达的天线控制设备通过控制电机的转动来控制天线按一定规律做水平方向的旋转或俯仰运动，从而使天线波束所指的方向也按要求的规律改变，称为天线波束扫描。由于是通过电机控制天线转动来实现天线波束扫描，这种方式称为机械扫描。在天线波束扫描的过程中，如果在某个时刻收到的目标回波信号最强，则此时天线波束轴线所指的方向，就是该时刻目标的方向。这就是雷达测定目标角位置最基本的原理。概括而言，这种方法是以目标回波信号最强时天线波束轴的指向定为目标的方向，所以称为最大信号法或最强信号法。此外，还有最小信号法、等信号法以及相位法等。

现在结合雷达实际工作状况，以测定目标方位角为例，作更具体的简述。当天线波束

方向随着雷达天线的旋转而做水平方位360°的不断旋转时，借助于有关同步系统，在雷达的平面位置显示器上，扫描线也随之做同步旋转。在天线波束扫描过程中，如果正好有目标进入它所指的空间并对准了天线波束轴，就会形成较强的反射回波，经接收机接收、处理，在平面位置显示器的相应位置就会出现一个亮点。这时，扫过亮点的扫描线在显示器方位刻度盘上所指的读数，就代表目标位置相对于雷达的方位角，如图3－5所示。对目标仰角的测定，可以采用与方位角测定的类似方法，还可以采用一些其他方法。

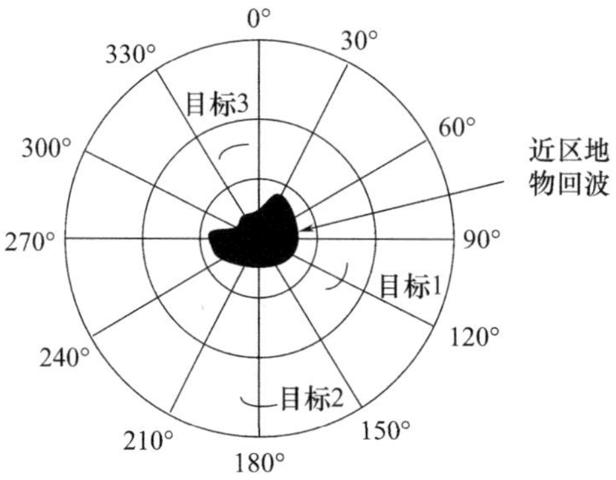

图3－5　平面位置显示器显示目标方位角

（四）目标速度测定原理

由于多普勒效应，从运动目标反射回来的回波信号的频率与发射信号的频率相比，增加了一个多普勒频率偏移成分。通过测量回波信号的多普勒频移，可得到目标径向速度信息。

如果目标径向速度为v_r，雷达信号波长为λ，则多普勒频移f_d的计算公式为

$$f_d = \frac{2v_r}{\lambda} \tag{3-2}$$

式中：f_d为多普勒频移（Hz）；v_r为雷达与目标之间的径向速度（m/s）；λ为载波波长（m）。

当目标向着雷达站运动时$v_r>0$，回波载频提高；反之$v_r<0$，回波载频降低。雷达只要能够测量出回波信号的多普勒频移f_d，就可以确定目标与雷达站之间的相对速度。

（五）目标其他特性的测量

1. 目标起伏特性的测量

目标回波起伏特性的测量对于判定目标属性具有重要意义，如在定向目标监视雷达中，利用目标起伏特性可区分该目标是否为稳定目标（自旋稳定或非自旋稳定目标）。

2. 极化特性的测量

根据雷达测量得到的极化散射矩阵，在一定程度上可获得有关雷达目标的构成及属性的信息。

3. 目标事件的测量

在一些特殊用途的雷达中，需要测量有关目标事件，如目标分离、目标爆炸。卫星与导弹发射过程中的星弹分离、空－空导弹发射过程中的机弹分离等均属于这类要观测的目标事件。为了实现这类测量，往往要求雷达具有多目标跟踪能力。

通过测量目标回波频谱中的两个边带频谱分量，可判断目标是否为自旋目标或是否

存在章动。

4. 雷达目标成像

提高雷达纵向距离分辨力和横向距离分辨力，可获得有关目标尺寸与形状特性的信息。通过采用大瞬时信号带宽，可获得足够高的分辨力。

三、现代雷达类型

（一）相控阵雷达

1. 基本概念

相控阵雷达就是采用相控阵天线的雷达。而相控阵天线，是由大量辐射单元排列组成的阵列，它通过计算机控制各辐射单元或称阵元激励电流的相位及其变化，使各个阵元辐射的电磁波在空间合成为形状及指向符合要求并可快速变化的天线波束。所以相控阵天线的波束扫描无须天线的机械运动，而是借助于电的方法来实现的，称为电扫描方式。

下面以图3－6所表示的直线阵天线为例，对上述概念稍作具体说明。

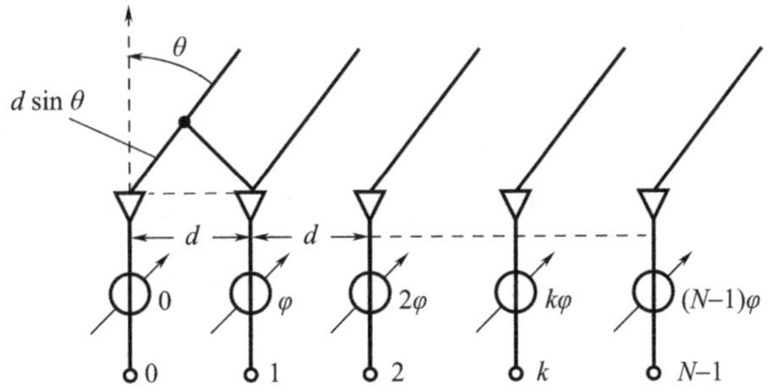

图3－6　直线阵天线示意图

图3－6所示的直线阵天线由 N 个阵元组成，相邻阵元间的距离为 d。为简化分析，假定每个阵元均为无方向性的点辐射源，每个阵元的馈线输入端均为等幅馈电，但相邻阵元的激励电流依次存在由移相器形成的相位差 φ。考虑：存在与天线阵的法线方向间夹角为 θ 的远区某点，该点的辐射场 $E(\theta)$ 应是各阵元在该点辐射场 E_K 的矢量和：

$$E(\theta) = \sum_{K=0}^{N-1} E_K \tag{3-3}$$

因为等幅馈电，并忽略各阵元到该点距离的微小差别对振幅的影响，可认为各阵元在该点辐射场的振幅相等，均为 E_0。若以零号阵元辐射场 E_0 的相位为基准，则可以得到该直线阵天线的归一化方向性函数为

$$F(\theta) = \frac{|E(\theta)|}{|E(\theta)|_{\max}} = \left| \frac{1}{N} \frac{\sin\left[\frac{N}{2}(\psi - \varphi)\right]}{\sin\left[\frac{1}{2}(\psi - \varphi)\right]} \right| \tag{3-4}$$

式中：ψ 为因波程差造成的相邻阵元间辐射场的相位差，$\psi = (2\pi/\lambda)d\sin\theta$；$\varphi$ 为相邻阵元激励电流的相位差。

以上原理在工程上实现，关键器件是以电子控制方式完成改变 φ 值功能的移相器。对它的要求包括：移相数值精确，性能稳定，便于快速控制，有足够的频率范围和功率容量等。

实际应用的移相器可有很多种类。对移相器及整部雷达的工作，由一部至几部计算机控制。以上所述相控阵雷达实现电扫描的方法，称为相位扫描法；此外，还可有其他的方法。

2. 功能特点

相控阵雷达由于利用计算机的控制实现天线波束电扫描，相对于普通的机械扫描雷达，具有以下突出的优点：天线波束的方向变化可以更快、更灵活，变化所需的时间只取决于移相器的转换速度；天线波束的形状可以根据需要灵活控制，因为天线阵列中对每个阵元的激励电流，其振幅和相位都是可以单独控制的；可以形成多个相互独立的天线波束，因而可以同时发现和跟踪为数很多的目标；输出的脉冲功率和平均功率可以达到很高的水平，因为对天线阵列中的每个阵元，原则上都可以用大功率的发射机单独馈电，由此在空间形成的合成总输出功率，当然比普通雷达只用一部发射机馈电所能够获得的输出功率大得多。

基于相控阵雷达以上的功能特点，它的主要应用场合有对多批快速目标的搜索和跟踪、对远距离目标的警戒和搜索等。

（二）合成孔径雷达

1. 基本概念

光学仪器中，孔径是指物镜的直径；孔径大，透过的光量就大，分辨率就高。雷达波是通过天线发射和接收的，天线就相当于光学仪器中的物镜；孔径大，发射和接收的电磁波能量就大，雷达的作用距离就远，分辨率也高。飞机或卫星上的雷达受到空间的限制，天线不可能制作得很大，因此其作用距离就近，分辨率也不高。面对这样的问题，出现了一种思路：既然飞机上的雷达相对于目标是快速运动的，如果把雷达在运动中不同空间位置所接收的目标回波信号以适当方式处理，使其取得相互增强的效果，这就好似让一个小孔径的天线发挥了大孔径天线的作用，进而能够有效提高对目标的分辨率。基于此思路实现的雷达就是合成孔径雷达。意思就是，一个小孔径的天线在运动中不同空间位置所接收的目标回波信号合成起来，相当于一个大孔径天线的效果。或者换一个角度来理解，合成孔径雷达是把每一个发射脉冲发出时的天线位置，看作某个阵列天线中一个阵元的位置，这些位置不同的阵元组合起来，形成一个假想的天线阵列，按其在空间中某一点形成合成辐射场的效果而言，等同于一个大孔径天线的效果，从而可以得到很高的分辨率。因此，合成孔径雷达技术本质上是一种用于改善雷达分辨力的信号处理技术。

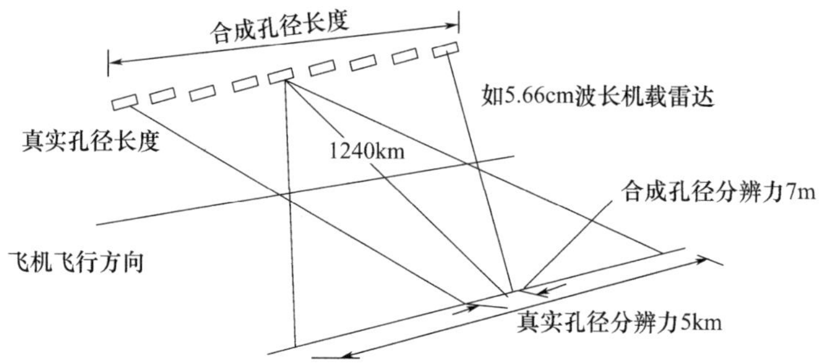

图 3－7　雷达天线的真实孔径与合成孔径

现在再结合图3－7所示的一组实际数据对比来进一步说明：当雷达与目标之间的直线距离为1240km时，如果雷达相对于目标处于静止状态，天线孔径是实际的孔径，比较小。此时所能够得到的目标分辨率也差，为5km；也就是说，如果在地面上5km范围之内有两个物体，该雷达不能分辨。但是，当雷达随着飞机相对于目标快速运动，由于采用了合成孔径雷达技术，它在不同位置收到的目标回波被处理得相互加强，相当于天线的孔径加大，形成了比原来真实孔径大得多的合成孔径，此时雷达的分辨率大为改善，为7m；就是说，地面上相距仅7m的两个物体，在与它们相距1240km的空中飞行的飞机上的合成孔径雷达也能分辨出来。

以上是合成孔径雷达技术的基本概念，实现这一技术的必要前提是雷达相对于目标快速运动。因此，在工程上实现这一概念的途径可有两种：一种是目标不动而雷达平台运动，由此构成的雷达称为合成孔径雷达（Synthetie Aperture Radar，SAR）；另一种是雷达平台不动而目标运动，构成的雷达称为逆合成孔径雷达（Inverse Synthetie Aperture Radar，ISAR）。

2. 功能特点

由以上所述合成孔径雷达的基本概念，可以想到它的功能特点：一是能够达到很高的分辨率，实现目标成像。二是必须配备于飞机、卫星等运动的载体，对于此类空间受限条件，更能发挥合成孔径雷达以小尺寸天线获得高分辨力效果的优势；逆合成孔径雷达则用于探测高速运动的目标。

（三）超视距雷达

1. 基本概念

部署于地面的普通雷达，工作于微波或超短波波段，电波以视距传播，因而雷达作用距离受地平线限制，难以发现地平线以下的目标。而远距离发现低空、超低空目标，是高技术战争面临的迫切课题。在这样的背景下，超视距雷达应运而生。

超视距雷达的作用距离之所以能够超出视距之外，关键在于它的工作波长与普通雷达不同，是在短波波段范围或其附近。短波波段的电磁波有两种传播：一种是天波传播，即因电磁波在不同高度电离层连续折射的效应而传播，可以传到数千千米之外；另一种是地波传播，即电磁波沿地球表面绕射，也能传播到视距之外。相应地，超视距雷达也分两类。一类是天波超视距雷达，利用电磁波的天波传播方式工作。如果由地面雷达发射机发出的电磁波，经电离层连续折射、返回地面即被雷达接收机接收，这种情况称为单跳工作，雷达作用距离可以达到3000km。如果电磁波经电离层连续折射、返回地面，又被地面反射，再次受到电离层的作用，甚至在地面与电离层之间多次往返即所谓多跳，雷达作用距离可以达到6000km以上。另一类是地波超视距雷达，利用电磁波的地波传播方式工作。其作用距离不如天波方式远。以下简述超视距雷达在技术上的若干特殊问题。

根据电磁场理论，要使天线有效地辐射电磁波，必须使天线的尺寸和电磁波的波长相差不多。超视距雷达的工作波长比普通雷达长得多，天线尺寸很大。而且，为使雷达的测角精度和分辨力满足要求，天线波束不可太宽；超视距雷达工作于短波波段，这个波段电台众多，成为对雷达的干扰源，也需要采用狭窄的天线波束以提高接收机输入的信杂比。而为了得到狭窄的天线波束，通常就需要大型的天线阵；在短波波段，大型天线阵的几何尺寸更大。例如,若要求波束宽度1°,当工作频率为15MHz时,就要求天线尺寸约达1200m。

鉴于发射天线要承受大功率,如果是大尺寸天线,则成本必然很高。因此,在工程上,超视距雷达常采用收发分开的天线:发射天线尺寸较小,其波束稍宽;而将接收天线制作成具有多个相互毗邻的窄波束,覆盖发射波束的全部范围。又因控制天线尺寸的因素,所以一般采用相控阵天线电扫描技术。此外,由于短波波段电磁波传播条件与电离层状况密切相关,很不稳定,所以还必须实施严格的频率管理,才能保证超视距雷达稳定工作。

2. 功能特点

超视距雷达的主要功能特点在于作用距离超视距,能及早发现地平线以下远距离低空目标,因此是远程战略预警的有力手段,对海洋上空的空中交通管制也可发挥重要作用。其典型应用如美国AN/FPS－118超视距雷达。该雷达作用距离900～3300km,方位覆盖范围180°,探测高度60～350km。工作频率5～28MHz,分6个频段。峰值功率100MW,总平均功率1200kW。发射天线分4个子阵,每个子阵含12个偶极子天线,阵长1000m。其水平波束宽度10°,扫描范围为±30°,垂直覆盖50°～25°。接收天线阵距发射天线阵160km,阵长1500m,包括137个天线单元,采用数字波束形成(Digital Beam Forming,DBF)技术实现4个接收波束。接收天线水平波束宽度为3.3°,扫描范围也为±30°,垂直覆盖60°～25°。该雷达用于对战略轰炸机和巡航导弹预警,探测和监视地平线以下情况,在远距离发现低空、超低空目标。其预警时间:对亚声速威胁约3.3h,对超声速威胁约1.2h,对洲际导弹约30min。除美国之外,俄罗斯、澳大利亚等国也都部署了类似的超视距雷达。

(四)频率捷变雷达

1. 基本概念

频率捷变是指雷达辐射的脉冲电磁波载频在脉冲之间或脉冲组之间做有简单规律的或伪随机的快捷变化。产生频率捷变信号的方法通常有两类,现仅简述其中比较易于以简单结构实现的一类,这就是利用旋转变频磁控管作为发射源的频率捷变系统。采用此类方法的频率捷变雷达,其关键器件旋转变频磁控管是一种机械快速调谐磁控管,当其阳极块一端的齿状调谐盘转动时,磁控管腔体的固有频率(也称冷频率)随之做近似正弦规律的变化。当调制脉冲加到磁控管阴极,就产生高频振荡,其振荡频率取决于调制脉冲加到磁控管时上述调谐盘所在的位置。由于磁控管产生的发射频率在脉冲之间或脉冲组之间有大幅度的变化,因此要求接收系统本振频率也在相应的短暂时间内随之进行大幅度变化,能够准确跟踪发射频率。

2. 功能特点

频率捷变雷达最主要的功能特点在于它的抗干扰能力。这里包括如下三重含义:首先,频率捷变雷达能够显著提高抗窄带瞄准式人为干扰的能力。其效果与频率跳变的速度及范围有关。自适应频率捷变雷达能够快速分析干扰频谱,再以高速度在大的频率范围内进行频率捷变,即使在受到大功率宽频带阻塞式干扰的情况下,也能使雷达工作在干扰频谱的弱区,降低干扰的影响。其次,频率捷变雷达能够基本上避免雷达与雷达之间的相互干扰。这一点在雷达密集的环境里极为重要。多部雷达的工作频率按各自的规律跳变,则任意一部雷达接收到其他雷达信号的概率极小。最后,频率捷变雷达具有抑制海杂波的能力。海杂波是指雷达探测海面目标时因海浪回波等因素形成的杂波。海面搜索雷达在探测贴近海面的小目标时，检测能力往往受到海杂波相关性的限制。采用频率捷变技术，能够使这种相关性的程度降低，因而起到抑制海杂波的作用，提高对海面目标的检测能力。除了抗干扰能力，频率捷变雷达还具有作用距离远、角分辨力和距离分辨力高、跟踪精度高等多方面的良好性能。

（五）双基地、多基地雷达

1. 基本概念

普通的雷达，发射机和接收机是设置在一起的。收发共用天线，或者收发天线彼此相距不远，可以称为单基地雷达。如果将它们分别设置在两个地点，收发天线之间的距离大到与目标的距离相当的程度，称为双基地雷达。如果有一部或多部发射机以及多部接收机分置多处，称为多基地雷达。双基地雷达在空间的配置如图 3－8 所示，该图也可用来说明双基地雷达最基本的工作原理。双基地雷达通常采用非扫描的即固定式扇形波束，发射机发射的信号经过两条途径到达接收机：一条是从发射机到接收机的直接路径，其长度记作 D_b，经由直接路径到达接收机的这部分信号称为直接信号；另一条是经过目标的散射作用后到达接收机的路径，称为散射路径，它的总长度记作 $S=D_o+D_r$，经由散射路径到达接收机的这部分信号称为散射信号。因为发射机与接收机之间的距离 D_b 是已知的，从而电磁波由直接路径从发射机到接收机所经历的时间 t_b 也是已知的。在接收机一端，完全可以做到测定散射信号到达接收机迟后于直接信号到达接收机的时间，记为 t_d。鉴于直接信号和散射信号在发射机一端是同时发出的，因此若记 $t_b+t_d=t$，则 t 就代表散射信号到达接收机的时刻相对于它从发射机发出的时刻所迟后的时间，这段时间也就是散射信号经由总长度为 $S=D_o+D_r$ 的散射路径传播所经历的时间。既然 t 可以按如上的方法测定，就意味着散射路径的总长度 $S=D_o+D_r$ 也可以由此测定；但目标与雷达接收机间的距离 D_r 值至此尚未确定。这就需要另外一个测量值：散射信号的到达角 ψ，这个参数值是可以由接收机测定的。由图 3－8 可见，根据余弦定理可知

$$D_o^2=D_r^2+D_b^2-2D_rD_b\cos\psi \tag{3-5}$$

将 $S=D_o+D_r$，代入式（3－5），稍经整理可得目标与雷达接收机间的距离为

$$D_r=\frac{S^2-D_b^2}{2(S-D_b\cos\psi)} \tag{3-6}$$

式中：S、D_b 及 ψ 均为已知量，因此 D_r 也可求得。

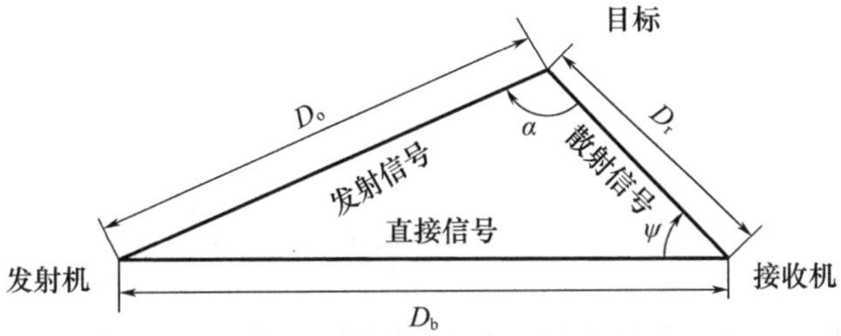

图 3－8　双基地雷达系统的几何关系

对于由一部发射机和三部接收机分开配置组成的多基地雷达系统，可以得到更高的测量精度。图 3－9 表示了该系统的空间几何关系。

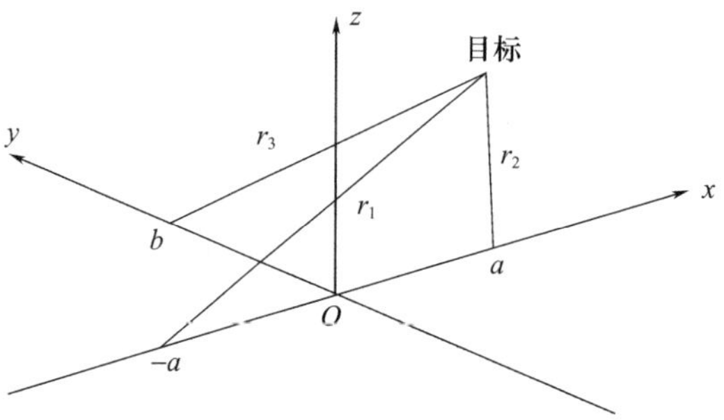

图 3-9 多基地雷达系统的几何关系

图3-9中,三部接收机在 $X-Y$ 平面的坐标位置分别为$(-a,0)$ $(a,0)$和$(0,b)$,它们各自与目标的距离是可以用前述方法测定的,分别记为 r_1、r_2和 r_3。根据图示的空间几何关系可以得到目标的三个坐标参数值分别为

$$\begin{cases} x=\dfrac{r_1^2-r_2^2}{4a} \\ y=\dfrac{r_1^2+r_2^2-2r_3^2+2(b^2-a^2)}{4b} \\ z=\pm\left[r_1^2-(x-a)^2-y^2\right]^{1/2} \end{cases} \tag{3-7}$$

采用这种多站距离交会方法对目标定位,避免了角度测量易于造成的误差,可以有效地提高定位精度和分辨力。

2. 功能特点

双基地、多基地雷达最主要的功能特点在于它在战争中的生存能力。因为反辐射导弹是高技术战争中雷达面临的重大威胁,如果把双基地甚至多基地雷达系统的发射机配置于战场纵深或安装在飞行器上,而不辐射能量的高灵敏度接收机散布于前沿,那么整个系统的生存能力必然得到很大的加强。双基地、多基地雷达的另一大优点是可以对抗隐身飞行器。因为隐身技术通过改变飞行器外形设计,可以使普通单基地雷达投向目标的电磁波能量只有其中很小一部分向雷达方向返回,从而使目标被雷达发现的可能性大为减少。而双基地、多基地雷达通过从不同方向接收目标散射的电磁波能量,可以破坏这种隐身技术的效果。

多基地雷达还有一大优点是可以提高对远距离目标的定位精度和分辨力,适合用于确定远距离入侵飞机的数量等场合,其理由已在前面说明。当前世界各国都关注双基地、多基地雷达的发展,如美国将它列入了“关键技术计划”,实验方案之一是将雷达发射机安装在 TR-I 高空侦察机上,而接收机安装在靠近前线飞行的无人飞机上。

第二节　光电信息获取

光电信息获取技术是以光波为媒质的信息获取技术;具体来讲,就是通过对目标反射或辐射的紫外波、可见光波或红外波能量的感测,将其转换成为电信号,从而获得目标信息的技术。它一般都属于无源信息获取技术,因而隐蔽性好,相应的装备在战争中生存能力强;又因为工作于波长很短的无线电波波段,因而探测精度高、分辨力高。军用光电成像技术是军事领域里一类至关重要的技术，光电成像仪器是很多武器装备的构成部分。本节介绍的军用成像技术主要包括微光夜视技术、红外热成像技术和光电测量与传感技术。

一、微光夜视技术

微光泛指夜间或低照度下微弱的光或能量低到不能引起视觉的光。微光夜视技术是指对微弱光的探测、成像技术。利用微光夜视技术可制成微光夜视仪，微光夜视仪是利用增强景物反射夜间微光的差别，来观察、发现和识别目标的装置，可工作于环境照度低于 10^{-1}lx 的条件下（满月在天顶时的地面照度大约是 0. 2lx，夜间无月时的地面照度只有 10^{-4}lx 数量级），分为直视微光夜视仪和微光电视两种。

（一）直视微光夜视仪

直视微光夜视仪由成像物镜、像增强器和目镜组成，是直接通过目镜显示目标图像的夜视仪，其结构原理如图 3－10 所示。

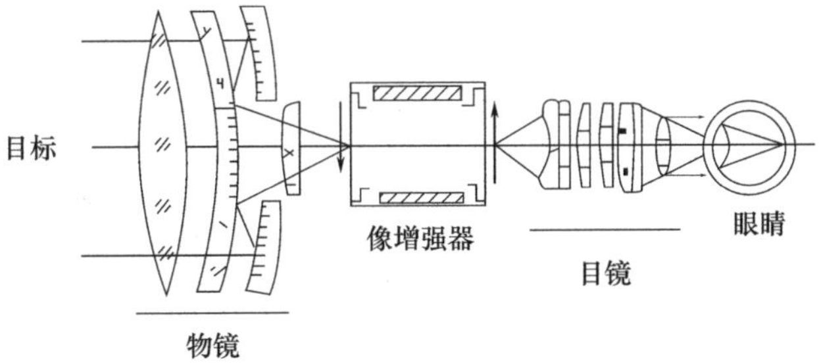

图 3－10　典型的微光夜视仪系统

其中微光像增强器是微光夜视装置的核心器件，由光电阴极、电子光学系统（又称电子透镜）与荧光屏三个基本部分和高真空管壳、供给管子能量的高压电源组成，如图 3－11 所示，像增强器的光电阴极光谱响应范围主要在可见光及近红外波段。像增强器对微光景物亮度的增强主要通过光电转换、电子加速、电光转换三个过程实现。像增强器的主要性能指标有亮度增益、等效背景噪声、响应度（包括光电阴极的光灵敏度和光电阴极的光谱响应与夜天辐射光谱的匹配程度）、调制传递特性、图像传递信噪比、响应时间等。

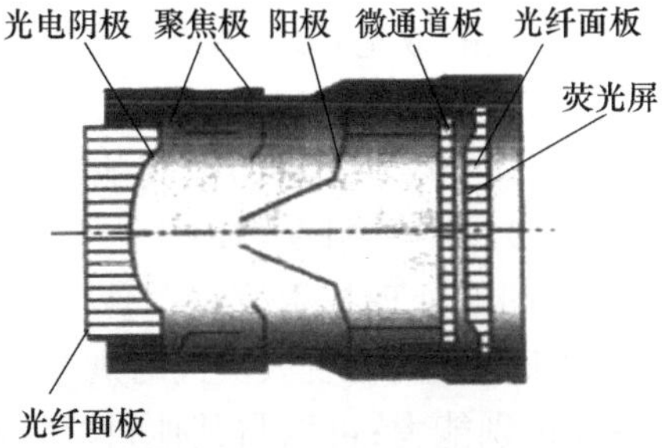

图 3－11　像增强管的结构

设入射光束经夜视物镜和像增强器变换后，荧光屏图像亮度是景物亮度的 G_b 倍，G_b

和各部件参数的关系为

$$G_b = \eta G_p / (2mf/D)^2 \tag{3-8}$$

式中:η 为光电阴极的量子效率;G_p 为光电阴极所释放的一个光子转换成荧光屏上的可见光光子增益;乘积 ηG_p 为入射到光电阴极的光子数与荧光屏输出光子数之比,即像增强器的亮度增益;m 为像增强电子透镜的放大率(近似等于荧光屏几何尺寸与光电阴极几何尺寸之比);f/D 为焦距与物镜通光孔直径之比(D/f 称为相对孔径 F)。

可以看出,光电阴极的量子效率直接影响 G_b,因此高光电转换效率的光电阴极是提高系统增益的关键;光电阴极面积大于荧光屏面积时,即电子透镜放大率 m 值越小时,像增强器倍率越高;f/D 越小亮度增益越高,即通光孔径大的物镜有利于提高亮度增益;物镜的相对孔径 D/f 越大成像的光照度越大,亮度增益与 D/f 平方成正比。

微光夜视仪的突出优点是不需要人工照明光源,直接依靠夜天光辐射以被动方式成像,能观察到对方而不暴露自己,且体积小、轻便,便于随身携带和隐蔽。在军事上,微光夜视技术可用于夜间侦察、瞄准、车辆驾驶、光电火控等,并可与红外、激光、雷达等技术结合,组成完整的光电侦察、测量和报警系统,如微光潜望镜、微光瞄准镜、夜视眼镜、武器瞄准镜、炮长夜视观察仪、袖珍微光瞄准镜等,对单兵的夜视距离达 200 ~ 300m,对车辆的夜视距离达 1 ~ 3km。

(二)微光电视

为了同只能在日间成像的普通摄像系统区别,把利用夜间自然光照明对景物进行视摄像的夜视器件称为微光电视,凡能在月光、星光照度低条件下正常成像的电视摄像机,均属于微光电视。微光电视已广泛用于夜间侦察、火控和监控。

典型的微光电视系统由物镜、微光像增强器、耦合部件、电荷耦合元件(Charge Coupled Device,CCD)摄像头、连接线路、驱动电源、处理装置和显示器组成。摄像器的感光灵敏度是决定微光电视性能的关键因素,使微光电视摄像机在夜间清晰成像的基本措施有两条:①制造对弱光敏感的专用电视摄像管;②微光像增强管与普通电视摄像管串联。像增强技术与电视技术相结合,产生像增强微光电视在电视摄像管前面加一级或多级像增强管。管与管之间用光纤耦合,能产生更高的系统亮度增益。但并不是级联级次越高越好,一般为二~三级级联,即可使摄像系统和微光灵敏度得到明显提高。如果级次太高,会在放大信号的同时使噪声也放大,使在屏幕上的目标难以观察。仅当像增强器与摄像管级联匹配适当,使输出图像的信噪比大于 60dB 时,才能得到较好的微光成像质量。像增强器与 CCD 结合制成各种形式的微光 CCD,在包含这两种器件的摄像头中,CCD 接受的是增强的光学图像信号。现在已有一代 II/CCD、二代 II/CCD 和三代 II/CCD(可用于景物照度低于 10^{-4}lx,动态范围可达 $10^{-5} \sim 10^{3}$lx)。其他可用于微光摄像的还有电子轰击增强 CCD(可用景物照度低于 10^{-4}lx)和制冷 CCD。

微光电视系统可以利用电子图像处理技术改善图像质量,利于个别目标的观察、识别、跟踪;适宜远距离传输,方便不同空间位置人员同时观察;可以记录,方便建立和运行自动识别系统,提高目标探测和识别能力;可以与其他目标探测装置(如前视红外系统)作图像融合处理,提高探测性能;可以与火控计算机及武器平台配合,实现自动跟踪、瞄准。其主要缺点是,由于增加了光学或电子耦合、电子处理和图像显示等部件而降低了系统分辨力,并且成本、耗能、体积、重量比直视微光夜视系统有所增加。

在军事上，微光电视可用于夜间侦察、监视敌方阵地，掌握敌人集结、转移和其他夜间行动情况；记录敌方地形、重要工事、大型装备，发现某些隐蔽目标；借助其远距离传送功能，把敌纵深领地的信息实时传送给决策机关；与激光测距、红外跟踪器(或热像仪)、计算机等组成新型光电火控系统；在电子干扰或雷达受压制的条件下为火控系统提供替代的或补充手段；对我方要害部门实行警戒。

二、红外热成像技术

红外热成像是一种波长转换，即把红外辐射图像转换为可视图像的技术，实现这种转换的装置称为红外热像仪或红外热成像系统。红外热像仪利用光学系统将目标发出的红外能量聚集在探测器上，探测目标各部分辐射的差异获得图像细节，通常采用 3 ~ 5μm 和 8 ~ 14μm 两个波段，这是由大气透红外性质和目标自身辐射所决定的。红外热像仪利用无处不在的红外辐射进行成像探测，属于被动探测，用于军事探测时不易被敌方发现，而且可以探测出隐藏的目标，穿透云层的能力比较强，因而在军事领域具有重要应用。

(一)红外热像仪的工作原理

按照扫描机制，红外热像仪分为光机扫描型和凝视型两类。光机扫描型红外热像仪的基本结构包括光学系统、光机扫描机构、红外探测器、信号放大与处理电路和图像显示器，其结构示意图如图 3 - 12 所示。描述红外热像仪的参数除了结构、功能、探测器类型、工作波段、制冷方式、功耗、镜头孔径、尺寸、重量等，还有噪声等效温差、最小可分辨温差、最小可探测温差、观察视场和瞬时视场、帧时和帧速等基本性能参数。

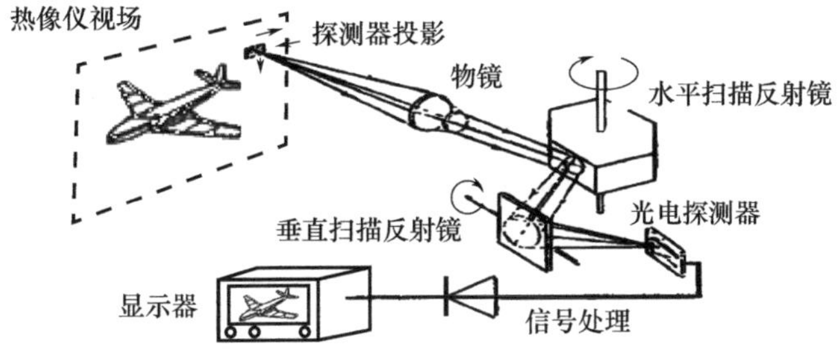

图 3 - 12　光机扫描型热像仪的结构示意图

红外光学系统会聚来自目标场景的红外辐射，将之投射到扫描器上，扫描器通过在水平和垂直两个方向对视场景物进行二维空间扫描，逐点把场景的红外辐射投射到探测器上；探测器把场景的红外辐射转换为电信号输出；信号通过电子学放大和逻辑处理，完成红外场景辐射信号的采集和处理，按一定时序输出视频信号至显示器，呈现出目标温度分布的可见光图像。近年来发展的凝视型红外热像仪主要采用二维红外焦平面阵列(Infrared Focal Plane Array，IRFPA)，如 256 × 256 元的二维阵列，光学系统将红外辐射直接投射到 IRFPA 上，每个探测器单元对应目标视场中的一个区域，不需要光机扫描，用电子线路按一定时序采集每个 IRFPA 单元的信号，输出至显示器。

1. 红外光学系统

红外光学系统的作用是接收和会聚来自场景的红外辐射，并经扫描器传送到探测器，因而，光学系统十分类似于无线电设备的接收天线。对于热像仪的光学系统，在视场大小、光谱范围、口径及焦距、像质(分辨率)等方面都有具体要求。

2. 光机扫描机构

红外热像仪扫描方式主要依据红外探测器光敏元数和排列形式,扫描装置由马达驱动镜面转动或摆动。热像仪能够显示出物体热图像的原因,关键在于首先要把目标物体按一定规律进行分割,即把要观测的景物空间按水平和垂直两个方向分割成若干个小的空间单元,构成景物的像素,扫描机构使探测器对景物空间作二维扫描,探测器依时序输出各景物单元信号,经放大处理后变成一维时序信号,再与同步机构送来的同步信号合成后送到显示器,显示出完整的景物热图像。

3. 红外探测器结构形式与热像仪扫描体制

采用单元探测器成像,必须进行二维光机扫描,热像仪的帧频受扫描速度限制。为了取得高灵敏度,常制成慢速热像仪,这种热像仪更多用于民用而不适于军事用途。由 N 个单元器件排列成长线列构成的多元线列探测器,可进行一维的并行扫描成像,其扫描方向与探测器排列方向垂直,由线列的各探测元件同时对景物空间作方位扫描,每扫过一行,N 个元件就扫过景物空间的 N 条扫描带。若 N 不够大,就不能完全充满纵向视场,扫描一帧完整图像需要进行两次或三次并行扫描,为此可进行紧挨着扫描,或者进行隔行扫描。并联各元件输出的多路信号经采样开关依次取样后,变成单一通道的视频信号输出。多元并行扫描方式降低了扫描速度,增加了探测器接收辐射的时间(积分时间),提高了系统性能。并行扫描时对探测器均匀性要求很高,若其中有性能低或失效元件,则该元件扫描输出的光电信号就会严重畸变,影响成像质量。目前,典型的红外探测器阵列有 $4N$ 型器件阵列和扫积型器件阵列,采用上述探测器阵列时,热像仪的扫描体制为串并行扫描。

4. 凝视型焦平面器件与凝视成像

二维排列的探测器元件组成的面阵型红外焦平面阵列(IRFPA)是目前红外热像仪的发展方向。高性能凝视型红外焦平面阵列探测元数在 10^6 以上,可充满光学焦面范围,通过光学系统覆盖整个像面。每个探测器单元对应景物的一个像素,在每一帧内对全视场景物辐射进行积分,由信号读出电路对每个单元信号进行取样和输出。在一帧时间内,每个探测器都对景物曝光、信号积分、读出电路迅速进行取样读出。增加积分时间,在探测器达到饱和之前取样读出,就可以增加系统灵敏度。所谓凝视,是指红外探测器响应景物的时间与对探测器采样读出时间相比而言的,即探测器曝光时间相对很长而读出探测器信号时间相对很短。形象地说,凝视是曝光,取样是快门。凝视 IRFPA 的光子收集效率约是扫描传感器的 10^4 倍,所以凝视 IRFPA 提供的光子曝光盘可以克服灵敏度低的不足,只要帧频大于 25 帧,其成像就可以和常规的阴极射线管(Cathode Ray Tube,CRT)电视、显像管兼容。热像仪采用凝视型 IRFPA,不需要光机扫描机构可以高帧频输出、高速率采样,系统大大简化,结构紧凑,可靠性、抗冲击振动和过载能力提高,还能适应恶劣的力学和气候环境。凝视 IRFPA 元件数量大,提高了系统的灵敏度,可实现高分辨率成像;其摄取红外图像的方式,更接近于可见光摄像机。

5. 信号放大处理与图像显示

探测器实现光电转换后,输出电信号直至送到显示器是由电子读出处理电路实现的,其功能主要包括以下方面。

(1)前置放大:由于红外探测器属于小信号、低噪声器件,探测输出的光电信号需要经过前置放大才便于后续信号处理。要求前置放大噪声低,与探测器阻抗匹配,其放大倍数由系统动态范围决定。探测器与前置放大之间采用交流耦合形式,经滤波排除干扰。

(2)复位清零:为了抑制附加噪声,在输出电路势阱中,在采样之前先要清空。

(3)线性变换和校正处理:为了图像判读和温度显示,对探测器输出信号作线性化变换和校正处理。

(4)不均匀校正:探测器响应与噪声的不均匀影响图像质量,进行不均匀校正显得非常必要,以改善成像质量。

此外,还有探测器单元的多路输出、A/D 转换、行同步信号与帧同步信号、自动增益与亮度、灰度调节和控制接口电路等。

(二)红外探测器

红外探测器是热成像技术的核心,分为光子探测器和热探测器两类。光子探测器利用内光电效应,红外光子直接把材料的束缚态电子激发成传导电子,参与导电,实现光电转换,电信号大小与吸收的光子数成比例。按电信号输出的原理,光子探测器分为光导(Photo Conductive,PC)探测器、光伏(Photo Voltaic,PV)探测器和光磁(Photo Magnetic,PME)探测器。光导探测器俗称光敏电阻,应用最多有硫化铅、硒化铅、锗掺汞,碲镉汞、锑化铟、硅掺镓等;光伏探测器又称光电二极管,主要有锑化铟、碲镉汞、碲锡铅和硅化铂等;光磁探测器结构较复杂,目前使用较少。

红外光子探测器的特点是光谱响应速度快、灵敏度高,响应速度比热探测器高几个数量级,一般光导探测器在微秒级,光伏探测器在纳秒级或更快,这对于快速目标的探测非常重要;光子探测器的灵敏度比热探测器大约高两个量级;但光子探测器的光谱响应有选择性,只对短于某一波长的红外辐射有响应;光子探测器的灵敏度与工作温度有关,工作温度降低性能提高,有的只能工作在低温,必须进行制冷。光子探测器大都由化合物半导体材料制成,材料生长难度大,器件制造要求高,价格昂贵,主要用于高性能、远距离、快速目标探测。

热电探测器对红外辐射引起的温度变化敏感,温度变化速度和探测器某些电参量成正比,通过光电和电光转换成像,主要优点是可在常温下工作,不需要制冷,缺点是灵敏度及响应速度不如带制冷型的光子探测器高。

基于系统所采用的红外探测器的类型,红外热像仪可分为制冷式和非制冷式两种类型,前者有一代、二代、三代之分,后者使用非制冷阵列热电探测器,称为第四代。热像仪的更新换代主要是由红外探测器决定的,第一代热像仪探测器的光敏元素(像素)为 10^2 元,第二代为 10^3元,第三代为 10^5 ~ 10^6元。

(三)红外热成像技术的典型应用

与其他夜间观察仪器相比,红外热成像系统具有以下特点。红外热成像系统不像主动红外夜视仪那样需要红外光源,也不像微光夜视仪那样借助夜天微光,而是依靠目标与背景的辐射差产生景物图像,因此,红外热成像系统是全被动式的,不容易被对方发现和干扰,能 24h 全天候工作;随着计算机技术的发展,很多红外热成像系统具有完整的软件系统,实现图像处理、图像运算等功能,以改善图像质量,红外热成像系统产生的信号可以转换为全电视信号，实现与电视兼容，使其具有与电视系统一样的优越性；红外辐射比人眼和可见光传感器所利用的光辐射具有更强的透过雾、霾、雨、雪的能力，作用距离比常用可见光和微光设备远；在战场上，不会由于炮口火焰的强闪光和炸弹硝烟而产生迷盲效应，能透过伪装，探测出隐蔽的目标，能识别出刚离去的飞机和坦克等所留下的热痕迹轮廓；但与可见光图像相比，红外图像反差小，不易辨别目标的细节。

红外热成像系统的重要指标之一是在规定的气象条件下对特定目标发现、识别和认清的作用距离，分别称为观察距离、识别距离和认清距离。作用距离是红外热成像系统的主要战术指标。例如，在大气条件为温度 15℃，相对湿度62%，能见距离 10km 情况下，用 Catherine－GP 型热像仪对坦克进行观察，热像仪的最大发现距离为 15.79km，最大识别距离和认清距离分别为 3.69km 和 1.74km。同样气象条件下对人观察时，Catherine－GP 型热像仪的最大发现距离为 9.52km，最大识别和认清距离分别为 2.22km 和 1.06km。

红外热像仪在军事领域得到广泛应用，陆军将它用于夜间侦察瞄准、火炮及导弹火控系统、靶场跟踪测量系统。海军将它用于舰载火控、夜间导航及防空报警系统。空军可将它用于飞机夜间导航、侦察及机载火控系统。星载热成像系统可用于侦察地面、海上目标和对导弹预警等。作为光电侦察手段，红外热像仪的作用尤其突出。从单兵手持式热像仪进行的战场前沿侦察，到车载、舰载、机载热像仪，都能在昼夜与不良天气条件下进行有效的工作。

1. 夜间观察与识别伪装

红外探测感知的是目标自身的热辐射，它不需要外界照明，即使在全黑的条件下，也能成像。它自然是夜视技术的首选，广泛用于夜间观察和武器的夜间瞄准。

热像仪可通过探测目标温度分布及材料发射率差异来识别伪装。传统的伪装方式，如植被伪装网，不可能掩盖由目标的温度差异所形成的红外辐射特性。

2. 夜间驾驶与导航

发达国家的主战坦克、装甲车、作战飞机（包括武装直升机）都装备了红外热像仪，提供夜间驾驶或导航功能。例如，美军装备的蓝天导航、瞄准吊舱，其中红外热像仪采用 180 元并扫通用组件，视场为21°×28°，TV 显示，探测距离约 10km。全系统还包括无线电高度计、惯性导航与全球定位系统（Global Positioning System，GPS）等，可在 60m 甚至 10m 的高度做夜间超低空飞行。

3. 探测隐蔽的军事设施和地下工事

由于热传导的作用，在一定深度范围内，目标的存在会造成地表的温差，一定厚度的土层、水层甚至混凝土层并不能完全屏蔽目标的红外辐射，所以红外热像仪具有洞察深层目标的能力，用热像仪可以发现地下的电缆、管道、隐蔽机库等，甚至是水下的潜艇。例如，埋在地下的管道与周围环境温度不一样，热传导的作用引起了地表的温差，所以用热像仪可以清楚地探测到地下管道的位置。海湾战争时，伊军把坦克埋在沙土下面，利用沙土来伪装坦克，但是因为坦克与沙土的日晒升温规律和夜间降温的规律不一样，所以美军利用热像仪透过沙土发现伊军埋藏在沙堆下的坦克。

4. 获取目标的动态信息

利用红外热像仪能获取某些机动目标（如飞机、坦克）的动态信息。例如，敌方飞机库的飞机，哪些是刚飞走的，哪些是刚返回的，哪些是久置未用的，都可以根据热像仪获取的图像来判断。这都是一些很重要的敌情信息。不断获取这些信息，就能判断敌方的战场投入力量、攻防部署、决策意图和有关动向，为己方指挥决策部门提供有效的决策支持。

三、光电测量和传感技术

目标信息可分为光学信息和非光学信息两大类，对于非光学信息，如振动、距离和方位等，可以通过光学调制的方法将其转换为光束的强度、场的振幅、频率、相位和偏振等光学信息来测量，理论上利用光电技术可以测量所有的物理量。下面主要介绍距离测量（激光测距）、平台自身姿态探测（激光陀螺）和水声探测（光纤水听器）三种技术。

（一）激光测距

激光测距是最成熟的军用激光技术，早在20世纪60年代中期激光测距机就已在部队使用。激光的频率比微波高得多，以小尺寸的发射天线就能发射极窄的波束，如直径76mm的天线就能发射发散角约1 mrad的红宝石激光；发射微波若要得到1 mrad的发散角，天线直径要大于305m。激光脉冲很窄，可以从复杂的目标群中确定某一点的准确距离，所以易于精确探测目标距离；激光优良的方向性使之在测量目标时较少受其他物体的影响。与一般光学测距相比，激光测距具有操作方便、系统简单和昼夜可用的优点，但同时激光测距是主动式工作，容易暴露和被敌方探测，可能受敌方延迟转发信号欺骗而得到错误结果；与雷达测距相比，其具有抗干扰力强、精度高的特点并克服了受天气条件影响大的不足。

激光测距有脉冲式和连续波两种体制，目前军用激光测距机以前者居多。由于激光的发散角小，激光脉冲持续时间短，瞬时功率很大（可达兆瓦以上），因而脉冲测距测程大，但是测量精度相对较低（米级）。

激光器对被测目标发射一个光脉冲信号，然后接收目标反射的光回波，通过测量光信号经过的往返时间，可计算测距机与目标之间的距离，如图3－13所示。

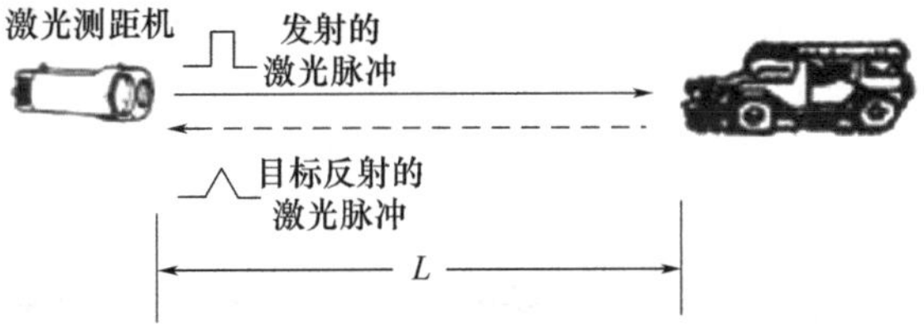

图3－13　脉冲激光测距原理示意图

脉冲激光测距系统的原理框图如图3－14所示，由脉冲激光发射系统、接收系统、时钟脉冲振荡器及计数显示电路组成。工作过程如下：瞄准目标，接通激光电源，启动激光器，光学发射系统向目标发射激光脉冲，同时该激光脉冲有一小部分能量由参考信号取样器送到接收系统，经光电转换电路形成计数时钟启动计数系统；大部分光脉冲能量射向目标，经目标反射的回波进入接收光学系统，经光电探测器变换为电脉冲信号，经过放大器放大，进入计数器，作为计数器的关门信号，计数器停止计数。读出计数器从开门到关门期间进入计数器的时钟脉冲数，即可计算得到目标距离。

脉冲测距机的测距精度主要取决于计数器计数精度和系统时间间隔测量精度。计数精度取决于计数器中基准振荡频率，也就是说，基准频率一定，则计数器的精度就是一个定值，由于计数脉冲的频率不能无限提高，所以脉冲激光测距的精度一般较低，通常为数米量级。

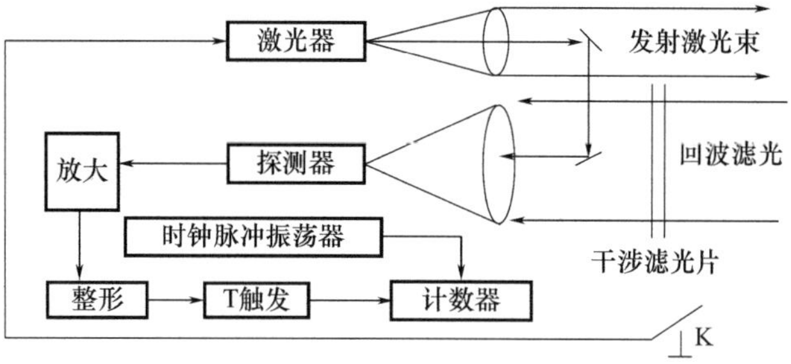

图 3-14　脉冲激光测距原理框图

最大可测距离是激光测距机的重要性能之一，取决于目标的反射率、激光器发射的功率、接收物镜入瞳面积、大气光学系统的透射率以及系统的最小可探测功率。当测距光束并非完全投射到目标表面时，可测距离除了与上述因素有关，还与目标被光束照射的面积、光束投射角以及激光器输出光束的发散度密切相关。其中，大气对出射激光束的后向散射光进入测距机，系统信噪比下降是影响最大可测距离的重要因素。采用距离选通技术可有效排除近处后向散射干扰。距离选通思想是：在接收物镜前设置一个波门，在出射激光点离开发射物镜同时波门关闭，任何光被都不能进入接收系统，待从目标返回的激光束刚好到达接收物镜的瞬间迅速打开波门，使携带目标距离信息的光波刚好进入。波门关闭期间，接收系统不工作，大气散射和其他杂散干扰被拒之门外。引起脉冲测距误差的主要因素如下。

（1）大气折射率不准确引入的误差。由于光在大气中传播的速度 c 受大气折率变化的影响，误差约为 10^{-6}，可以忽略不计。

（2）时钟脉冲振荡器频率不稳引入的误差对脉冲激光测距机的影响较大。例如，若测距机晶体振荡器频率为 $f=30\mathrm{MHz}$，在理想情况下，n 的误差值为 ±1，则测距机的读数精度有 $\pm5\mathrm{m}$ 的误差存在，在实际应用中，晶体振荡器也会受到温度的影响，使输出频率会有一定的变化。

（3）激光脉冲宽度的影响。激光取样电脉冲的形状、幅值基本固定，但由于大气衰减、目标反射等的影响，激光回波信号的相位、帽值就会随着距离、气候条件和目标反射特性的变化而改变，所以测距机的测距精度会随着激光回波信号的相位、幅度的变化而变化，这种变化一般情况是不允许忽略的，必要时应进行修正。

手持式和便携式脉冲激光测距仪广泛用于步兵、炮兵和装甲兵等兵种，作用距离为几百米至几十千米，误差 5～10m。在火炮、坦克、飞机和舰艇上，也装备有包含激光测距仪的火控系统，如高重复频率的激光测距仪与红外、电视跟踪系统结合，组成舰载近海面反导弹的光电火控系统；激光测距仪与微波雷达结合，可弥补后者在低仰角下工作易受地面杂波干扰的不足。激光测距在炮兵部队中的应用是激光在军事上最早而且是最重要的应用之一。在火力系统与目标之间不具备通视条件的情况下，需要设立前沿观测所。炮兵部队对敌方目标进行压制之前，必须首先由前沿观测所精确测量敌方目标相对于炮兵阵地的方位、距离信息以及风速、风向、气压等参数,为解算射击诸元提供原始数据。激光测距机是炮兵部队的重要测量装备。在实际应用中,激光测距机通常和方向测角机构、高低测角机构和三脚架组合使用,如图 3 – 15 所示。工作时,瞄准镜先瞄准敌方目标,激光测距机测量观测点和地方目标之间的距离信息,方向测角机构和高低测角机构则同时测量敌方目标相对于观测点的俯仰角、方位角信息,弹道计算机则根据俯仰角、方位角以及距离信息解算出射击诸元,并根据风速、风向、气压等参数,生成射击诸元修正量。

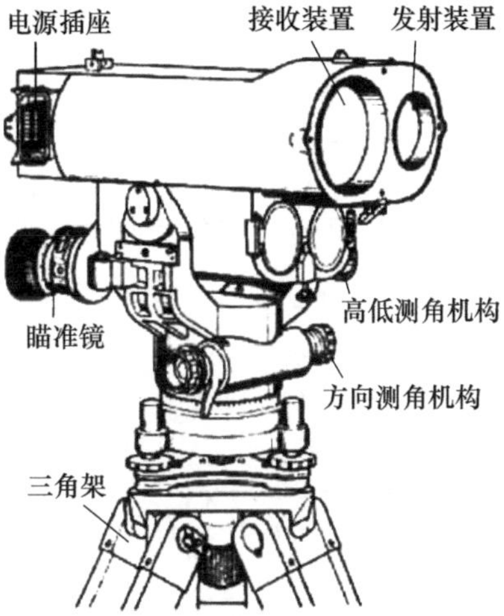

图 3 – 15　脉冲激光测距机

(二)激光陀螺

陀螺仪的基本功能是测量敏感角位移和角速度,在航空、航天、航海、陆用战车等领域有广泛应用。激光陀螺仪是一种以萨格纳克(Sagnac)效应为基础的光学陀螺。萨格纳克效应是指任意几何形状的闭合光路中,从某一观察点发出的一对光波沿相反方向运行一周后又回到观察点时,这对光波的相位(光程)将由于该闭合环形光路相对于惯性空间的旋转而不同,其相位差(光程差)的大小与闭合光路的转动速率成正比。对激光陀螺而言,将会导致腔内顺、逆时针光束的谐振频率发生改变。

图 3 – 16 所示为激光陀螺原理,实际是一种环形激光器。在谐振腔内部存在顺、逆时针两束光,当陀螺相对惯性空间无转动时,相反方向传播的两束光绕行一周后的光程相等,即 $L_a = L_b = L$(L 为环形光路总长度);两束光绕行一周的时间也相等,$t_a = t_b = L/c$(c 为光速)。此时,由谐振腔的谐振条件($L = q\lambda = qc/v$,光程等于波长的整数倍),顺、逆时针两光束的谐振频率没有频率差。

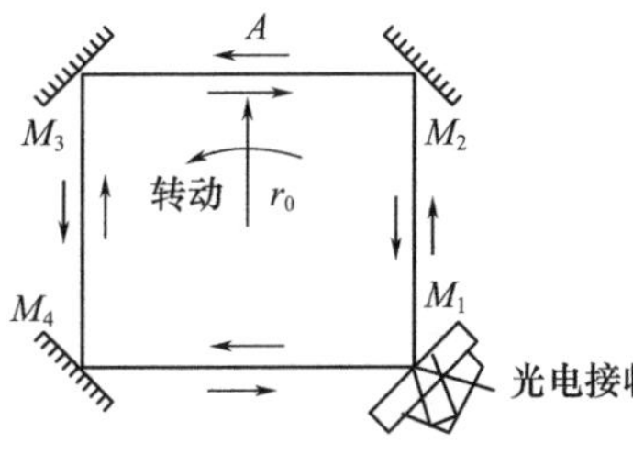

图 3 – 16　激光陀螺原理

若陀螺绕着与环行平面相垂直的轴以角速度 Ω(设为逆时针方向)相对于惯性空间旋转,此时两束光绕行一周后的光程将会产生差异。设光从 A 点(离旋转轴的距离为 r_0)沿逆时针方向出发,由于 A 点相对于惯性空间以速度 $r_0\Omega$ 做切线运动,从 A 点出发的逆时针光绕到环路的原来位置时,A 点由于陀螺的转动而移动了一段距离 ΔL_a,则光束绕一圈所

需的时间为 $t_a = L/c$，而此时 A 点左移的距离为 $\Delta L_a = r_0 \Omega t_a$，则有

$$L = L_a - \Delta L_a = L_a - r_0 \Omega t_a = \left(1 - \frac{r_0 \Omega}{c}\right) L_a \tag{3-9}$$

根据谐振腔的谐振条件，逆时针光束的谐振频率为

$$v_a = \frac{c}{\lambda_a} = \frac{qc}{L_a} = \frac{qc}{L}\left(1 - \frac{2A\Omega}{Lc}\right) \tag{3-10}$$

式中：q 为满足谐振腔谐振条件的可选择的整数；A 为陀螺谐振腔的环路面积，可表示为 $A = \frac{1}{2} L r_0$。

同理，对于顺时针光束，光束绕行一周所走的光程 L_b 为

$$L = L_b + \Delta L_b = L_b - r_0 \Omega t_b = \left(1 + \frac{r_0 \Omega}{c}\right) L_a \tag{3-11}$$

顺时针光束的谐振频率为

$$v_b = \frac{c}{\lambda_b} = \frac{qc}{L_b} = \frac{qc}{L}\left(1 + \frac{2A\Omega}{Lc}\right) \tag{3-12}$$

则两者的频差为

$$v_a - v_b = \frac{4A}{L\lambda} \Omega \tag{3-13}$$

因此，激光陀螺输出的频差与输入角速度成正比，其中 $4A/L\lambda$ 称为陀螺的几何比例因子或标度因数，由环形谐振腔的面积 A、环路长度 L 以及激光波长 λ 决定。

可以证明，该关系对于任何形状的环形光路均成立。

将式(3-13)两边对时间 t 积分一次，可得拍频振荡的周期数 N，它与转角 θ 成正比：

$$N = \int_0^T (v_a + v_b)\,\mathrm{d}t = \frac{4A}{L\lambda} \theta \tag{3-14}$$

因此，激光陀螺既可用于角速度测量，又可用于角位移测量。从以上原理可知，激光陀螺仪不使用机械转子，而是靠闭合光路中逆、顺两方向运转的激光的谐振频率差来测定相对惯性空间的转速和方位，功能上和机电陀螺一样。与传统的机电陀螺相比，激光陀螺具有下列突出的优点和性能特征。

(1) 性能稳定，抗干扰能力强。激光陀螺可承受很高的加速度和强烈的振动冲击，在恶劣的环境条件下仍能稳定工作。即使运行几千小时以后，陀螺的精度（特别是零偏稳定性）仍然非常稳定，因此在工作寿命内，仪表不需校准。

(2) 精度高。国外目前公布的激光陀螺的最高精度已达 0.000150(°)/h，标度因数的非线性度小于 1×10^{-6}。

(3) 动态范围大，动态性能好，从每小时小于百分之几度到大于 10000(°)/s，远大于普通机电陀螺。

(4) 寿命长，可靠性好。激光陀螺的寿命可达 10 万小时以上，平均无故障时间已高于 1 万小时，远大于机电陀螺。

(5) 启动快。激光陀螺可以做到瞬时启动，没有预热、稳定时间。

对于同样的精度和性能要求，激光陀螺的成本比机电陀螺低得多。也正是由于激光陀螺的这些特点，所以称为捷联式惯性导航的理想元件。

（三）光纤水听器

光纤水听器是建立在光纤、光电子技术基础上的一种新型水声传感器，发展于20世纪70年代末，具有光纤传感器灵敏度高、响应频带宽、抗电磁干扰、耐恶劣环境、结构灵巧、易于遥测和构成大规模阵列的特点。近年来，随着光纤通信及电子技术的迅速发展，光纤传感技术日趋成熟，光纤水听器也由实验室研究走向工程应用，已在水面舰艇、潜艇、鱼雷等军事目标的探测以及水声物理研究、石油勘探、海洋渔业等方面发挥重要作用，成为现代光纤传感技术发展的重要方向，又是现代海军反潜作战及水下兵器试验的先进检测手段。

光纤水听器的传感原理是利用声波调制光纤中光波的强度、相位、波长等参量来获取声波的频率、强度等信息，因而从传感机理上看，光纤水听器可分为强度型、相位干涉型和光纤光栅型三类。早期的光纤水听器多为强度型，它检测灵敏度远不如相位干涉型，目前实用化的光纤水听器均采用相位干涉型。相位干涉型光纤光栅水听器则是目前光纤水听器研究的热点，这里主要介绍相位干涉型光纤水听器。

干涉型光纤水听器基于光学干涉仪构造，图3－17所示为基于两种典型光学干涉仪的光纤水听器的原理示意图。以马赫－曾德尔干涉仪为例，分析光纤水听器的传感原理。由激光器发出的激光经3dB光纤耦合器分为两路：一路构成光纤干涉仪的传感臂，接受声波的调制；另一路则构成参考臂，提供参考相位，两束波经第二个3dB光纤耦合器合束后发生干涉，干涉的光信号经光电探测器转换为电信号，经过信号处理就可以拾取声波的信息。

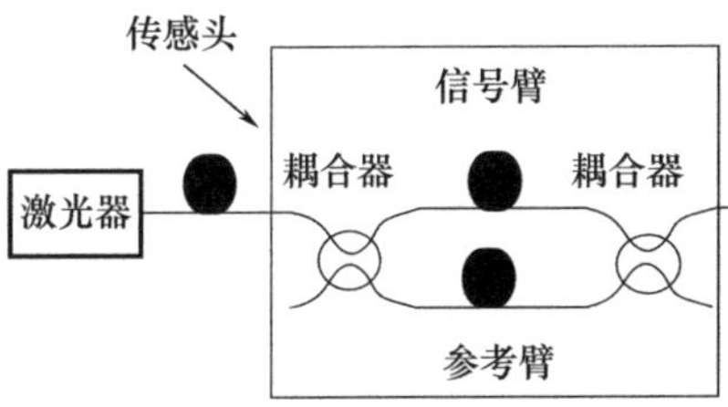

(a) 马赫-曾德尔干涉仪

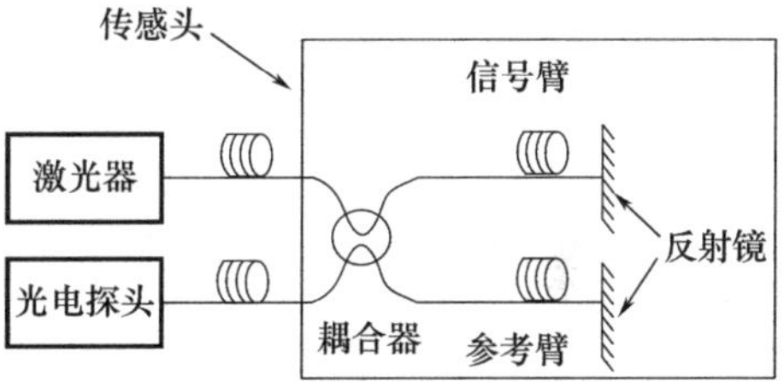

(b) 迈克尔逊干涉仪

图3－17　基于光纤干涉仪的光纤水听器原理示意图

干涉后的光信号经光电转换后可以写成

$$V_0 \propto 1 + V\cos(\phi_s + \phi_n) + V_n \tag{3-15}$$

式中：V_0为输出的电压信号；V为干涉仪的可视度；V_n为电路附加噪声；ϕ_s为水声波引起的干涉仪两臂相位差；ϕ_n为外界环境变化引起的相位差。

设干涉仪两臂长度差为l，干涉仪两臂的相位差可写为

$$\phi = \frac{2\pi nlv}{c} \tag{3-16}$$

式中：N为光纤纤芯折射率；c为真空中光速；v为光频。

注意，若光源相干长度为L，相干理论要求$L \geqslant nl$。由于声压、外界环境变化而造成的相位差变化为

$$\Delta\phi = \frac{2\pi nlv}{c}\left(\frac{\Delta n}{n} + \frac{\Delta l}{l} + \frac{\Delta v}{v}\right) \tag{3-17}$$

由式(3－17)可以看出,声压的变化引起位相差的变化表现为三部分:声压变化引起光纤轴向长度的变化导致的光相位变化;光纤纤芯受声波的压力作用时,由光弹效应产生应力双折射引起受力部分的折射率变化;纤芯受力时直径发生变化导致被导归一化频率发生变化。

上面分析的是裸光纤受声压变化的调制情况,实际上仅仅裸纤感受的声压变化灵敏度是很低的,一般探头设计需要增敏处理。最简单的增敏方法是将干涉仪的传感臂缠绕在一个声压弹性体上,这样声压变化时,弹性体随声压受迫振动,传感光纤长度被调制,声压对光纤水听器的调制主要表现为光纤长度的调制,光纤长度变化与声压变化成正比,于是有

$$\Delta\phi_{s} \approx \frac{2\pi nlv}{c}\frac{\Delta l}{l} = kp \tag{3-18}$$

式中:k 为比例系数。

式(3－18)说明干涉仪由水声引起的相位差变化与声压变化成正比,该式是干涉型光纤水听器拾取声信号的理论基础。

传统的水声信号探测采用压电陶瓷换能器,由于受到灵敏度、响应频带及信号传输能力等方面的限制,其探测性能已不能满足现代水声技术的需求。由全光光纤水听器系统为核心构成的水下声探测系统可以具备以下特点。

(1) 低噪声探测特性。光纤水听器采用光学干涉原理制成,灵敏度比压电水听器要高 2～3 个数量级,这使探测弱信号成为可能。

(2) 抗电磁干扰与信号串扰能力强。全光光纤水听器信号传感与传输均以光为载体,无电磁干扰,各通道信号串扰小。

(3) 适于远距离传输与组阵。光纤传输损耗小,适于远距离传输。光纤水听器采用频分、波分、时分及空分等技术进行多路复用,适于水下阵列的大规模组阵。

(4) 动态范围大。压电水听器的系统动态范围一般在 80～90dB,而光纤水听器的系统的动态范围可以到 120～140dB。

(5) 信号传感与传输一体化,提高系统可靠性。

(6) 工程应用条件降低。采用全光光纤水听器的声纳系统,探测缆及传输缆皆为光缆,光缆无铜,可以更轻更小,这使系统的收放简单,使过去不可能的方案成为可能,特别对拖曳阵列,工程应用条件的降低使许多问题简单化。

由光纤水听器构成的声纳系统是现代海军反潜作战及水下兵器试验的先进检测手段,光纤水听器也可以应用于海洋石油、天然气勘探,还可以应用于水声物理研究以及海洋渔业等领域,高频光纤水听器则可以用来测量水中超声场,用于医学测量。光纤水听器构成的声纳系统,可以应用于岸基警戒系统、舰艇舷侧阵,也可以应用于潜艇或水面舰艇的拖曳系统。

四、光电跟踪与瞄准系统

光电跟踪与瞄准系统是指综合应用微光、红外、激光等光电子技术,确定运动目标的空间位置,并对其运动进行跟踪和瞄准的光电系统。下面主要介绍光电跟踪与瞄准系统的分类、组成、工作原理、关键技术和军事应用。

根据目标相对跟踪与瞄准系统的位置,可将跟踪与瞄准系统分为点目标的跟踪与瞄准和面目标的跟踪与瞄准两种工作方式。点目标的跟踪与瞄准仍然是现有光电跟踪测量设备和战术导弹制导的重要工作方式;面目标的跟踪与瞄准通过光机扫描或多元探测器阵列获取图像信息,正在成为跟踪与瞄准的主要工作方式。

(一)点目标的跟踪与瞄准

当目标对系统的张角小于系统瞬时视场时,目标细节无法分辨,可把目标看作一个点光源。最早的红外制导武器就是点源制导的,它把被攻击目标当作热辐射点源进行探测,武器系统总是锁定和跟踪目标的最热部位,如远距离飞机的尾喷口和坦克排气口等。美国的 AIM 系列响尾蛇(Sidewinder)空空导弹、FIM 系列尾刺(Stinger)地空导弹和法国的西北风(Mistral)地空导弹等都是典型的点源制导导弹。

红外点源制导武器具有很多优点:系统结构简单,不需要发射平台装备专门的火控系统和来自目标的特殊辐射;能够截获远距离的目标,技术难度低,使用方便,效费比较高。正是这些优点使其在成像制导武器出现之后,并没有迅速退役,在目前服役的红外制导导弹中,仍保持较多数量。红外点源制导武器的不足之处是易受干扰,特别是当处在强红外干扰条件下和处于复杂红外背景中的情况时。

点源跟踪与瞄准系统是红外制导武器的眼睛,主要由方位探测系统和跟踪机构两大部分组成。方位探测系统由光学系统、调制盘(或扫描机构)、探测器和信号处理电路 4 部分组成,方位探测子系统(信号处理电路除外)与跟踪机构组成的测量单元又称为位标器,其功能是提供目标的方位信息。跟踪机构的功能是调整系统飞行方向,实现对目标的跟踪。图 3-18 所示为点源跟踪系统的结构,虚框内为位标器。

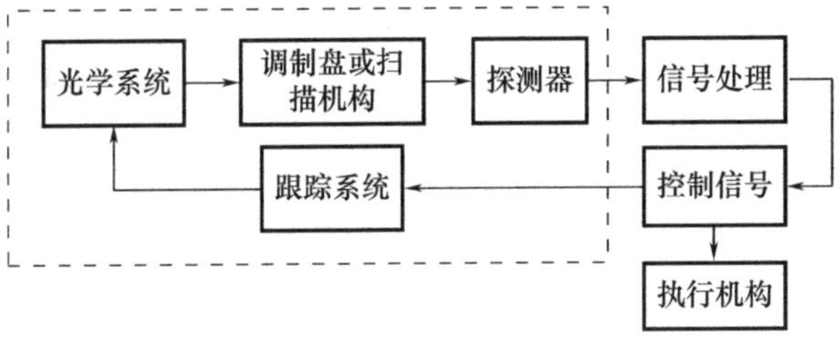

图 3-18　点源跟踪系统的结构

光学系统的作用是接收和会集目标辐射的红外线能量,并把它聚焦在调制盘上。为了缩短导引头的长度,一般都采用反射式光学系统,如图 3-19 所示。光学系统由整流罩、主反射镜、次反射镜、校正透镜和扇形光阑等组成。来自目标辐射的红外线,透过球形整流罩射到主反射镜上;经主反射镜反射到次反射镜上;通过校正透镜在调制盘上聚焦成像;像点红外线最后照射到光敏元件上,光敏元件将红外信号转变为电信号。扇形光阑用来遮盖校正透镜,防止目标以外的光线直接照射到调制盘上形成干扰信号。

调制盘用来确定目标相对于导弹的位置和抑制背景的干扰。它用透红外材料(如熔石英玻璃)作为底板,表面上安装某种图案镀银的圆片。被安置在陀螺转子上,随着陀螺转子一起转动,把目标连续辐射来的红外线切割成按一定规律变化的脉冲能流。脉冲能流频率的变化取决于调制盘图案和调制盘的旋转速度。这样,选择调制盘的图案和旋转速度,便可得到所需要的调制信号。

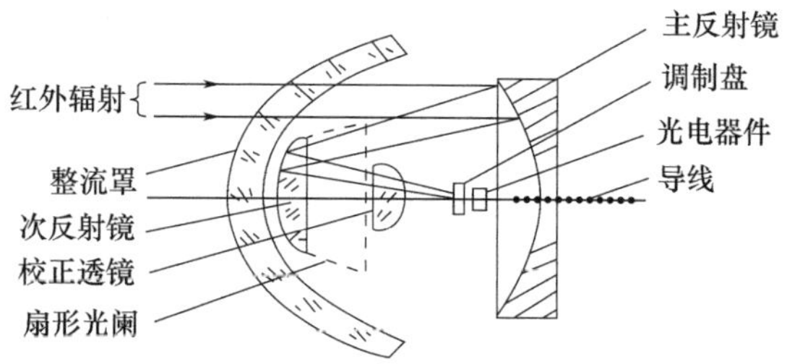

图 3－19　反射式光学系统

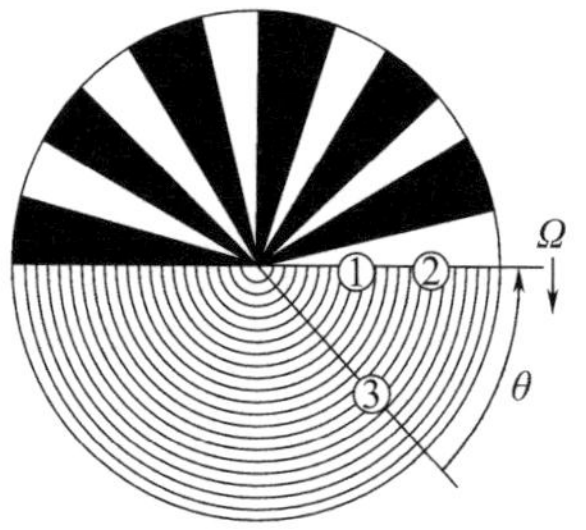

图 3－20　典型的调幅式调制盘

调制盘图案选择的原则是通过对目标辐射的调制，能获取确切的目标位置信息，即调制盘的图案形式应该能够把目标的空间信息转变为探测器电信号的幅度、频率和相位等信息，也就是说，根据探测器输出的已调制信号的幅度、相位和频率，能给出视场中目标的位置。图 3－20 所示为典型的调幅式调制盘，图上的黑色为不透光部分，调制盘的上半区（称为感应区）分成 12 个等角扇形区，黑白格互相交替，下半区为半透光区（称为调制区），因为黑线的宽度与其间距相等，且小于聚焦光斑直径，所以有一半能量透过。从目标辐射来的平行光束进入光学系统并聚焦在调制盘上，形成一个很小的像点。

当目标像点在调制盘中心位置时，像点能量始终有一半透过，探测器接收到的能量不会随调制盘旋转而变化光敏元件输出的信号是一个不变的直流信号，其波形图 3－21（a）所示。这种波形说明光轴对准目标；当目标像点在调制盘上的位置①时，像点由于调制盘旋转而不断地经过黑白相间的格，发生光辐射量交替透过的现象，因而光敏元件输出 6 个大幅值（透过的光辐射量多）的短脉冲信号，当调制盘在转过半周后，像点进入半透光区，由于该区透过的光辐射量是一半，因而光敏元件输出直流信号。当调制盘转动一周后，像点又开始进入黑白格相间区，光敏元件又重复出现与前一周相同的信号，其波形如图 3－21（b）所示。

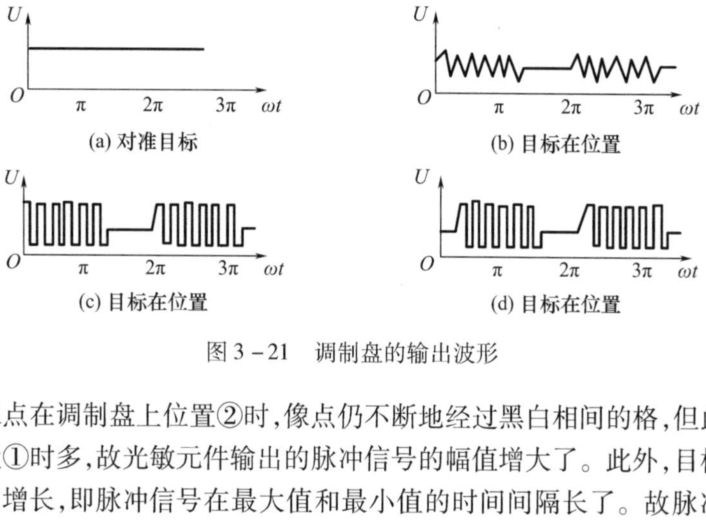

图 3－21　调制盘的输出波形

当目标像点在调制盘上位置②时，像点仍不断地经过黑白相间的格，但此时透过的光辐射量较位置①时多，故光敏元件输出的脉冲信号的幅值增大了。此外，目标像点透过和不透过的时间增长，即脉冲信号在最大值和最小值的时间间隔长了。故脉冲的前后沿变得陡了，并在最大值和最小值处有一段持续时间，其波形如图 3－21(c)所示。

图 3－21(b)和图 3－21(c)波形的相位相同，但图 3－21(c)的波形幅值却比图 3－21(b)的幅值大，这种现象说明位置①和②两者的方位角相同，而失调角(光轴偏离目标视线的角度)不同，后者的失调角大，像点②反映目标偏离光轴比像点①远。

当目标像点在调制盘的位置③时，光敏元件输出的波形信号如图 3－21(d)所示。波形的相位较像点②滞后 θ 角，脉冲信号的幅值与像点②相同，这种现象说明两者方位角相差 θ 角，而失调角相同。

上述分析表明，信号波形的相位反映了方位角的大小，幅值则反映了失调角的大小，所以，调制盘的输出信号把目标相对于跟踪系统的位置完全确定了。

调制盘抑制目标背景的干扰是利用了它的空间和时间滤波特性。背景在探测器工作波段内往往有相当强的辐射。例如，云彩所反射的太阳光对探测器的照度值比远距离的导弹尾焰对探测器的照度值大很多倍。如果背景是大面积的均匀辐射，则背景辐射经光学系统入射后成像于整个调制盘上，在这种情况下，调制盘后面的光敏元件接收的是一恒定值，它的输出信号为不产生调制的直流信号，这种信号经过交流放大后即被滤除。因此，调制盘的空间和时间滤波特性能够有效抑制背景干扰。

点源跟踪与瞄准系统中的红外探测器最初使用的锑化铟(InSb)探测器，工作波段为 3～5μm，恰为飞机尾气和坦克排气口等目标的特征波段、而且锑化铟探测器的灵敏度高、响应速度快，仍然是目前应用最广泛的探测器之一。除工作波段外，红外探测器的基本参数还有响应率、探测率、光谱响应和时间常数等。响应率是表征探测器光电转换效率的参数，接收 1W 红外辐射功率时探测器输出的电信号大小。探测率是表征输出信噪比的，折合到探测器光敏面积为 $1cm^2$，测量电学带宽为 1Hz 的条件下，接收 1W 红外辐射时探测器输出的信号与噪声之比。光谱响应是指探测器的响应率随波长的变化，通常以响应率最大值为 1，给出相对光谱响应，最大值所对应的波长为峰值波长，响应率下降到最大值的一半所对应的波长称为截止波长。时间常数也称弛豫时间，是指从光源照射到电信号输出的时间延迟。

点源跟踪与瞄准系统中的跟踪机构一般为三自由度陀螺，如图 3－22 所示。绕自身轴高速旋转的对称刚体称为陀螺，能够绕三个互相垂直的轴自由旋转的陀螺就称三自由度陀螺。当陀螺高速旋转时，如不受外力矩作用，无论安装它的基座如何转动，转子轴在惯性空间的方向将永远保持不变，这就是陀螺的定轴性。当有外力矩作用到内环轴上时，转子轴并不绕内环轴转动，而是绕外环轴转动，这就是陀螺的进动性。将光学系统装在陀螺转子上，使光轴与转子轴重合，利用陀螺的定轴性和进动性就可以实现对目标的跟踪。对于红外点源制导武器，在导弹尚未进入跟踪阶段，根据弹上陀螺的定轴性获取导弹姿态信号，依靠陀螺进动将导弹锁定在弹轴方向上；在导弹捕获到目标后，根据弹上光学系统提供的目标误差信号，依靠陀螺进动带动光轴跟踪目标。

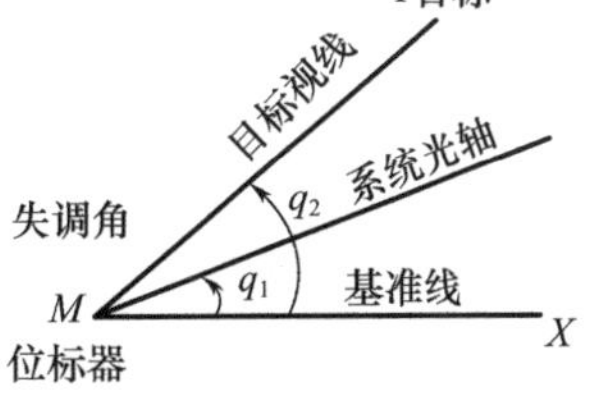

图 3－22　视线与光轴的关系

目标与位标器的连线称为视线，图 3－22 给出同一平面内的视线、光轴和基准线之间的相对关系。q_1 和 q_2 分别为视线、光轴与基准线之间的夹角，$\Delta q = q_1 - q_2$ 为失调角。根据方位探测器的工作原理可知，当目标位于系统光轴上时，方位探测系统无误差信号输出。当运动目标偏离光轴，即 $q_1 \neq q_2$，系统便输出与失调角 Δq 相对应的方向误差信号。该误差信号送入跟踪机构，跟踪机构便驱动位标器向减小失调角 Δq 的方向运动，消除其相对偏差量，当 $q_1 = q_2$ 时，位标器停止减少失调的运动。此时，若由于目标的运动再次出现失调角 Δq，系统将又重复上述过程，这样就实现了对目标的跟踪。在此基础上，通过对目标、环境及系统自身参数的测量，计算相应的系统偏差，经瞄准机构修正，就实现了对目标的瞄准。

（二）面目标的跟踪与瞄准

当目标对系统张角大于系统瞬时视场时，目标为扩展源，也称为面目标。对运动面目标的跟踪又称成像跟踪。随着碲镉汞（HgCdTe）焦平面阵列的出现，基于对目标与背景间辐射率（或温度）差的探测而获取的图像，包含目标形状、大小、姿态及辐射强弱等特征，具有比点源跟踪更为丰富的信息，是红外制导的发展方向。美国“幼畜”（Maverick）AGM－65D（对地）和 AGM－65F（对舰）等空地导弹、法国的“独眼巨人”中程地地导弹等都是成像红外制导导弹的典型代表。

红外成像制导武器具有很多优点：灵敏度高，抗干扰能力强，可以抓住目标的轮廓甚至细节，在复杂战术环境下具有自主搜索、捕获、识别和跟踪目标的能力，准全天候工作，具有很强的适应能力。不过完全采用红外成像制导的中远程导弹并不多，一般都采用复合制导方式，红外成像多用于中远程导弹的末制导。这是因为要实现红外成像制导远距离探测，系统必须有极高的灵敏度，而灵敏度太高，天空的云层和地面的热点都将变成探测制导的强干扰源。此外，红外焦平面价格昂贵，也是红外成像制导难以广泛应用的原因。

面目标的跟踪与瞄准系统结构与点目标跟踪系统很相似，主要包括摄像机、图像信号处理器和跟踪机构三大部分。如图 3－23 所示，图中虚框内为图像信号处理器，包括图像预处理器、特征提取与选择、目标分类以及跟踪处理器 4 个部分。图像预处理器对图像信号做预处理，如去除噪声、图像校正、数据压缩、图像增强与补偿等，以及改善图像质量或减少运算量；特征提取是从场景灰度图像中提取目标的形体特征，以供目标识别之用；而特征选择是从上述特征中挑选若干有用的特征来做进一步的计算，以达到压缩特征维数、简化计算的目的；目标分类是为了识别目标，通常采用统计识别方法，根据形状特征判定；跟踪处理器完成有关跟踪模式和跟踪状态估算等，输出目标的误差信号。伺服机构把目标误差信号变成控制信号，实施对目标的跟踪。

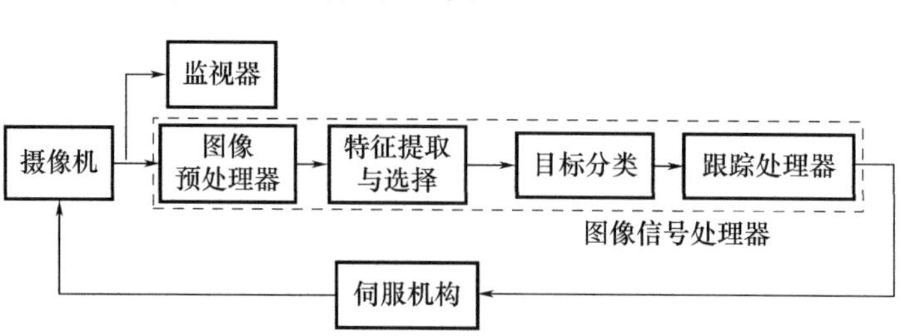

图 3－23　成像跟踪系统结构

由目标图像提取目标在空间的角位置信息是成像跟踪的关键。在成像跟踪中最常用的跟踪方式是波门跟踪和相关跟踪，波门跟踪利用的是模拟图像，跟踪算法有边缘跟踪、矩心跟踪以及面积平均等；相关跟踪利用的是数字图像，跟踪算法有基本相关、平均绝对差分以及积相关运算等。下面以波门跟踪为例介绍成像跟踪空间位置探测方法。

运动目标在跟踪与瞄准视场内的尺寸是随距离远近变化的，距离远时，目标图像很小，距离近时，可充满视场，甚至超出视场范围，为了使图像信号处理器能够兼顾这种变化，需要设计一个波门，波门的尺寸略大于目标信号，并使之牢牢套住目标图像，如图 3 – 24 所示。波门随目标图像视频信号而产生，在波门内为有用信号，波门外大量无用信号被摒弃，波门能适应目标图像尺寸随距离变化而变化，目标图像增大，波门也相应增大。

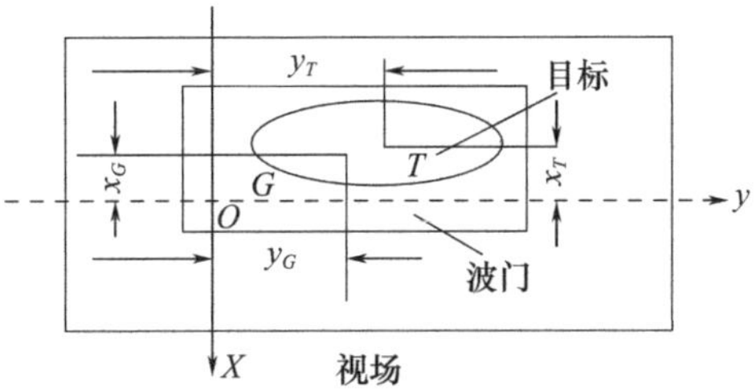

图 3 – 24　波门跟踪时成像跟瞄系统视场

波门跟踪系统的原理如图 3 – 25 所示。当目标图像信号出现时，处理电路将输出相应的触发信号到波门形成电路，产生波门。设视场中心为 O，目标中心位置为 $T(x_T, y_T)$，波门中心为 $G(x_G, y_G)$。当 T 偏离 G 点时，伺服机构会控制波门形成电路，使 G 点移向 T 点，波门同时还受同步机构控制，保证其与扫描机构同步，波门大小由检测到的目标信号宽度控制。若目标像是一个小光斑，则其视频信号是一个窄脉冲，以其前后沿去触发波门形成电路，产生一个比它略大的波门，以兼顾点目标的情况。

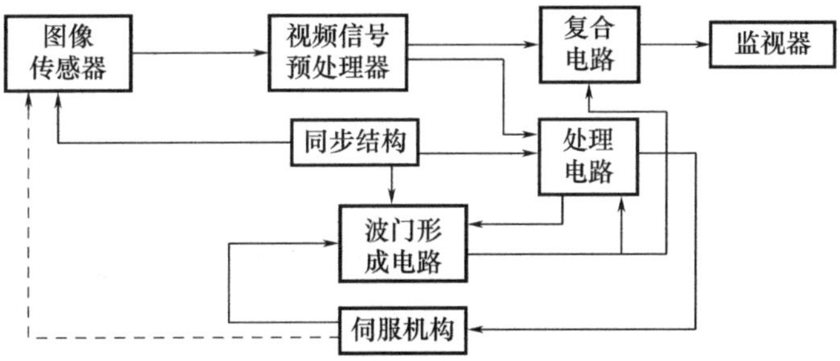

图 3 – 25　波门跟踪系统的原理

红外成像制导系统的工作原理如图 3 – 26 所示。它主要由实时红外成像器和视频信号处理器两部分组成。实时红外制导成像器用来获取和输出目标与背景的红外图像信息，视频信号处理器用来对视频信号进行处理，对背景中可能存在的目标，完成探测、识别和定位，并将目标位置信息输送到目标位置处理器，求解出弹体的弹道和跟踪误差。视频信号处理器还向红外成像器反馈信息，以控制它的增益（动态范围）和提供偏置。此外，还可以与放置在红外成像器中的陀螺组合，完成对红外图像传感系统的稳定，达到稳定图像的目的。

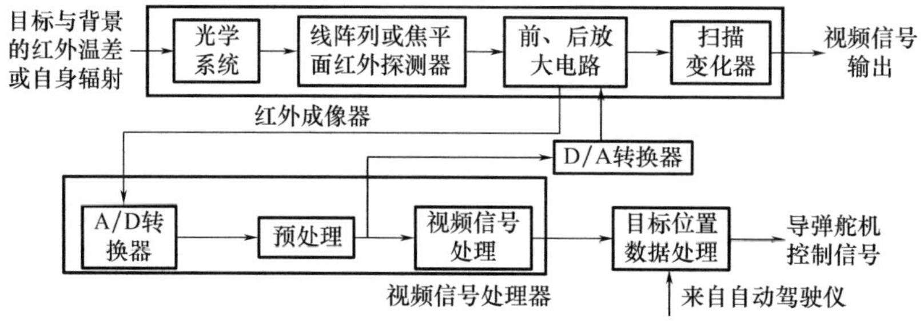

图 3-26　红外成像制导系统的原理框图

(三)激光制导

与雷达制导、红外制导相比,激光制导武器精度高、结构简单、不易受电磁干扰,在精确制导武器中占有重要地位。自 20 世纪 70 年代初美国在越南战场首次使用激光制导航空炸弹以来,激光制导技术已广泛应用于炸弹、炮弹、导弹和火箭的制导,激光制导是激光军事应用的一个及其重要的方面。激光制导的不足之处是易受大气及战场条件影响,不能全天候工作。

激光制导按照制导方式,可以分成寻的式和波束式(驾束式)两大类。采用寻的式制导方式的武器,在导弹上装有目标跟踪器,自动寻向目标,并测量导弹的飞行误差。弹上的目标跟踪器又称为寻的头或导引头。采用波束式制导方式的武器,目标跟踪器置于地面或车、船等慢速运动的物体上,由它产生指令控制导弹的飞行。

根据信号源位置的不同,寻的式制导方式又可分为全主动方式和半主动方式两类,目前在激光制导武器中大都采用半主动激光制导方式。

全主动式激光制导方式是将激光照射器和目标寻的器都装在弹上,由激光照射器发射激光,目标寻的器接收目标反射回的激光信号,再通过弹上控制系统将弹体引向目标。半主动式激光制导方式有一个单独的激光照射器,可以装在地面、车、船或飞机上,发射激光束,为制导武器指示目标,弹上的激光导引头接收目标反射的激光信号,并跟踪目标上出现的激光光斑,引导导弹飞向激光光斑,最终命中目标。

波束式激光制导由激光照射器捕获并跟踪目标,给出目标所在方向的角度信息,然后经火控计算机控制弹体发射架,以最佳角度发射导弹,使它进入激光波束中(进入波束的方向要尽可能与激光束轴线的方向一致)。弹体在飞行过程中,弹上激光接收机接收到激光器直接照射到弹上的激光信号,从中处理出制导所需的误差量,即弹体轴线与激光束轴线的偏离方向和大小,并将这个误差量送入弹的控制系统,由控制系统控制弹的飞行方向和姿态,始终保持弹与激光照射光束的重合,最终将战斗部引导于目标上。此种制导方式就像让导弹骑在激光束上滑行一样,所以俗称驾束制导。

下面以半主动激光制导方式为例,介绍其工作流程。半主动激光制导系统主要包括目标指示器、弹上寻的器和弹上控制单元等几部分,如图 3-27 所示。武器系统瞄准目标后,目标指示器发射编码脉冲激光束照射目标,随即发射激光制导弹;导弹在飞行中由其头部的寻的器接收来自目标的反射激光信号,经光电转换、解码、放大和运算,得到误差信号,驱动执行机构不断修正航向,直至击中目标。

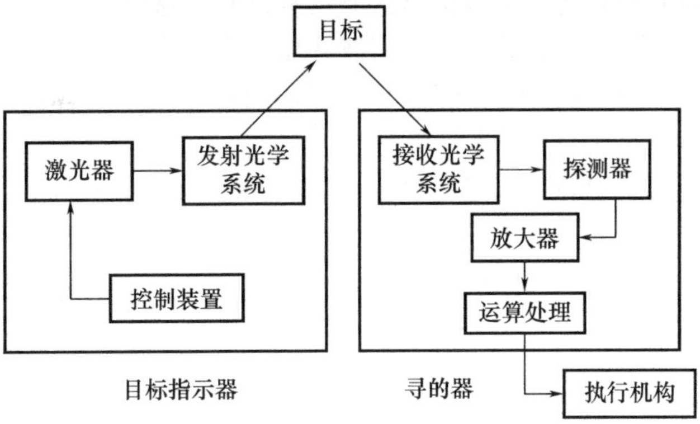

图 3－27　半主动激光制导系统的工作原理

激光目标指示器是半主动激光制导中的关键技术。其作用就如同给篮球运动员设置篮筐,目标指示器就是在形态复杂的环境中为飞弹划出一个篮筐,以便飞弹有个落点。激光目标指示器可以分别装在不同的平台上,包括飞机和车辆等,还可以便携,可以对目标形成立体包围圈。为了使激光器简单、轻便和保密,一般采用 1.06μm 的不可见 YAG 激光器。作为目标指示器的激光脉冲都是有编码的,其目的是在作战时不致引起混乱,在有多目标的情况下,被制导的飞弹按照各自的编码,只攻击与其对应编码的目标指示器所指示的目标。为了使激光目标指示器能够提供足够高的数据率,在应对固定目标时,脉冲重复频率在 5p/s(每秒 5 个脉冲)即可;而对于活动目标,则应在 10p/s 以上。激光目标指示器的有效作用距离与激光器发出的激光功率 P 密切相关。此外,激光目标指示器对目标的照射应稳定,否则可能引起脱靶,机载、车载和舰载激光目标指示器应采用陀螺等精密自动跟踪部件,以确保当载体运动和颠簸时,照明光束的稳定照射。

由于目标反射激光的特性不同,所以只有飞弹投到目标区上空的某个区域内才能起到制导作用。目标的反射特性越好,反射激光的方向性越强;相反,目标的反射特性越差,反射激光的方向性越差,慢散射越大,一般的战术目标介于两者之间,在某些方向上具有较强的反射,在另外方向上反射较弱。因此,存在一个以目标为顶点向上的光篮,飞弹只有投入光篮内,寻的器才能探测到目标反射的激光信号而寻向目标,目标表面越光滑,光篮开口越小,投放越困难;目标表面越粗糙,光篮开口越大,探测距离越短。

激光寻的器位于弹头前端,以探测被目标反射的激光回波。了解飞弹的飞行方向和偏离目标的程度。它包括激光接收系统、光电探测器和处理电路。为便于探测目标和减少干扰,激光寻的器一般都有搜索和跟踪两种视场:由于目标位置未知,要使进入目标区的激光寻的器能够找到目标,搜索视场必须大些,一般为十几度;一旦抓到目标,为了防干扰,跟踪视场应该小些,一般为几度。

第三节　声波信息获取

雷达信息及光电信息的获取技术,都是以电磁波为媒质的。实际上,信息获取也可以借助于机械波,如声波。声波信息获取技术,就是以声波为媒质获取目标信息的技术,其中最重要的是以声频水波为媒质的声纳,此外还有探测在空气中或地层中传播的声波信息的声测器材、震动传感器等。声波信息获取技术也分有源和无源两类:有源声波信息获取技术是通过向目标发出声波,再接收其回波并加以检测处理,从而获取目标信息。无源声波信息获取技术则不向目标发出声波,仅仅接收目标自身由于各种原因发出的声波来获取目标信息。

声波信息获取技术的特点:一是主要针对水下、水面、地下的目标,以及一部分地面和低空目标。二是作用距离一般较近。例如,声纳的作用距离一般数十海里(1 海里 = 1852m),震动传感器的作用距离通常仅数十米至数百米。三是声纳系统一般较为庞大,而震动传感器等则较为轻小灵便。

一、声纳技术

(一)任务和分类

声纳(Sound Navigation and Ranging,SONAR)是利用水中声波进行探测、定位和通信的电子设备,其任务包括对水中目标进行搜索、警戒、识别、跟踪、监视和运动参数的测定,以及进行水下通信和导航等。声纳的分类方式很多:按工作方式,可分为主动式声纳和被动式声纳;按装备场合,可分为水面舰艇声纳、潜艇声纳、航空声纳以及海岸声纳等;按战术用途,可分为搜索警戒声纳、识别声纳、探雷声纳等;按基阵携带方式,又可分为舰壳声纳、拖曳声纳、吊放声纳、浮标声纳等。

(二)主动式声纳

1. 主动式声纳装备的组成和工作原理

主动式声纳或称有源声纳,其基本组成如图 3-28 所示。现结合该图,简述其工作原理。图中所示的基阵,是由若干水声换能器以一定几何形状排列组合而成的阵列,常见外形有球形、柱形、平板形及线列形等。水声换能器是发射和接收水下声信号的装置;其中应用最广泛的是完成电声转换的水声换能器,就是把电信号转换为水中声信号的水声发射器,以及把水中声信号转换为电信号的声波接收器或称水听器。

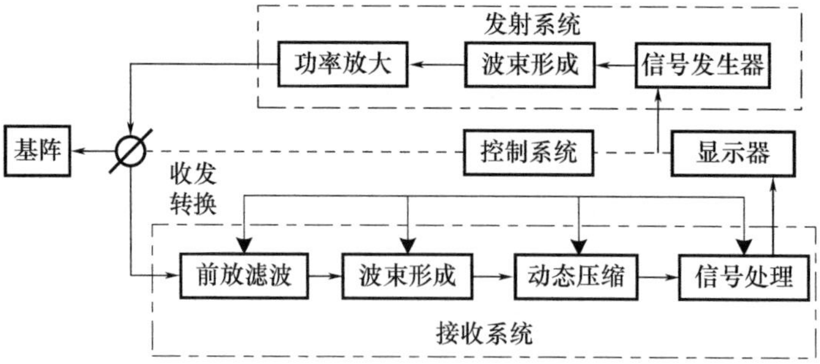

图 3-28 主动式声纳的基本组成

水声换能器有可逆式与不可逆式之分,前者既可用作水声发射器,又可用作水听器;后者则不能兼有此两种作用。广泛采用的压电、水声换能器和磁致伸缩式水声换能器都属于前者。水声换能器虽然也可以单独使用,但多数情况下是以组成阵列的形式工作的。水声换能器阵列或称基阵可以是单独的发射基阵或接收基阵,也可以是收发合一基阵。

由上述可见,声纳的水声换能器及其组成的基阵,其功能和工作方式十分类似于雷达的天线,只不过前者收发的是声波,后者收发的是无线电波。

主动式声纳大多采用脉冲波体制,工作频率从较早期的超声频段即20~30kHz范围向低频段发展,目前一般为3~5kHz;发射功率可达100~150kW,最高已达1MW。其工作过程大致如下:由控制分系统定时触发发射机的信号发生器,产生脉冲信号,经波束形成矩阵和多路功率放大,再经收发转换网络,输入发射基阵,形成单个或多个具有一定扇面的指向性波束,向水中辐射声脉冲信号,也可能辐射无方向性的水波声脉冲信号。在发射基阵向水中辐射声脉冲信号的同时,有部分信号能量被耦合到接收机,作为计时起点信号,也就是距离零点信号。声纳发射的水波声脉冲信号遇到目标,就会形成反射回波,回传到声纳的接收基阵,转换为电信号,经过放大、滤波等处理,形成单个或多个指向性接收波束,在背景噪声中提取有用信号;基于与雷达定位类似的原理,可以测定水中目标的距离和方位。测得的目标有关信息,最后在终端设备输出。终端设备可以是显示器、耳机、扬声器、记录器等。

2. 主动式声纳的功能特点和应用

主动式声纳的功能特点:一是可以探测静止无声的目标;二是既可测定目标的方位,又可测定目标的距离。20世纪90年代初期的大致水平:主动探测距离可达10至数十海里;利用数字多波束和单波束电子扫描技术,可以实现对目标的水平全向或三维空间搜索,可以搜索和跟踪多个目标。主动式声纳的主要缺点是隐蔽性差,增加了受敌干扰和攻击的威胁。

主动式声纳是水面舰艇声纳的主要体制,完成对水下目标的探测定位等任务。其实如法国大型水面舰艇装备的SS-48型声纳,在良好水文条件下,目标为中型潜艇,本舰航速19~20kn(1kn=1.852km/s),其主动探测距离:全向发射时为15n mile,定向发射时为20n mile。

(三)被动式声纳

1. 被动式声纳装备的组成和工作原理

被动式声纳或称无源声纳,又称噪声声纳,其基本组成和工作过程,都大体相当于主动式声纳的接收部分。它通过被动接收舰船等目标在水中产生的噪声和目标水声设备发射的信号,测定目标方位。通常同时采用多波束和单波束两种波束体制,宽带和窄带两种信号处理方式。多波束接收和宽带处理有利于对目标的搜索和监视,单波束接收和窄带处理有利于对目标的精确跟踪和识别等。将若干水听器按适当间距配置,可同时测定目标的方位和距离。

2. 被动式声纳的功能特点和应用

被动式声纳的优缺点恰与主动式声纳相反:它不能探测静止无声的目标;一般只能测定目标的方位,不能测距。其最重要的优点是隐蔽性好,因此潜艇声纳在大多数情况下都以被动方式工作,对水中目标进行警戒、探测、跟踪和识别。海岸声纳工作通常也以被动方式为主。

二、其他声测技术

(一)炮兵声测器材

炮兵声测器材是以空气中的声频机械波为媒质的信息获取手段,供炮兵用于测定火炮发射与弹丸爆炸所形成的脉冲声源位置。借助于不同类型的传声器,如电容传声器、碳粒传声器,接收火炮发射或弹丸爆炸所形成的2～150Hz低频脉冲声波,并将其转换为电信号;再通过有线或无线通信方式的传递,由记录仪记录,并可借助于声测计算机对相邻传声器的位置、测得的有关参数及其时间差等有关数据进行计算,得出若干曲线。这些曲线的交点,就是声源的位置。相应的坐标值数据除了打印、显示,还可传送到己方射击指挥系统。炮兵声测器材的主要用途是侦察发射中的敌方火炮,测定其阵地坐标,以便反击:确定己方炮弹炸点对目标的偏差量,以校正火炮射击。其主要特点是可不受通视条件限制,作业隐蔽。例如,以色列的SAR－2实时声测器材,可同时处理50个目标,侦察范围达500km^2。

(二)震动传感器与声响传感器

震动传感器是通过震动探头拾取地面震动波来探测目标的信息获取手段,是使用最普遍的地面传感器。震动探头埋设在地表层,把运动目标所引起的地面震动转换为电信号,传送到一定距离之外。通常能够探测到30m以内运动的人员,以及300m以内的车辆。

声响传感器也是一种通过传声器将空气中目标发出的声波转换为电信号,从而获取信息的手段。其主要优点是分辨力强,能够重现目标所发出的声响,如人员的谈话、车辆行进中的声响等。由此有可能进一步了解人员的国籍、身份甚至谈话内容,判明车辆的类型等。此类声响传感器的探测范围:对人员的正常谈话可达40m,对运动车辆可达数百米。美国陆军使用一种可以悬挂在树上的称为“音响浮标”的装置,探测距离300～400m。在20世纪60年代越南战争中,美军在“胡志明小道”上大量布设了震动传感器、声响传感器等地面传感器,用以侦察、监视越军的部队运动和后勤运输情况,取得了明显的效果。

本章小结

本章从满足信息作战需求的角度,重点介绍了三种信息获取技术。

(1)雷达信息获取。雷达是一种利用无线电波探测目标位置、速度和其他特征的电子设备,其广泛应用于警戒、引导、武器控制、侦察、航行保障等方面,是一种重要的军用电子技术装备。该部分主要从雷达的组成、工作原理和现代雷达类型三方面对雷达设备进行了分析介绍。

(2)光电信息获取。光电信息获取是一种通过对目标反射或辐射的紫外波、可见光波或红外波能量的感测,将其转换成为电信号,从而获得目标信息的技术。根据光波的特点,光电信息获取技术可以进一步细分为若干类,如微光成像技术、红外成像技术、激光成像技术等。该部分主要介绍了微光夜视技术、红外热成像技术和光电测量与传感器技术的相关原理,在此基础上,重点分析了微光夜视仪、微光电视、红外热像仪、红外探测器、激光测距仪、激光陀螺等武器装备的原理及使用。

(3)声波信息获取。声波信息获取就是以声波为媒质获取目标信息的技术,其中最重要的设备是以声频水波为媒质进行探测的声纳。该部分主要介绍了主动式声纳和被动式声纳的装备组成、工作原理以及功能特点。

信息获取技术及装备种类繁多,发展迅猛,关于其他信息获取的技术及手段,读者可以参阅相关文献和资料。

习　题

1. 信息获取技术按照信息获取过程所利用的媒质主要分为哪些技术？
2. 可见光信息获取技术主要包括哪些？
3. 试比较微光夜视仪和第二代红外热像仪的工作原理及优缺点，并指出其关键器件。
4. 简述雷达的基本组成和基本工作过程。
5. 简述雷达测定目标方位和距离的基本原理。
6. 何谓相控阵雷达？有何优点？并举例说明相控阵雷达技术的应用。
7. 简述相控阵雷达电扫描的基本原理。
8. 简述合成孔径雷达的基本概念、主要功能特点及应用场合。
9. 超视距雷达按其电波传播方式可以分为哪两类？其作用距离大致如何？
10. 超视距雷达的天线有哪些特点？
11. 何谓双基地、多基地雷达？它们有哪些优点？
12. 简述双基地雷达测定目标距离的基本原理。
13. 简述主动式声纳和被动式声纳的基本组成和基本工作过程。
14. 简述主动式声纳和被动式声纳的功能特点和应用场合。

第四章　信息传输

第一节　信息传输的基本概念

一、信息传输的概念

谈到信息传输,相信每个人都不陌生。古代的烽火报警,就是把敌人入侵的消息通过烽火传达给远方的人们;抗日战争时期,儿童团员把"消息树"放倒,告诉村里的人们"鬼子来了";舰船上的灯语和旗语通过灯的闪烁和旗子的挥动与港口进行无声的对话;传统的信函以文字形式把游子的思乡之情浓缩于尺素之中,再利用邮政媒体送达家人;方便的飞鸽传书,即便是在今天,依然有着独特的魅力;在各种建设工地上,工人们经常使用对讲机相互联络,协调工作;在电影电视中经常看到军人或警察利用无线电台进行作战指挥;还有电报、电传、电话、寻呼、移动电话、有线广播、无线广播、有线电视、无线电视、互联网等当代最为普及的信息传输手段都是现实生活中人们所熟悉的信息传输实例。

无论是远古狼烟滚滚的烽火还是今天四通八达的电话,无论是饱含情谊的书信还是绚丽多彩的电视画面,尽管信息传输的形式或手段多种多样,传递的内容千差万别,但都有一个共同点,那就是进行信息的传递。因此,本书对信息传输下一个简练的定义:信息传输就是利用信号将包含信息的消息进行空间传递的过程。

简单地说,信息传输就是信息的空间传递。在信息传输技术中,"信息"与"消息"在多数场合无须严格区分。随着计算机技术和计算机网络技术的迅猛发展,网络信息传输也融入了我们的生活。通过互联网,人们足不出户就可看报纸、听新闻、查资料、逛商店、玩游戏、上课、看病、下棋、购物、发电子邮件。网络丰富多彩的功能极大地拓宽了信息传输技术的应用领域,使信息传输渗入人们物质与精神生活的各个角落,成为人们日常生活中不可缺少的组成部分,有关信息传输方面的知识与技术也就成为当代人应该关注的热点。

作为一门科学,现代信息传输技术所研究的主要问题概括地说就是如何把信息大量、准确、快速、广泛、方便、经济、安全、长距离地从信源通过传输介质传送到信宿。各种信息传输技术都是围绕着这个目的而展开的。

二、信息传输系统

(一)信息传输系统的定义与组成

交通是把货物(乘客)从出发地运输(搬移)到目的地,信息传输则是把信息从信源传输到信宿。如果把用于运输货物或乘客的人、车、路的集合称为交通系统,那么,用于进行信息传输的设备硬件、软件和传输介质的集合就称为信息传输系统。

从硬件上看，信息传输系统主要由信源、信宿、传输介质、发送设备和接收设备5部分组成(图4-1)。例如，电话信息传输系统包括送话器、电线、交换机、载波机、受话器等要素；广播系统包括传声器、放大器、发送设备、大气空间和收音机等。

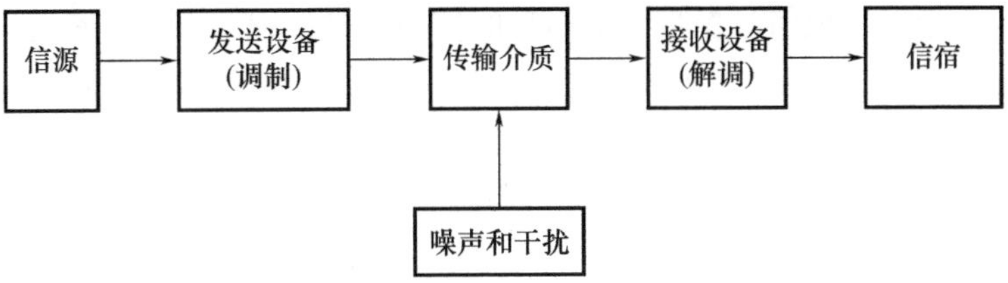

图4-1　信息传输系统(模拟系统)的一般模型

1. 信源

信源是信息传输系统的起点，是指能把欲传送的各种信息转换成原始电信号的设备或装置。根据信息的种类，信源可分为模拟信源和数字信源。模拟信源输出连续的模拟信号，如话筒(声音信息→音频信号)、摄像机(图像信息→视频信号)，数字信源则输出离散的数字信号，如电传机(键盘字符信息→数字信号)、计算机等各种数字设备。

注："音频信号"是指频率在20Hz～20kHz频率范围内携带话音、音乐或音效信息的电信号；"视频信号"是指频率在0～6MHz频率范围内携带图像信息的电信号。

2. 信宿

信宿是信息传输系统的终点，其功能与信源相反，是指能把原始电信号(如上述的音频信号、视频信号、数字信号)还原成相应信息的设备或装置，如扬声器将音频信号还原成声音信息。

3. 传输介质

传输介质是能够传输电信号、光信号或无线电信号的物质、如电缆、光纤、空间或大气。

4. 发送设备

发送设备是将原始电信号变换为适合信道传输的信号的设备或装置。其主要功能是使发送信号的特性和信道特性相匹配，能够抗干扰并且具有足够的功率以满足远距离传输的需要。因此，发送设备涵盖的内容较多，可能包含变换器、放大器、滤波器、编码器、调制器、复用器等功能模块。

5. 接收设备

接收设备与发送设备作用相反，是指能够接收信道传输的信号并将其转换为原始电信号的设备或装置。其主要功能是将信号放大和反变换(如译码、解调、解复用等)，目的是从受到减损的接收信号中正确恢复出原始信号。

6. 噪声和干扰

噪声和干扰是指一切可能会影响有用信号的信号。噪声和干扰存在于信号传输的整个过程之中，为方便计，通常将全部噪声(干扰)集中体现在传输介质上，但并不意味着只有传输介质存在噪声和干扰。噪声通常是随机的，且形式多样，一般会干扰信号的传输。

图4-1模型概括地描述了一个信息传输系统的组成，反映了信息传输系统的共性。

根据研究对象以及所关注问题的不同，图中各方框的内容和作用也会有所不同，从而形成不同形式的具体信息传输模型。

（二）模拟和数字传输系统

信息传输系统按照传输信号种类可分为模拟传输系统和数字传输系统。

模拟传输是指以模拟信号携带模拟消息的信息传输过程或方式。其特征是信源和信宿处理的都是模拟消息，信道传输的是模拟信号。因此，模拟传输系统可以说是以模拟信号形式传输模拟消息的系统，如电话系统。

数字传输是指以数字信号携带模拟消息的信息传输过程或方式，其特征是信源和信宿处理的都是模拟消息，信道传输的是数字信号。因此，数字传输系统可以说是以数字信号形式传输模拟消息的系统，如数字电话系统和移动信息传输系统（手机）。

从图 4－2 可见，数字传输系统与图 4－1 的主要区别是多了信源编码（译码）和信道编码（译码）的功能模块，而这正是数字传输系统的特点所在。通常信源编码完成的是将模拟消息（模拟信号）转换成数字信号的功能（信源译码功能相反）；信道编码是将信源编码输出的数字信号（一般是经简单编码后的数字信号，通常用高电平表示 1，低电平表示 0）变成适合信道传输的码型（信道译码功能相反）。

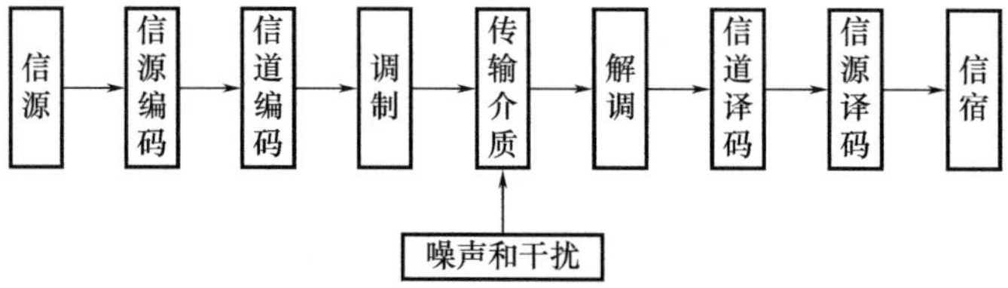

图 4－2　数字传输系统模型

随着计算机技术、网络技术和信息传输技术的发展与融合，一种新的信息传输技术——数据信息传输应运而生。数据信息传输是指以数字信号携带数据消息的信息传输过程或方式。其特征是信源和信宿处理的都是以数据形式出现的离散消息，信道传输的是数字信号。因此，数据信息传输系统可以说是以数字信号形式传输数据消息的系统，如计算机与打印机之间的信息传输系统。这里的数据是指能够承载或记录信息的各种字母、数字、符号及其组合。通常，数据信息传输主要是指计算机（或数字终端）之间的信息传输。

图 4－3 所示为信息传输系统（方式）的简单示意图。由于数据信息传输在信号传输上与数字传输大致相同，其携带的消息可以是离散消息也可以是经过 A/D 转换后的模拟消息，所以，从技术体制上看，信息传输技术仍然只分为模拟传输和数字传输两种。

电信号或光信号在传输时的一个主要特征是“衰减”，即信号强度的减小。信号传输距离越长衰减越大，信号频率越高衰减越大；另一个特征是信号的波形发生畸变（主要由衰减和干扰引起）。高质量的模拟传输应该是衰减和畸变都比较小，但实际模拟传输系统很难满足人们对信息传输质量越来越高的指标要求。

数字传输产生的直接原因是提高模拟传输的质量。宏观上看，数字传输与模拟传输的主要差别体现在数字传输信宿接收到的信号质量更好。

模拟传输在信号传输上采用逐级“放大”方式，而数字传输多采用的是“再生”方式，具体如图 4－4 所示。

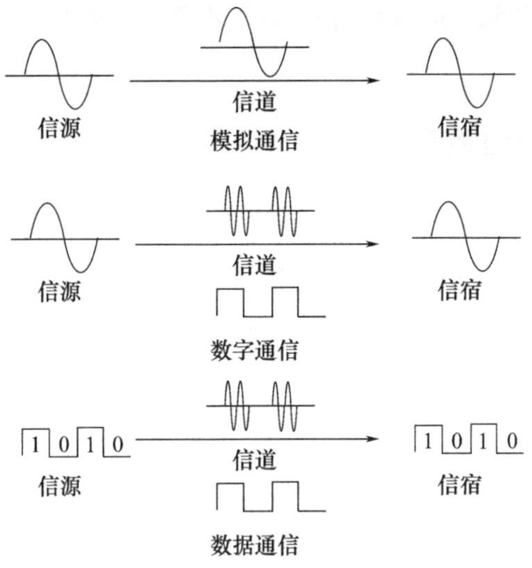

图 4－3 模拟/数字/数据三种信息传输系统示意图

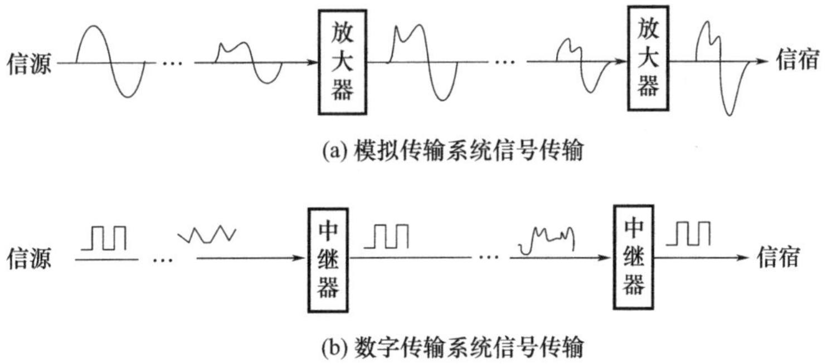

图 4－4 两种信息传输系统信号传输示意图

显然,从信息传输的角度上看,模拟传输系统可认为是一种信号波形传输系统,而数字传输系统以及数据信息传输系统则是信号状态传输系统。

数字传输具有以下特点。

(1)抗干扰能力强。由于数字信号的取值个数有限(大多数情况只有“0”和“1”两个值),所以在传输过程中,可以不太关心信号幅度的精确值或失真度,只注意一个值域即可(如 3V 以上的信号认为是“1”,3V 以下的认为是“0”)。同时,由于传输过程中继器可再生信号,故可以消除噪声积累。

(2)便于进行信号加工与处理。由于信号可以存储,所以可以像处理照片一样(在技术允许的范围内)随意加工处理。

(3)传输中出现的差错(误码)可以设法控制,从而提高传输质量。

(4)数字信息易于加密且保密性强。

(5)能够传输话音、图像、图片、数据等多种消息,增加了信息传输系统的灵活性和通用性。

总之,数字传输的优点很多,但事物总是一分为二的,数字传输的许多好处是以增加信号带宽为代价的。例如,一路模拟电话信号的带宽为 4kHz,而一路数字电话信号要占

20~60kHz 的带宽,这说明数字传输的频带利用率低。尽管如此,数字传输仍将是未来信息传输的发展方向。

三、传输介质与信道通频带

(一)传输介质

在各种信息传输系统中,用于信号传输的物理介质有很多种,每一种介质的带宽、时延、损耗、抗干扰能力、费用以及安装维护难度等特性都各不相同。下面简要介绍几种常用的传输介质。

1. 有线介质

有线介质通常是指双绞线、同轴电缆、多芯电缆和光纤。

双绞线由若干对且每对只有两条相互绝缘的铜导线按一定规则绞合而成。采用绞合结构是为了减少对邻近线对的电磁干扰,且可以采用加一个用金属丝编织而成的屏蔽层来进一步提高双绞线的抗电磁干扰能力。双绞线可分为屏蔽双绞线(Shielded Twisted Pair,STP)和非屏蔽双绞线(Unshielded Twisted Pair,UTP)两类。如图 4-5 所示。

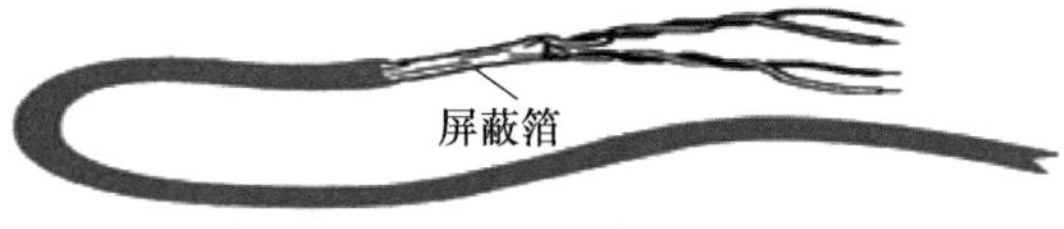

(a) 屏蔽双绞线

(b) 非屏蔽双绞线

图 4-5 双绞线示意图

双绞线即可用于模拟信号传输,也可用于数字信号传输,其信息传输距离一般为几到十几千米。由于双绞线的性价比相对于其他传输介质要高,所以应用十分广泛。

同轴电缆由内导线铜质芯线(单股实心线或多股绞合线)、绝缘层、网状编织的外导体屏蔽层以及保护塑料外层组成(图 4-6),具有高带宽和较好的抗干扰特性。按特性阻抗,同轴电缆分为 50Ω 基带同轴电缆和 75Ω 的宽带同轴电缆两种。

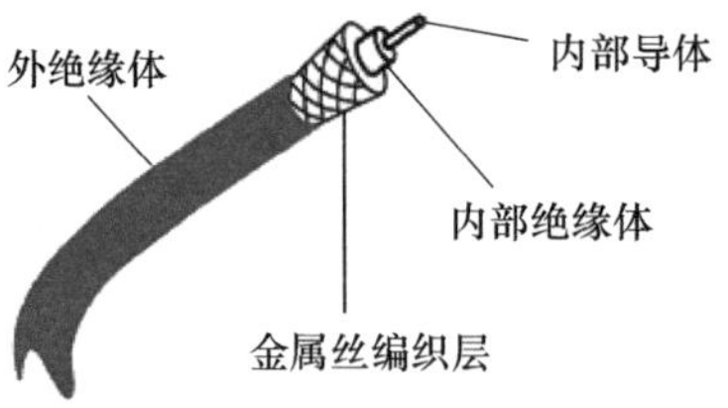

(a) 同轴电缆

(b) 带连接器的同轴电缆

图 4-6 同轴电缆结构示意图

一条基带同轴电缆只支持一个信道,传输带宽为 1~20Mb/s。它能够以 10Mb/s 的速率把基带数字信号传输 1~1.2km。

宽带同轴电缆的带宽为 300~450MHz,可用于传输经频分复用的多路模拟或数字信号,传输距离可达100km。宽带数据信号传输是指可利用多路复用技术在宽带介质上进行多路数据信号的传输。它既能传输数字信号,也能传输诸如话音、视频等模拟信号,是综合服务宽带网的一种理想介质。

光导纤维(简称光纤)是一种光传输介质。由于可见光的频率非常高,约为10^8MHz的量级,因此,一根光纤的传输带宽远远大于其他各种传输介质的带宽,是目前最有发展前途的有线传输介质。

光纤呈圆柱形,由芯、封套和外套三部分组成(图4-7)。芯是光纤最中心的部分,它由一条或多条非常细的玻璃或塑料纤维线构成,每根纤维线都有它自己的封套。由于这一玻璃或塑料封套涂层的折射率比芯线低,从而可使光波保持在芯线内。

图4-7　光纤结构示意图

光纤可分为多模光纤和单模光纤两种。

多模光纤意指光在光纤中可能有多条不同角度入射的光线在一条光纤中同时传播,如图4-8(a)所示。这种光线所含纤芯的直径较粗,其范围是50~100μm。光线在多模光纤中传输时因入射角的不同,会导致不同的光纤行进的距离不同,即光线在光纤中传输的时间不同。由此产生的一个结果是,输入的光脉冲在光纤的输出端可能会有些扩散(色散),从而导致光脉冲的波形失真。

单模光纤是指光在光纤中沿直线传播而没有反射,如图4-8(b)所示。这种光纤的直径比多模光纤细得多,细到只有一个光的波长(直径为7~9μm),就像一根波导那样,光线不能在纤芯中反射传播,只允许光线一直向前传播,且以很小的失真离开光纤。两种光纤的性能比较如表4-1所示。

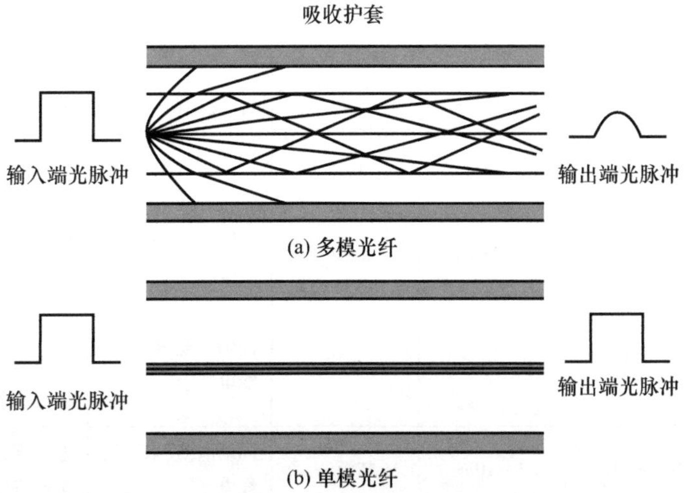

图4-8　两种光纤传输示意图

表 4-1　单模光纤与多模光纤的性能比较

项目	单模光纤	多模光纤
距离	长	短
数据传输率	高	低
光源	激光	发光二极管
信号衰减	小	大
端接	较难	较易
造价	高	低

光纤不易受电磁干扰和噪声影响，可进行远距离、高速率的数据传输，而且具有很好的保密性能。但是，光纤的衔接、分岔比较困难，一般只适用于点到点或环形连接。

2. 无线介质

无线介质是指可以传播无线信号的大气。无线信息传输中，通常由无线电波和光波作为信号传输载体，即把欲传送的电信号变成无线电波或光信号。

频率是无线电波的一个重要参量，是一个信号单位时间变换的周期数，用单位“赫兹”(Hz)表示。亨利希·鲁道夫·赫兹是一位德国物理学家，他发现了无线电波(电磁波)，并论证了电磁波以光速传播，得出“无线电波是电磁辐射的一种形式”的重要结论。为纪念他的杰出贡献，人们用他的名字作为频率的单位。

波长是无线电波的另一个重要参量，是指信号在一个周期内传播的距离，通常用 l 表示。在无线信息传输中，波长(m)、频率(Hz)、光速(3×10^8 m/s)三者满足：

$$l = c/f \tag{4-1}$$

因为不同频率(波长)无线电波(电磁波)的传播特性各异，所以其应用场合也不尽相同。为了合理、充分地利用无线电频率资源，根据频率高低的不同(波长的不同)，可将无线电波分为 9 个波段。频率资源划分如表 4-2 所示。

表 4-2　频率资源划分

频段名称	频率范围	波长范围	波段名称	传输介质	用途
甚低频(VLF)	3Hz ~ 30kHz	$10^4 \sim 10^8$ m	甚长波	有线线对、长波无线电	音频、电话、数据终端、长距离导航、时标
低频(LF)	30 ~ 300kHz	$10^3 \sim 10^4$ m	长波		导航、信标、电力线信息传输
中频(MF)	300kHz ~ 3MHz	$10^2 \sim 10^3$ m	中波	同轴电缆、中波无线电	调幅广播、移动陆地信息传输、业余无线电信息传输
高频(HF)	3 ~ 30MHz	$10 \sim 10^2$ m	短波	同轴电缆、短波无线电	移动无线电话、短波广播、军用定点信息传输、业余无线电信息传输
甚高频(VHF)	30 ~ 300MHz	1 ~ 10m	超短波	同轴电缆、米波无线电	电视、调频广播、空中管制、车辆信息传输、导航

续表

频段名称	频率范围	波长范围	波段名称	传输介质	用途
特高频(UHF)	300MHz ~ 3GHz	10cm ~ 1m	微波	波导、分米波无线电	电视、空间遥测、雷达导航、点对点信息传输、移动信息传输、专用短程信息传输、微波炉、蓝牙技术
超高频(SHF)	3 ~ 30GHz	1 ~ 10cm		波导、厘米波无线电	微波接力、雷达、卫星和空间信息传输、专用短程信息传输
极高频(EHF)	30 ~ 300GHz	1mm ~ 1cm		波导、毫米波无线电	微波接力、雷达、射电天文学
紫外线、红外线、可见光	$10^5 \sim 10^7$GHz	3×10^{-6} ~ 3×10^{-4}cm	光波	光纤、激光空间传播	光信息传输

(二)信道通频带

前面已介绍过信号频谱的概念,下面将阐述信道(广义信道)的通频带。任何一个信道,不管是一个设备、一个电路或是一个传输介质,对信号的传输都有影响,主要表现在两个方面:一个是对不同频率信号的幅度衰减,通常是传输信号的频率越高,信道对信号的衰减越大;另一个是对不同频率信号的延迟。信道对信号的影响可以用信道的频率特性(也称为频响特性),即幅频特性和相频特性来表示。

如果把一个幅值一定,频率连续可调的正弦型信号加到一个信道的输入端,那么当把该信号的频率从小到大连续改变时,所对应的信道输出信号与频率的关系就是信道的频响特性(频率特性)。输出信号幅度随频率变化的关系称为幅频特性,输出信号相位随频率变化的关系称为相频特性(它正好反映了输出对输入的延迟)。在多数情况下,人们只关心幅频特性,因此把输出信号的幅值与频率的变化曲线称为频率响应曲线简称频响曲线。大多数信道的频响曲线都是带通型,也就是说,信道对某一频率段的信号幅度影响不大且基本上一致,而对大于或小于该频率段的信号影响较大,并且逐渐衰减到零。

通常以幅频曲线的最大值为标准(一般是曲线中心频率所对应的值)进行定义:幅频值下降到最大值的70%时所对应的两个频率之间的频段称为通频带。频率低的点称为下截止频率,高的点称为上截止频率。由于这两点的幅值与最大值之比为0.7,对应的分贝值是 -3,所以,截止频率也称为3dB频率,通频带也称为3dB带宽。

设有电阻 R_1 和 R_2,它们的功率分别为 P_1 和 P_2,则分贝的计算公式为

$$\left[\frac{P_2}{P_1}\right]_{分贝值} = 10\lg\frac{P_2}{P_1}(\text{dB}) \tag{4-2}$$

根据电路知识,有 $P = V^2/R$,则式(4-2)变为

$$\left[\frac{P_2}{P_1}\right]_{分贝值} = 10\lg\frac{P_2}{P_1} = 10\lg\frac{V_2^2/R_2}{V_1^2/R_1} \tag{4-3}$$

令 $R_1 = R_2$,则有

$$\left[\frac{P_2}{P_1}\right]_{分贝值} = 20\lg\frac{V_2^2}{V_1^2}(\text{dB}) \tag{4-4}$$

为什么对信号幅度比值(通常为电压比值)要取对数？为什么把通频带的截止点定在70%处,而不是80%或90%呢?

第一个问题的答案:信息传输技术在发展的早期主要应用于无线电广播和话音信息传输,传输的信息多是音频信息,信息传输的终端往往是人耳(现代数据信息传输的终端往往是计算机),而人耳对声音的频响特性呈对数关系,而不是线性关系,即在大音量下,音量如果增大1倍,人耳的听觉就不到1倍;而小音量时,人耳听觉却比较敏感。因此,为了更好地衡量信息传输质量,人们对输出信号的电压(比)或功率(比)取对数,使听觉特性能接近线性。对输出电压取对数(以10为底)后要乘以一个常数20,并改称为电平;对输出功率取对数后要乘以一个常数10。比如说一个放大器的电压增益是40dB,就意味着放大器输出电压与输入电压之比为100;又如一个系统的信噪比是30dB,则信号与噪声的功率比为1000。

从输出信号的功率上看,电压下降到70%所对应的功率正好是电压最大值功率的一半,因此3dB点也称为半功率点。另外,无线电技术约定,当输出电压下降到其最大值的70%以下时,就认为该频率分量对输出的贡献很小了,故把3dB点定为截止点,这就是第二个问题的答案。

对于一般信道而言,通频带越宽越好(对于模拟信号来说,意味着频分复用的信号路数就越多,或者信号的保真程度就越高;对于数字信号意味着波特率就越大,可以传输更多的信息),频响曲线越平越好(输出信号的一致性好)。例如,要买一套高保真音响设备(主要包括音源、放大器和音箱三部分),就要求各部分的频响曲线在通频带内尽可能地“平”,否则,在听音乐时就可能会出现特别强的笛声或特别弱的鼓声,因为某一频率的放大量比其他频率大得多或小得多。同时,还要求通频带在低频段越低越好,最好低于20Hz,在高频段最好高于20kHz。这是因为音频的范围为20Hz~20kHz。如果音响设备的通频带达不到这个要求,就可能听不到震人心魄的低音鼓声或清脆悦耳的三角铁声。另外,三个设备的频响特性最好一致。如果音箱的特性不好,那么再好的放大器和音源(CD机、录音机等)都是浪费。显然,信号的高保真传输除了要求信道通频带大于带宽,还必须要求通频带内的频响特性保持平坦,如图4-9(a)所示。如果放大器的通频带变成图4-9(b)的形状,则在播放音乐时,就会感觉到高音部分特别强,也就是说高音出现了“失真”。

生活中很多音响设备,如汽车音响、家庭影院等都设有音调控制旋钮或均衡器。音调控制旋钮的作用就是人为地改变放大器频响特性,提升或降低音频信号中的某些频率成分(通常是高音、中音或低音部分),以满足人们的不同听觉需求;而均衡器是通过改变多段频响曲线的方式,以弥补放大器频响特性的不平坦或起与音调控制旋钮相同的作用。

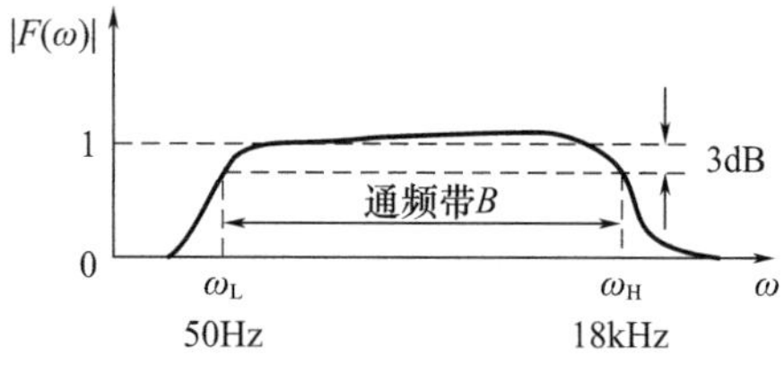

(a) 某放大器频响曲线

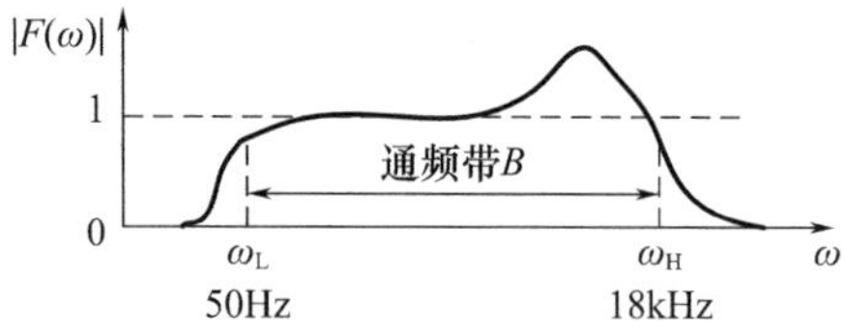

(b) 高频提升的放大器频响曲线

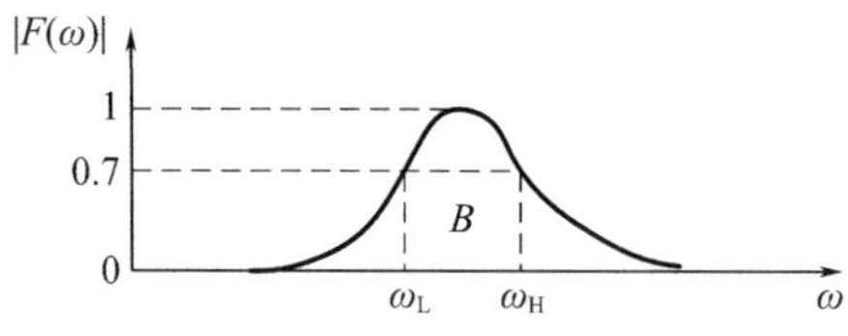

(c) 某调频器频响曲线

图4-9　通频带实例示意图

对于某些电路来说,有可能要求通频带窄一点儿好。例如,收音机、电视机和电台等设备中的调谐电路和一些带通滤波器就要求通频带在不失真的前提下尽可能的窄,以提高选择性,如图 4 -9(c)所示。

信号频谱宽度类比汽车的车身宽度,信道通频带类比道路宽度。显然,一条道路要想让汽车顺利通过,其宽度必须大于车身宽度,否则,车辆就无法在道路上行驶。而信道通频带小于信号带宽时,虽然信号仍可在信道中传输,但已丢失了很多信息,信号在信道中是以失真的形式进行传输的,就好像把汽车超宽部分切掉在路上跑一样。因此,一条信道要不失真地传送一个信号,首先其通频带就必须大于信号的频谱宽度。

四、信道容量

供车辆行驶的道路有一个重要指标——道路通行能力。它是指一条道路某一断面上单位时间能够通过的最大车辆数,也称道路容量,通常用"辆/h"表示。

信道为信号的传输提供途径,那么类比上述道路容量的概念,信道也应该有一个衡量其性能的指标。人们把单位时间内信道上所能传输的最大信息量称为信道容量。它可用信道的最大信息传输速率来表示。

由于信道有数字(离散)和模拟(连续)之分,所以,信道容量也不相同。在此只讨论有扰模拟(连续)信道的信道容量问题。

也许有人会问,信道容量是用比特率来衡量的,也就是说,是针对数字信道而言的,而模拟信道没有比特率的概念,如何衡量信道容量?其实,不仅是模拟信道的容量,包括模拟信息的信息量在内都是基于离散(数字)信息理论或分析方法得出的。其要旨就是,模拟信号可以通过抽样定理变为离散(数字)信号。

信号在信道中传输要受到干扰的影响,以至引起信息传输错误,具有干扰的信道称为有扰信道。那么,在怎样的条件下,信道可以无失真(不丢失)地将信息以速率 R 进行传输呢?香农定理给出了理论答案:对于一个给定的有扰信道,如果信息源的信息发出速率小于或等于信道容量,即 $R \leqslant C$,则理论上存在一种方法可使信息以任意小的差错概率通过该信道传输。相反,若 $R > C$,该信道将无法正确传递该信息。

那么,一个给定连续信道的信道容量与什么因素有关呢?

众所周知,频带受限的模拟信号所携带的信息量与它的带宽有关。例如,话音信号的带宽约为 4kHz,电视图像信号的带宽为 6MHz,通过抽样,离散话音信号的最低抽样频率为 8kHz,离散图像信号的最低抽样频率为 12MHz。显然,电视图像信号的信息量比话音信号大。信号的频谱宽,意味着携带的信息量大,传输该信号的信道带宽也要随之增大。因此,信道容量与衡量信道优劣的另一个重要指标——信道的通频带宽度简称带宽有直接关系。另外,在一个实际信道中,除了被传输的有用信号,不可避免地混有各种干扰信号,而干扰信号会直接影响信号(信息)的传输。可见,信道容量受到带宽和噪声的双重制约。

1924 年,奈奎斯特(Nyquist)就发现了信道传输速率有上限,并且给出了有限带宽、无噪声信道(理想信道)的最大信息传输速率公式,即无噪声信道最大传输速率为

$$C = 2B\log_2 M \tag{4-5}$$

式中:B 为信道带宽;M 为信号有效状态的个数。对于二进制数据信号,信号仅有两种有

效状态，分别代表“0”和“1”，所以 $M=2$。此时，无噪声信道信息最大传输速率为 $2B$。如果使用模拟电话系统传输二进制信号（即使用话音级信道），其带宽为 3000Hz，那么最大传输速率为 6000b/s。实际应用中远远达不到这个上限，目前，使用二进制调制技术，在话音级信道中的最大信息传输速率为 2400b/s。

而人们知道，现在大多数电话拨号上网用户采用的就是模拟电话系统（即利用话音级信道进行数据通信），实际速率都可以在 14000 比特/s 以上，这又是怎么回事儿呢？这是因为采用了特殊的信号处理方法（多进制调制），将 M 值增大，从而提高了数据传输速率。那么，是不是可以无限增大 M 值，以提高数据传输速率呢？香农定理回答了这个问题。

1948 年，美国数学家香农在论文“通信的数学理论”中提出了著名的“香农公式”。该公式给出了信道带宽、信道容量和白色高斯噪声干扰信号（或信道输出信噪比）之间的关系：

$$C = B\log_2\left(1+\frac{S}{N}\right) \tag{4-6}$$

式中：C 为信道容量（bit/s）；B 为信道带宽（Hz）；S 为信号功率；N 为噪声功率。“信噪比”是通信技术中一个很重要的术语，其定义是信号功率与噪声功率之比，简记为 SNR。通常取分贝值，即

$$\mathrm{SNR} = \frac{S}{N} = 10\lg\frac{P_S}{P_N} \tag{4-7}$$

下例有助于理解式（4-6）：设有一段公路（类比一个信道），用每秒通过这段公路的汽车数作为交通量（类比信息量 C），公路的宽度类比信道宽度 B，S 代表汽车数，N 代表公路上行人的数量（类比干扰信号）。

显然，交通量与道路宽度成正比，路越宽，单位时间通过的车辆数就越能增加；交通量还与路上车辆数与行人数之比有关系，行人越多，占据的路面就越宽，可供车辆通行的路面也就越窄，S/N 就小；反之，S/N 越大，交通量就越大。

例 4-1 若一帧电视图像的信息量为 99600b，电视的帧频为 30Hz，为使接收端能收到良好的图像，要求信道的信噪比 $S/N=1000$（$10\lg S/N=30\text{dB}$），求信道的带宽 B。

解：信息的传输速率为 $V=99600\times30=29.9\times10^6$（bit/s），则信道的容量 C 至少应等于 V，有

$$C=99600\times30=29.9\times10^6\ (\text{bit/s})$$

由香农公式可得

$$B=\frac{C}{\log_2\left(1+\frac{S}{N}\right)}\approx\frac{29.9\times10^6}{\log_2 1000}\approx3.00\times10^6\ (\text{Hz})$$

即信道带宽约为 3MHz。

由于噪声功率 N 与信道的频带宽度有关，设单边噪声功率谱密度为 n_0，则可得到香农公式的另一种形式为

$$C = B\log_2\left(1+\frac{S}{n_0 B}\right) \tag{4-8}$$

式中：$N=n_0B$。

从香农公式中可得出以下结论。

(1)一个给定信道的信道容量受 B、S、n_0“三要素”的约束。信道容量随“三要素”的确定而确定。

(2)提高信噪比(信号功率与噪声功率之比)可提高信道容量。

(3)一个给定信道的信道容量既可通过增加信道带宽减少信号发射功率,也可通过减少信道带宽增加信号发射功率来保证。也就是说,信道容量可通过带宽与信噪比的互换而保持不变。例如,若 $S/N=7$,$B=4\text{kHz}$,由香农公式可算出 $C=12\times10^3\text{bit/s}$;同样的 C,还可由 $S/N=15$,$B=3\text{kHz}$ 来保证。

(4)虽然 C 与 B 成正比关系,但 $B\to\infty$ 时,C 却不能随之趋于无穷大,即

$$\lim_{B\to\infty}C=\frac{S}{n_0}\log_2 \mathrm{e}\approx1.44\,\frac{S}{n_0}$$

如果信道的传输速率 R 等于信道容量($R=C=l.44S/n_0$,即达到极限传输速率),则此时所需的最小信噪比为 $\frac{E_b}{n_0}=\frac{1}{\log_2 \mathrm{e}}\approx-1.6(\text{dB})$,其中 $E_b=\frac{S}{R}$ 为每比特的信号能量。通常,把以极限速率传输信息且可使差错率达到任意小的信息传输系统称为理想信息传输系统。

带宽与信噪比互换的概念非常重要,香农公式虽未给出具体的实现方法,但却在理论上阐明了这一概念的极限情况,为后人指出了努力的方向。“编码”和“调制”等技术就可在一定程度上实现带宽与信噪比的互换。

在实际应用中,具体以“谁”换“谁”要视情况而定,如地面与卫星或宇宙飞船的通信,由于信噪比很低,且功率十分宝贵,所以常用加大带宽来保证通信;而在有线载波通信中,信道频带很紧张,这时就要考虑用提高信号功率来减少各路信号的带宽,以增大载波路数(即逻辑信道数)。

由香农定理可知,有扰信道的最大信息传输速率(即信道容量)是有限的,信道容量受信道带宽和信道信噪比的制约,只要给定了信道信噪比和带宽,则信道的最大信息传输速率就确定了,并且该容量与信号取的离散值个数无关,无论用任何调制方式都无法改变。因此,根据奈奎斯特定理通过加大 M 值提高的信息速率不能超过香农公式给出的信道容量。

在实际应用中,一般并不用 S/N 直接表示信噪比,而是对它取对数变成分贝值,即用公式 10lg S/N 计算。例如,$S/N=10$ 时,为 10dB;S/N 为 100 时,为 20dB;30dB 对应的 S/N 为 1000。

典型的模拟电话系统信噪比为 30dB($S/N=1000$),带宽 $B=3000\text{Hz}$,根据式 4-7 可得它的信道容量约为 30kbit/s(理论上限值),实际的信息(数据)传输速率都要低于 30kbit/s。

五、信息传输系统的性能评价

如前所述,根据各种不同的划分标准,信息传输系统多种多样。那么如何评价一个信息传输系统性能的优劣是选择和使用一个信息传输系统所面临的首要问题。这就需要找出能够反映信息传输系统性能的各种技术指标。然而,研究信息传输系统性能指标是一

个非常复杂的问题,包括的内容很多,涉及信息传输的有效性、可靠性、标准性、快速性、方便性、经济性以及使用维护等诸多方面。另外,很多特性之间是有矛盾的,此消彼长,如果把所有因素都考虑进去,面面俱到,但系统的设计难以完成,对系统的评价也无法开展。因此,在评价信息传输系统时,就要从诸多的矛盾中找出具有代表性、起主要作用的主要矛盾作为评价标准。由于在设计和使用信息传输系统时,信息传输的有效性和可靠性常常是首要考虑的问题,所以,通常把信息传输的有效性和可靠性这对矛盾作为评价信息传输系统性能的主要指标。有效性反映信息传输的速率问题,而可靠性则代表信息传输的质量(准确程度)问题。信息传输得越快,出错的概率就越大,速率和质量显然是一对矛盾。在实际工程中可在一定的可靠性要求前提下,尽量提高信息传输速率(有效性),也可保持一定的有效性,而设法提高信息的准确性。

有效性和可靠性是根据对信息传输质量的要求而定义出的客观标准,但它们是抽象的,没有可操作性,也很难量化。因此,必须在信息传输系统中找到具体的、可以操作且能够反映有效性和可靠性的参数或指标。

(一)模拟传输系统的性能指标

对于模拟传输系统,有效性用系统的传输频带宽度来衡量,而可靠性则常用接收端最终输出的信噪比来评价。

系统的传输带宽主要取决于两个方面:一是传输介质,二是对信号的处理方式。通常传输介质的带宽都比较大,完全能够满足传输要求,因此系统的带宽主要由对信号的处理方式决定。而系统的输出信噪比不但和信号的处理方式有关,还和系统的抗干扰措施或技术有关,如调频信号比调幅信号抗干扰能力强,也就是说,调频信息传输系统的信噪比比调幅系统信噪比高(但调频信号所需要的传输带宽却比调幅信号大);采用屏蔽线传输的系统通常要比非屏蔽线系统输出的信噪比高。为了易于理解,下面给出模拟传输系统对信噪比的具体要求。

(1)一般模拟传输系统:$S/N \geqslant 26\text{dB}$。

(2)听清95%以上的话音信息传输系统;$S/N \geqslant 40\text{dB}$。

(3)电视节目看起来很清楚的图像信息传输系统;$S/N \geqslant 40\text{dB}$。

(二)数字传输系统的性能指标

1. 码元

为了衡量数字传输系统的有效性与可靠性,下面先介绍一个基本概念——码元。

在时域中,表示 M 进制数字信号中每一个状态的电脉冲称为码元。

术语“码元”反映两个概念:一是电脉冲的波形,如门信号码元(高/低电平码元)、有一定占空比的脉冲信号码元、余弦脉冲码元等,为了便于研究,人们将电脉冲的波形又称为“码型”;二是电脉冲的持续时间,称为码元长度。

码元是构成数字信号的基本波形,是承载消息的基本单位。码元与数字信号的关系可以类比于车厢与火车,在这个概念下,数字信号可以理解为由一系列码元构成的时间序列。数字传输系统通常传输的是表示0、1的码元序列,即二进制数字信号(图4-10(a))。

2. 码元传输速率

信息传输系统单位时间传输的码元个数称为码元传输速率,用 R_B 表示,单位为波特(Baud),故也称为波特率。

例如,一个系统 1s 传送了 1200 个二进制码元,其波特率就是 1200Baud。再如,若图 4-10(a)中的信号一个码元持续时间 $T=2$ms,即该信号以 T 为重复间隔,意味着该信号码元速率为 $R_B=1/T=500$Baud。单位"波特"(Baud)是以法国工程师琼·莫里斯·埃米尔·波特(1845—1903)的名字命名的。

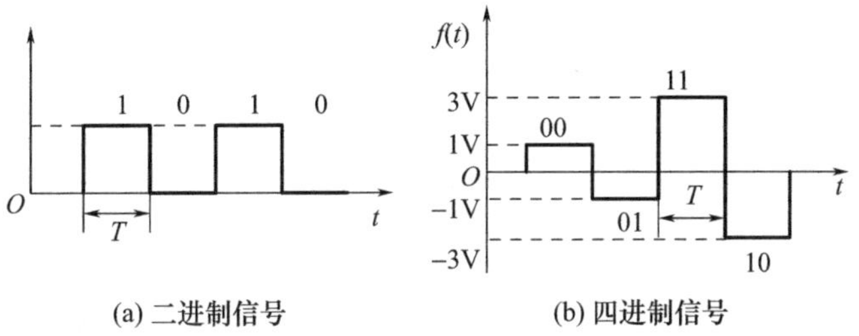

图 4-10　二进制信号和四进制信号示意图

3. 信息传输速率

波特率仅仅反映系统传输数字信号快慢的能力,人们还不知其传输信息量的多少,就好像只知道一条路 1h 能过多少辆车,而不知道运送了多少吨货物或多少名乘客一样。因此,人们再定义一个物理量——信息传输速率。

信息传输系统单位时间传输的信息量称为信息传输速率。用 R_b 表示,单位是比特/s,因此也称为比特率。

信息传输速率的单位除了基本的 bit/s,还有 kbit/s、Mbit/s、Gbit/s 等,它们之间的关系为 1kbit/s = 1000b/s,1Mbit/s = 1000kbit/s,1Gbit/s = 1000Mbit/s。

通常,对于 0、1 等概率出现的二进制数字信号,规定一个码元携带 1bit 的信息量,则二进制数字信号的码元速率和信息速率在数值上相等。

4. 频带利用率

任何一个信息传输系统都需要一定的传输带宽进行信号传输。而数字系统的传输带宽直接制约着传输速率。为了表示在一定的传输带宽下数字传输系统的信息传输能力,即有效性,人们定义了一个新物理量——频带利用率,其定义如下。

频带利用率为数字传输系统的信息传输速率 R_b 或码元传输速率 R_B,与系统传输带宽 B 的比值,用 η_b 和 η_B 表示,单位是比 bit/s/Hz 或 Baud/Hz。

5. 有效性的衡量

显然,对于一个数字传输系统,在不考虑系统占用频带资源多少的前提下,波特率或比特率的大小可以反映系统的有效性。另外,因为频带资源有限,常常需要以尽可能小的频带资源,传输尽可能多的信息量,所以,频带利用率也就成为衡量系统有效性的另一个重要指标。

为了提高有效性,在技术与成本允许的情况下,数字传输系统也常采用多进制(M 进制)数字信号(通常 M 取 2 的各次幂,如 4、8、16 等)进行传输。M 进制数字信号可以理解为由 M 种不同码元构成的时间序列。

对于多进制信号的每一种码元都可用多位二进制信号表示(编码),如四进制信号(有 4 个不同的码元状态(图 4-10(b))的每个码元状态都可用两位二进制信号表示;八进制信号(有 8 个不同的状态)的每个状态可用三位二进制信号表示。如果还用一个二进制码元表示 1bit 信息量,则一个四进制信号的码元就包含 2bit 的信息量,一个八进制信号的码元就包含 3bit 的信息量。可见,传输多进制信号的好处是可以在波特率不变的情况下提高比特率。例如,波特率还是 1200Baud 的信息传输系统,现改为传输四进制信号,则其信息传输速率为 2400bit/s,比二进制信号提高了 1 倍。由此,得到波特率、比特率与数制三者之间的关系为

$$R_b = R_B \log_2 M \tag{4-9}$$

式中:R_b为信息传输速率(bit/s);R_B为码元传输速率(Baud);M 为采用信号的进制数。

如果用一辆只坐一个人的小车对应一个二进制码元,那么,一个能坐两个人的大车就像一个四进制码元。显然,在单位时间通过车辆数相同的前提下,大车运送的乘客是小车的两倍。利用多进制信号传输信息的目的,就如同寻求用更大的车载客一样。

6. 可靠性的衡量

数字传输系统的可靠性用差错率表示。差错率包括误码率和误信率两个内容,其概念类似于交通事件中的车辆损失率和货物损失率(人员伤亡率)。

误码率是指错误接收的码元数在传输的总码元数中所占的比例。或者说是码元在传输中被传错的概率,表示为

$$误码率(P_s) = 错误的码元数/传输的总码元数$$

误信率也称误比特率,它是指接收错误的信息量在传输总信息量中所占的比例,即信息量在传输中丢失的概率,表示为

$$误信率(P_b) = 错误的比特数/传输的总比特数$$

综上所述,对于数字传输系统有如下结论:在数字传输系统中,用传输速率和频带利用率衡量系统的有效性,用差错率衡量系统的可靠性。

衡量一个数字传输系统(包括数据传输系统)的传输能力(有效性)用其波特率或比特率为标准是很自然的事情。但是,在计算机网络中,却常用“带宽”这个术语来衡量网络的信息传输能力。例如,不能说“高速网”而说“宽带网”。其中原因,恐怕就是人们习惯于模拟传输中“带宽”这个概念,而它又可间接表示信道(或系统)传输数字信号的能力。需要注意的是,尽管在计算机网络中使用“宽带”或“窄带”表示信息传输速率,但它们言下之意的单位却不是“赫兹”(Hz)而是“比特/秒”(bit/s)。

例 4-2 对于二进制独立等概信号,若码元宽度为 $T=0.02\text{ms}$,求该信号的波特率和比特率。若改为八进制信号,在波特率不变的前提下求比特率。该题的结果说明什么问题?

解 因为码元独立等概,$T=0.02\text{ms}$。

所以波特率 $R_{B2} = \dfrac{1}{T} = \dfrac{1}{0.02\times10^{-3}} = 50000\text{Baud}$,比特率 $R_b = R_{B2} = 50000\text{bit}$。

若波特率不变,则一个八元码携带 3bit 信息量。

比特率 $R_{bs} = 3R_{b2} = 3\times50000\text{bit} = 150000\text{bit}$。

该题说明在信道带宽不变的前提下,传输多进制数字信号可以得到比二进制信号更大的信息速率。或者说,一个信息传输系统传输的信号状态数越多,则用比特率衡量的频带利用率就越高。

第二节　短波通信

短波通信是军事通信最主要的通信手段之一，广泛地用于海军舰船的中远距离通信，用于传送语言、文字、图像、数据等信息。近年来，世界上以数字技术、计算机技术、网络技术为代表的高新通信技术飞速发展，使短波通信也发生重大的变革，短波通信的质量有了明显的改进。

短波通信是指利用波长为 100 ~ 10m（频率为 3 ~ 30MHz）的电磁波进行的无线电通信。人们常把中波的高频段（1.5 ~ 3MHz）归到短波波段中去。所以现有的许多短波通信装备，其波段范围往往扩展到 1.5 ~ 30MHz。习惯上，人们常称短波通信为高频（High Frequency，HF）无线电通信。

短波通信中采用的调制方式很多，就主载波的调制而言，一般分为调幅（Amplitude Modulation，AM）和调频（Frequency Modulation，FM），而常用的是调幅单边带制。为了区分，称常规调幅制为"调幅双边带调制"。由于单边带通信具有比常规的调幅通信所需的发射功率小、占用频带窄、并能进行多路通信等优点，在短波通信线路上无论是传送话音模拟信号还是数据（包括电报）信号，用得最多的就是各种类型的单边带调制，而调幅双边带制一般仅用于无线电广播。目前，生产的短波通信装备，除了单边带工作方式，有些仍保留了 AM、FM 等工作方式，以供选择。

一、短波信道传输特性

（一）短波传播形式

短波主要依靠电离层反射（天波）来传播，也可以和长波、中波一样依靠地波进行短距离传播。每一种传播形式都具有各自的频率范围和传播距离，当采用合适的通信设备时都可以获得满意的传输效果。

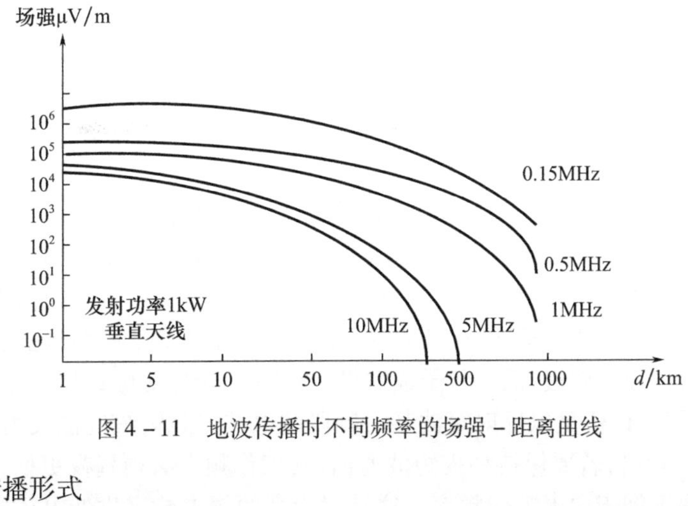

图 4－11　地波传播时不同频率的场强－距离曲线

1. 地波传播形式

利用地波传播形式的频率范围是 1.5 ~ 5MHz。为了适应地波传播，通常采用各种形式的辐射垂直极化波的垂直天线。从图 4-11 中可以清楚地看出,由于地波的衰减随着频率的升高而增大,所以即使使用 1000W 的发射机,陆上传播距离也仅为 100km 左右,所以这种传播形式不宜用作无线电广播或远距离通信。此外,传播距离还和传播路径上媒介的电参数密切相关,沿海面传播的距离远远超过沿陆地传播的距离。

2. 天波传播形式

一般情况下,对于短波通信线路,天波传播较地波传播更有意义。这不仅仅是因为天波可以进行远距离传播,也可以超越丘陵地带,还可以在地波传播无效的距离内建立无线电通信线路。

大家知道,电离层是由围绕地球的处于不同高度的 4 个导电层组成的,这 4 个导电层分别称为 D 层、E 层、F_1层、F_2层。这些导电层对短波传播具有重要的影响,说明如下。

(1)D 层。D 层是最低层,出现在地球上空 60~90km 高度处,最大电子密度在 80km 处。D 层出现在太阳升起时,消失在太阳落下后,所以在夜间不再对短波通信产生影响。

D 层的电子密度不足以反射短波,所以短波以天波传播时将穿过 D 层。不过,在穿过 D 层时,电波将遭受严重的衰减,频率越低,衰减越大。而且 D 层中的衰减量远大于 E 层、F 层,所以也称 D 层为吸收层。在白天,D 层决定了短波传播的距离,以及为获得良好的传输所必需的发射机功率和天线增益。最近研究表明,白天有可能反射频率为 2~5MHz 的短波,在 1000km 距离的信道试验中,通过测量得到的衰减值和计算值相比是一致的。

(2)E 层。E 层出现在地球上空 100~120km 高度处,最大电子密度发生在 110km 处,白天基本不变。通常以 110km 作为 E 层高度,和 D 层一样,E 层出现在太阳升起时,在中午电离达到最大值,之后逐渐减小。太阳降落后,E 层实际上对短波传播不起作用。在电离开始后,E 层可以反射高于 1.5MHz 频率的电波。

E_S层称为偶发 E 层,是偶尔发生在地球上空 120km 高度处的电离层。E_S层虽然是偶尔存在的,但由于它具有很高的电子密度,甚至能将高于短波波段的频率反射回来,因而目前在短波通信中都希望选用它来作为反射层。当然,E_S层的采用应十分谨慎,否则可能使通信中断。

(3)F 层。对于短波传播,F 层是最重要的。在一般情况下,远距离短波通信都选用 F 层作为反射。这是由于和其他导电层相比,它具有最高的高度,因而允许传播最远的距离,所以习惯上称 F 层为反射层。

图 4-12 所示为非骚动条件下,电离层各层的高度和电子密度的典型值。从图中可以看出,白天电离层包含 D 层、E 层、F_1层、F_2层,也就是说,白天 F 层有两层:F_1层位于地球上空 170~220km 高度处,F_2层位于地球上空 225~450km 高度处,它们的高度在不同季节和在一天内的不同时刻是不同的。对 F_2层来讲,其高度在冬季的白天最低,在夏天的白天最高。F_2层和其他层不同,在日落以后没有完全消失,其原因可能是在夜间 F_2层和低电子密度复合的速度减慢,而且粒子辐射仍然存在。虽然夜间 F_2层的电子密度较白天降低了一个数量级,但仍足以反射短波某一频段的电波,当然,夜间能反射的频率远低于白天。由此可以看出,若要保持昼夜短波通信,其工作频率必须昼夜更换,而且一般情况下夜间工作频率远低于白天工作频率。这是因为高的频率能穿过低电子密度的电离层,只有高电子密度的电离层才能反射的缘故。所以若昼夜不改变工作频率(如夜间仍使用

白天的频率),其结果有可能使电波穿出电离层,造成通信中断。

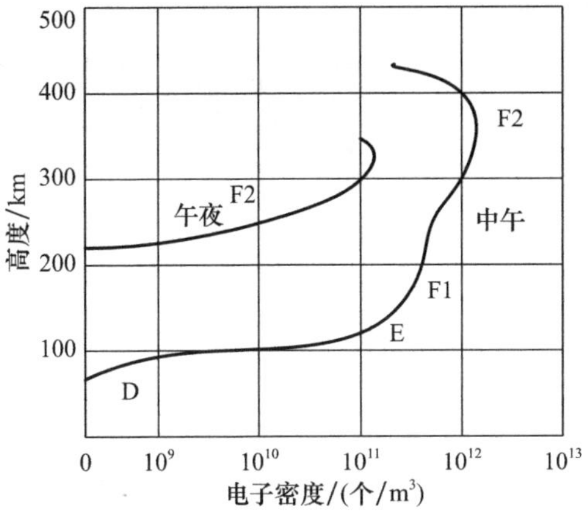

图 4-12 电离层各层的高度和电子密度关系曲线

3. 最高可用频率

最高可用频率(Maximum Usable Frequency,MUF),是指在实际通信中,能被电离层反射回地面的电波的最高频率。若选用的工作频率超过它,则电波穿出电离层,不再返回地面。所以确定通信线路的 MUF 是线路设计要确定的重要参数之一,而且是计算其他参数的基础。

远距离通信中,电波都是斜射至电离层,若令此时最大的反射频率为 f_{ob},即

$$f_{ob} = f_v \sec\varphi = \sqrt{1 + \left(\frac{d}{2h'}\right)^2} \tag{4-10}$$

式中:f_v 为电波垂直投射时的最高反射频率,也称临界频率;φ 为电波斜射至电离层的入射角;d 为通信线路的长度;h' 为电波反射点处电离层的虚高。

若给定通信线路的距离,在不同斜射频率(即以 f_{ob} 为参数)上可能存在多个传播路径。如图 4-13 所示,在某一距离为 2000km 的通信线路上,当 f_{ob} 为 14MHz,对 F_2 层来讲,可能存在两条传播路径,高度分别为 380km 和 680km。通过反射点 1 反射到达接收端的信号比反射点 1′反射来的信号强,这是因为这两条路径受到的衰减不同。反射点 1′通过的路径除了由于通过 D、E、F 层遭到衰减外,和反射点 1 通过的路径相比,在 F_2 层内传播更长的距离,因而多了一定的附加衰减。同样地,若反射频率改为 18MHz,仍然存在两条传播路径,反射高度分别为 340km 和 460km。这表明 f_{ob} = 18MHz 时,电波已不可能利用 F_1 层和 E 层反射,而只是穿过它们,然后由 F_2 层反射。同样道理,点 2 反射在接收端的信号较点 2′反射的强,但由于两者的反射高度相差不太大,所以其场强差别将小于 f_{ob} = 14MHz 时的情况。继续升高斜射频率,如当 f_{ob} = 20MHz 时,只存在 F_2 层的一个反射点 3,反射高度 h' = 370km,也就是说,此时只有一条传播路径。假如继续升高斜射频率,电波将穿出 F_2 层,不再返回地面。由此可见,反射点 3 是斜射电波能否返回地面的临界点,与该点相对应的斜射频率称为 F_2 层的最高可用频率。

由此可以看出,在某一给定距离的通信线路上,所选用的频率高于 MUF 时,穿出电离层,不再返回地面,如图 4-13 中所示的射线。所选频率低于 MUF 时,存在两条传播途径。由于这两条传播路径所需射线的仰角不同,故分别称为高仰角和低仰角射线。随着

工作频率逐渐接近 MUF，高仰角和低仰角两条射线越来越接近，当工作频率选用 MUF 时，两条射线重合，出现单径传输。

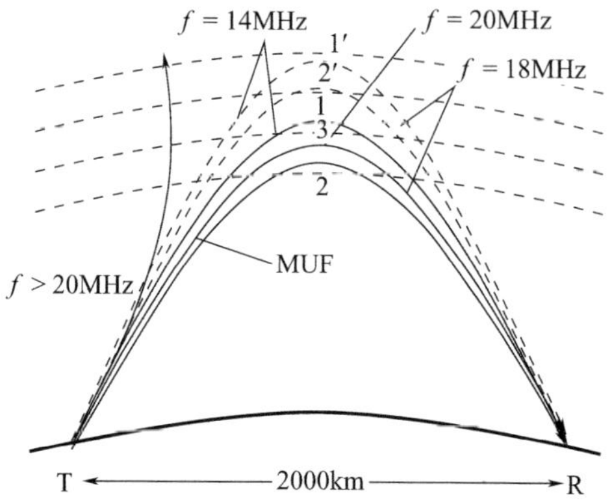

图 4－13　某通信线路可能存在的传播路径示意图

通过以上讨论，得到以下结论。

(1) MUF 是指给定通信距离下的最高可用频率。若通信距离改变，临界点的位置变化，对应的 MUF 值改变。显然，MUF 还和反射层的电离密度有关，所以凡影响电离密度的诸因素都将影响 MUF 的值。

(2) 当通信线路选用 MUF 作为工作频率时，由于只有一条传播路径，一般情况下可能获得最佳接收。

(3) MUF 是电波能返回地面和穿出电离层的临界层的临界值。考虑电离层的结构随时间而变化并保证获得长期稳定的接收，在确定线路的工作频率时，不是取预报的 MUF 值，而是取低于 MUF 的最佳工作频率(Optimal Operating Frequency，OWF)。一般情况下，OWF = 0.85MUF 选用 OWF 之后，一般就能保证通信线路的可通率为 90%。由于工作频率较 MUF 下降了 15%，接收点的场强较工作在 MUF 时损失 10～20dB，可见为此付出的代价很大。

(4) 实际上，通信线路不需频繁地改变工作频率，一般情况下，白天选用一个较高的频率，夜间选用 1～2 个较低的频率即可。

必须指出，按照 MUF 日变化曲线确定工作频率，实际上仍不能保证通信线路在优质状态下工作。这是由于通过计算得到的 MUF 日变化曲线实际上适用于电离层参数的月中值，显然这不能适应电离层参数的随机变化，更不能适应电离层的突然骚扰、暴变等异常情况。这就提出了自适应选频问题。自适应选频将在本章第三节讨论。

(二) 短波传播特性

电离层是一种处于电磁场作用下，对不同频率呈现出不同折射率的随机时变的各向异性色散媒质。因此，当短波信号经电离层传播时，除了受电离层暴变干扰，还表现出一些特殊性质，以下进行简单介绍。

1. 存在寂静区

由于短波地面波传播只有几十千米，而电离层对一定频率电波的反射波(即天波)，一般只能在一定距离之外(一般 300km 左右)才能收到，即存在着跳距。这样就存在着一块既收不到地面波又收不到天波的区域，称为寂静区。对垂直极化的无方向天线，寂静区通常是围绕发射点，内外半径分别为 R_1 和 R_2 的环形区。R_1 大小由地表参数、导电率、介质常数以及发射功率和频率决定。而外半径 R_2 则与随日夜时间变化的电离层、工作频率等有关。白天由于电离层中电子密度大，可用较大仰角发射电波，故 R_2 较小；对较高的工作频率，为了保证电波能返回地面，发射仰角要小，而 R_2 较大，即寂静区变大。

为了解决寂静区内的通信问题，特别是短波移动通信，通常采用较低频率（垂直极化方式）或高仰角发射天线，如双极天线。

2. 环球回波

环球回波是指在一定条件下，由电离层和地面之间连续反射，环绕地球一周再次回到接收点的电波。环球回波有两种类型：一种是沿着直接指向接收点方向的环球回波，称为正向回波；另一种是沿反向的环球回波，称为反向回波，它多由天线栅瓣或副瓣产生。这些回波到达接收点时将滞后正式信号很短的时间。环球一次回波的滞后时间可达 0. 13s。对滞后时间长的回波信号，在电报或电话的接收中人耳可觉察出来。若回波信号较强会造成通信误点，这是不允许的。

3. 电波衰落

由于天波是经电离层的反射而传播的，而电离层又是一种各向异性且随机时变的色散媒质，因此电波在电离层中的传播和反射受各层电离层变化的影响很大，这会导致接收点场强的随机变化，这种随机变化称为电波的衰落。衰落时，信号电平的变化最高可达几十分贝。衰落周期即相邻最大值或最小值的间隔时间为零点几秒至几个小时。其中，周期在几分钟以上的衰落称为慢衰落；而周期在秒级以下的衰落称为快衰落。危害通信最大的是快衰落。

引起快衰落的主要原因是电波传播的多径效应。多径效应有两种：一种是“粗多径效应”，即接收点的电波是由发射点的单跳、双跳或多跳模式相干而成的；另一种是“细多径效应”，即由于电离层不够光滑、不均匀而对电波产生漫反射形成的多径效应。

经过不同途径到达接收点的电波的相互干涉是极为复杂的，如有同相叠加、不同相叠加和反相抵消等；加之电离层不稳定，不同路径电波强度的变化，而造成接收点信号强度和相位随机变化，导致衰落。其中，由于细多径效应各路径传输时间相差不大，各径的相位无显著差别而构成传输频带内频率的一致性衰落，一般只引起信号电平的变化不引起波形失真。粗多径效应恰恰相反，由于不同频率的衰落不同而构成选择性衰落，即它除了使信号电平变化，还造成波形失真，这对数字信号的传播造成不利的影响。

提高接收机的信噪比，选择最佳工作频率可提高抗衰落能力。另外，有效的措施是采用与衰落相应的分集接收技术。

4. 多径时延

多径时延是指电波多径传播中最大时延与最小时延之差。它的存在将引起时间扩散、波形失真，产生频率选择性衰落，使信道传输带宽受限。理论和实验指出，多径时延的大小与工作频率、使用天线、通信距离及时间等因素有关。

实验表明，在短距离上如 300km 通信路径上，有百分之几的概率多径时延长达 8ms 之多。这是由于它多采用弱方向性双极天线，电波传播模式较多，且各模式间射角差很小，各径吸收损耗相差不大，故接收信号中多径时延严重。随着通信距离增加，在 2000 ~

4000km 路径上,由于采用强方向性天线、传播模式少,最大多径时延只有 2 ~ 3ms;而在 4000 ~ 20000km 路径上,由于只能采用多跳模式工作,最大时延差达 6ms 左右。

实验指出,只要是工作频率选择在 MUF 附近,特别在中午时刻,D、E 层吸收较大,多跳模式难以出现,易实现单径传播,相应多径时延可以控制在较小范围内,随着工作频率降低,传播模式增多,多径时延就会变大。当然对一条固定线路,最大多径时延是有限制的,而且它随时间、电离层变化而随机变化,这种变化甚至在零点几秒就反映出来。

5. 相位起伏和多普勒展宽

信号相位起伏是指相位随时间的不规则变化。在这里,它主要是由于多径传播和电离层不均匀性随机变化引起多径分量间的干涉而产生的。即便是只存在一条途径,电离层折射率随机变化及电离层不均匀体的随机运动,也会使线路长度不断变化,从而产生相位的随机起伏。而且实验指出,衰落率越高,信噪比越低,相位起伏越大。这是由于衰落和相位起伏传播机理相同,以及噪声干扰也相当于附加的随机相位调制的缘故。

信号相位起伏对快速通信系统将产生重要影响,如对移相制数字通信,所传递的信息是用前后码元的相位变化来表示的,显然较大的相位随机变化将引起误码。

相位随时间起伏必然产生附加的频移,这主要是由于电离层的不均匀体随机运动产生的,故称为多普勒频移(一般在 10Hz 以内,而在核暴上空可达 40Hz)。其后果是使传输波形的频谱产生小范围晃动。而在输出信号频谱中,最高频率和最低频率之差就定义为多普勒展宽,它将引起时间选择性衰落。其大小与衰落率成正比,与不相关时间成反比。它对低速(如 100bit/s 至几百比特/秒)调相数字信号的传输很不利,而对如 10kbit/s 以上数字波形的传输则影响不大。

(三)短波信道传输损耗

在短波无线电传输中,能量的损耗主要来自自由空间传播损耗、电离层吸收损耗和多跳地面反射损耗三个方面。除了这三种损耗,通常把其他损耗(如极化损耗、电离层偏移吸收损耗等)统称为额外系统损耗。所以电离层传播损耗 L_s 可以表示为

$$L_s = L_{b0} + L_a + L_g + Y_p \tag{4-11}$$

式中:L_{b0} 为自由空间传播损耗(dB);L_a 为电离层吸收损耗(dB);L_g 为多跳地面反射损耗(dB);Y_p 为额外系统损耗(dB)。

1. 自由空间传输损耗

自由空间传播损耗是由于电波逐渐远离发射点,能量在越来越大的空间内扩散,以至接收点电场强度随着距离的增加而减弱所引起的。

2. 电离层吸收损耗

在短波电波经电离层的反射到达接收点的过程中,电离层吸收了一部分能量,因此,信号有损耗,这种损耗就是电离层吸收损耗。电离层的吸收损耗与电子密度及气体密度有关:电子密度越大,电子与气体分子碰撞的机会就越多,被吸收的能量就越大;气体密度越大,则每个电子单位时间内碰撞的次数越多,损耗也就越大。此外,吸收损耗还和电波的频率有关:频率越高,吸收损耗越小;频率越低,吸收损耗越大。

通常电离层的吸收损耗可分为两种:一是远离电波反射区(如低电离层的 D、E 层)的吸收损耗,这种吸收损耗称为非偏移吸收损耗;二是在电波反射区附近的吸收损耗,这种吸收损耗称为偏移吸收损耗。一般偏移吸收损耗小于等于 1dB(但对于高仰角的射线除

外)，可以忽略。非偏移吸收损耗是电波穿透 D、E 层时，电子与分子的碰撞引起的电能量吸收。这种吸收因电离层本身的随机变化而显得相当复杂。

电离层吸收损耗 L_a 的计算相当复杂，在工程计算中往往采用半经验公式或其简化式，但即使用简化式，其计算起来也相当烦琐，通常用图表进行计算。详细情况可查阅有关资料。

对于多跳传播模式，可逐一求出各路的每跳电离层损耗，然后相加，即得出在通信线路的电离层总损耗。

3. 多跳地面反射损耗

在天波多跳传播(即二次以上的反射)模式中，传播损耗不仅要考虑电波二次进入电离层的损耗，还要考虑地面反射的损耗。

大量实验数据表明，这种由于地面反射引起的信号功率损耗是与电波的极化、工作频率、射线仰角以及地质情况有关的。在工程计算中，L_g 可用经验性公式进行计算。

如果传播模式为多跳传播，并设为跳数时，则应将利用经验性公式计算的 L_g 乘以 $n \sim 1$ 即得多次地面反射损耗的总和值。

4. 额外系统损耗

电离层是一种随机的时空变化的色散媒质，很多随机因素都对电场强度产生影响。在天波传输中，除了上述自由空间传播损耗、电离层吸收损耗、多跳地面反射损耗，还有一些其他损耗，如电离层球面聚焦、偏移吸收、极化损耗、多径干涉、中纬度地区冬季异常增加的“冬季异常吸收”，以及至今尚未明确的其他吸收造成的损耗。然而，这些损耗还无法计算。为了使工程估计更准确更切合实际，引入了额外损耗的概念。

额外系统损耗不是一个稳定参数，它的数值与地磁纬度、季节、本地时间、路径长度等都有关系，准确计算其损耗值非常困难。在工程计算中，通常用经过反复校核的统计值来进行估算，而且要适当加以一些裕量。

二、短波自适应选频技术

(一)短波自适应选频的基本概念

在通信技术高度发展的当下，短波通信凭借通信距离远、机动性好、顽存性强，以及具有多种通信能力等不容忽视的独特优点，依然是无线电通信的主要技术手段之一。短波通信也存在着信道的时变色散特性和高电平干扰等弱点。为了提高短波通信的质量，最根本的途径是采用自适应技术。实现自适应必须研究和解决以下两个方面的问题。

(1)准确、实时地探测和估算短波线路的信道特性，即实时信道估值(Real Time Channel Estimation，RTCE)技术。

(2)实时、最佳地调整系统的参数以适应信道的变化，即自适应技术。

通常，人们将 RTCE 技术和自适应技术合称为短波自适应技术。从广义上讲，所谓自适应，是指能够连续测量信号和系统特性的变化，自动改变系统结构和参数，使系统能自行适应环境的变化和抵御人为的干扰。因此，短波自适应的含义很广，包括自适应选频、自适应调制解调器、自适应调频、自适应数据速率、自适应功率控制、自适应零位天线、自适应误差控制、自适应网管等。这些自适应技术的不断发展和应用，使短波通信逐步克服自身的弱点，在传输速率、传输可靠性和抗干扰、抗截获等各方面都获得了较大的提高，更加有利于军事通信实现快速、可靠、保密和不间断的基本要求，因而受到各国军方的广泛重视，其作为军用远程通信手段的作用和地位也大大增强。短波自适应通信技术包括频率自适应、速率自适应、调制方式自适应、功率自适应等。从狭义上讲，一般所说的高频自适应，主要是指频率自适应；短波自适应通信技术主要是针对短波信道的缺陷而发展起来的频率自适应技术。

自适应选频（也称为实时选频技术或频率自适应技术）就是通过实时测量信道特性的变化，以实时信道估值为基础，自动选择最佳通信频道，使系统适应环境变化，从而始终保持优良通信效果的技术。采用 RTCE 技术是自适应选频无线电通信系统最主要的标志，它使通信系统具有和高频传输媒质相匹配的自适应能力。

（二）自适应选频在短波通信中应用的必要性

长期预报是指依据电离层特性参数的时空变化规律和太阳活动性指数的预报值，即依据日地关系及以往的观测资料，对正常状态电离层的传播参数月中值所做出的一种预先推断。它可以提前 1 个月、3 个月或更长时间预报出短波的传播模式、接收点电波信号场强和短波通信电路最高可用频率等参数的月中值。频率预测是属于长期预报，将这种频率预报用到具体线路和特定时间时，往往有相当大的误差，所以用户迫切希望改善短波通信的频率预报，并且通过提高频率预报的精确性来改善短波通信的质量和可通率。实验证明，在短波通信线路上采用高频自适应来实时预报频率信息后，在很大程度上克服了由于短波信道参数时变性所导致的通信质量低、不可靠等致命弊病，为用户提供了相当可靠的高质量的数据线路。

1. 长期预报值和观测值在一天内有很大的偏差

在所谓电离层平静状态下，长期预报所确定的频率可以获得较好的通信效果，但它表示平均条件下的最佳频率，并不能给出围绕均值变化的数据。通常这种变化发生在天与天之间。

这里引入 MOF 和 LOF，它们分别表示最高观测频率和最低观测频率，以区别长期预报中所采用的 MUF 和 LUF。

图 4－14 中所示的两条曲线，实线表示的是每隔半小时的长期预报 MUF 值，虚线表示的是某天某时的实测值。图 4－15 所示为 MOF 和 MUF 间的偏差。图 4－14 和图 4－15 说明了预报值和观测值在一天内有很大的偏差。若用均方根误差表示，则图 4－15 所示曲线均方根误差可达 5.2MHz。由于偏差比较大，所以实际上在一个相当长的时间内，长期预报值能给电台操作人员在选择频率方面提供参考。从图 4－14 中可以看到，在格林尼治标准时间（Greenwich Mean Time，GMT）5 时，MUF 升起前，按长期预报值，选用 10MHz 应得到满意的通信。但实际上，在 5:00（GMT）后，MOF 将下降到 10MHz 以下，使线路有中断的危险。

2. 长期预报所提供的最佳工作频率实际上起不到最佳的效果

最佳工作频率是指在无骚扰期内一个月传输概率为 90% 的频率。在数值上 FOT = 0.85MUF。这是鉴于实际的和预测的 MUF 值的偏差，适当地留出保护边界后所得出的频率值。所以这一个所谓的最佳工作频率，和人们所期望的最佳工作频率不是一个概念。真正的最佳工作频率应该是既能够保证电波不会穿出电离层（即具有所要求的传输概率），又能使衰落、多径影响小，并且是无噪声的预率（这里的无噪声是指接收点的干扰电平低于某允许值，下同）。

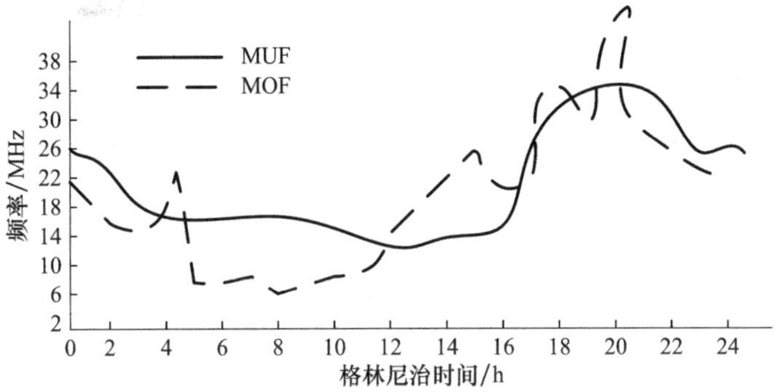

图 4-14 长期预报的 MUF 曲线和实测 MOF 曲线

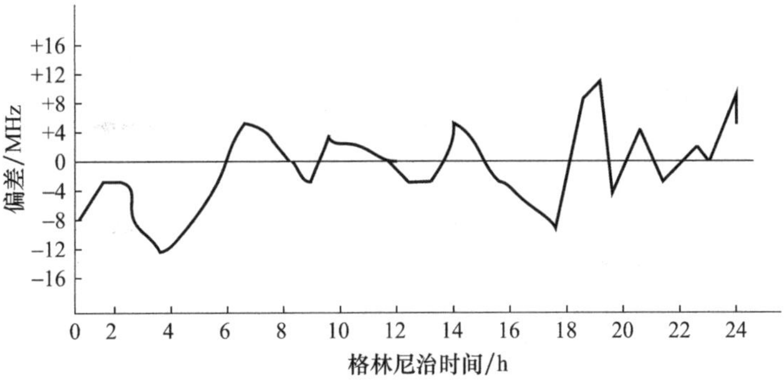

图 4-15 MUF 和 MOF 的偏差曲线

实验证明。若将工作频率降到 MUF 的 85%，就会把由于提高工作频率而带来的好处去掉很多，同时还可能将一些最好的频率去掉而采用一些本来不该采用的频率。例如，1980 年 5 月 14 日广州对南太平洋海域的通信中，9 时以前，根据长期预报，MUF = 28.1MHz，降低 15% 后，即 FOT = 23.8MHz。实际上，在此频率上通信效果很差。再改用实时预报所提供的最佳工作频率 25.7MHz 后，通信情况立即获得了改善。从此实例可以初步看出，由长期预报所提供的最佳工作频率，从通信的效果看，常常不是最佳的，更好的手段是通过自适应系统为通信线路提供真正的最佳工作频率信息。

3. 长期预报没有考虑多径效应的影响

电离层反射信道的特点之一就是多径传播效应，这种多径效应对于传播数据，尤其对传输中速数据影响颇大。多径效应的影响主要表现在“频率选择性衰落”和时间扩展所造成的“波形展宽”，从而加大了数据通信的误码率。实验证明，多径效应对数据通信危害程度除了和通信距离有关，还和通信线路所选用的工作频率有密切关系。

图 4-16 所示为多径效应、工作频率和通信距离的关系曲线。此曲线是根据不同地理范围的许多线路试验，经统计处理后得出的曲线。

现以一条长度为 600km 的通信线路为例，利用图 4-16 所示的曲线来说明选择工作频率对多径时延的影响。若已知 MUF = 8MHz，从曲线可以查得，工作频率若从 6MHz

(0.76MUF)上升到7.46MHz(0.93MUF)时,多径时延将由4ms缩减到0.5ms,从而为提高数据传输速率创造了前提。

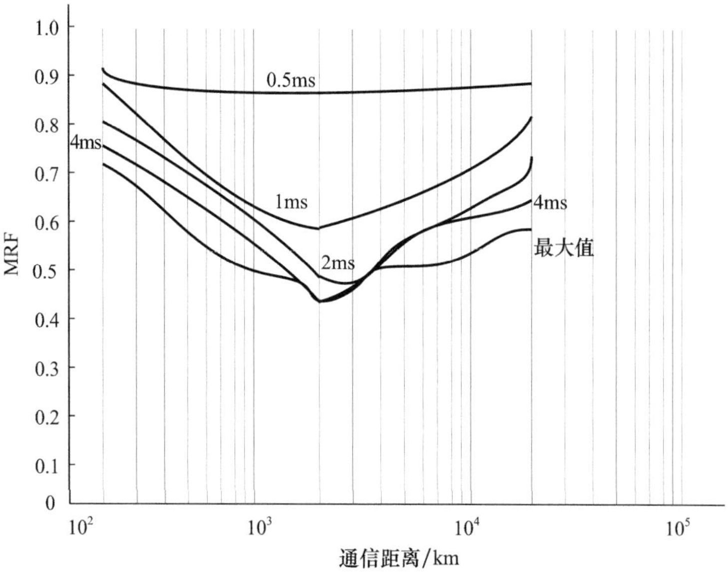

图4-16　通信距离和多径缩减因子关系曲线

由以上分析,可以得出下列有用结论:为了减小甚至消除多径效应的有害影响,应尽可能地选用比较高的且接近通信线路实际最高可用频率的工作频率。由此可见,从减小多径时延角度出发,也提出了高频自适应的要求。

4. 长期预报没有考虑随时间变化的干扰因素

长期预报所提供的最佳工作频率没有考虑而且也不可能考虑电台干扰等一些随时间变化的因素。由长期实践可知,在各种干扰中大部分是人为干扰,而且在人为干扰中大部分又由邻近电台所引起。姑且不计敌人有意施加的干扰,仅仅就分布在短波波段的广播电台而言,据统计在5.95~26.1MHz范围内,每小时就有2.2万个电台在进行广播。所以在选择通信线路的工作频率时,除了考虑适应信道参数的时变特性,更重要的是要躲开电台干扰。实践证明,造成通信中断或恶化的原因,有80%是由于干扰,只有20%是由于传播条件所致(不考虑通信设备故障)。

短波波段的电台拥挤和严重干扰,不等于说在任何时间内,任何频道上都存在着很强的干扰,实际上还存在着一定百分比的无噪声频道。图4-17给出了短波波段在不同时刻的无噪声信道的曲线。从图中可以看出,中午有27%~28%的频道干扰很小或不存在干扰;即使情况最坏的夜间,也有3.8%~5.2%的无噪声频道(在个别情况下,也存在中午无噪声频道占50%或夜间不存在无噪声频道)。图4-17所示曲线实际上指出了一条在拥挤的短波波段保障通信可靠性的重要途径。那就是实时地避开干扰,找出良好传播条件的无噪声频道。为达到这一要求,在选择通行线路工作频率时,不仅仅要实施探测信道特性,同时还应实时探测干扰分布情况,找出无噪声频道,综合所探测的信道特性和无噪声频道。迅速及时地选用或改变工作频率,以便建立或保持高质量的短波通信。显然,这一任务只有使用短波自适应系统才能完成。

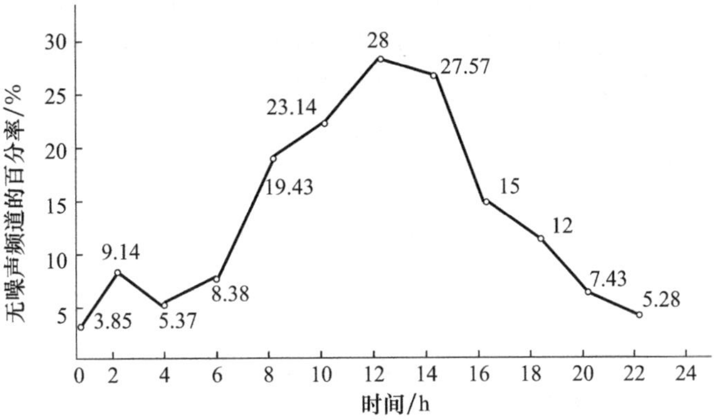

图4-17 短波波段在不同时刻的无噪声频道百分率

(三)频率自适应的分类

在短波无线电通信中采用RTCE技术来完成与高频媒介的匹配经历了两个阶段。

(1)在独立的探测系统中采用RTCE技术,可为某一特定的短波通信线路提供最佳频率信息。例如,早期的公共用户无线电传输探测系统(Communal User Radio Transmission System,CURTS)和后来的Chirp探测系统等。显然,它们都不能精确地实现每时每刻与高频媒介匹配。

(2)在通信系统直接采用RTCE技术,以求更精确地跟踪高频媒介的短期变化:尤其是它能对人为干扰连续监视并实时地做出响应。但显然这种功能是各种独立探测系统所不具备的。20世纪80年代以来,出现了一些称为高频自适应通信系统的新型高频通信设备类型,初步实现了上述功能。例如,西德生产的ALIS系统、美国生产的RF7100D电台等,在跟踪高频媒介的短期变化上,有了一定程度的提高。

但不论是哪一种高频自适应,实现的基本方法都是利用RTCE技术来测量和分析各种环境参数,根据综合分析和计算的结果,建立一条工作在最佳频率上的通信线路。

1. 频率自适应根据功能分类

1)通信和探测分离的独立探测系统(也称为"频率管理系统")

通信和探测分离的独立探测系统是最早投入使用的实时选频系统,也称为自适应频率管理系统,它利用独立的探测系统组成一定区域内的频率管理网络,在短波范围内对频率进行快速扫描探测,得到通信质量优劣的频率排序表,根据需要,统一分配给本区域的各个用户。这种实时选频系统其实只对区域内的用户提供实时频率预报,通信与探测是由彼此独立的系统分别完成的。例如,美国在20世纪80年代初研制出的第二代战术频率管理系统AN/TRQ-42(V),该系统成功地用于海湾战争,支撑短波通信网,取得了良好的效果。

2)通信和探测合用的高频自适应通信系统

融探测与通信为一体的短波自适应通信系统,是微处理器技术和数字信号处理技术不断发展的产物。该系统对短波信道的探测、评估和通信一并完成。它利用微处理器控制技术,使短波通信系统实现自动选择频率、自动信道存储和自动天线调谐;利用数字信号处理技术,完成对实时探测的电离层信道参数的高速处理。这种电台的主要特征是:具备限定信道的实时信道估值功能,能对短波信道进行初步的探测,即线路质量分析(Line Quality Analysis,LQA),能够自动链路建立(Automatic Link Establishment,ALE)。因此,它能实时选择出最佳的短波信道通信,减少短波信道的时变性、多径延时和噪声干扰等对通信的影响,使短波通信频率随信道条件变化而自适应地改变,确保通信始终在质量最佳信道上进行。由于 RTCE 是作为高频通信设备的一个嵌入式组成部分,在设计阶段已经综合到系统中,因而其成本大大降低,市场应用前景广泛。美国军方于 1988 年 9 月公布了 HF 自适应通信系统的军用标准 MIL-STD-188-141A,我国在 20 世纪 90 年代参照美军标准制定了国家军用标准 GJB 2077—94《短波自适应通信系统自动线路建立规程》,并以此规范了我国通用短波自适应通信设备。1998 年 9 月,由于军事用户对短波话音和数据业务的需求不断增长,美国军方提出了第三代自适应系统(3G-ALE)的概念,由此在 MIL-STD-188-141A 的基础上制定了短波通信网络军用标准 MIL-STD-188-141B。相应地,我国于 2007 年制定了 GJB 2077A—2007《短波自适应通信系统自动线路建立规程》以取代 GJB 2077—94。

2. 频率自适应根据所采用的 RTCE 技术形式分类

(1)采用"脉冲探测 RTCE"的高频自适应。

(2)采用"Chirp 探测 RTCE"的高频自适应。

(3)采用"导频探测 RTCE"的高频自适应。

(4)采用"错误计数 RTCE"的高频自适应。

(5)采用"和传输信息共信道同时进行 RTCE"的高频自适应。

3. 频率自适应根据是否发射探测信号分类

(1)主动式选频系统:均要发射探测信号来完成自适应选频。

(2)被动式选频系统:无须发射探测信号,而是通过某种计算方法计算电路的可通频段,在该可通频段内测量出安静频率作为通信频率。

第三节　超短波通信

超短波通信是指利用波长为 1~10m(甚高频(Very High Frequency,VHF):频率为 30~300MHz)的电磁波进行的无线电通信。而波长为 0.1~1m(频率在 300MHz~3GHz)的频谱称为特高频(Ultra High Frequency,UHF)。甚高频和特高频通信主要用于舰对舰、舰对岸和舰对空"视距"通信。基于以下两条理由:一是甚高频和特高频无线电通信特性是类似的;二是习惯上人们常把 VHF/UHF 电台笼统称为超短波电台,所以在本书中也把 VHF/UHF 电台原理笼统地放在一起讨论。

基于以下几点,甚高频/特高频频带对于海军舰用通信是非常重要的。

(1)与长波、中波以及短波通信电台相比能够使用比较小的天线。

(2)视距传播的可探测性低。

(3)可利用的频率范围较宽,因而允许应用扩展频谱技术。

(4)对于有限的传输距离,可用非常低的传输功率。

目前,VHF/UHF 电台使用的频段主要为 30~88MHz、108~156MHz 和 100~400MHz。

VHF/UHF 无线电信号以直射方式传播为主,基本不受电离层反射的影响,所以通信效果相对稳定可靠。另外，VHF/UHF 通信的作用距离由“视距”传播决定。一般来说，它是天线高度、天线增益及发射机功率的函数。这类电台的发射功率通常不大于 100W，常用 25W。

一、超短波电台的组成及各部分的功用

（一）组成方框图

VHF/UHF 的发信机和收信机一般都是合为一体组成电台，通过收发转换电路共用一副天线达成半双工通信。其典型的组成方框图如图 4－18 所示。

（二）电台各部分的功用

在图 4－18 中，上半部分是发信机单元，下半部分是接收机单元，频率合成器单元是收发共用的，而天线的使用是通过 PTT（Press－To－Talk）按键控制收发转换开关达成的。从图中可以看出，VHF/UHF（调频）电台的基本构成和短波收发信机无原则区别，都具有调制/解调、频率合成器、频率搬移、信号放大等环节，下面针对有关特殊的部分作一些介绍。

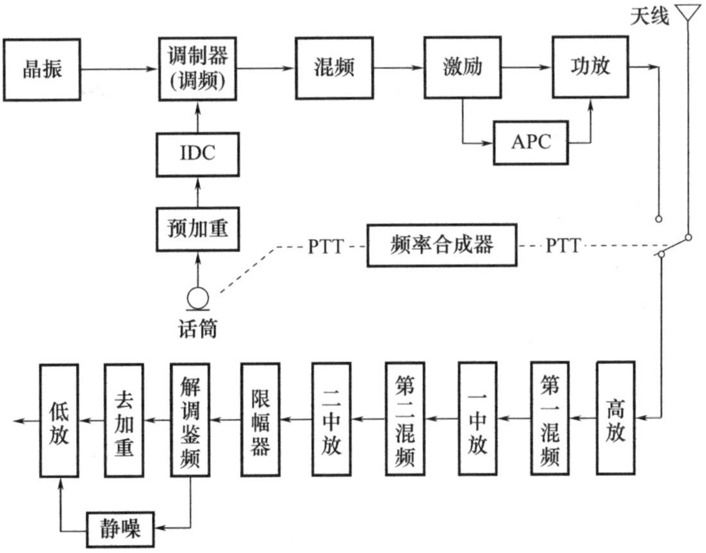

图 4－18　VHF/UHF（调频）电台组成方框图

1. 天线共用装置

在超短波电台通信中，通常都集中了数台收、发装备。若每台收、发信机都各使用一副天线，无论是同杆架设还是分杆设置，在经济、技术、场地和电磁波互相干扰等方面都很不实用。因此，在舰艇超短波通信中广泛使用天线共用器。几部发信机共用一副发射天线，这种共用装置称为发信天线共用器；几部收信机共用一副收信天线，称为收信机天线共用器；能将收发信组合在一起，共同使用一副天线的装置就称为收发信天线共用器。舰艇超短波电台都采用收发信机共用一副天线，下面介绍收发信天线共用器。

超短波电台收发共用装置主要分为单工收发天线共用器与双工收发天线共用器两类，以下分别介绍其特点。

1）单工收、发天线共用器

单工超短波电台的天线共用器有两种：一种是由按讲开关控制天线收发信应用状态

的转换。当发话时,按下按讲开关,控制天线继电器,使超短波电台的发信机工作,并将天线接到发信机上。当讲话完毕放开按讲开关,超短波电台转入收信状态。此时发信机不工作,收信机接上电源,将天线接到收信机输入端。该天线共用器如图 4-19 所示。

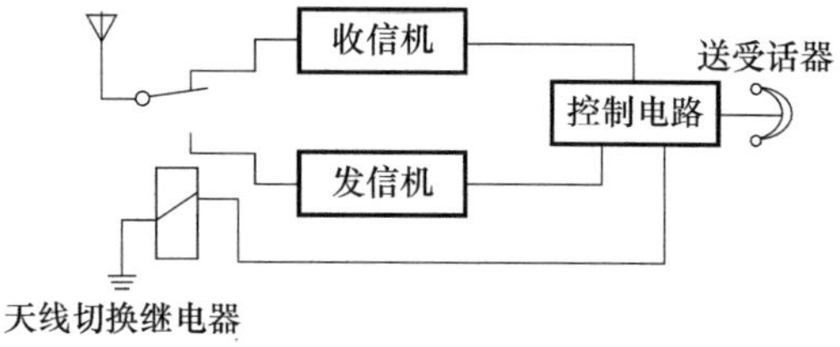

图 4-19 用继电器的天线共用器

另一种是用二极管隔离,在发信端串入二极管 D_1 和 D_2,当发信机工作时,输出信号很大,使二极管导通。收端在滤波电路中接有并联二极管 D_3 ~ D_6,将发信机进入的信号旁路掉。发信机不工作时,所有二极管均不导通,天线的信号只能进入收信支路。该天线共用器如图 4-20 所示。

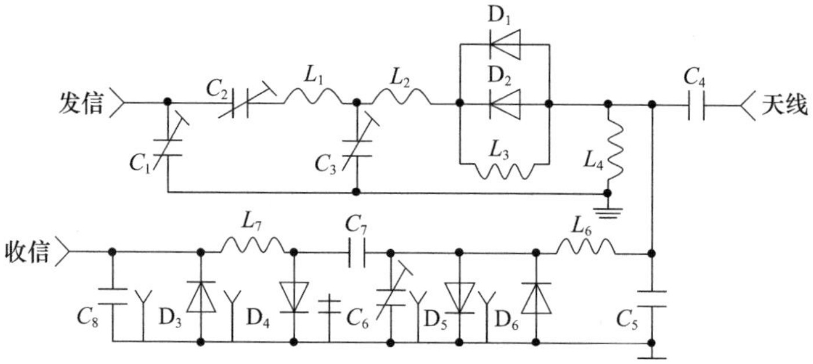

图 4-20 用二极管隔离的天线共用图

2)双工收、发天线共用器

超短波电台在双工工作时,通过天线共用器,使用一副天线得以同时提供给收发信机使用,并且又不互相影响,这种收发天线共用器又称为双工器。

目前,常用的双工器有带阻型双工器和带通型双工器两种,如图 4-21(a)(b)所示。带阻型双工器是将收、发滤波器设计成陷波器,分别调谐于发信、收信频率上,并各自接于收、发信输入、出端。因此,对收、发频率附近的干扰和噪声有较强的抑制能力;带通型双工器,其收、发滤波器本身就调谐于收信、发信频率上,能有效地抑制收、发信频率以外的干扰和噪声。

带阻型双工器的优点是传输损耗小、收发耦合隔离度高,既可用于收发频差大的系统,也可用于收发频差小的系统,故得到广泛的应用。

带通型双工器,通常采用同轴振腔作为选频元件,因而它的 Q 值很高、选频特性好、工作衰耗小,故适用于收、发频距较大的双工电台。

2. 预加重和去加重

由于调频信号解调后的噪声功率是呈抛物线分布的,即频率越高噪声越大。为了改善信噪比,发信端预先将信号的高频分量加强(每倍频 6dB),设置预加重电路。为了保证解调后话音信号不失真，收信端则需相应地将话音信号按每倍频程压低 6dB，这样方能保证整个传输过程不产生频率失真，这就是去加重。

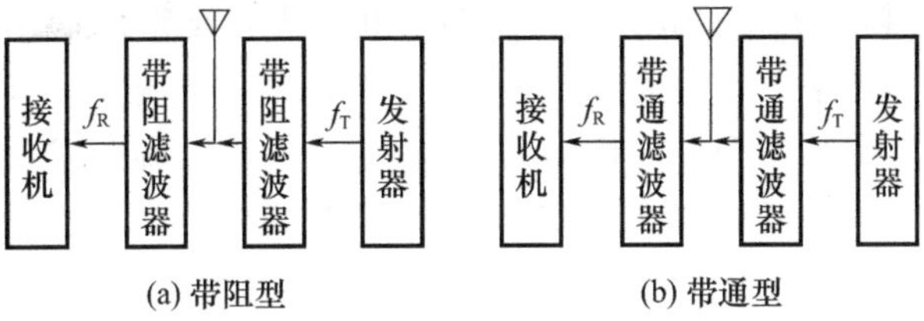

图 4 - 21 双工器方框图

3. 瞬时频偏控制电路

话音处理中瞬时频偏控制(Instantaneous Deviation Control，IDC)电路作用是使瞬时频偏不超过最大允许值，以保证相邻波道不受影响。例如，窄带调频限制最大频偏为 5kHz，为了保证调制后的信号频偏不超过这个值，需事先对音频信号的幅度加以限制。它通常是利用限幅器来实现的。

4. 锁相频率合成器

除单信道的通信系统外，几乎所有的通信系统都广为采用频率合成器作为自己的频率源。频率合成的方式有直接与间接两种，目前基本上都采用间接式即锁相式频率合成技术。它具有以下优点。

(1)可以很方便地产生“所需频率”。锁相环路再加上一些辅助电路就能很容易地对一个标准信号频率进行加、减、乘、除运算，从而获得“所需频率”。合成后的信号频率与标准频率有相同的长期频率稳定度。

(2)利用锁相环良好的窄带跟踪滤波特性，可将不需要的频率成分及噪声抑制掉，选出“所需频率”。因此，锁相式频率合成器输出的信号可以具有较高的频率稳定度和较好的频谱纯度。

(3)应用环路同步跟踪特性，能方便地变换信道。结合单片微机技术还可实施信道扫描和自动选频。

基本单环锁相频率合成器的框图如图 4 - 22 所示，它是由鉴相器(Phase Dedector，PD)、环路低通滤波器(Low Pass Filter，LPF)和压控振荡器(Voltage Controlted Oscillator，VCO)三个基本部件组成。

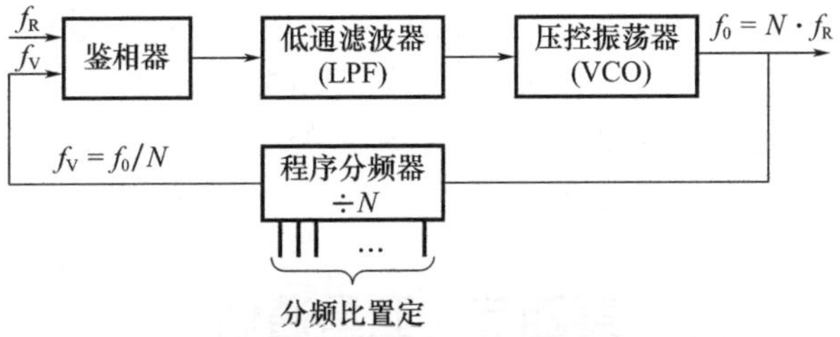

图 4 - 22 基本单环锁相频率合成器的框图

锁相频率合成器的基本原理是：当锁相环路锁定时，鉴相器两输入的频率相等，即 $f_R = f_V$，其中 f_V 是由 VCO 输出频率经 N 分频后得到的，即 $f_V = f_0/N$，因为输出频率 f_0 正好为基准频率f_R的N倍，即$f_0 = Nf_R$。这样，环中带有分频器的锁相环路就提供了一种从一个基准频率f_R获得大量离散频率的方法。只要用一可编程分频器来实现分频比N，随着N值的变化，输出频率f_0就会按增量f_R变化，获得大量离散的输出频率。由此获得的输出频率f_0都是基准频率f_R的整数倍，频率稳定度达到与f_R相同的水平。

随着集成电路技术和微型计算机的发展，频率合成器已逐渐发展成为与计算机接口的全集成器件。它的高可靠性、低成本、控制灵活等优良性能大大促进了其应用普及。近几年出现的中、大规模集成锁相频率合成器电路产品，把频率合成器中的基准振荡器、基准分频器、程序分频器以及鉴相器等主要部件，还有双模控制电路、锁存器、解码器、移位寄存器等辅助部件全部集成在一个芯片上，只要外接环路滤波器、压控振荡器、双模前置分频器等少量部件即可构成一个完整的频率合成器。在装备小型化方面，集成频率合成起到了越来越明显的作用。

5. PTT 开关

PTT 开关其实就是用和话筒（Microphone，MIC）做在一起的一个按键去控制电台内部的收发继电器完成天线的收发转换。讲话（发送）时按下按键，这时天线转换给发射机，接收时松开按键，这时天线还给接收机。

二、超短波通信的发展趋势

超短波通信系统的发展趋势大致有以下几个方面。

（1）频段使用往高端发展，频率间隔越来越小。随着超短波电台的迅速增加，超短波频段显得越来越挤，已经不能满足用户激增的需要。最好的方法就是开拓新的频段，向更高的频段发展。另外，无线电频率是人类有限的宝贵财富，为了努力提高其利用率，使已开发的频段最大限度地为用户服务，频率的有效利用可从频谱的有效利用和频道有效利用两方面考虑，采用的技术主要有窄带化技术、单边带传输技术、宽带多址技术等。

（2）收信机前端电路无高频放大器。高频放大器的作用是提高收信机灵敏度。现代通信是在密集干扰的环境中进行的，通信质量不再决定于收信机灵敏度，而取决于它的抗干扰性能，如高的互调抑制比。取消高频放大器，采用动态范围大、三阶互调小的第一混频器更有利于提高互调抑制比。

（3）传输方式由模拟经模数兼容到全数字化。传输方式由模拟向数字化发展的优点是：频谱利用率高，可进一步提高系统容量；信息传输保密性好，因为数字信号容易实现保密，而且数字加密的理论和技术都已发展成熟；数字传输提高信号抗衰落的能力，传输质量高，话音质量好；能实现更有效、灵活的网络管理与控制。

（4）业务由通话为主增加为数据、传真及图像等综合业务。

（5）发展跳频抗干扰网络技术等。

第四节　卫星通信

一、概述

卫星通信是利用人造地球卫星作为中继站转发无线电波而进行的两个或多个地球站

之间的通信。通信卫星按其结构可分为无源卫星和有源卫星，按其运转轨道可分为运动卫星(非同步卫星)和静止卫星(同步卫星)。目前，无源卫星已被淘汰，主要发展有源卫星。

图4-23所示为静止卫星通信系统示意图。在一颗通信卫星天线的波束所覆盖的区域内的地球站，都可以通过这颗卫星的中继来进行通信。例如，A站要与B站通信，首先A站把信号发射给卫星，卫星把收到的信号再转发给B站。这样，B站就能收到A站发来的信号。可见，卫星通信是地面微波中继通信的发展，是微波通信的一种特殊方式。

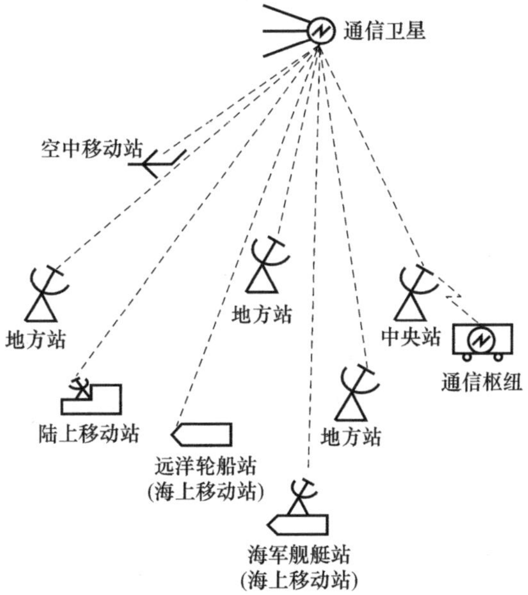

图4-23　静止卫星通信示意图

与其他通信手段相比，卫星通信的主要优点是：①通信距离远，且费用和通信距离无关；②工作频段宽、通信容量大、适用于多种业务传输；③通信线路稳定可靠，通信质量高；④以广播方式工作，具有大面积覆盖能力，可以实现多址通信和信道的按需分配，因而通信灵活机动。

(一)静止卫星通信

有源静止卫星应用最为广泛。静止卫星就是轨道在赤道平面上，距地球35860km，运行的方向与地球自转的方向相同，且绕地球运行一周的时间和地球的自转周期相等，从地球上看去，卫星如同静止一般。所以静止卫星并不是说卫星静止不动，而是与地球同步运行。由静止卫星作中继站组成的通信系统称为静止卫星通信系统或称同步卫星通信系统。

静止卫星通信拥有卫星通信的所有特点，但也存在某些不足：①两极地区为通信盲区，高纬度地区通信效果不好；②卫星发射和控制技术比较复杂；③存在日凌中断现象；④有较大的信号延迟和回波干扰。

(二)军用卫星通信

卫星通信在现代战争中起着重要的作用，承担着大量的通信业务。例如，海湾战争期间,美国利用卫星通信处理了美军战区内约90%的通信业务。海湾战争防空系统依靠的主要是卫星通信。美国、英国、俄罗斯等国,非常重视军事卫星的发展和应用,大区域、运动中的军事行动大都采用战略和战术卫星通信手段来实现指挥、控制。他们的通信卫星已经具有多功能、多频段、扩频、可控点波束、信息处理、收发天线与转发器不同组合等抗干扰、抗摧毁能力,灵活机动,适应性强。目前,美军远程通信的70%依靠卫星通信。俄军卫星通信系统有几十颗卫星同时工作,系统抗毁能力强。我军现有的卫星通信系统已经成为国防通信网长途通信的一种重要传输方式,与通信电缆互为主备。由于卫星通信是面覆盖,因此克服了现有通信电缆由于是线覆盖造成的一些问题,缓解了长途通信电缆达不到地区的通信困难。

我军卫星通信的应用范围将不断扩展,主要用于以下方面。

(1)战略通信,作为全军干线通信,是地面通信干线的扩容和备用。

(2)战术通信,野战军、师、团战术对上综合业务通信,以及区和野战通信网节点之间的通信、三军协同通信等。

(3)边远守备部队、场站、边防部队的对上通信,改善边远地区的通信条件,保证上下情况通达。

(4)国防科研通信,是航天试验通信网干线的主要传输手段。

(5)公用数据交换网,指挥自动化网的延伸、扩展。

(6)雷达、技侦情报、导航定位、航管等综合信息传递。

(7)主要舰艇和军用船舶、飞机的对岸、对地通信。

(8)音像情报的传递。

(9)防空预警系统的信息传递和警报信息的发布。

(10)快速反应部队的机动通信。

目前,世界已有多个国家拥有自己的军事卫星通信系统,其中美国发展最为迅速,其技术水平居世界领先地位。

近年来,随着低轨道小卫星在民用通信领域中利用的呼声与日增高,军队在这方面也给予了相应的重视,如ORBCOMM军事卫星系统的开发打开了低轨道卫星在今后军事通信中的应用前景。

我军现在也逐渐建立起了比较完善的军事战略卫星通信系统和军事战术卫星通信系统。

二、卫星通信系统

在整个卫星通信系统中,需要设立跟踪遥测及指令系统对卫星进行跟踪测量,控制其准确进入静止轨道上的指定位置,并对在轨卫星的轨道、位置及姿态进行监视和校正。同时,为了保证通信卫星的正常运行,需要有监控管理系统对在轨卫星的通信性能及参数进行业务开通前的监测,以及业务开通后的例行监测和控制。因此,一个完整的卫星通信系统应该由空间分系统、地球站、跟踪遥测及指令分系统和监控管理分系统四大部分构成。但限于篇幅,只对直接用来进行通信的部分进行讨论,而对用于保障通信的部分不作进一步的介绍。

(一)卫星通信线路的组成

卫星通信线路是指由发端地球站、上行线传播路径、卫星转发器、下行线传播路径和收端地球站所组成的整个线路。其构成框图如图 4－24 所示。

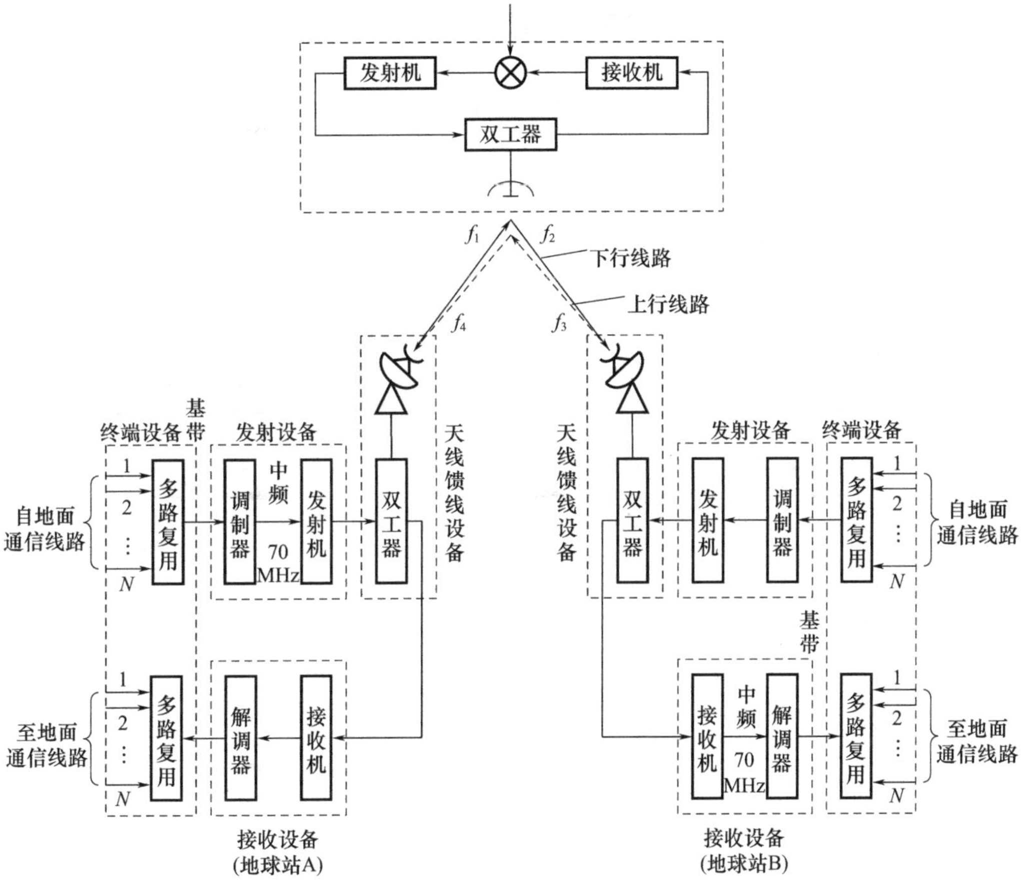

图 4－24 卫星通信线路组成方框图

这样就完成了单向的通信过程。相反,由 B 站向 A 站传送电话信号时,与上述过程类似,不同的是上行线路用的载频为 f_3,下行线路用的载频为 f_4,以避免通信过程中的相互干扰。卫星通信中使用的频率通常写成 1.6/1.5GHz、6/4GHz、8/7GHz、14/11GHz 和 30/20GHz 等,每组频率前面的数为上行频率,后面的数为下行频率。

(二)通信卫星的组成和功能

通信卫星是卫星通信系统中最重要的组成部分。其基本功能是为各个有关的地球站转发无线电信号,以实现多地址的中继通信,同时通信卫星还应具有一些必要的辅助功能,以保证通信任务可靠地进行。

一般来说,通信卫星主要由天线分系统、通信分系统、遥测与指令分系统、控制分系统和电源分系统五大部分组成,如图 4－25 所示。

1. 天线分系统

卫星天线有两种类型:一种是遥测、遥控和信标用高频或甚高频天线。它们一般是全向天线,以便可靠地接收指令和向地面发射遥测数据。常用的形式有鞭状、螺旋形、绕杆式和套筒偶极子天线等。例如,我国东方红-Ⅰ号卫星就装有4根鞭状短波天线。如果遥测、遥控信号也和通信采用同一频段,则不需另设遥测、遥控天线。

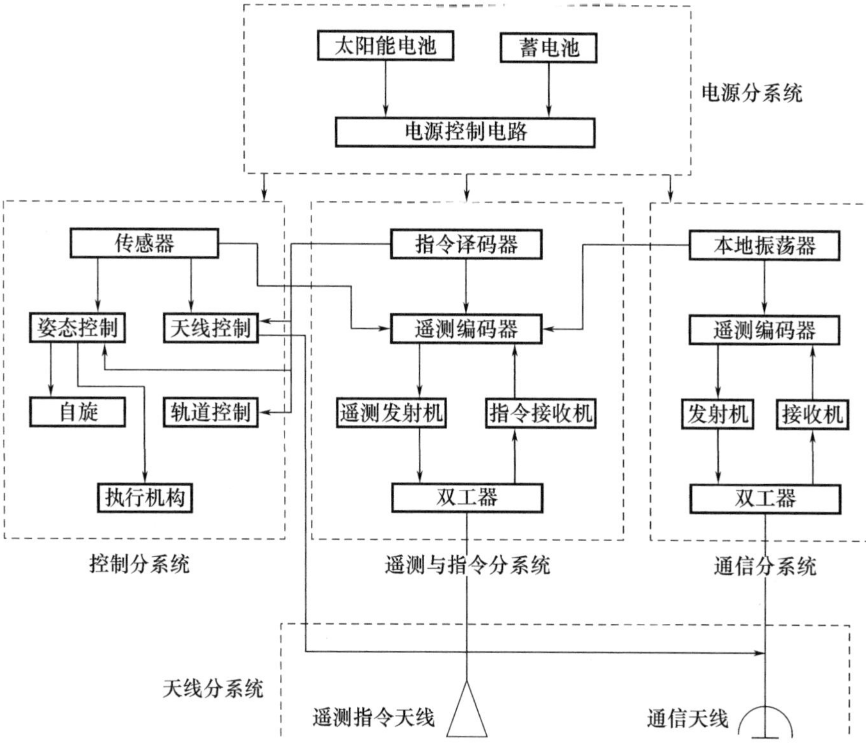

图4-25　通信卫星的组成

另一种是通信用微波天线。按其波束覆盖区的大小,可分为全球波束、区域波束、点波束等。对静止卫星而言,全球波束的半功率点波束宽度约为17.34°,恰好覆盖卫星对地球的整个视区,常采用喇叭形天线。点波束天线一般采用抛物面天线,其波束宽度只有几度或更小。例如,IS-Ⅳ号卫星为4.5°,美国应用技术卫星ATS-6只有1°。当需要波束覆盖区形状与某地理图形相吻合时,可采用波束成形技术(赋形波束天线)。这可通过修改反射器形状来实现,但更多的是利用多个馈电喇叭从不同方向经反射器产生多波束的合成来实现,这对国内卫星通信系统特别有意义。IS-Ⅳ号卫星就是按半个地球大片陆地形状对其半球/区域波束进行整形的。通信天线波束应该对准地球上的通信区域。有时,由于卫星本身是旋转的(如采用自旋稳定方式以保持卫星的姿态稳定),故要采用机械或电子消旋天线,使波束始终对准要通信的区域,IS-Ⅴ卫星采用三轴稳定方式,星体本身不旋转,故无须采用消旋天线。

2. 通信分系统

卫星上的通信系统又称为转发器或中继器,它实质上是一部宽频带的收、发信机。

转发器是通信卫星的核心,它通常分为透明转发器和处理转发器两种类型。透明转发器是指接收地面发来的信号后,只进行放大、变频、再放大后发回地面,对信号不进行任何加工和处理,只是单纯地完成转发任务。按其变频次数区分,有一次变频和二次变频两种方案。

一次变频方案适用于载波数量多、通信容量大的系统。它是一种微波式转发器，射频带宽可达500MHz。由于转发器的输入、输出特性是线性的，所以允许多载波工作，适于多址连接。目前，大多采用此种转发器。例如，IS－Ⅲ、IS－Ⅳ、IS－Ⅴ和我国东方红－Ⅱ号通信卫星都是采用一次变频方案。

如果是容量不大、所需带宽较窄的系统以二次变频为宜。二次变频方案的优点是中频增益高，转发器增益达80～100dB；电路工作稳定。其缺点是中频带宽窄，不适于多载波工作。IS－Ⅰ、IS－Ⅱ与英国"天网"卫星就是采用二次变频方式。

在数字卫星通信系统中，常采用处理式转发器。首先，接收到的信号经微波放大和下变频，变成中频信号再进行解调和数据处理，从而得到基带数字信号，然后经调制、上变频、放大后发回地面。

卫星上处理可有多种形式，目前可实现的分为两类：一类是信息处理转发器，它将接收到的信号变成基带信号，进行再生、变码识别、帧结构重新排列等处理，然后再用下行频率发射出去。另一类是空间交换（或路由）转发器，信号处理单元是切换开关网络，起着空间交换台的作用。它根据地面指令把转发器的不同输入信道切换到适当的下行信道，也可以是使用预先编制的切换程序提供切换。

信息处理转发器可以消除噪声的积累，因此在保证同样通信质量的情况下，可以减少转发器的发射功率；空间交换转发器的上行线路和下行线路可以选用不同的调制方式，从而得到最佳传输。另外，还可以在处理器中对基带信号进行其他各种处理，以满足不同的需要。

3. 遥测与指令分系统

为了保证通信卫星正常运行，需要了解其内部各种设备的工作情况，必要时通过遥控指令调整某些设备的工作状态。为使地球站天线能跟踪卫星，卫星要发射一个信标信号。此信号可由卫星内产生，也可由一个地球站产生，经卫星转发。常用的方法是将遥测信号调制到信标信号上，使遥测信号和信标信号结合在一起。

遥测信号包括表示工作状态（如电流、电压、温度、控制用气体压力等）的信号、来自传感器的信号以及指令证实信号等。这些信号经多路复用、放大和编码后调制到副载波或信标信号上，然后与通信的信号一起发向地面。

为了对卫星进行位置和姿态控制，需要用喷射推进装置。这些装置的点火、行波管高压电源的开、关以及部件的切换，都是根据遥测指令信号进行的。指令信号来自地面的跟踪、遥测和指令（Tracking Telemetry and Command，TTC）站，在转发器被分离出来，经检测、译码后送到控制机构。

4. 控制分系统

控制分系统包括两种控制设备：一是姿态控制，二是位置控制。姿态控制是使卫星对地球或其他基准物保持正确的姿态。对同步卫星来说，主要用来保证天线波束始终对准地球以及使太阳能电池帆板对准太阳。姿态控制方法很多，可用角度惯性或质量喷射等方式。早期的同步卫星大都采用自旋稳定法进行姿态控制。随着窄波束天线的应用，卫星技术的发展，在一些新的卫星上采用三轴稳定法进行姿态控制。

位置控制是用来消除摄动的影响，以便使卫星与地球的相对位置固定。位置控制是利用装在星体上的气体喷射装置,由 TTC 站发出指令进行工作的。

5. 电源分系统

对通信卫星的电源要求是体积小、重量轻和寿命长。常用的电源有太阳能电池和化学能电池,主要使用太阳能电池,当卫星进入地球的阴影区时,则使用化学电池。

三、卫星通信用的频段

目前,大部分国际、国内卫星使用 6/4GHz 频段,上行频率为 5.925 ~ 6.425GHz,下行频率为 3.7 ~ 4.2GHz,转发器带宽可达 500MHz。许多国家的政府和军事卫星用 8/7GHz,上行线为 7.9 ~ 8.4GHz,下行频率为 7.25 ~ 7.75GHz。目前已开发和使用 14/11GHz 频段,上行频率为 14 ~ 14.5GHz,下行频率为 11.7 ~ 12.2GHz,或 10.95 ~ 11.2GHz,以及 11.45 ~ 11.5GHz,并已用于民用卫星通信和广播卫星业务。卫星通信用的频段正在向更高频段发展,30/20GHz 频段也已开始使用,其上行频率为 27.5 ~ 31GHz,下行频率为 17.7 ~ 21.2GHz。该频段可用带宽达 3.5GHz。

四、卫星通信常用体制

卫星通信的常用体制主要包括以下几方面的问题:

(一)基带信号的复用方式

模拟卫星通信方式在一定时期内仍是一种主要的通信方式。这是由于它可以利用地面微波中继通信系统中的成熟技术和设备,同时便于与地面微波系统接口。这种系统中基带信号一般采用单边带(Single Side Band,SSB)调制、频分多路复用(FDM)方式。

数字传输在卫星通信中也日益广泛地用来传送电话、电视伴音和各种数据等业务。数字通信方式将成为今后卫星通信的一种主要方式。话音信号在传输过程中必须经过模/数和数/模转换以及时分多路复用(Time Division Multiplexing,TDM)等处理。模拟信号数字化最常用的方法是采用 PCM 和 ΔM 以及它们的改进型。关于这些系统的基本原理请参阅有关通信原理教科书。

脉冲编码调制(Pulse Code Modulation,PCM)主要用在民用大容量的数字卫星通信系统,如 IS - V 的数字通信部分。一路 PCM 的数码率一般为 64kb/s。目前,国内外的军用卫星通信系统一般都采用 ΔM 及其改进型,自适应差分脉码调制具有良好的性能,且信道利用率高,目前在国内外均已得到应用,但其设备较复杂,适用于大容量的卫星通信系统。

在数字卫星通信中,广泛采用了纠错编码技术,以提高系统抗干扰性和在卫星功率受限情况下提高通信容量。卫星信道基本上是高斯白噪声信道,差错主要是随机出现的,只有少量突发性差错。因此,使用纠错技术时所设计的抗干扰编码一般以纠正随机错误为主。由于卫星通信传输延时大,所以大都采用前向纠错(Forward Error Correetion,FEC)。而自动要求重发(Automatic Repeat Request,ARQ)主要用于卫星信道的数据传输。FEC 的两大类(即分组码和卷积码)在卫星通信中均有应用。

(二)调制制式

目前,模拟卫星通信主要采用 FM 制。这是因为 FM 已被大量应用,技术成熟,且传输质量好，能得到较高的信噪比。在这种系统中，一般可采用预加重技术、门限扩展技术和话音压扩技术来改善系统性能。近年来，由于卫星通信的迅速发展，频带问题成为主要矛盾，人们还提出了采用压扩单边带调制来传输电话信号，这种方式所占频带较窄，可以提高通信容量。

在数字卫星通信中，目前主要采用相移键控（Phase Shift Keying，PSK）调制。除二相相移键控（Binary Phase Shift Keying，BPSK）外，大多数系统均采用四相相移键控（Quadrature Phase Shift Keying，QPSK）。

（三）多址连接方式

多址连接是卫星通信的显著特点之一，它是指多个地球站通过共同的卫星，同时建立各自的信道，从而实现各地球站相互之间通信的一种方式。多址方式的出现，大大提高了卫星通信线路的利用率和通信连接的灵活性。

目前，常用的多址方式有频分多址（Frequency Division Multiple Access，FDMA）、时分多址（Time Division Multiple Access，TDMA）、码分多址（Code Division Multiple Access，CDMA）和空分多址（Space Division Multiple Access，SDMA）以及它们的组合形式。由于计算机与通信的结合，多址技术仍在发展。

另外，顺便指出，多址连接技术不只是应用在卫星通信上，在地面通信网中，多个通信台、站利用同一个射频信道进行相互间的多边通信，也需要多址连接技术。例如，一点对多点微波通信、扩频通信以及移动通信等。

（四）信道分配技术

卫星通信中，和多址连接方式密切相关的还有一个信道分配问题。多址分配制度是卫星通信体制的一个重要组成部分。它与信道复用方式、调制方式、多址连接方式互相结合，共同决定转发器和各地球站的信道配置、信道工作效率、线路组成及整个系统的通信容量，以及对用户的服务质量和设备复杂程度等。

在信道分配技术中，“信道”一词的含义，在 FDMA 中，是指各地球站占用的转发器频段；在 TDMA 中，是指各站占用的时隙；在 CDMA 中，是指各站使用的密码。常用的分配制度包括：

1. 预分配方式

在 FDMA 系统中，卫星信道事先分配给各个地球站。业务量大的地球站，分的信道数多一些，反之少一些。在 TDMA 系统中，事先把转发器的时帧分成若干分帧，并分配给各地球站，业务量大的站分的分帧长度长，反之分的分帧长度短。

为了减小固定预分配（Fixed Pre - allocation，FPA）制的不灵活性，还可以采用按时预分配（Time Pre - allocation，TPA）制。它是一种修正型的、基本上仍是固定预分配的制度，可根据网中各站业务量的重大变化规律，事先约定作几次站间信道重分。

2. 按需分配方式

按需分配（Distribution According，DA）方式是所有信道归各站共用，当某地球站需要与另一地球站通信时，首先提出申请，通过控制系统分配一对空闲信道供其使用。一旦通信结束，这对信道又归共用。由于各站之间可以互相调剂使用信道，因而可用较少的信道为较多的站服务，信道利用率高。但其控制系统比较复杂。

五、卫星通信站

(一)地球站的方框图

图 4-26 所示为标准地球站的总体方框图。从图中可以看出,一个标准地球站由天线系统、发射系统、接收系统、通信控制系统、终端系统和电源系统 6 部分组成。下面以多路模拟电话信号的传输为例,来说明地球站各分系统的功能。

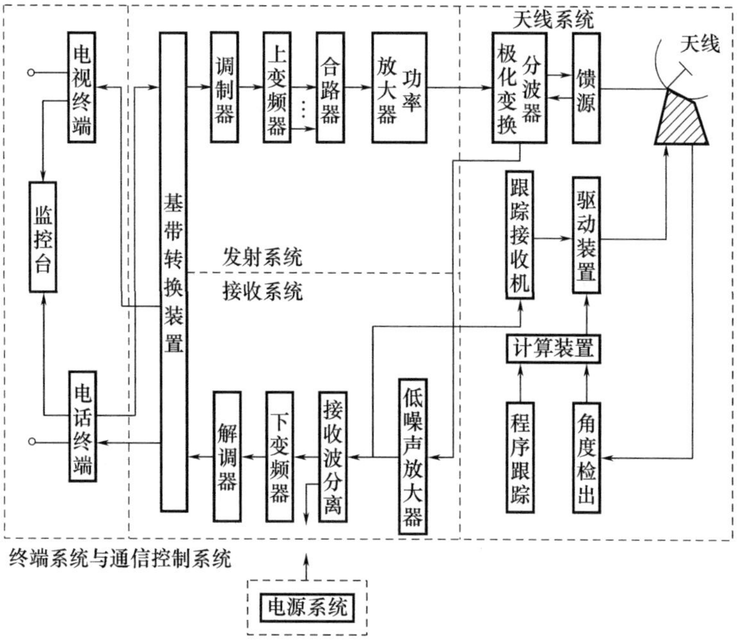

图 4-26 标准地球站总体方框图

经微波或同轴电缆等传输线路把电话信号送到地球站的电话终端设备。在这里经基带转换设备变换成规定的基带信号,使它们适合于在卫星线路上传输。然后送到发射系统,进行调制(调频)、变频(如从 70MHz 变到 6GHz)和射频功率放大,最后送到天线系统发射出去。通过卫星转发器转发下来的射频信号,由地球站的天线系统接收,经过接收系统的低噪声放大器、下变频器(如从 4GHz 变到 70MHz)和解调器取出发给本站的基带信号,再经过基带转换装置送到终端设备,分别送至各个用户。控制系统是用来监视、测量整个地球站的工作状态,迅速进行自动或手动转换(将备用设备转换到主用),及时构成勤务联络等。

(二)地球站的天线和馈电系统

天线和馈电系统是地球站的重要组成部分。其造价约占整个地球站的 1/3。通常地球站的收、发装备共用一副天线,因此,收、发电波要在馈线中很好地分离,所用天线必须同时满足收、发信频带内的各种电气性能。对天线馈电系统的主要性能要求如下:

(1)天线增益高、馈线损耗小。

(2)噪声温度低。

(3)频带宽。

(4)旋转性好。

(5)机械精密度高。

目前,应用较广的是抛物面天线和卡赛格伦天线,但是采用更多的是标准的或经过某些改进的卡赛格伦天线。

在收、发天线共用的系统中,馈电设备的作用是把发射机送来的射频信号送给天线或把天线接收的信号送到接收机。为了高效率传输能量,馈电系统的损耗必须很小。典型的馈电设备是由馈源喇叭、波导元件和馈线组成的。

(三)地球站的发射系统

地球站大功率发射系统的组成如图 4-27 所示。通常它由大功率放大器、激励器、发射波合成装置、上变频器及自动功率控制电路等组成。

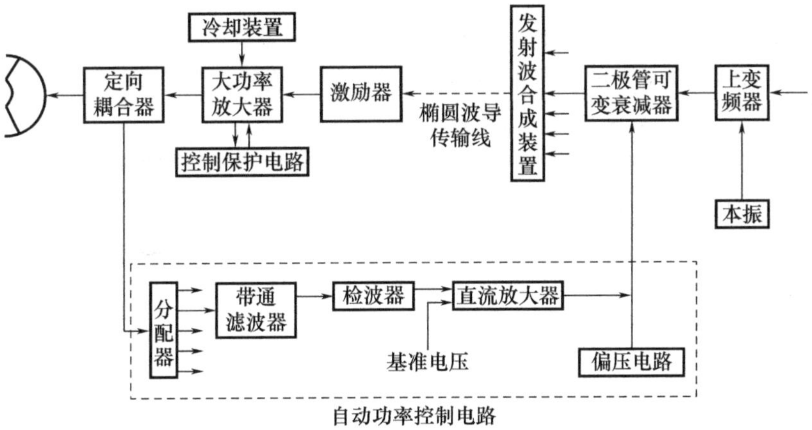

图 4-27　地球站发射系统的组成

对地球站发射系统的主要要求是输出功率大、频带宽、增益稳定性高、放大器线性好。

当要求大功率放大器多载波工作时,有两种放大方式。一种是共同放大方式。它是在末级功率放大器之前先把多个载波合在一起,然后利用宽频带大功率放大器进行放大。此时,因功率管的非线性特性会产生交调干扰,因此它不能工作在饱和点附近,而要在准线性区工作。另一种是分别放大合成式,它是先将各个载波用窄带放大器放大后,再用混合接头将各载波合路送给天馈系统。这种方式避免了交调(因高功率放大器只工作于单载波状态),但设备较复杂,且有合路时产生的损耗。高功率放大器的功率增益为 30~50dB。

由于参量变频器的噪声小且有一定增益,因而发射系统中的上变频器一般都采用这种方式。

上变频器所用的泵源,其输出频率达数千兆赫以上,为了保证频率稳定度要求,目前许多系统都采用锁相倍频方案。

(四)地球站的接收系统

地球站接收系统的作用是从噪声中接收来自卫星的信号。由于卫星转发器的发射功率一般只有几瓦至十几瓦,而且卫星天线的增益也小,因而卫星转发器的有效全向辐射功率较小。同时卫星转发下来的信号，经下行线路约 4 万千米的远距离传输后，衰减 200dB 左右。因此，当信号到达地球站时就变得及其微弱，一般只有 $10^{-17} \sim 10^{-18}$W 的数量级。所以地球站接收系统的灵敏度必须很高，噪声必须很低，才能正常接收。图 4-28 所示为低噪声接收机的组成方框图。

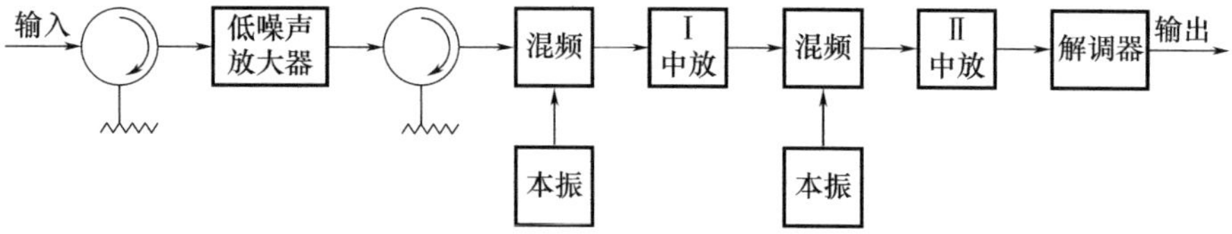

图 4-28　低噪声接收机的组成

对低噪声接收机系统的主要要求是噪声温度低、工作频带宽等。

目前可供作低噪声微波放大器的有低温制冷参量放大器（简称冷参）、常温参量放大器（简称常参）和微波场效应晶体管放大器。一般情况下，卫星天线是宽波束的，转发器有效全向辐射功率较小，为了获得大的通信容量，要求地球站噪声温度值尽可能低，以降低对卫星功率的要求。故采用高性能的低温制冷参放。

在地球站接收系统中，毫无例外地都采用超外差接收方式。在接收设备中，通常中频为 70MHz，若采用二次变频，第一中频一般可用 1GHz、1.4GHz 或 1.7GHz，第二中频仍用 70MHz。

第五节　数据链

一、数据链的定义

随着世界各国的探测装备和武器的威力、速度和复杂性不断增长，必须对战场的指挥、控制、通信和情报中心进行综合设计（C^4ISR 系统），使各系统间的配合更加协调，更能充分发挥各系统的功能，增强系统的快速反应能力，提高协同作战效果。

在作战指挥控制系统中，数据链担负着传输和交换战术数据的使命，是战场电子信息系统中的主要组成部分。通常所说的数据链也称战术数据链（Tactical Data Link），从字面上理解就是传递战术数据的链路。20 世纪 60 年代后期，美军将链路中传输的信息，从数据进一步拓展为话音、图像、文本，甚至视频，从而将战术数据链的概念延伸为战术数字信息链（Tactical Digital Information Link，TADIL），但北大西洋公约组织（North Atlantic Treaty Organization，NATO）一直将战术数据链称为“Link”。

战术数据链的建设和发展是与各国各军武器装备的发展密切相关的，关于什么是“战术数据链”，迄今为止，没有统一、明确的定义。从研究/研制人员、军事专家、战术专家、技术专家等不同人员所处的不同立场上，从不同角度出发，有不同的定义和理解。下面是一些关于战术数据链的不同描述：

（1）战术数据链是一个作战指挥网，其功能是实现各类指挥控制平台（舰基、空基、岸基）、武器平台（舰艇、飞机、导弹等）和传感平台（雷达等）之间的监测、指挥、控制信息的实时交换。

(2)战术数据链是在数字通信技术发展基础上,利用各种先进的调制解调技术、纠错编码技术、组网通信技术及信息融合技术,形成的一类适应指挥控制系统计算机之间数据通信需求的新型装备。

(3)战术数据链是链接数字化战场上的指挥中心、作战部队、武器平台的一种信息处理、交换和分发系统,是为军队指挥、控制与情报系统传输信息,以及为武器系统内部或外部控制中心传输数据的重要工具和手段。

(4)战术数据链是采用无线网络通信技术和应用协议,实现机载、陆基和舰载战术系统之间的数据信息交换,从而最大限度地发挥战术系统效能的系统。

(5)战术数据链作为一种嵌入各类军事信息系统和作战平台,主要依托无线信道,按照规定通信协议自动传输格式化指挥、情报等信息的特殊的数据通信系统,是指挥自动化系统的重要组成部分。

(6)战术数据链是为实现同一战术目的,依托一定的数据链接手段,在不同的作战平台之间构成紧密战术链接关系的总和。

美国国防部认为,战术数据链是用于传输机器可读的战术数字信息的标准通信链路。

因此,可以对数据链做如下理解:它是作战部队用于连接 C^4ISR 系统各成员节点,适合传输数字信息,具有标准化消息格式和组网、通信协议的信息系统,其实质是一种包含通信协议和消息标准的数字化通信系统,该系统能根据需要以不同的数据速率及不同的信道传输作战指挥系统的战术信息。

二、数据链的组成和结构

(一)数据链系统基本组成

数据链由两部分组成:一是数据链路;二是数据系统。从前者看,它是一个通信系统;从后者看,它是一个信息系统。

在一个数据链系统中,每个节点都应该具有的基本链路设备包括战术数据系统(Tactical Data System,TDS)、数据终端设备(Digital Theater Equipment,DTE)、无线电设备(Radio)和天线,参见图 4-29。当然,对于极少数有线数据链系统来说,数据终端设备和无线电设备将由相应的调制解调器(Modem)来代替。而对于具有通信保密能力的数据链系统来说,还需增加保密装置。

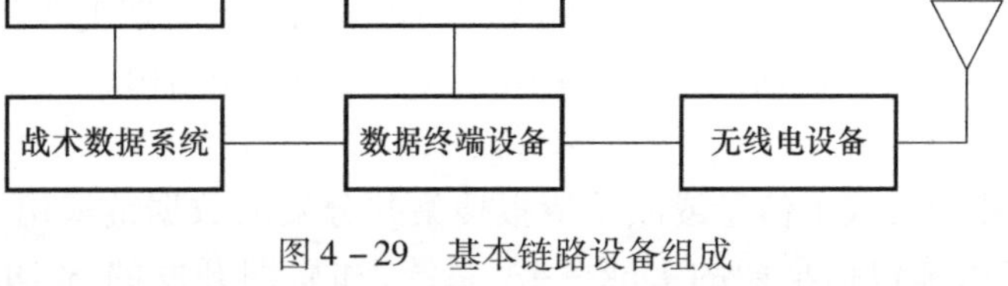

图 4-29 基本链路设备组成

战术数据系统是每条数据链路对应的信源和信宿。作为信源,战术数据系统负责接收所在作战平台、指挥中心中各种传感器和操作人员发出的数据,并将其编码成标准的报文格式,然后通过数据链终端设备和信道部分,传给其他的数据链路参与者。作为信宿,数据链系统可以通过数据链终端设备接收并处理其他数据链路参与者发来的战术数字信息。除此之外，存储在战术数据系统计算机中的程序还承担许多其他功能。其中包括：维护战术数据库；支持系统管理（链路管理）、目标识别和武器选择；控制数据显示设备；提供人机接口，允许操作员对所在的作战系统执行控制和一体化功能。由战术数据系统的功能分析可知，数据链系统必须和需要数据链能力的各类作战平台、指挥中心，甚至武器系统紧密链接，才能发挥其战斗能力。在各类作战平台和指挥中心中，战术数据系统通常是各种指挥控制系统的重要组成部分，甚至就由指挥控制系统本身来兼任。图 4－30 所示为战术数据链与指控系统或情报处理系统对接关系的示意图。

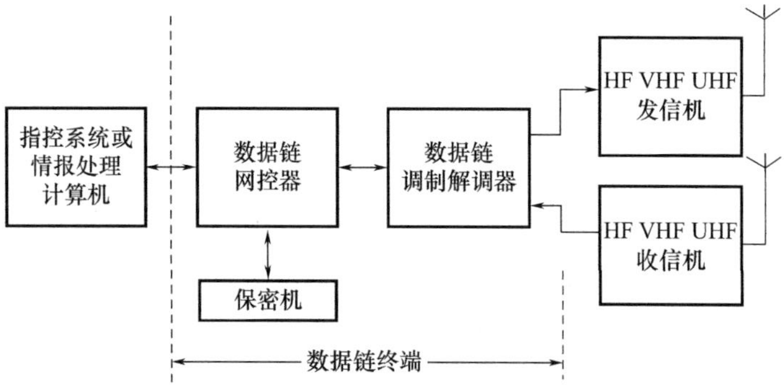

图 4－30　战术数据链组成示意图

就一般含义而言，数据链是指舰与舰之间或舰与飞机之间进行传输战术数据的自动通信链路。通过它，使编队范围内各指挥控制系统的计算机组成一个战术数据传输、交换和信息处理网，从而在编队指挥控制系统的显示控制台上获得完整的海上战术态势，因而战术数据链已成为指挥控制系统的一个重要组成部分。但战术数据链必须靠无线电通信装备作为信道来保障编队范围内的数据传输、交换手段，所以战术数据链又是通信系统的一部分。因此，战术数据链在早期从 C^2 系统进入 C^3 系统阶段时，已成为指挥、控制、情报和通信系统的结合部了。

（二）数据链系统基本结构

纵观现有的各类数据链系统，可以将数据链的主要系统结构归纳为点对点结构、星形结构、网状结构，以及多网结构。

1. 点对点结构

北约地面防空预警系统早期采用的 Link－1 数据链，以及后期美军开发的 ATDL－1、Link－11B、CDL、TCDL 等数据链系统都采用了点对点的系统结构。

2. 星形结构

通常在战场中负责战术信息或战术情报搜集并分发的数据链采用了星形的系统结构。这些数据链系统包括早期的 Link－4A 系统，和后期开发的 SCDL、TRIXS、TIBS、TRAP/TDDS、TADIX－B，以及 IBS 等系统。

在 Link－4A 系统中，网络控制站负责点名呼叫各个参与节点（如受控飞机），被点名的受控飞机在规定时段内发送应答。在一个 Link－4A 系统中，网络控制站既是系统的管理者，也是系统通信的中心枢纽。

3. 网状结构

在网状结构中,任何节点之间都可以相互通信。不过,不同类型的数据链系统采用的系统管理和通信控制方法却有所不同。Link - 11 采用的有中心控制站的“呼叫轮询”的方式,EPLRS 采用的是有中心的 TDMA 方式,Link - 16、Link - 22 则采用的是无中心控制站的 TDMA 方式。美军最新的火控级数据链(包括 CEC、TTNT 等)也采用了网状结构。

4. 多网结构

在数据链的实际作战运用过程中,作战区域可以同时存在多个数据链网络。例如,Link - 16 的层叠网结构、Link - 22 的超网结构,以及基于各类网关或转发设备的多数据链网络结构。

三、数据链的目的和功能

(一)技术层面功能

从技术的层面来说,数据链的基本功能就是战术数字信息(包括战术数据、数字语音、图像、视频,以及系统管理指令等)的传输和处理。在不同的数据链系统,由于采用不同的传输技术体制和实现不同的战术任务,传输和处理的具体含义有所不同。

总的来说,信息传输是指将信息按照规定的实时性要求传给正确地点的正确用户。在这个过程中,数据链要完成一般数据通信系统需要的 A/D、D/A 变换,调制解调,差错控制、流量控制、媒体接入控制,多址访问,中继转发,以及链路状态监测与管理等操作。对于多数据链操作系统来说,相应的设备还需要在不同数据链之间完成战术数字信息的过滤、转发等操作。

而信息处理的具体含义,包括在信息发送端,依据标准化的编码方案,对需要传输的战术数据或其他战术数字信息进行编码;在信息接收端,依据同样的编码方案,对所接收的二进制形式的数据解码。解码后数据可能还需要进一步的处理。例如,在 Link - 16 系统中,解码后的航迹信息可能需要相关、解相关等处理;在 CEC 系统中,解码后的量测信息需要栅格锁定、数据融合等处理。经过了这些处理的数据,才能被指控系统或火控系统利用。

一些战术数据链设备(如 Link - 16 的 JTID S/MIDS)还同时具有导航定位、敌我识别的能力。对于支持数字语音通信的战术数据链设备来说,还需要提供话音采样、编码、解码、D/A 变换等处理能力。

(二)战术层面功能

从战术的层面来说,数据链的功能是指能够得到数据链支持的,对应指控系统、火控系统或传感器平台的战术功能。这些功能主要如下:

(1)目标监视(包括空中、海面、陆地和水下目标)。

(2)指挥控制。

(3)情报分发。

(4)平台位置和状态报告。

(5)战场态势的形成和分发。

(6)任务协调。

(7)战斗协同。

(8)武器协同。

(9)武器控制等。

四、数据链的特征与分类

(一)数据链的特征

数据链系统具有以下5个主要特征。

(1)信息交换实时化。信息的实时传输是数据链重要的特性,由于战场状态瞬息万变,如飞机、导弹等武器的飞行航迹的坐标方位等信息具有很强的时效性,如果信息传输达不到一定的实时性,时过境迁,信息也就失去了意义。为了达到战术信息的实时传输性能,通常要采用多种技术措施来设计数据链:一是采用面向比特的方法来定义消息标准;二是选用高效、实用的交换协议;三是始终把握传输可靠性服从于实时性的原则;四是采用固定网络结构和传输路径;五是整体优化设计。

(2)战术信息格式化。数据链具有一套相对完备的消息标准,标准中规定的参数包括作战指挥、控制、侦察监视、作战管理、武器协调、联合行动等静态和动态信息的描述。

(3)传输组网综合化。由于飞机、舰船等武器平台具有高机动性的特点,数据链使用的传输信道一般是无线信道,采用综合数字化技术进行处理,具备跳频、扩频、猝发等通信方式以及加密手段,具有抗干扰、高效率和保密功能。数据链作用于有限的战斗空间,受地球曲率半径的限制,在地空或空空传输时,无线视距传输作用距离为300~500km。随着卫星等远距离通信手段的引入或通过中继,这个距离是可以扩展的。

(4)链接对象智能化。链接对象担负着战术信息的采集、加工、传递和应用等功能,必须具有较强的数字化能力和智能化水平,可以实现信息的自动化流转和处理,这样才能保证完成赋予作战单元的战术作战任务。

(5)传输介质多样化。为适应各种作战平台的不同信息交换需求,保证信息快速、可靠地传输,数据链可以采用多种传输介质和方式。

(二)数据链的分类

数据链的分类可以是多种多样的。从应用范围上,可以分为通用数据链与专用数据链,美军通用数据链包括 Link-4A、Link-11/Link-11B、Link-16、Link-22 等,专用数据链包括情报传输数据链、陆军专用数据链、海军专用数据链、空军专用数据链、海军陆战队专用数据链和武器控制数据链等。

从用途上,可以分为情报数据链、指挥控制数据链、图像传输数据链、防空反导数据链等。例如,U-2飞机上就装有专门的情报传输数据链,“捕食者”无人机就装有专门的图像传输数据链。

从传输对象上,可以分为点对点(即1对1)传输数据链、点对面(即1对多)传输数据链、面对面(即多对多)传输数据链,如 Link-4 就是点对点传输数据链,Link-16 就是面对面传输数据链。

从网络结构上,可以分为有中心站式数据链和无中心站式数据链,如 Link-11 就是有中心站式的数据链网络,Link-16 就是无中心站式的数据链网络。

从作战平台上，可以分为预警机数据链、战斗机数据链、无人机数据链、巡航导弹数据链、舰艇数据链等，如美军 F－22“猛禽”战斗机、“战斧”巡航导弹、“全球鹰”无人机等都装有特定的数据链。

从跨越空间上，可以分为地－空数据链、空－空数据链、舰－空数据链、舰－舰数据链，如 Link－4C 就是专门的空－空数据链。

从主用军种上，可以分为陆军数据链、海军数据链、空军数据链等，如美国陆军就有“陆军 1 号数据链”。

显而易见，根据不同的标准，每一种数据链可以分为多种不同的类型，但这并不影响数据链作用与功能的发挥。目前，较为普遍的分法是，将数据链分为通用数据链和专用数据链两大类。需要注意的是，数据链发展的轨迹也是从专用到通用，不断循环发展，螺旋上升的一个过程。目前，应用最为广泛的通用数据链典型代表就是 Link－16，但是，同样由于受其设计性能、物理体积等因素制约，也不可能完全取代其他数据链，而新装备技术的发展也给性能各异的专用数据链提供了广阔的发展空间。或许到了一定的历史时期，目前定义的“通用”数据链，将因“不通用”而认定为“专用”数据链，这也符合事物发展的客观规律。

（三）数据链与其他系统的关系

数据链作为一种新的信息传输和交换手段，与战场上其他信息传输、处理手段既相互联系又相互区别。目前，对数据链的认识还存在一些误区，如有人片面地认为数据链是一个完全不同的新系统，甚至认为数据链能够取代一切，以往所用到的其他通信系统都不重要了，也有人片面地认为数据链与其他系统没有大的区别，只是名称不同而已。这些错误认识将会妨碍人们正确认识和理解数据链，因此，需要进一步廓清数据链与其他系统之间的区别与联系。

1. 数据链与通信系统的关系

前面在阐述数据链定义时已经强调过，数据链是一种特殊的通信系统，是一种能够传输特定信息的现代意义上的特殊通信系统。首先，数据链的主要目的仍然是传输信息，这与通信系统并无二致；其次，数据链仍然使用传统意义上的通信设备开展工作，如电台等。这两点就可以决定数据链仍然是一种通信系统。当然，数据链与传统的通信系统还是有一定区别的。一是使用目的不同。数据链用于提高指挥控制、态势感知及武器协同能力，实现对武器的实时控制和提高武器平台作战的主动性；而通信系统则是用于提高数据传输能力，主要实现传输目的，但通信技术是数据链的基础。二是使用方式不同。数据链直接与指控系统、传感器、武器系统连接，可以“机－机”方式交换信息，实现从传感器到武器的无缝连接；而通信系统一般不直接与指控系统、传感器、武器系统链接，通常以“人－机－人”方式传送信息。数据链设备的使用针对性很强，在每次参加战术行动前都要根据作战的任务需求，进行比较复杂的数据链网络规划，使数据链网络结构和资源与该次作战任务最佳匹配；而通信终端通常为即插即用，在通信网络一次性配置好后，一般不做变动，不与作战任务发生直接的耦合。三是信息传输要求不同。数据链传输的是作战单元所需要的实时信息，要对数据进行必要的整合、处理，提取出有用的信息；而通信一般是透明传输，所有的措施都是为了保证数据传输质量，对数据所包含的信息内容不做识别和处理。另外，为实现运动平台的时空定位信息为其他用户所共享，各数据链终端需要统一时间基准和位置参考基准;而通信系统一般不考虑用户的绝对时间基准与空间位置的关系。四是与作战需求关联度不同。数据链网络设计是根据特定的作战任务,决定每个具体终端可以访问什么数据,传输什么消息,什么数据被中继,数据链的网络设计方案是受作战任务驱动的,从预先规划的网络库中挑选一种网络设计配置,在初始化时加载到终端上。数据链的组网配置直接取决于当前面临的作战任务、参战单元和作战区域。数据链的应用直接受作战样式、指控关系、武器系统控制要求、情报的提供方式等因素的牵引和制约,与作战需求高度关联;而通信的配置和应用与这些因素的关联度相对较低。

总的来说,数据链是有针对性地完成部队作战时的实时信息交换任务,而通信则是致力于解决各种用户和信息传输的普遍性问题。数据链所传送的信息和对象,要实现的目标十分明确,一般无交换、路由等环节,并简化了通信系统中为了保证差错控制和可靠传输的冗余开销,它的传输规程、链路协议和格式化消息的设计都针对满足作战的实时需求。由数据链网络链接各种平台(包括指挥所、无指控能力的传感器与武器系统等)的平台任务计算机需要专门配置相应的软件,以接收和处理数据链端机传来的信息或向其他平台发送信息。数据链与平台、任务计算机之间必须紧密集成,以支持机器与机器、机器与人之间的相互操作。

2. 数据链与指挥信息系统的关系

指挥信息系统是一个综合性的系统,美军过去称其为 C^4ISR 系统。指挥信息系统与数据链之间的关系可以说是整体与局部、包含与被包含的关系。

首先,数据链是指挥信息系统的末端网络。指挥信息系统是一个覆盖区域广泛、跨越层次较多的大系统,可以涵盖战略、战役、战术各个层次,覆盖范围可以远远超过战场地理区域限制。在一个指挥信息系统中,可以包含着许多传统的通信网、预警探测网、情报传输网和许多结构不同、功能各异的计算机网络等,而数据链则承担着指挥信息系统最为底层的功能和任务,主要完成战场范围内战术级信息的传输、交换、处理和使用。也就是说,数据链处于指挥信息系统的末端,负责最基本的战场信息的传递和使用,如我方飞机位置、飞行状态、武器状况和敌方目标性质、状态等基本信息,主要提供给一线指挥员和战斗员参考与使用。只是在必要时,才将一定的数据信息提供给战役以上层次的指挥员。

其次,数据链在指挥信息系统中的地位十分重要。尽管数据链处于指挥信息系统的末端,但却具有极其重要的地位。一方面,建立"传感器到射手"的传输链路,是缩短指挥时间、提高指挥效率的重要途径,也是指挥信息系统的一个发展方向。而数据链恰恰就是为此而产生的。另一方面,一些专用数据链的发展(如情报传输数据链),拓展了战术数据链的应用范围,将数据链贯穿于整个指挥信息系统之中,提高了指挥信息系统的效率,从根本上推动了指挥信息系统的发展,进而使数据链在指挥信息系统中的地位显得更加重要。

3. 数据链与 GIG、战术互联网的关系

全球信息网格(Global Information Grid,GIG),是美国国防部 20 世纪 90 年代提出的一个建设规划,就是要建立全球一体的信息网络。数据链与 GIG 的关系,类似与指挥信息系统的关系,数据链也是 GIG 的末端网络,也是 GIG 的一个核心组成部分。

战术互联网是美军 20 世纪 90 年代初建设数字化战场和数字化部队的一个规划,主要是将战术无线电台组成一个互联的网络。数据链与战术互联网是较接近的,但是,在组

网模式、设计理念、链接关系等方面,还存在着一些比较大的差距。可以说,战术互联网属于广义上的数据链的一种。

五、典型数据链系统

数据链作为信息化军队的主要装备之一,已经在世界各国军队中得到广泛应用,本节主要对美军/北约的典型数据链系统作一简要介绍,其也是世界数据链系统装备库中的典型装备。

从数据链诞生至今,美军先后研制的数据链类型共有40余种。目前,美军和北约现役的通用数据链主要有Link－4A、Link－11/Link－11B、Link－16、Link－22等,专用的数据链有各军种专用数据链、情报数据链、无人机数据链、武器控制数据链等。由于涉及的数据链种类繁多,这里主要选取其中典型的数据链基本性能和应用情况进行介绍。

(一)通用数据链

通用数据链是美国和北约各军种使用最为广泛的数据链,主要是指承担通用战术信息分发任务的数据链。

1. Link－4A数据链

Link－4A数据链(TADIL C)是一种非保密的低速数据链,每秒传输5000bit的数据,使用超短波传输(也就是说,只能在视距内传输),可以实现单/双向通信,主要应用于美国空军、海军和海军航空兵,可用于地－空、海－空、空－空之间的战术通信,是美国海军指挥的重要手段。其主要作用是传输导航与控制指令、实施空中交通管制、承担舰载机自动着舰和惯性导航任务等,可以在最多8个用户之间建立实施交换战术信息的互联网络。

目前,Link－4A数据链主要装备于美国海军所有主战水面舰艇(航空母舰、导弹巡洋舰、导弹驱逐舰、两栖攻击舰、两栖指挥舰等)、电子战飞机、反潜飞机、战斗机、预警机等主战武器装备。尽管Link－4A传输数据低(最高5kb/s),没有保密性,抗干扰能力差,将来会被Link－16等新型数据链所替代,但是可靠性非常高,并且其舰载机自动控制着舰功能是其他数据链所不具备的,因此,在短期内Link－4A仍将在美军中扮演着重要角色。

2. Link－11/Link－11B数据链

Link－11(TADIL A)/Link－11B(TADIL B)分别是Link－11的机(舰)载版本和陆基版本,是一种低速、保密、半双工的数据链,每秒可以传输1～2kb的数据(Link－11传输速率为1364b/s或2250b/s,Link－11B的标准传输速率为1200b/s)。Link－11/ Link－11B数据链可以选择使用短波或超短波传输,其中,Link－11B数据链还可以使用有线信道、卫星信道传输,也就是说,Link－11/ Link－11B数据链既可以实现视距内通信,还可以实现超视距通信,大大拓展了数据链的适用范围。Link－11主要用于传输指挥控制指令、交换预警信息、共享目标数据、发布武器状态等用途,采取主/从组网方式,也就是由一个主站与多个从站共同构成数据链网络。Link－11主要的工作方式是轮询。轮询是一个不断点名－应答的过程,大致过程是:作为主站的工作平台,依次向各个从站发送点名信息;而各个从站最初都处于接受状态,某一个从站在接到点名信息后,开始发送自己的信息,网络内的所有成员都接受该信息;从站消息发送结束,主站开始点名呼叫下一个从站,如此往复,实现信息的交换和共享。此外,Link－11 数据链还有通播、无线电静默等工作方式。

目前,Link－11 数据链主要安装范围是:美国海军的主战水面舰艇(航空母舰、导弹巡洋舰、导弹驱逐舰、两栖攻击舰、两栖指挥舰等)、核潜艇、E－2C“鹰眼”预警机、P－3C 反潜巡逻机、反潜机、电子侦察飞机及其他电子侦察平台;美国空军的 E－3A“望楼”预警机、RC－135“联合铆钉”电子侦察飞机和各种指挥控制中心、防空系统;美国陆军的“爱国者”导弹系统、战区导弹防御战术中心;美国海军陆战队的战术空中控制中心和战术空中作战中心等;北约各国的海空主战装备、作战中心等。Link－11B 则主要应用在固定平台。尽管 Link－11/ Link－11B 传输速率低,只具有一定的保密能力,但是,在一些需要超视距传输的作战平台上,如海军舰艇上,Link－11 数据链仍然具有强大的生命力。

3. Link－16 数据链

Link－16 数据链是当前应用范围最为广泛的地空、海空、空空数据链,也是到目前为止大量装备的功能最为强大的数据链。Link－16 工作在微波频段,主要实现视距传输,正常模式可以实现 500 多千米内的数据传输,经过中继,通信距离可以达到 900 多千米。Link－16 具有大容量传输能力,可以实现 28.8kb/s 和 115.2kb/s 两种传输速率,是 Link－4 和 Link－11 传输速率的几十倍;同时,Link－16 采取了扩频、跳频等抗干扰通信手段和多种抗干扰、高保密的编码手段,具有很强的抗干扰能力。Link－16 数据链可以采取无主站的组网方式将上百个作战平台联网工作,在完成传输指挥控制指令等基本功能的基础上,能够实现交换目标数据、侦察情报、各自位置、武器状况、导航定位、危险告警、敌我识别等多种功能。

Link－16 具有很强的通用性,这也为其广泛应用奠定了基础。目前,Link－16 数据链主要装备于:美国空军主战战斗机、战略轰炸机、预警机、电子战飞机和各种空中作战指挥控制中心等;美国海军主战舰艇(航空母舰、导弹巡洋舰、导弹驱逐舰、两栖攻击舰、两栖指挥控制舰、核潜艇等)、战斗机、预警机、电子战飞机等;美国陆军“爱国者导弹”系统、“长弓阿帕奇”直升机、前沿地域防空指挥控制系统、战区高空防御系统、战区导弹防御战术中心等。北约大多数国家的主战装备和指挥控制中心也都装备了 Link－16 数据链,部分购买了美国或北约武器装备的国家和地区,如我国台湾地区,也同时引进和装备了 Link－16 数据链。

(二)专用数据链

专用数据链是与通用数据链相对而言的,是指特定领域、特定对象、特定用途的数据链,主要包括情报传输数据链、军种数据链、武器弹药控制专用数据链等。需要指出的是,这些数据链大多都是针对特定的用途而发展出来的,其应用已经不是完全狭义上的战术数据链,而是趋向于广义上的数据链了。

1. 情报传输数据链

情报传输数据链主要为美军满足战场信息量急剧增长,针对 Link 系列战术数据链传输带宽难以满足需求而专门开发的数据链系统,由于其大多属于宽带传输,因而,也有人称其为“宽带数据链”。美军的情报传输数据链的具体类型非常多,典型的主要包括宽带的公共数据链(Common Data Link,CDL)、战术公共数据链(Tactical Common Data Link,TCDL)、高整合数据链(Highly Integrated Data Link,HIDL)、E－8 联合目标攻击雷达系统专用数据链(SCDL)和窄带的战术信息广播系统数据链等。

2. 军种数据链

美国各个军种都有自己的专用数据链,如陆军专用数据链、海军专用数据链、空军专用数据链、海军陆战队专用数据链等。

美国陆军装备的数据链包括陆军1号战术数据链(ATD - 1)、增强型定位报告系统(Enhanced Position Location Reporting System,EPLRS)、"爱国者"导弹数据链(PADIL)、"霍克"导弹数据链(IBDL)、自动目标交接系统(Automatic Target Handoff System,ATHS)和可变报文格式(Variable Message Format,VMF)等数据链。

美国海军的专用数据链主要有战术导航数据链、舰载直升机数据链(LAMPS)、协同作战能力(Cooperative Engagement Capabilit,CEC)数据链、海军通用数据链(CDL - N)等。

美国空军专用数据链主要包括预警机数据链(RADIL)、空中交通管制数据链(VDL - 2)、态势感知数据链(Situation Awareness Data Link,SADL)、S模式监视数据链(S - Mode)、改进型数据调制解调器(Improved Data Modem,IDM)等专用数据链。

美国海军陆战队的专用数据链与美陆军相似,主要用于防空作战部队使用。美国海军陆战队的专用数据链主要有地基数据链(Ground - Based Data Link,GBDL)和点对点数据链(Point - to - Point Data Link,PP - DL)等。

3. 武器弹药控制专用数据链

随着精确制导武器的发展,数据链在发挥武器弹药的精确打击能力方面发挥着越来越重要的作用。武器弹药控制专用数据链不但可以回传精确制导弹药(巡航导弹、精确制导炸弹等)飞行中获取的图像信息,还能够修改目标参数、重新瞄准和改变打击方向,达到"发射后还能管"的目的,这就使得精确打击武器能够在飞行途中灵活改变攻击行动,更好地适应瞬息万变的战场局势,大幅提高打击精度。美军武器弹药控制专用数据链主要有AN/AXQ - 14精密制导炸弹控制数据链、AN/AWW - 13先进数据链、杀伤定位系统(KAATS)、自主广域搜索弹药数据链(AWASM)等。

本章小结

本章主要介绍了信息传输的基本概念,对信息传输系统的基本组成部分及其功能进行了描述;同时详细分析了短波通信、超短波通信、卫星通信及数据链的定义、基本任务及主要特点。

习　题

1. 数字通信系统有哪些优点?

2. 一个系统在125μs内传输256bit的信息,计算该系统的信息传输速率是多少?

3. 举出几例生活中的自然信号和信息传输信号。

4. 如何理解模拟传输系统用信噪比衡量可靠性,而数字传输系统用误码率和误信率衡量?

5. 如何理解信道通频带对传输信号的影响?

6. 设信道带宽为 3kHz,信噪比为 20dB,若传输二进制信号,则最大传输速率是多少?
7. 简述短波通信的应用特点。
8. 什么是卫星通信中所谓的星蚀现象?
9. 什么是数据链? 它有哪些特点?
10. 数据链与通信系统有哪些区别?

第五章　信息处理

信息处理技术是信息作战主体技术之一，是信息技术的重要研究领域。运用信息处理技术能对信息战场收集到的各种实时信息自动进行综合、分类、计算、存储、更新、分发、显示和输出，并能根据实时和历史的信息，进行军事运筹、辅助决策，及对各种作战方案进行模拟、比较、评估和选优。其应用和发展，不仅直接影响信息作战其他技术领域的应用和发展，而且将对信息作战的方式和效能产生巨大影响。随着军事高技术特别是电子计算机技术的迅猛发展，信息处理技术广泛应用于信息作战的指挥控制系统、数字化部队、信息化武器装备和指挥控制决策等各个领域，其构成不断发展变化，在信息作战中的地位和作用更为突出。

第一节　信息处理概述

一、信息处理的内涵

信息处理的内涵可以从“信息”和“处理”两个方面来探究。首先，信息总是依靠载体而物理存在的，信息处理实际上是通过对承载信息载体的处理来实现的。而处理是指对载体进行的组织、变换、分析等加工操作。因此，粗略地讲，信息处理就是对信息载体的加工。

对于信息的载体，目前有两种提法。在电子信息技术领域，普遍的观点是，信息即消息，信号是消息的载体，即是信息的载体。因此，对信息的处理总是通过对信号的处理来实现的。而相应的处理技术主要包括信号滤波、变换、压缩、频谱分析、估计、检测、识别等。

在计算机信息按技术领域，一般认为，数据是最基本的处理对象，信息是数据加工之后的结果，其表现形式还是数据，即数据是信息的载体。因此，信息处理总是通过对数据的处理来实现的，而典型的处理技术则包括多媒体技术、模式识别技术、机器学习技术、人工智能技术、计算机仿真技术、计算机网络技术以及计算机安全技术等。

为全面理解信息处理的内涵，需要了解信息处理的两个规律：一个是信息不增原理，一个是数据与信息的相对性。信息不增原理是指对承载信息的信号所作的任何处理，都不可能使它所承载的信息量增加。这可以从两方面来理解。一方面，处理通常会导致信息损失，处理的环节和次数越多，损失的可能性越大，即使在理想情况下不损失信息，但也不能增加信息量。另一方面，在多级处理情况下，每一级处理都会得到一些新的信息，这只能说是从信号中析取得到的信息量增加了，并不意味着信号中所蕴含的信息量增加了。

数据与信息的相对性是指在多级信息处理情况下，前一级处理的输出信息是后一级处理的输入数据。数据与信息可以是相对于信息处理的输入输出。

二、信息处理过程

信息处理技术特点是以计算机为主要工具，常常表现为对信息载体(数据)的处理。其数据来源不仅是数值化的数据，而且还包括文字、图像、语音等非数值化数据。因此，信息处理一般分为三个阶段。

第一阶段是信息输入，即通过各种输入和转换设备，把从信息源获取的数据，转换成计算机能识别的形式，为进一步的信息加工处理作好准备。其主要内容包括：数据采集，如采集敌我态势、气候条件等作战指挥所需的各种信息；数据转换，即把所需的信息转换成计算机能处理的代码形式。

第二阶段是信息处理，即根据各种不同的要求，调用预先设计好的计算机程序，对输入的数据进行加工处理，提取所需信息。这种处理内容主要包括：数据分组，即指定编码，按有关的信息进行有效分组；数据排序，即把数据按一定要求排成次序；数据组织，即整理数据或用某些方法安排数据，以便进行处理；数据计算，即对有关的数据进行各种算术和逻辑的运算，以便得到进一步的信息，如制订行动计划、物资分配、情况判断等；数据存储，即将原始数据或运算结果保存起来，供随时调用；数据检索，即按用户要求及时找出用户所需的信息。这些处理都可以在硬设备支持下，借助于计算机系统软件、文件系统、数据库管理系统等来完成，并常用到信息论、概率论、运筹学、建模技术、仿真技术、程序设计、模式识别、人工智能等有关理论和技术。

第三阶段是信息输出，即把所需的处理结果送给输出设备，供操作人员作决策使用；或直接送给执行系统，控制执行系统完成预定的动作。由于需要输出的信息性质及应用目的不同，因而采用的输出技术也不相同。其主要有：显示输出，如各种形式的屏幕显示(CRT 显示、等离子显示、液晶显示等)、仪表指示、灯光闪烁和文字输出等；记录输出，如打印、绘图、摄影和磁性记录等；控制命令输出，如用于直接控制武器系统的信号等。

三、信息处理分类

从信息处理技术功能的角度来看，信息处理技术主要分为提高有效性的信息处理技术、提高抗干扰性的信息处理技术、改善主观感觉效果的信息处理技术、识别和分类的信息处理技术、选择与分离的信息处理技术、软件技术和模拟仿真技术等，下面介绍其中几种对应的信息处理。

(一)提高抗干扰性的信息处理

为了提高抗干扰的能力，针对干扰的性质和特点，对载荷信息的信号进行适当的变换和设计。例如，通过过滤和综合来消除画面的条纹干扰或孤立斑点；通过适当的设计使信号具有较强的相关性来抑制随机噪声的干扰；通过对信号附加适当的冗余，使信号具有发现和纠正错误的能力等，都是这类信息处理技术的应用实例。

(二)改善主观感觉效果的信息处理

改善主观感觉效果主要应用在图像处理方面。例如，通过灰度变换和修正、频率成分的加重和调整来改善图像的质量；为了便于观察图像各个部分的差别，把灰度差转换为色彩差，形成假彩色图等。此外，广播中的立体声处理也是改善主观感觉效果的信息处理技术。

（三）识别和分类的信息处理

识别和分类的信息处理通常称为模式识别，是根据用户要求合理地抽取模式的特征，然后根据一定的准则对模式进行识别和分类。具体实现方法主要有两类：基于模式的统计特征和统计推断理论的统计识别方法；基于模式结构特征和文法推理的文法识别方法。统计识别方法要求先抽取模式的特征，得到原始的特征空间，然后把它变换到低维空间，并根据一定准则（如最小均方误差、最大熵准则等）对它进行分类（线性分类或非线性分类，后者具有较好的分类效果但较复杂）。文法识别方法要求先选取模式的元素（即结构特性），然后进行文法分析和推断，通过模板匹配，按照相似度准则来识别模式。数码识别、文字识别、语声识别和特定图形（如指纹、染色体、癌细胞等）的识别等都取得了较大进展。

（四）选择与分离的信息处理

选择信息通常指从内容随时增减变动的数据库中有选择地提取信息，如情报检索和文字加工等。分离信息，如在多数人交谈的环境中只选取一个人的讲话，需要有发话者的语声识别器（如利用基频和音调等特征来识别出选择的对象，然后将有关信息提取出来）；在场景识别中将活动物体图像从背景中分离出来，可以仿照蛙眼识别活动目标原理来实现。

第二节　目标跟踪技术

众所周知，火控、指控系统是武器系统和作战系统的核心，是武器威力的倍增器，而目标定位与跟踪是火控、指控系统中极为重要的处理模块。在火控系统中，它的总体任务是根据作战指挥命令，利用可获取的各种战场信息、数据，对目标进行探测、定位与跟踪，解算目标运动要素，实时提供控制武器发射所需参数，控制武器准确地对目标实施有效打击或拦截。因此，为了保证较好地完成火控任务，对目标实施连续定位、跟踪，准确求解目标运动要素是现代火控系统应具备的重要功能之一，是解算武器射击控制诸元的基础。理论和实践检验表明，目标跟踪的效果严重影响火控系统的反应时间、射击精度等战技指标，同火控系统的作战效能有密切联系。目标跟踪功能模块已成为现代火控系统功能中的基本功能配置，在海军多种舰艇火控系统中得到体现。在指控系统中，目标跟踪是其航迹处理的重要内容之一。现代指控系统中的多目标航迹管理中，目标跟踪处理包括航迹起始、航迹维持（航迹关联、滤波、预测、融合）、航迹终结等处理是实现多目标航迹管理的核心内容，处理的结果对指挥员提供清晰、统一的战场态势具有重要意义。

滤波和预测的目的，是估计当前和未来时刻目标的运动状态，包括位置、速度和加速度等。基本的跟踪滤波与预测方法是跟踪系统的最基本要素，也是形成自适应跟踪滤波的前提和基础。在众多滤波算法中，最经典的方法是最小二乘滤波。下面主要对这种滤波方法进行原理性介绍和分析。

1. 最小二乘法基本原理

最小二乘滤波方法也称为最小二乘估计。这是一种经典的方法，是 200 多年前由高斯（Gauss）提出来的。它简单实用，在各个领域中都得到广泛的应用。

一般而言，为了估计未知量 X，需要对它进行 n 次测量。如果所求估计值又与各测量值之间的误差平方和达到最小,则称 X 为未知量 X 的最小二乘估计。下面,结合火力控制系统中应用的最小二乘法进行讨论。

设目标坐标的真实值为 $x(t)$,在 $t_1,t_2,\cdots,t_n$ 时刻,得到目标的观测值为 $z_1,z_2,\cdots,z_n$。一般在观测数据中是存在着随机误差的,因此,不宜把这些观测值直接作为目标坐标,更不能直接用观测值来确定目标的运动规律。

为了从观测值中提取信号,首先对目标的运动规律进行假设。通常是假设目标做等速直线运动,这在实际中是比较合适的假设。为反映目标各式各样的运动,最一般的假设是目标 $x(t)$ 随时间按某一多项式变化,即设

$$x(t)=a_0+a_1t+a_2t^2+\cdots+a_mt^m \tag{5-1}$$

这也称为目标运动数学模型,式(5-1)即多项式目标模型。这种多项式也是时间多项式,如用微分方程式表示,因此,也称为导数多项式模型,则为

$$\frac{\mathrm{d}x(t)}{\mathrm{d}t}\neq 0,\frac{\mathrm{d}^2x(t)}{\mathrm{d}t^2}\neq 0,\frac{\mathrm{d}^mx(t)}{\mathrm{d}t^m}\neq 0,\frac{\mathrm{d}^{m+1}x(t)}{\mathrm{d}t^{m+1}}\neq 0 \tag{5-2}$$

式中:$\frac{\mathrm{d}^mx(t)}{\mathrm{d}t^m}$为不为零的最高阶导数;$m$ 为模型的阶数。式(5-1)与式(5-2)是等价的。

由数学中的近似定理可知,多项式可以在一个有限区间内,以任何所需精度来近似一个连续函数。式(5-1)代表一条光滑曲线,式中 $a_0,a_1,\cdots,a_m$ 为待定系数。为了确定 $a_0\sim a_m$ 的数值,先列出观测值 z_i 与 $x(t_i)$ 之差,即残差:

$$\varepsilon_i=\sum_{j=0}^{m}a_jt_i^j-z_i,\quad i=1,2,\cdots,n;n\geqslant m+1$$

残差的平方和为

$$\sum_{i=0}^{n}\varepsilon_i^2=\sum_{i=0}^{n}\left(\sum_{j=0}^{m}a_jt_i^j-z_i\right)^2=Q \tag{5-3}$$

对式(5-3)求偏导,并令其为零,即

$$\frac{\partial Q}{\partial a_k}=2\sum_{i=0}^{n}\left(\sum_{j=0}^{m}a_jt_i^j-z_i\right)t_i^k \tag{5-4}$$

令 $k=0,1,\cdots,m$,便得 $m+1$ 个方程式,可求得 $a_0,a_1,\cdots,a_m$ 共 $m+1$ 个未知数,当 $n\geqslant m+1$ 时有唯一解。求出参数 $a_0,a_1,\cdots,a_m$ 后即可取得所估计的 $\hat{x}(t)$ 表示式。以上所介绍的是最小二乘滤波的基本原理。

2. 累加形式的最小二乘滤波

1)假设目标做等速直线运动

假设目标做等速直线运动,即 $a_1\neq 0,a_2=a_3=\cdots=a_m=0$。这是一种比较简单的假设,这种假设也称为"一次假设"。在这种假设下,目标的绝对直角坐标 x、y、h 都是时间 t 的一次函数,各坐标值的滤波计算是一样的。这里,只以 x 坐标的滤波计算为例。

下面,按上述最小二乘滤波原理来计算只有两项的多项式目标模型滤波。设

$$x(t)=a_0+a_1t$$

设 $z_1,z_2,\cdots,z_n$ 为 n 个对 $x(t)$ 的测量值。观测是按等间隔时间 Δt 进行的,各个时刻的残差为

$$\varepsilon_i=(a_0+a_it_i)-z_i,\quad i=1,2,\cdots,n$$

残差的平方和为

$$Q = \sum_{i=0}^{n} (a_0 + a_1 t_i - z_i)^2$$

对 a_0 和 a_1 求偏导数并令其等于零，即

$$\begin{cases} \dfrac{\partial Q}{\partial a_0} = 2\sum_{i=1}^{n} (a_0 + a_1 t_i - z_i) = 0 \\ \dfrac{\partial Q}{\partial a_1} = 2\sum_{i=1}^{n} (a_0 + a_1 t_i - z_i) t_i = 0 \end{cases} \tag{5-5}$$

移项，并代入 $t_i = i\Delta t$，得

$$\begin{cases} a_0 n + a_1 \sum_{i=1}^{n} i\Delta t = \sum_{i=1}^{n} z_i \\ a_0 \sum_{i=1}^{n} i\Delta t + a_1 \sum_{i=1}^{n} i^2 \Delta t^2 = \sum_{i=1}^{n} iz_i \Delta t \end{cases}$$

展开得

$$\begin{cases} \sum_{i=0}^{n} (a_0 + a_1 i\Delta t) = \sum_{i=0}^{n} z_i \\ \sum_{i=0}^{n} (a_0 i\Delta t + a_1 i^2 \Delta t^2) = \sum_{i=0}^{n} z_i i\Delta t \end{cases} \tag{5-6}$$

联立方程求解可得

$$\hat{a}_0 = \frac{2(2n+1)}{n(n-1)} \sum_{i=1}^{n} z_i - \frac{6}{n(n-1)} \sum_{i=1}^{n} iz_i$$

$$\hat{a}_1 = -\frac{6}{n(n-1)\Delta t} \sum_{i=1}^{n} z_i - \frac{12}{n(n^2-1)\Delta t} \sum_{i=1}^{n} iz_i = \hat{\dot{x}}_n$$

因为

$$\hat{\dot{x}} = \frac{\mathrm{d}}{\mathrm{d}t}(\hat{a}_0 + \hat{a}_1 t) = \hat{a}_1$$

这里的 $\hat{a}_1$ 等于目标的估计速度。因目标等速运动，故 $\hat{a}_1$ 就是 t_n 时刻的估计速度 $\hat{\dot{x}}$。目标在 t_n 时刻的估计坐标为

$$\hat{x}_n = \hat{x}(t_n) = \hat{a}_0 + \hat{a}_1 n\Delta t = -\frac{2}{n} \sum_{i=1}^{n} z_i + \frac{6}{n(n+1)} \sum_{i=1}^{n} iz_i \tag{5-7}$$

式中：$\hat{x}$ 和 $\hat{\dot{x}}$ 分别为对时刻 t_n 的目标坐标和目标速度的估计值。

2)假设目标做等加速运动

假设目标做等加速运动时，即 $a_1 \neq 0, a_2 \neq 0, a_3 = \cdots = a_m = 0$。这种假设称为“二次假设”，此时坐标 $x(t)$ 是时间 t 的二次多项式，设

$$x(t) = a_0 + a_1 t + a_2 t^2$$

用与目标等速运动时同样的方法，可以求出 t_n 时刻估计的坐标 $\hat{x}_n$、速度 $\hat{\dot{x}}_n$ 和加速度 $\hat{\ddot{x}}_n$，分别为

$$\begin{cases}\hat{x}_n = \dfrac{3}{n}\sum_{i=1}^{n} z_i - \dfrac{6(4n-3)}{n(n+1)(n+2)}\sum_{i=1}^{n} iz_i + \dfrac{30}{n(n+1)(n+2)}\sum_{i=1}^{n} i^2 z_i \\ \hat{\dot{x}}_n = \dfrac{6(4n-3)}{n(n-1)(n-2)\Delta t}\sum_{i=1}^{n} z_i + \dfrac{12(-14n^2+11)}{n(n^2-1)(n^2-4)\Delta t}\sum_{i=1}^{n} iz_i + \\ \qquad \dfrac{180}{n(n+1)(n^2-4)\Delta t}\sum_{i=1}^{n} i^2 z_i \\ \hat{\ddot{x}}_n = \dfrac{60}{n(n-1)(n-2)\Delta t^2}\sum_{i=1}^{n} z_i + \dfrac{360}{n(n^2-1)(n^2-4)\Delta t^2}\sum_{i=1}^{n} iz_i + \\ \qquad \dfrac{360}{n(n^2-1)(n^2-4)\Delta t^2}\sum_{i=1}^{n} i^2 z_i \end{cases} \tag{5-8}$$

上述算法要根据测量数据的累加值$\left(\sum_{i=1}^{n} z_i, \sum_{i=1}^{n} iz_i, \sum_{i=1}^{n} i^2 z_i\right)$来计算,因而称为累加格式。

从 $i=1$ 到 $i=n$ 这段采样时间称为观察时间。观察时间越长,采样点数越多,对消除误差越有利。但是,并非观察时间越长越好。例如,在目标运动规律与假设不符合或运动不稳定时,若选用较长的观察时间,则必然会使滤波计算对目标的机动反应迟钝,从而造成系统误差,所以这时应该选择较短的观察时间。因此,观察时间的选择要结合战术技术论证,权衡利弊,适中为好。

3. 矩阵形式的最小二乘滤波

采用矩阵运算形式的最小二乘滤波公式具有简明的特点,便于数学分析。

1)数量 x 的最小二乘估计

首先,分析未知量是常值的情况。设对某固定目标坐标 x 进行 n 次测量,各次的量测方程为

$$\begin{cases} z_1 = h_1 x_1 + \nu_1 \\ z_2 = h_2 x_2 + \nu_2 \\ \quad \vdots \\ z_n = h_n x_n + \nu_n \end{cases}$$

用矩阵来表示上面的测量方程,则有

$$\boldsymbol{Z} = \boldsymbol{HX} + \boldsymbol{V} \tag{5-9}$$

式中:

$$\boldsymbol{Z} = \begin{bmatrix} z_1 \\ z_2 \\ \vdots \\ z_n \end{bmatrix}, \quad \boldsymbol{H} = \begin{bmatrix} h_1 \\ h_2 \\ \vdots \\ h_n \end{bmatrix}, \quad \boldsymbol{V} = \begin{bmatrix} \nu_1 \\ \nu_2 \\ \vdots \\ \nu_n \end{bmatrix}$$

观测误差为

$$\boldsymbol{E} = \boldsymbol{Z} - \boldsymbol{HX} \tag{5-10}$$

根据最小二乘滤波的原理,应选择 $\hat{\boldsymbol{X}}$ 使误差的平方和最小,而误差的平方和为

$$\boldsymbol{Q} = (\boldsymbol{Z} - \boldsymbol{HX})^{\mathrm{T}}(\boldsymbol{Z} - \boldsymbol{HX}) \tag{5-11}$$

求 Q 的极小值为

$$\frac{\partial \boldsymbol{Q}}{\partial \boldsymbol{X}} = -2\boldsymbol{H}^{\mathrm{T}}(\boldsymbol{Z}-\boldsymbol{H}\boldsymbol{X})$$

令上式等于零,则得

$$\hat{\boldsymbol{X}} = (\boldsymbol{H}^{\mathrm{T}}\boldsymbol{H})^{-1}\boldsymbol{H}^{\mathrm{T}}\boldsymbol{Z} \tag{5-12}$$

例如,对 x 进行 n 次测量得 $z_1,z_2,\cdots,z_n$,这时有

$$\boldsymbol{H} = \begin{bmatrix} 1 \\ 1 \\ \vdots \\ 1 \end{bmatrix}_{n\times 1}$$

代入式(5-12)则有

$$\left[\begin{bmatrix}1 & 1 & \cdots & 1\end{bmatrix}\begin{bmatrix} 1 \\ 1 \\ \vdots \\ 1 \end{bmatrix}\right]^{-1}\begin{bmatrix}1 & 1 & \cdots & 1\end{bmatrix}\begin{bmatrix} z_1 \\ z_2 \\ \vdots \\ z_n \end{bmatrix} = \frac{z_1+z_2+\cdots+z_n}{n}$$

这是 n 次量测值的算术平均值,即此情况下的最小二乘估计值。

2)矢量 $\boldsymbol{X}$ 的最小二乘估计

下面设被估计量 $\boldsymbol{X}$ 是 n 维矢量的情况。假设对 $\boldsymbol{X}$ 进行 k 次测量,量测方程分别为

$$\begin{cases} z_1 = h_1\boldsymbol{X}+\nu_1 \\ z_2 = h_2\boldsymbol{X}+\nu_2 \\ \quad\vdots \\ z_k = h_k\boldsymbol{X}+\nu_k \end{cases}$$

其中,第 i 次的量测 z_i 与同次的误差 v_i 有相同维数。但每个 z_i 维数不一定相同,记其维数为 m_i,第 i 次的量测矩阵为 $\boldsymbol{h}_i$,是一个 $m_i\times n$ 矩阵。

将全部 k 次量测矢量复合成一个维数等于 $\sum\limits_{i=1}^{k} m_i = M$ 的矢量,即

$$\boldsymbol{Z} = \begin{bmatrix} z_1 \\ z_2 \\ \vdots \\ z_k \end{bmatrix}$$

为 M 维,$M = \sum\limits_{i=1}^{k} m_i$($m_i$ 是 z_i 的维数)。

并相应地定义 $M\times n$ 矩阵 $\boldsymbol{H}$ 和 M 维列矢量 $\boldsymbol{V}$,这时就可以将全部量测方程写成一个方程:

$$\underset{M\times 1\text{ 维}}{\underset{\vdots}{\boldsymbol{Z}}} = \underset{M\times n\text{ 维}}{\underset{\vdots}{\boldsymbol{H}}}\ \underset{n\times 1\text{ 维}}{\underset{\vdots}{\boldsymbol{X}}} + \underset{M\times 1\text{ 维}}{\underset{\vdots}{\boldsymbol{V}}}$$

按最小二乘原理的误差平方和为

$$E(x) = (\boldsymbol{Z} - \boldsymbol{HX})^{\mathrm{T}}(\boldsymbol{Z} - \boldsymbol{HX}) \tag{5-13}$$

式(5－13)与式(5－10)对比,可以看出,除了矢量的维数不一样,其余完全一样。因此,应用相似的方法,可得最小二乘估计矢量为

$$\hat{\boldsymbol{X}} = (\boldsymbol{H}^{\mathrm{T}}\boldsymbol{H})^{-1}\boldsymbol{H}^{\mathrm{T}}\boldsymbol{Z}$$

4. 加权最小二乘滤波

前面讲的最小二乘法是想使估计值与各次测量值之差的平方和达到最小,即使

$$\boldsymbol{E} = (\boldsymbol{Z} - \boldsymbol{H}\hat{\boldsymbol{X}})^{\mathrm{T}}(\boldsymbol{Z} - \boldsymbol{H}\hat{\boldsymbol{X}})$$

为最小。这相当于把每次测量的结果都同等看待。较合理的方法是应该在观测较准确时,看得重些,或者说加权大些;而当观测较差时,加权小些。

马尔可夫(Markov)首先把这一想法用于最小二乘法,这就需要事先了解观测误差协方差阵。本书就是利用这一信息来改进最小二乘法的,此方法也称为马尔可夫估计。

现在来看,使加权后的最小二乘准则

$$\boldsymbol{E}_w(\hat{\boldsymbol{X}}) = (\boldsymbol{Z} - \boldsymbol{H}\hat{\boldsymbol{X}})^{\mathrm{T}}\boldsymbol{W}(\boldsymbol{Z} - \boldsymbol{H}\hat{\boldsymbol{X}}) \tag{5-14}$$

达到极小的估计,其中 $\boldsymbol{W}$ 是一个根据测量结果适当选取的对称正定加权矩阵。当 $\boldsymbol{W} = \boldsymbol{I}$ 时,化为前述的 $\boldsymbol{E}$ 了。利用矩阵微分法,则有

$$\frac{\partial \boldsymbol{E}_w(\hat{\boldsymbol{X}})}{\partial \hat{\boldsymbol{X}}} = -2\boldsymbol{H}^{\mathrm{T}}\boldsymbol{W}(\boldsymbol{Z} - \boldsymbol{H}\hat{\boldsymbol{X}}) \tag{5-15}$$

令式(5－15)等于零,取得对 $\boldsymbol{X}$ 的加权最小二乘估计,即

$$\hat{\boldsymbol{X}} = (\boldsymbol{H}^{\mathrm{T}}\boldsymbol{W}\boldsymbol{H})^{-1}\boldsymbol{H}^{\mathrm{T}}\boldsymbol{W}\boldsymbol{Z}$$

假设了解观测误差的协方差 $\boldsymbol{R}$,并用 $\boldsymbol{R}^{-1}$ 作加权矩阵,则有

$$\hat{\boldsymbol{X}} = (\boldsymbol{H}^{\mathrm{T}}\boldsymbol{R}^{-1}\boldsymbol{H})^{-1}\boldsymbol{H}^{\mathrm{T}}\boldsymbol{R}^{-1}\boldsymbol{Z} \tag{5-16}$$

当 $\boldsymbol{R}$ 为对角矩阵时,即

$$\boldsymbol{R} = \begin{bmatrix} \sigma_{z_1}^2 & & & 0 \\ & \sigma_{z_2}^2 & & \\ & & \ddots & \\ 0 & & & \sigma_{z_n}^2 \end{bmatrix}$$

可以清楚地看到 $\boldsymbol{R}^{-1}$ 加权矩阵对改进最小二乘法的作用。当 $\boldsymbol{W} = \boldsymbol{R}^{-1}$ 时,有

$$\boldsymbol{E}_w(\hat{\boldsymbol{X}}) = (\boldsymbol{Z} - \boldsymbol{H}\hat{\boldsymbol{X}})^{\mathrm{T}} \begin{bmatrix} \sigma_{z_1}^2 & & & 0 \\ & \sigma_{z_2}^2 & & \\ & & \ddots & \\ 0 & & & \sigma_{z_n}^2 \end{bmatrix}^{-1} (\boldsymbol{Z} - \boldsymbol{H}\hat{\boldsymbol{X}})$$

$$= [\tilde{z}_1 \quad \tilde{z}_2 \quad \cdots \quad \tilde{z}_n] \begin{bmatrix} \sigma_{z_1}^2 & & & 0 \\ & \sigma_{z_2}^2 & & \\ & & \ddots & \\ 0 & & & \sigma_{z_n}^2 \end{bmatrix}^{-1} \begin{bmatrix} \tilde{z}_1 \\ \tilde{z}_2 \\ \vdots \\ \tilde{z}_n \end{bmatrix}$$

$$=\frac{\tilde{z}_1^2}{\sigma_{z_1}^2}+\frac{\tilde{z}_2^2}{\sigma_{z_2}^2}+\cdots+\frac{\tilde{z}_n^2}{\sigma_{z_n}^2}$$

这表示对每一次测量误差的加权因子，与该次测量误差的方差成反比。由此可见，这种 $\boldsymbol{W}=\boldsymbol{R}^{-1}$ 加权最小二乘估计优于一般的最小二乘估计。这在理论上是无疑的，但是这就要求事先掌握 $\boldsymbol{R}$ 矩阵。$\boldsymbol{R}$ 矩阵的获得，要靠长期的统计资料。

加权最小二乘估计误差协方差矩阵为

$$\boldsymbol{P}=(\boldsymbol{H}^{\mathrm{T}}\boldsymbol{W}\boldsymbol{H})^{-1}\boldsymbol{H}^{\mathrm{T}}\boldsymbol{W}^{\mathrm{T}}\boldsymbol{R}\boldsymbol{W}\boldsymbol{H}(\boldsymbol{H}^{\mathrm{T}}\boldsymbol{W}\boldsymbol{H})^{-1}=(\boldsymbol{H}^{\mathrm{T}}\boldsymbol{R}^{-1}\boldsymbol{H})^{-1} \tag{5-17}$$

当 $\boldsymbol{W}=\boldsymbol{R}^{-1}$ 时，有

$$\boldsymbol{P}=(\boldsymbol{H}^{\mathrm{T}}\boldsymbol{R}^{-1}\boldsymbol{H})^{-1}\boldsymbol{H}^{\mathrm{T}}\boldsymbol{R}^{-1}\boldsymbol{R}\boldsymbol{R}^{-1}\boldsymbol{H}(\boldsymbol{H}^{\mathrm{T}}\boldsymbol{R}^{-1}\boldsymbol{H})^{-1}=(\boldsymbol{H}^{\mathrm{T}}\boldsymbol{R}^{-1}\boldsymbol{H})^{-1} \tag{5-18}$$

如果 $\boldsymbol{R}$ 是对角矩阵，而且每个元素 σ_z^2 都相等，则式（5-18）将变成 $\boldsymbol{P}=\sigma_z^2(\boldsymbol{H}\boldsymbol{H}^{\mathrm{T}})^{-1}$，即和不加权的最小二乘估计误差矩阵相同。这实际是马尔可夫估计的一种退化，因为各次测量的 σ_z^2 皆相同，加权就没有意义了。如果 R 对角线上各元素不相同，则可明显地看出，马尔可夫估计要优于一般的估计。请看下例。

例 5-1　设

$$\boldsymbol{H}=\begin{bmatrix}1\\1\\1\end{bmatrix},\quad \boldsymbol{R}=\begin{bmatrix}64 & & 0\\ & 16 & \\ 0 & & 4\end{bmatrix}$$

试求最小二乘估计和马尔可夫估计的误差方差。

解：首先计算最小二乘估计的误差方差：

$$\begin{aligned}\boldsymbol{P}&=(\boldsymbol{H}^{\mathrm{T}}\boldsymbol{H})^{-1}\boldsymbol{H}^{\mathrm{T}}\boldsymbol{R}\boldsymbol{H}(\boldsymbol{H}^{\mathrm{T}}\boldsymbol{H})^{-1}\\&=\frac{1}{3}\times[1\quad 1\quad 1]\begin{bmatrix}64 & & 0\\ & 16 & \\ 0 & & 4\end{bmatrix}\begin{bmatrix}1\\1\\1\end{bmatrix}\times\frac{1}{3}\\&=\frac{1}{9}\times(64+16+4)\approx 9.33\end{aligned}$$

再计算马尔可夫的误差方差：

$$\begin{aligned}\boldsymbol{P}&=(\boldsymbol{H}^{\mathrm{T}}\boldsymbol{R}^{-1}\boldsymbol{H})^{-1}\\&=\left[[1\quad 1\quad 1]\begin{bmatrix}\frac{1}{64} & & 0\\ & \frac{1}{16} & \\ 0 & & \frac{1}{4}\end{bmatrix}\begin{bmatrix}1\\1\\1\end{bmatrix}\right]^{-1}\\&=\frac{1}{64}+\frac{1}{16}+\frac{1}{4}\approx 3.47\end{aligned}$$

对比结果可见：马尔可夫估计的误差方差明显低于不加权的最小二乘估计的误差方差。

第三节　目标信号识别技术

目标探测主要研究目标信号的采集手段以及信号的预处理等问题。在得到由各种探

测技术探测到的某种信号之后，就要对信号进行识别，从而判断其是属于哪一类目标。这就涉及目标信号的特征提取和目标识别问题，本节首先介绍目标识别技术的基本概念，然后对信号的特征以及特征提取和选择进行论述，最后探讨目标识别和相关问题。

一、目标识别技术的基本概念

（一）基本概念

目标识别是人类最重要的基本活动之一，人类在日常生活、社会活动、科学研究以及学习、工作等活动中无时无处不在进行着目标识别。例如，儿童在认读识字卡片上的数字时，将它们区分为 0～9 中的某一个，这是对数字符号的识别；在读书看报时，人们进行的是文字识别活动；上班坐汽车找汽车停靠站点是对事物形状和特征的识别；做某种实验时对示波器显示波形的观察是一个波形识别的过程，医生给病人看病需要对病情进行识别；在人群中寻找某一个人是对人的形体及其特征的识别行为。诸如此类的例子还有许多，总之，目标识别就是人类实现对各种事物或现象的分析、描述、判断的过程。

目标识别属于模式识别的范畴。要弄清楚模式识别的具体含义，必须首先了解模式和模式识别这两个基本概念，下面具体叙述。

为了能让机器执行和完成识别任务，必须首先将关于分类识别对象的有用信息输入计算机中。为此，应对分类识别对象进行科学的抽象，建立它的数学模型，用以描述和代替识别对象，这种对象的描述称为模式。无论是自然界中物理、化学或生物等领域的对象，还是社会中的语言、文字等，都可以进行科学的抽象。具体而言，可以对它们进行测量，得到表征其特征的一组数据，为了使用方便，将它们表示成矢量形式，称为特征矢量；也可以将对象的特征属性作为基元，用符号表示，从而将它们的结构特征描述成一个符号串、图或某个数学表达式。通俗地讲，模式就是事物的代表，是事物的数学模型之一，它的表示形式是矢量、符号串、图或数学关系。模式和集合的概念是分不开的，只要认识这个集合中的有限数量的事物或现象，就可以识别属于这个集合的任意多的事物或现象。

模式识别是指根据研究对象的特征或属性，利用以计算机为中心的机器系统，运用一定的分析算法认定它的类别，系统应使分类识别的结果尽可能地符合真实情况。

模式识别是 20 世纪 60 年代初迅速发展起来的一门综合性、交叉性学科。它在理论上涉及代数学、矩阵论、概率论、图论、模糊数学、最优化理论等众多学科知识，在应用上又与其他许多领域的工程技术密切相关，其内涵可以概括为信息处理、分析和决策等。对模式识别的理论和方法的研究推动了人工智能的发展，增大了计算机应用的可能性。目前，模式识别已经成功地应用于工业、农业、国防、科研、公安、生物医学、气象、天文学等领域，如人们熟知的信件分拣、指纹识别、生物医学的细胞或组织分析、遥感图片的机器判读、系统的故障诊断、具有视觉的机器人、武器制导寻的系统、汽车自动驾驶系统以及文字和语言的识别等。可以预言，随着理论和技术的不断完善，模式识别的功能将会越来越强，应用也会越来越广泛。

（二）模式识别系统

一个较为完整的模式识别系统及识别过程的原理如图 5－1 所示。

图 5－1 中，虚线上部是识别过程，虚线下部是学习训练过程。当采用的分类识别方

法以及应用的目的不同时，具体的分类识别系统和过程将有所不同。下面对识别系统的主要环节作简单介绍。

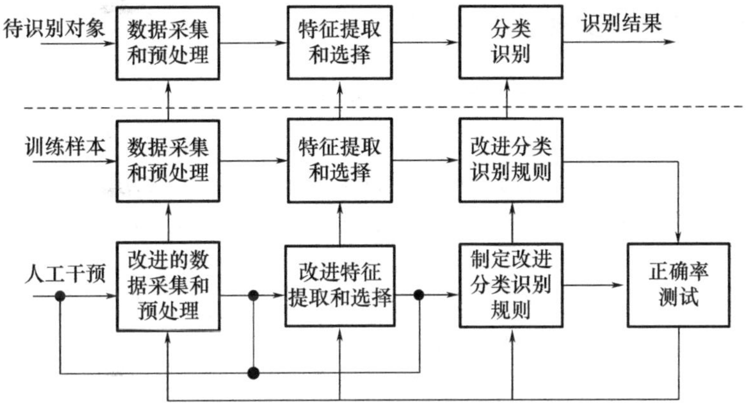

图 5－1　模式识别系统原理框图

1. 数据采集和预处理

为了使计算机能够对各种现象进行分类识别，要用计算机可以运算的符号来表示所研究的对象。通常输入对象的信息有下列三种类型，即

（1）二维图像。例如，文字、指纹、地图、照片等对象。

（2）一维波形。例如，声音的震动信号、脑电图、心电图等。

（3）物理参量和逻辑量。例如，疾病诊断中病人的体温、各种化验数据或对症状有无的描述。

通过测量、采样和量化，可以用矩阵或矢量表示二维图像或一维波形，这就是数据获取过程。预处理的目的是去除噪声、强化有用的信息，并对测量仪器或其他因素所造成的退化现象进行复原。

2. 特征提取和选择

由图像或波形所获得的数据量是相当大的，如一个文字图像可以有几千个数据，一个坦克的声信号波形也可能有几千个数据，一个卫星遥感图像的数据量更大。为了有效地实现分类识别，应该对原始数据进行变换，得到最能反映分类本质的特征，这就是特征提取和选择的过程。一般把由原始数据组成的空间称为测量空间，把进行分类识别的空间称为特征空间，通过变换，可以把在维数较高的测量空间中表示的模式变为在维数较低的特征空间中表示的模式。

3. 学习和训练

为了让机器具有分类识别功能，首先应该对它进行学习和训练，将人类的识别知识和方法以及关于分类识别对象的知识输入机器中，产生分类识别的规则和分析程序。这个过程相当于机器学习。一般这一过程要反复进行多次，不断地修正错误、改进不足，其工作内容主要包括修正特征提取方法、特征选择方案、判决规则方法及参数，最后使系统正确识别率达到设计要求。目前，这一过程通常是人机交互的。

4. 分类识别

分类识别是在特征空间中用某种方法把被识别对象归为某一类别。基本做法是在样本训练集的基础上确定某个判决规则，使按这种判决规则对被识别对象进行分类所造成的错误识别率最小或引起的损失最小。

二、信号的特征提取和选择

特征提取和选择的基本任务是如何从众多特征中找出那些最有效的特征。特征提取和选择的好坏极大地影响分类器的设计和性能，因此对它应给予足够的重视。

本书把特征分为物理的、结构的和数学的三类。人们通常利用物理和结构特征来识别对象，因为这样的特征容易被触觉、视觉以及其他感觉器官所发现。但是，在使用计算机构造识别系统时，应用这些特征有时比较复杂，因为一般来说用硬件去模拟人类感觉器官是很复杂的，而机器在抽取数学特征的能力方面则比人强得多。这种数学特征的例子有统计平均值、相关系数、协方差矩阵的特征值和特征矢量等。

模式识别的前提是获取目标的特征信息，即获得有助于识别的原始信息数据；模式识别的关键是对原始信号进行适当的处理，从原始信号众多特征中求出那些对分类识别最有效的特征，以实现特征空间维数的压缩，即特征提取和选择。特征提取和选择方法的优劣极大地影响着分类器的设计和性能，因此，必须对特征提取和选择问题进行研究。

特征提取与选择是模式识别中最关键也是最复杂的环节，它是高度面向具体问题的，一般以在分类中使用的某种判决准则为规则，要求所提取的特征在这种判决准则下的分类错误最小，它没有统一的理论，只能针对具体问题进行具体分析。如果识别对象的重要特征能够被计算机逐个识别，那么对象本身可以通过统计判决进行分类的方法得到最后识别，这种方法相当于对每一特征进行识别。例如，对识别对象的形态特征和其他物理特征的提取就相当于对形态和其他物理特征分析的研究。但特征提取还有完全不同的另外一种类型，如把待识别目标信号在不同频带内的分量作为它的特征信号，这种方法在实际应用中效果非常显著。第一种方法要求目标信号的特征非常明确，它实质上是特征识别问题；而第二种方法对于目标信号的特征并不明确，它只是根据一般原则考虑特征提取，这种特征提取方法较简单，但如果要弄清所提取的特征反映了信号的什么性质，有时是很难回答的。

目标的特征提取和选择是一个过程，涉及几个步骤。为了方便，下面对特征提取和选择过程涉及的几个常用术语进行说明。

(1)特征形成。根据被识别对象产生出一组基本特征，这种基本特征是可以用仪表或传感器测量出来的，如识别对象是事物或某种过程时；它也可以是计算出来的，如识别对象为波形或数字图像时。这样产生出来的特征称为原始特征，这个过程即为特征形成过程。

(2)特征提取。原始特征的数量可能会很多，换句话说，样本处于一个高维空间，可以通过映射或变换的方法用低维空间来表示样本，这个过程称为特征提取。映射或变换后的特征称为二次特征，它们是原始特征的某种组合(通常是线性组合)。

(3)特征选择。从一组特征中挑选出一些最有效的特征，从而达到降低特征空间维数的目的，这个过程称为特征选择。

特征提取与选择有如下两条基本途径：

(1)当实际用于分类识别的特征数目 d 给定后，直接从已经获得的 n 个原始特征中选

出 d 个特征 $x_1,x_2,\cdots,x_d$ 使可分性判据 J 的值满足

$$J(x_1,x_2,\cdots,x_d)=\max[J(x_{i1},x_{i2},\cdots,x_{id})] \tag{5-19}$$

式中：$x_{i1},x_{i2},\cdots,x_{id}$是 n 个原始特征中的任意 d 个特征，此即为直接寻找 n 维特征空间中的 d 维子空间。这类方法称为直接法，具体又可以分为有分支定界（Branch and Bound, BAB）法、顺序前进（Sequential Forward Selection, SFS）法、广义顺序前进（Generalized Sequential Forward Selection, GSFS）法、顺序后退（Sequential Baekward Selection, SBS）法及广义顺序后退（Generalized Sequential Baekward Selection, GSBS）法等。

（2）在使判据 J 取最大条件下，对 n 个原始特征进行变换降维，即对原 n 维特征空间进行坐标变换，再取子空间。这类方法称为变换法，主要有基于可分性判据的特征提取和选择、基于误判概率的特征提取和选择、离散 K－L 变换法（DKLT）、基于决策界的特征提取和选择等。

设$\{a_1,a_2,\cdots,a_n\}$是 n 维特征空间 E^n 的一个基底，矢量 $\boldsymbol{x}$ 是对象在 E^n 中关于$\{a_i\}$的一个观测，则 $\boldsymbol{x}$ 可表示为

$$\boldsymbol{x}=\sum_{i=1}^{n}\lambda_i a_i \tag{5-20}$$

在此基底$\{a_i\}$上的 $\boldsymbol{x}$ 的各个分量（坐标）称为对象的特征（值）。

特征提取与选择的实质是在 E^n 中找出一个子空间 $\boldsymbol{W}$，对象的新特征是通过 $\boldsymbol{x}$ 向子空间投影得到的。令 $\boldsymbol{W}$ 是 m 维子空间，是由 m 个线性无关的矢量 $\boldsymbol{\beta}_1,\boldsymbol{\beta}_2,\cdots,\boldsymbol{\beta}_m$ 组成的，即

$$\boldsymbol{W}=\mathrm{Span}\{\boldsymbol{\beta}_1,\boldsymbol{\beta}_2,\cdots,\boldsymbol{\beta}_m\},m<n$$

假设 $\beta_i(i=1,2,\cdots,m)$之间是正交的，在 $\boldsymbol{W}$ 中，对象的新特征可以通过 $\boldsymbol{x}$ 在$\{\beta_i\}$上的投影$\{b_i=\boldsymbol{x}^{\mathrm{T}}\beta_i\}$给出。令

$$\hat{\boldsymbol{x}}=\sum_{i=1}^{m}b_i\beta_i$$

$\hat{\boldsymbol{x}}$ 是原始空间 E^n 中 $\boldsymbol{x}$ 的一个近似。

在直接选择法中，则有 $\beta_i=a_i$，即坐标系不变，只是在原坐标系中选出较少的分量表示原模式，即变成纯粹的特征选择问题。在变换法提取和选择特征中，是在某种准则下，通过变换产生新坐标系$\{\beta_i\}$，原来模式 $\boldsymbol{x}$ 在 $\beta_i(i=1,2,\cdots,m)$上的投影作为原模式新的特征分量，用其中一部分或全部重新表示原模式，即特征的再次提取和选择问题。

三、典型目标识别方法

（一）统计模式识别

统计模式识别是模式识别的基本方法之一。统计决策理论对模式分析和分类的设计有着实际的指导意义。统计模式识别有多种方法，限于篇幅，本节只介绍贝叶斯决策理论。

在连续情况下，假设要识别对象有 n 种特征观察值 $x_1,x_2,\cdots,x_n$，这些特征的所有可能的取值范围构成了 n 维特征空间，则称 $\boldsymbol{x}=[x_1,x_2,\cdots,x_n]^{\mathrm{T}}$ 为 n 维特征矢量。

这些假设说明了要研究的分类问题有 c 个类别，各类别状态用 ω_i 来表示，$i=1,2,\cdots,c$；对应于各个类别 ω_i 出现的先验概率 $P(\omega_i)$以及类条件概率密度函数 $P(x\mid\omega_i)$是已知

的。如果在特征空间已观察到某一矢量 $\boldsymbol{x}$,$\boldsymbol{x}=[x_1,x_2,\cdots,x_n]^{\mathrm{T}}$ 就是 n 维特征空间上的某一个点,则应该把 $\boldsymbol{x}$ 分到哪一类去才最合理呢?这就是下面要研究的问题。

下面介绍两种常用的统计判决准则及其相关问题。

1. 基于最小错误率的贝叶斯决策

在模式分类问题中,人们往往希望尽量减少分类的错误,从这样的要求出发,利用概率论中的贝叶斯公式,就能得出使错误率为最小的分类规则,称为基于最小错误率的贝叶斯决策。

2. 基于最小风险的贝叶斯决策

在模式分类的决策中,使错误率达到最小是重要的。但实际上有时需要考虑一个比错误率更为广泛的概念——风险,而风险又是和损失紧密相连的。以目标识别为例来说明有关的概念。人们对目标的分类不仅要考虑尽可能做出正确的判断,而且还要考虑做出错误判断时会带来什么后果,如果把虚假目标判为真实目标固然会造成判断失误,造成一部分损失,但是如果本来就是真实目标情况却错判为虚假目标,就会使我方受到严重的攻击。显然这两种不同的错误判断所造成损失的严重程度是有显著差别的,后者的损失比前者更严重。最小风险贝叶斯决策正是考虑各种错误造成损失不同而提出的一种决策规则。下面采用决策论的观点进行讨论。

决策论中称采取的决定为决策或行动,所有可能采取的各种决策组成的集合称决策空间或行动空间,以 $\boldsymbol{A}$ 表示。而每个决策或行动都将带来一定的损失,它通常是决策和自然状态的函数。

如果将以上概念用数学符号表示,则可设:

(1)观察 $\boldsymbol{x}$ 是 d 维随机矢量,则有

$$\boldsymbol{x}=[x_1,x_2,\cdots,x_d]^{\mathrm{T}}$$

式中:$x_1,x_2,\cdots,x_d$为一维随机变量。

(2)状态空间 $\boldsymbol{\Omega}$ 由 c 个自然状态(c 类)组成,即

$$\boldsymbol{\Omega}=\{\omega_1,\omega_2,\cdots,\omega_c\}$$

(3)决策空间 $\boldsymbol{A}$ 由 a 个决策 a_i,$i=1,2,\cdots,a$ 组成,即

$$\boldsymbol{A}=\{a_1,a_2,\cdots,a_a\}$$

其中,a 和 c 不同是由于除了对 c 个类别有 c 种不同的决策,还允许采取其他决策,如采取"拒绝"的决策,这时就有 $a=c+1$。

(4)损失函数为 $\lambda(a_i,w_j)$,$i=1,2,\cdots,a\quad j=1,2,\cdots,c$。$\lambda$ 表示当真实状态为 ω_j 而所采取的决策为 a_i 时所带来的损失,这样可以得到一般决策表。

在已知先验概率 $P(\omega_j)$ 及类条件概率密度 $P(x\mid\omega_j)$,$j=1,2,\cdots,c$ 的条件下进行讨论。

根据贝叶斯公式,后验概率为

$$P(\omega_j\mid\boldsymbol{x})=\frac{P(x\mid\omega_j)P(\omega_j)}{P(\boldsymbol{x})}\tag{5-21}$$

式中:$P(\boldsymbol{x})=\sum_{i=1}^{c}P(\boldsymbol{x}\mid\omega_i)P(\omega_i)$。

由于引入了"损失"的概念,在考虑错判所造成的损失时,就不能只根据后验概率的

大小来做决策,而必须考虑所采取的决策是否使损失最小。对于给定的 $\boldsymbol{x}$,如果采取决策 a_i,从决策表可见,对应于决策 a_i,$\boldsymbol{\lambda}$ 可以在 c 个 $\boldsymbol{\lambda}(a_i,w_j)$ 值中任取一个,其相应概率为 $P(\omega_j|x)$。因此在采取决策 a_i 情况下的条件期望损失 $R(a_i|x)$ 为

$$R(a_i|x)=E[\lambda(a_i,\omega_j)]=\sum_{j=1}^{c}\lambda(a_i,\omega_j)P(\omega_i|x),i=1,2,\cdots,a \quad (5-22)$$

在决策论中又把采取决策 a_i 的条件期望损失 $R(a_i|\boldsymbol{x})$ 称为条件风险。由于 $\boldsymbol{x}$ 是随机矢量的观察值,对于 $\boldsymbol{x}$ 的不同观察值,采取决策 a_i 时,其条件风险的大小是不同的。所以,究竟采取哪一种决策将随 $\boldsymbol{x}$ 的取值而定。这样决策 a 可以看成随机矢量 $\boldsymbol{x}$ 的函数,记为 $a(\boldsymbol{x})$,它本身也是一个随机变量,可以定义期望风险 R 为

$$R=\int R(a(\boldsymbol{x})|\boldsymbol{x})P(\boldsymbol{x})\mathrm{d}\boldsymbol{x} \quad (5-23)$$

式中:$\mathrm{d}\boldsymbol{x}$ 是 d 维特征空间的体积元,积分在整个特征空间进行。

期望风险 R 反映对整个特征空间上所有 $\boldsymbol{x}$ 的取值采取相应的决策 $a(\boldsymbol{x})$ 所带来的平均风险;而条件风险 $R(a_i|\boldsymbol{x})$ 只是反映了对某一 $\boldsymbol{x}$ 的取值采取决策 a_i 所带来的风险。显然,要求采取的一系列决策行动 $a(\boldsymbol{x})$ 使期望风险 R 最小。

在考虑错判带来的损失时,希望损失最小。如果在采取每一个决策或行动时,都使其条件风险最小,则对所有的 $\boldsymbol{x}$ 做出决策时,其期望风险也必然最小。这样的决策就是最小风险贝叶斯决策。

最小风险贝叶斯决策规则是:

如果 $R(a_k|\boldsymbol{x})=\min\limits_{i=1,2,\cdots,a}R(a_i|\boldsymbol{x})$,则 $a=a_k$。

对于实际情况来说,最小风险贝叶斯决策可按下列步骤进行:

(1)在已知 $P(\omega_j)$,$P(\boldsymbol{x}|\omega_j)$,$j=1,2,\cdots,c$ 及给出待识别的 $\boldsymbol{x}$ 的情况下,根据贝叶斯公式计算后验概率为

$$P(\omega_j|\boldsymbol{x})=\frac{P(\boldsymbol{x}|\omega_j)P(\omega_j)}{\sum\limits_{j=1}^{2}P(\boldsymbol{x}|\omega_j)P(\omega_j)} \quad (5-24)$$

(2)利用计算的后验概率,按式(5-22)计算采取 a_i 的条件风险为

$$R(a_i|x)=\sum_{j=1}^{c}\lambda(a_i,\omega_j)P(\omega_i|x),i=1,2,\cdots,a \quad (5-25)$$

(3)对式(5-24)得到的 a 个条件风险值 $R(a_i|\boldsymbol{x})$ 进行比较,找出使条件风险最小的决策 a_k,即

$$R(a_k|\boldsymbol{x})=\min_{i=1,2,\cdots,a}R(a_i|\boldsymbol{x})$$

则 a_k 就是最小风险贝叶斯决策。

(二)神经网络模式识别

1. 基本概念

人工神经网络是在现代神经科学研究成果的基础上提出的,用非常简单的计算处理单元(即神经元)进行互联构成的非线性网络系统,具有学习、记忆、计算能力以及各种智能处理能力,在不同程度上模拟人脑神经系统的信息处理、存储、检索功能,反映了人脑功能的基本特征。网络的信息处理由神经元之间的相互作用来实现;知识与信息的存储表

现为网络互联元件间分布式的物理联系；网络学习识别则决定于各神经元连接权系数的动态演化过程。它的主要特征是连续时间非线性动力学特征，而实际上它是一个超大规模非线性连续时间自适应信息处理系统。目前，人工神经网络已在模式识别、智能控制、非线性优化、自动目标识别、语音识别以及信号处理等方面取得了巨大成绩。神经网络的基本处理单元是人工神经元，其基本结构如图5-2所示。

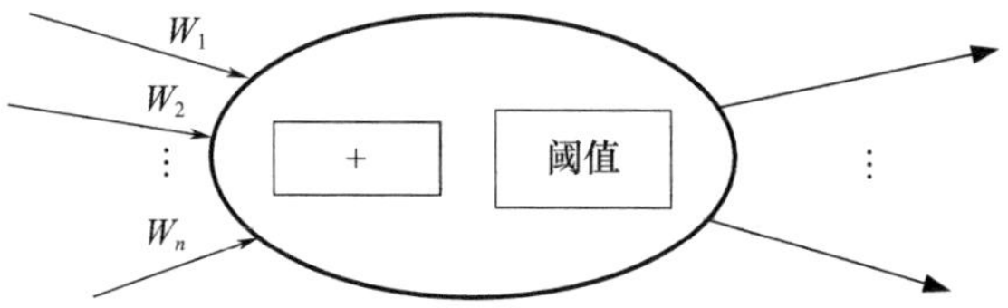

图5-2 人工神经元的基本结构

图5-2中，$W_i(i=1,2,\cdots,n)$是输入端的连接权值。输入乘以权值，然后相加，把所有的总和与阈值电平相比。当总和高于阈值时，输出1；当总和低于阈值时，输出0。

人工神经网络的数学描述为

本神经元的输入 $\sum_{i=1}^{n} W_i x_i$

处理单元的输出 $y=f\left(\sum_{i=1}^{n} W_i x_i-\theta\right)$

F为神经元的激发函数或功能函数。所有神经元可以在没有外部同步信号作用的情况下执行大容量的并行运算。

激发函数一般具有非线性特征，常用的非线性特性有阈值型、分段线性型、Sigmoid型三种，分别如图5-3所示。

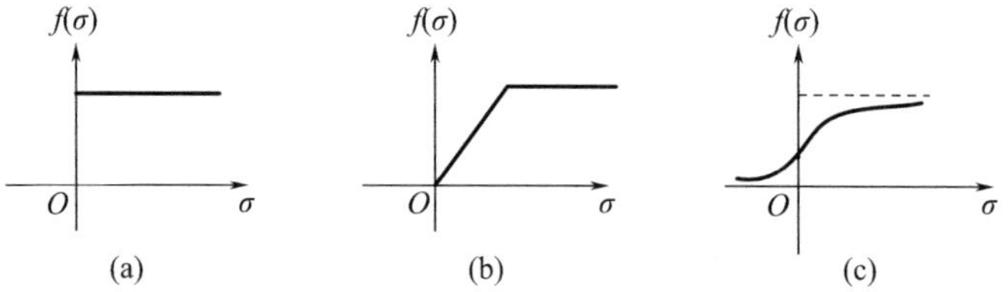

图5-3 激发函数的类型

神经网络的学习规则主要有无导师学习和有导师学习两种。前一种学习过程是通过不断给系统提供动态输入信息流，以便使网络的各个单元成为具有不同输入特性的特征检测器，从而将事件空间分为有用的多个区域；后一种方法在学习时先给网络提供一个输入模式，然后通过网络对期望输出的最佳估计响应，由导师给出正确的模式。这种方法更接近大脑的工作特点，训练速度较慢，但识别率较高。

2. 基于BP神经网络的目标识别算法

人工神经网络中最著名的是以自适应信号处理理论为基础发展起来的前向多层神经网络及其逆推学习（Back Propagation，BP）算法。BP网络是一种多层映射网络，它采用最小均方差的学习方式和反向传播算法，由于它可以解决感知机不能解决的某些问题，而且网络的学习可以收敛，所以获得广泛应用。BP网络不仅有输入节点和输出节点，而且还有一层或多层隐节点。输入信号先向前传递到隐节点,经过作用后,再把隐节点的输出信息传递到输出节点,最后给出输出结果。节点的激发函数一般选用 Sigmoid 型函数。BP 算法的学习过程由正向传播和反向传播组成。在正向传播过程中,输入信息从输入层经隐层逐层处理后,传至输出层。每一层神经元的状态 a 影响下一层神经元的状态。如果在输出层得不到期望输出,那么就转为反向传播,把误差信号沿原连接途径返回,并通过修改各层神经元的权值,使误差信号最小。

BP 网络使用了优化中的梯度下降法,把学习、记忆问题用迭代求解权值等价,利用加入隐节点使优化问题的可调参数增加,从而可以得到更精确的解。在 BP 网络中,隐节点数目的选取,目前主要依据经验进行,一般在输入节点不多的情况下,隐节点数为输入节点数的 3~5 倍。BP 网络一个突出的缺点是存在局部最小点和训练时间较长。

BP 学习算法如下:

步骤 1:将全部权值与节点的阈值预置为一个小的随机值。

步骤 2:加载输入和输出。

在 n 个输入节点上加载一个 n 维输入矢量 $\boldsymbol{X}$,并指定每一输出节点的期望值 t_i。若该网络用于实现 m 种模式的分类器,则除了表征与输入相对应模式类的输出节点期望值为 1,其余输出节点的期望值均应指定为 0。每次训练可从样本集中选取新的同类或不同类样本,直到权值对各类样本均达到稳定。实际上,为了保证好的分类效果,准备足够数量的各类样本常常是必要的。

步骤 3:计算实际输出 $y_1, y_2, \cdots, y_m$。

现在是假设将 m 类模式分类,所以应按 Sigmoid 型函数,即 $f(x) = 1/(1 + \mathrm{e}^{-(x-\theta)})$(其中 θ 为阈值),计算各输出节点 $i(i=1,2,\cdots,m)$ 的实际输出 y_i。

步骤 4:修正权值。

权值修正是采用最小均方联想机的算法思想,其过程是从输出节点开始,反向地向第一隐含层传播由总误差诱发的权值修正,这就是"反向传播"的由来。下一时刻的互联权值 $W_{ij}(t+1)$ 为

$$W_{ij}(t+1) = W_{ij}(t) + \eta\delta_j x'_i \tag{5-26}$$

式中:j 为本节点的序号;i 为隐含层或输入层节点的序号;x'_i 或者是节点 i 的输出或者是外部输入;η 为增益项;δ_j 为误差项,其取值有两种情况:

(1)若 j 为输出节点,则

$$\delta_j = y_j(1 - y_j)(t_j - y_j) \tag{5-27}$$

式中:t_j 为输出节点 j 的期望值;y_j 为该节点的实际输出值。

(2)若 j 为内部隐含节点,则

$$\delta_j = x'_j(1 - x'_j)\sum_k \delta_k W_{jk} \tag{5-28}$$

式中:k 为 j 节点所在层之上各层的全部节点。

内部节点的阈值以相似的方式修正,即把它们设想为从辅助的恒定值输入所得到的互联权值。

此外,若加入动量项,则往往能使收敛加快,并使权值的变化平滑。这时 $W_{ij}(t+1)$ 为

$$W_{ij}(t+1) = W_{ij}(t) + \eta\delta_j x'_i + a(W_{ij}(t) - W_{ij}(t-1)) \tag{5-29}$$

式中：$0 < a < 1$。

步骤5：在达到预定误差精度或循环次数后退出，否则转到步骤2重复以上过程。

（三）数据融合识别技术

数据融合的概念最早出现和应用于20世纪70年代，当时主要应用于军事领域，称为“情报综合”。随着对融合技术研究的深入和应用领域的扩大，其技术已经成功应用于诸多军事和民用领域。军事应用包括海上监视、战场情报、监视和目标识别以及战略预替和防御等；民用领域的应用主要包括法律执行、遥感、设备的自动监控、医疗诊断和机器人技术等。

美国国防部从军事应用的角度将数据融合定义为这样一个过程，即把来自许多传感器和信息源的数据和信息加以联合（Association）、相关（Correlation）和组合（Combination），以获得精确的位置估计（Position Estimation）和身份估计（Identity Estimation）以及对战场情况和威胁及其重要程度进行适时的评价。数据融合系统中目标识别一般原理如图5－4所示。

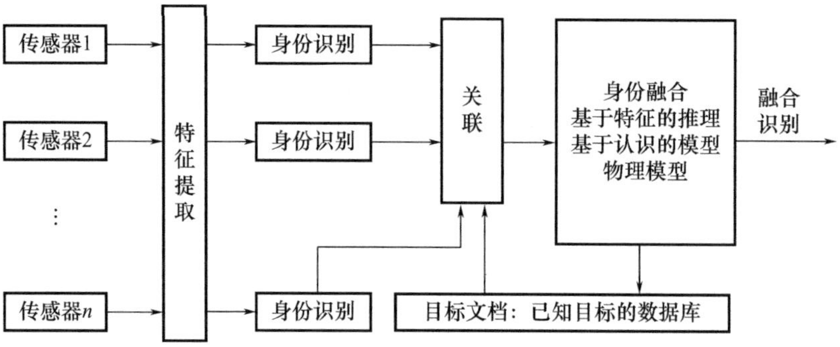

图5－4　目标识别一般原理

目标识别的数据融合包括决策级融合、特征级融合和数据级融合三种层次。

1. 决策级融合

在决策级融合方法中，每个传感器都先完成变换以获得独立的身份估计，然后再对来自每个传感器的属性分类进行融合。用于融合身份估计的技术包括表决法、贝叶斯统计推断、Dempster－Shafer证据理论、推广的证据处理理论、模糊集法以及其他各种特定的方法。

2. 特征级融合

在特征级融合方法中，每个传感器对一个目标进行观测并完成特征提取，从而获得来自每个传感器的特征矢量。然后融合这些特征矢量并基于获得的联合特征矢量产生身份估计。在这种方法中，必须使用关联处理把特征矢量分成有意义的群组。由于特征矢量很可能是具有巨大差别的量，因此特征级的融合信息在这一关联过程中通常是有用的。

3. 数据级融合

在数据级融合方法中，对来自同等量级的传感器的原始数据直接予以融合，然后基于融合的传感器数据进行特征提取和身份估计。为了实现这种数据级的融合，所用传感器必须是同类型的或是相同量级的。通过对原始数据进行关联，来确定已融合的数据是否与同一目标或实体相关。有了融合的传感器数据之后就可以完成像单一传感器那样的识别处理过程。对于图像传感器，数据级融合一般涉及图像画面元素级的融合，因此，数据级融合也常称为像素级融合，主要用于多源图像复合、图像分析和理解、同类雷达波形的直接合成等。

第四节　信息融合技术

现代战争中，战场所覆盖的时间和空间极度放大，战争节奏明显加快，因此，依靠单一兵种或多兵种的松散联合难以应对这种战争形态的转变。新的战争形态同样对战场的侦察监视产生了深远的影响，单一信源收集的信息在扩大的战场时空中沦为“孤岛”。侦察监视所依赖的情报内涵也就由过去的语义情报逐渐转变为传感器提供的目标情报。当收集战场情况的传感器报告超过指挥员的反应判断能力时，就要求产生新的与之相适应的情报处理方式。正是这种需求催生了信息融合技术。

战场信息主要是指通过各类探测和侦察手段获得的与作战有关的各方面情况，包括敌情、我情、天情、地情、任务等。联合作战按照优势互补的原则，将不同军种的侦察、情报、电子对抗、机动、火力等能力科学组合与系统集成，形成优于敌人的整体合力，夺取作战的胜利。在情报保障方面，主要体现为通过战场信息融合技术，对来自多军种、多渠道、多信源的战场信息进行整合，及时形成完整一致的战场态势，为多兵种联合作战提供支持。因此，信息融合是信息化条件下作战的必然要求。本节主要介绍有关信息融合技术的基础知识，包括信息融合的基本概念，结构模型和典型算法三个方面的内容。

一、信息融合的基本概念

战场信息融合的目的是通过整合来自多信源的侦察监视信息，生成统一、全面的战场态势，满足指挥人员对战场认知的要求。众所周知，随着人们对电磁波、弹性波、应力等物理现象的掌握，可以通过侦测充斥在空间中的各种自然形成和人工产生的辐射、发射和反射的声、光、电信号，特别是电磁信号，达到感知战场环境的目的。现代战场正是依赖能够发现和检测目标的电磁信号的各种传感器和监视处理技术达到知己知彼的目标。传感器所获取的信息已超出“语义”的属性，称为目标情报。没有语言意义的目标情报同样可以通过不间断无缝隙的连续监视和一系列技术处理手段回答诸如“目标在哪里(Where)?”“什么时间(When)?”“是谁(Who)?”“要干什么(What)?”“为什么(Why)?”等一系列基本情报要素。因为传感器获取的信息直接表现为目标的位置、属性的描述，直接回答了前两个W问题，而其他三个W问题可以依靠连续监视的方式，通过综合所关注的目标在时间和空间上呈现的变化方式和规律来解决。

远程打击武器及运载平台的出现，极大地扩展了战场的时空范围。单个传感器受到观测视野、自身物理特性等因素的限制，难以达到对所关注目标的全程监视。例如，巡航导弹，对于地基的传感器来说，视野的遮蔽导致对该类目标无法满足战场监视的要求。而对洲际弹道导弹来说，采取单一的探测手段(如雷达)组网也难以满足侦察监视的时效性和目标分辨的要求。因此，利用多种传感器组网接力方式构成天地一体化的战场侦察监视系统是高技术战争条件下实现战场透明化的必然选择。

虽然部署在陆、海、空、天的大量传感器收集战场信息使战场透明化成为可能，然而各种传感器都是基于自身物理特性和局部观测视角感知战场环境的，正如“盲人摸象”一样，是从不同的侧面来反映战场情况的。受战场背景环境、伪装隐身的影响，存在着片面甚至错误的信息，如何对这些信息关联印证、去粗取精、去伪存真，以便及时正确地感知战场态势，是战场信息融合处理的主要内容。

在战场信息融合系统中，信息来源众多。如前所述，信息融合就是将来自多种不同渠道的同一目标的信息进行整合，及时形成对战场目标完整一致的解释。为了达成这一目标，如图 5 - 5 所示，首先要对这些信息进行时空统一，也就是把这些信息转换到统一的空间坐标系和相同的时间基准上；信息相关则是在信息时空统一的基础上，确认哪些信息来自同一个目标，然后把同一目标的信息集合到一起；融合跟踪则是将同一目标的运动状态信息整合在一起，达到连续、精确跟踪目标的目的。

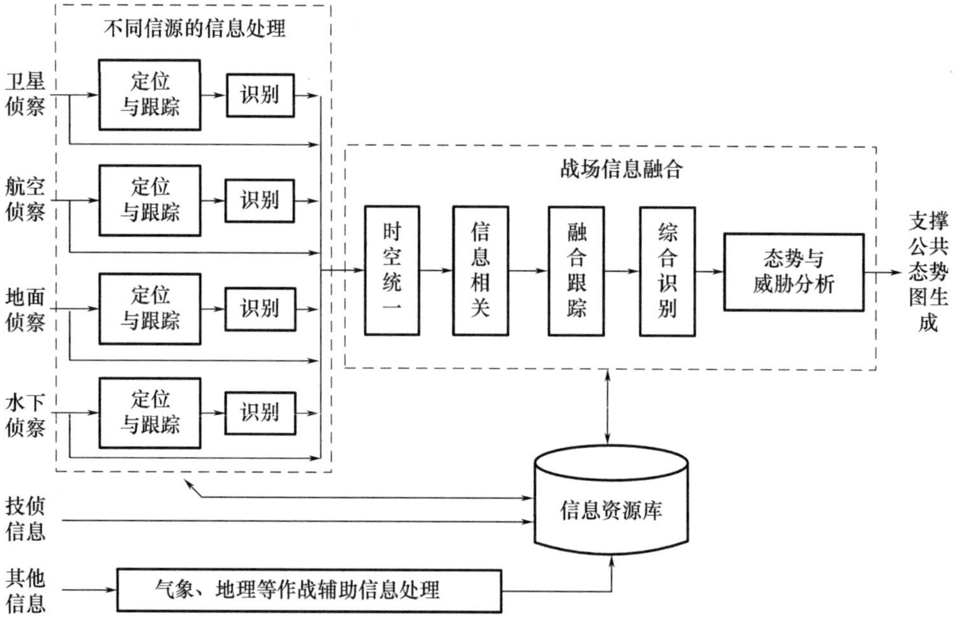

图 5 - 5　战场信息融合处理的基本过程

综合识别是通过各种信息的整合，完成对目标身份、种类和类型的判别。态势与威胁分析则是在融合跟踪和综合识别的基础上分析目标的行为模式和作战意图，预测目标动向，并给出目标的威胁程度判断。融合过程中，需要借助相关领域的各种信息和知识支持，包括气象、地理、社会政治人文等信息，以及这些信息和战场目标之间的联系。这些信息和知识都保存在信息资源库中，可供融合处理过程调用。

二、战场信息融合

（一）时空统一与信息相关

基于信息融合进行联合作战的基础是各军兵种按照统一的时间和空间基准行动。试想如果空军的地图与海军的地图无法准确相互转换,空军看到的海岸附近的船只在海军地图上显示到了陆地上,联合作战也就成了一句空话。对目标监视来说,如图 5 - 6 所示,战场上只有两个目标,传感器 1 和传感器 2 都正确地形成了两个目标的航迹。但是,由于时空转换误差较大,在信息相关时,航迹 01801 和 02801 关联上,但是 01802 和 02802 未关联上,经过融合处理后,在情报中心产生了 03801(01801 和 02801 的合成航迹)、03802(来自 02802)和 03803(来自 01802)三条目标航迹。因此,信息的时空统一和信息相关在信息融合处理过程中发挥着举足轻重的作用。

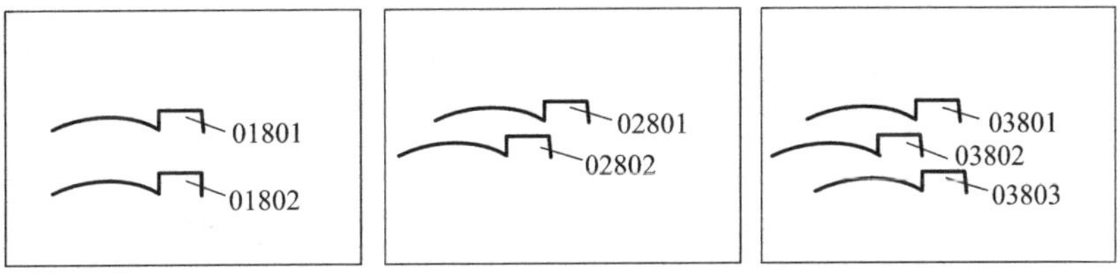

(a) 传感器1的跟踪结果　(b) 传感器2的跟踪结果　(c) 错误关联时的融合结果

图 5 - 6　信息相关错误情况下的融合结果

时空统一和信息相关是信息融合的前提和关键组成部分。时空不统一,可能导致信息相关的错误,而信息相关错误的结果就是把不同目标的信息关联在一起,这不仅使后续的融合过程毫无意义,相应的融合结果还会严重干扰指挥官对战场的分析判断。

1. 时空统一原理

分散于战场上的多个信息源所获取的情报,不仅在内容上存在差异,在探测时间、空间和探测能力等方面也存在不同程度的差异。必须将这些信息映射到公共的时间和空间基准上,即完成信息的时空统一,才有可能实现多源信息的进一步处理。

1)信息的时间统一

时间统一包括信源的时间同步和信息的时间配准。信源的时间同步就是根据标准时钟信号对本地时钟进行校对,使之与标准时钟同步。标准时钟信号可以由高精度的原子钟提供,也可以由一般的晶体振荡器产生。时统系统通过通信链路传输标准时钟信号来对用户授时,军用系统一般采用有线或无线通信授信方式。根据同步精度的不同要求,可以用软件或硬件来实现。软件实现的同步精度一般为毫秒量级,硬件实现的同步精度能达到微秒级甚至更高。各种传感器和武器平台目前可用的硬件同步方式主要包括:通过 GPS 授时进行时间同步;通过"北斗"授时进行时间同步;通过战术数据链进行时间同步;通过有线网络传输时间同步信息。

信息的时间配准是将各信息源在不同时刻探测到的数据外推到同一时间点:由于战场目标通常是动态的,而各种情报源采集的是目标在不同时间所处的状态。为了在信息相关过程中,便于信息之间相互比对,以及后续信息整合的需要,必须将不同信源所获取的信息推算到同一个时间点上。

2)信息的空间统一

信息的空间统一包括描述信息的空间坐标系统统一和对不同视角与空间分辨率的信息配准。

空间坐标系统统一是依据统一的基准坐标系来描述目标位置和运动状态信息,空间统一包括两部分。一是地球参考坐标系的统一,无论是地面目标还是空中目标,其运动状态信息的描述都与地球有关。地球一般近似成一个椭球体,由于使用区域、要求和侧重点不同,地球的椭球参数是不一致的,因而产生了多种参考坐标系,如美国的 GPS 采用的是 WGS - 84 坐标系。多种坐标系并存将造成各军兵种的地理信息系统不统一,空图、海图不统一等现象。参考坐标系之间的转换比较麻烦,而且会带来转换误差,使信息模糊化。因此,如果采用不同的参考坐标系,空图上的目标数据标到海图上,或者海图上的目标数据标到空图上都会存在一定问题,影响信息相关、信息融合和统一态势生成,进而影响联合作战指挥、部队协同,以及力协同的效果。二是坐标变换,即把不同情源获取的信息变换到同一坐标系下进行处理。坐标变换通常要借助信源的运动状态信息,而信源的运动状态信息一般是导航系统提供的,因此信息的坐标变换误差主要取决于导航系统的导航精度。

对不同视角与空间分辨率的信息配准主要体现在多种图像信息源的处理和使用上。图像配准是将取自同一目标区域的两幅或多幅图像在空间位置上最佳地匹配起来,这些图像或者是由同一传感器在不同时相获取的,或者是来自不同传感器。其过程通常将一幅图像作为参考图像,其他的图像作为输入图像相对于参考图像进行图像匹配。首先在参考图像和输入图像之间找到足够多的一一对应的点对(同名点),由同名点作为控制点确定图像之间的几何变换关系,然后根据变换关系将输入图像根据分辨率的需要进行重新采样,将输入图像作相对纠正。所以,图像配准实际上就是图像之间的一种对应,经过空间变换和调整分辨率的重采样,将多源网像在空间上统一起来。

2. 信息相关原理

战场中多个信息源对同一区域进行侦察探测时,该区域中的目标可能同时被多个信源侦测到,信息相关的作用就是判别不同信息源在不同时间、不同空间获取的信息是否来自同一目标,其目的是把同一目标的信息归纳在一起,形成关于目标的信息集合。当获取足够信息量时,才能进行有效的优化综合,得到更高精度的目标位置及更全面的特征描述。信息相关出现错误将直接影响后续信息处理的准确性和合理性。信息相关根据信息类型分为不同的处理层面,在形成描述目标运动状态的航迹处理层面一般称为数据关联,对目标不同重访阶段探测信息的相关层面称为信息集合。

1)信息相关问题的提出

观测系统因自身局限性和环境影响,导致观测总是存在误差。但是,由于来自同一目标的信息是相关的,具有一定的相似性。例如,两部雷达同时对同一目标进行探测,所获取的目标位置信息应该相近;而不同目标在运动状态、外在特性上都可能存在差异。所以信息相关一般通过分析信息的相似性和排斥性实现。

以多平台雷达协同探测为例,如图 5 - 7 所示,若平台 a、b 对同一区域进行观测,设两个平台都能看到两个飞机目标。信息相关的任务就是确定两个平台所探测到的信息之间的对应关系。因为这两个平台的观测时间一般是不同的,因此,首先要时间统一,即把两个平台的探测信息同步到同一时刻。然后对信息进行空间统一,把两个平台的探测信息变换到同一个坐标系。如果变换后这两组数据都没有误差,在合成画面中就应该是完全重合的。但是,实际情况如图 5 - 7 所示,两个平台的探测数据相差很大,这是由一系列误差造成的,主要包括:两个平台的测量误差;两个平台的导航数据不精确;地球表面不理想带来的坐标变换误差；两个平台时钟不统一带来的时间同步误差；两个平台给信息添加时间标记不准确带来的时间同步误差。

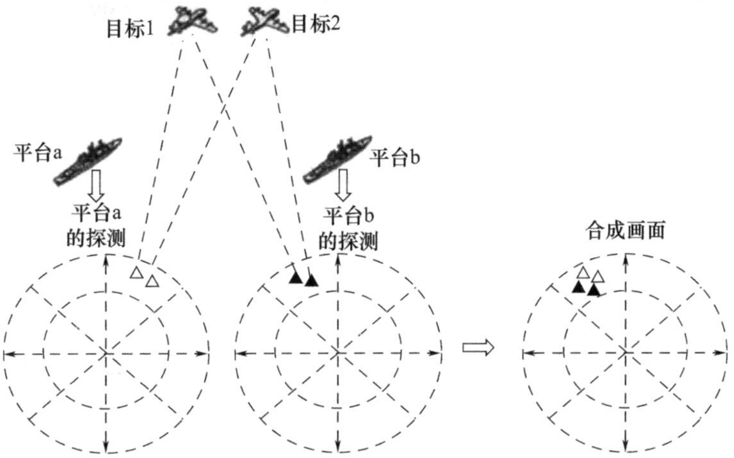

图5-7 信息相关示意图

因此，在密集目标情况下，从合成画面中判断两个平台探测信息之间的对应关系有一定困难。为了解决这一问题，首先必须把信息的误差控制在一定程度，这主要通过误差估计和误差消除等方法实现；另外，为了提高信息相关的准确度，还必须引入其他信息。例如，目标的雷达回波特征，因为不同目标的回波特征可能存在较大差异，通过这些也可在一定程度上区分信息是否来自同一目标。

以上分析主要针对雷达信息相关，实际的信息相关远比上述情况复杂。例如，由于分辨率问题，传感器可能把多个目标看成一个目标；由于检测概率小于1，部分传感器可能发现不了某些目标；由于虚警概率，部分传感器的观测数据可能不是目标的观测数据，而是虚假数据。此外，战场信息系统包含多种信息源，这些信息源所获取的信息内容和形式各不相同，也加大了信息相关的困难。

2）信息相关的依据

如前所述，战场信息系统中汇集 J，多个信息源从多种渠道获取的大量信息，这些信息通常由目标的运动状态描述和特征描述两部分组成，其中运动状态信息主要包括目标的位置、速度、加速度，以及它们的衍生量，如目标的方位角、俯仰角、径向速度等，目标的特征信息主要包括目标的电磁辐射特征、散射特征，以及目标的种类、类型和身份等。由于信息的获取手段和获取条件各不相同，这些信息的精准程度差别较大。如何将这些形态各异、精准程度不同的信息按目标进行归纳，是解决信息融合问题的基础。

一般来说，即便信息来源不同，同一目标的信息还是具有较大相容性的，而不同目标的信息则具有一定的互斥性。具体表现为目标运动状态描述的相容性/互斥性和目标特征描述的相容性/互斥性。据此，可以将信息相关分为状态信息相关和特征信息相关两大部分。

3）目标状态信息相关

一个目标在某一具体时刻其运动状态是唯一的。对于目标的位置而言，就是同一目标不可能同时出现在两个地方。然而，由于各种信息对目标状态的描述都带有一定的误差，因此，不同信息将对同一目标给出不同的位置点。即便如此，信息的误差还是在一定限度之内的，所以这些点的差距并不大。目标的速度和加速度描述也是如此。

如表5-1所示，信息系统在某一时刻接收到两个信息源获取的信息，序号为“1001”的信息来自信源“001”，其他信息来自信源“002”。通过目标状态描述对比可以发现，“1001”与“2001”的位置相差超过5km，因此这两组信息来自同一目标的可能性不大；而“1001”与“2002”相差仅13m，与“2003”也只相差16m，所以“1001”可能与其中之一来自同一目标，进一步的区分可以借助信息的特征描述。

表5-1　来自两个信息源的目标信息

信息序号	信源代号	获取时间	经度/(°)	纬度/(°)	高度/m	身份	种类	类型
1001	001	10:00	120	25	10	敌方	海面	驱逐舰
2001	002	10:00	120.05	25	10	敌方	海面	驱逐舰
2002	002	10:00	120.00012	25	10	敌方	空中	未知
2003	002	10:00	120.00015	25	10	敌方	海面	驱逐舰

4)特征信息相关

同一目标的特征具有较强的相容性和一致性。不同信息可能对目标的不同方面加以描述，有的反映目标辐射信号的脉冲重复频率/脉宽/射频，有的反映目标的电磁散射截面等电磁散射特征，有的反映目标的光学特征，以及根据这些描述推断出的目标身份(敌、友、我/中立)、种类(海面/空中/陆上目标)和类型(空中:战斗机、轰炸机、直升机等，海面:航空母舰/驱逐舰/护卫舰，陆地:坦克/汽车等)，由于这些特征描述是针对同一目标的，因而具有内在的相容性和一致性。目标密集条件下，仅仅依赖目标的状态描述难以得到可靠的信息相关效果，此时，通过特征相关，不但可以提高信息相关的准确程度，还有可能降低信息相关处理的复杂度。

针对表5-1的例子，根据特征对比，“1001”是海面目标，“2002”是空中目标，因此，“1001”和“2002”来自同一目标的可能性不大，而“1001”和“2003”的状态描述相近，特征描述一致，因此二者极有可能来自同一目标。

实际的信息相关过程远比表5-1所述的例子复杂，以信息“1001”来说，其位置描述带有一定的误差；目标的身份、种类、类型判断也不是完全准确的，而是根据目标的其他特征加以推断、按一定的可信度给出的；此外，信息“1001”本身就有可能是一组虚假信息，不能与任何目标相对应。只有充分考虑这些情况，才有可能获得较为准确的信息相关结果。

(二)目标融合跟踪

经过信息相关处理后，在不同时空通过多种手段获取的同一目标的信息归纳集合在一起。融合跟踪就是对集合好的同一目标的运动状态信息进行整合，形成连续、平滑、精确的目标航迹，实现目标的稳定跟踪。

融合跟踪一般要结合目标的运动轨迹假设来进行。通过将相关联的多源信息按照目标的状态变化趋势进行拟合与预测，并根据各信源所提供信息的准确程度进行加权，可以建立和保持反映目标状态变化的运动轨迹。根据融合时所用信息的层次不同，融合跟踪一般分为点迹融合和航迹融合。点迹融合是将多个信息源获取的目标测量数据直接进行整合，形成融合航迹；航迹融合则是把多个信息源已经形成的航迹进行进一步整合，形成一致的融合航迹。

通过融合跟踪，可以提高目标跟踪精度，改善航迹的连续性，并能在一定程度上控制虚假目标出现的概率。融合跟踪处理中，根据各种信源测量特性存在的互补性，能够在一定程度上提高目标的跟踪精度。图 5-8 所示为雷达和红外对目标进行融合跟踪的原理示意图。一般来说，雷达测距精度较高，但是测角精度较低，因此，雷达提供的目标测量报告在斜距上的不确定性较小，在方位角和俯仰角上的不确定性较大；与之相比，红外的测距精度不高，甚至不具备测距能力，但测角精度较高，因此，红外提供的目标测量报告在斜距上的不确定性较大，在方位角和俯仰角上的不确定性较小。两类传感器具有较强的互补性。经过融合后目标报告的不确定性大为降低，可以达到提高目标跟踪精度的目的。

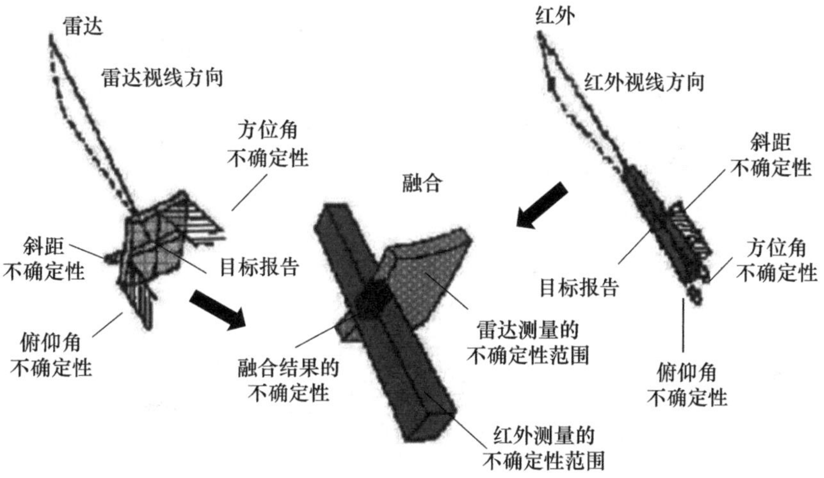

图 5-8　雷达和红外对目标进行融合跟踪原理示意图

同类传感器在不同地理位置进行配置也可以起到测量性能互补的作用。以雷达为例，当两部雷达的视线方向互相垂直时，可以通过一部雷达在斜距测量上的不确定性控制另一部雷达在角度测量上的不确定性，从而达到提高目标融合报告精度的目的。

通过融合跟踪，改善航迹的连续性，提高连续跟踪能力。对于巡航导弹等跨探测区域的运动目标来说，由于各种跟踪传感器的探测能力、探测环境、探测任务，以及其所配置的地理位置各不相同，各传感器只能看到一段目标或是断断续续的航迹，而不能全程连续跟踪。为了实现目标的连续跟踪，必须通过各传感器相互引导，并对各传感器所形成的航迹进行组合，形成稳定连续的目标融合航迹，达到提高系统连续跟踪能力的目的。

图 5-9 所示 NMD 系统就是通过整合地面、空中、空间探测器的监视、跟踪和识别能力，形成信息接力：导弹一经发射就受到监视，跟踪和识别信息逐步精确，最终达到导弹拦截和杀伤评估的要求。通过多传感器探测结果之间的相互印证，可以在一定程度上抑制虚假目标的产生。

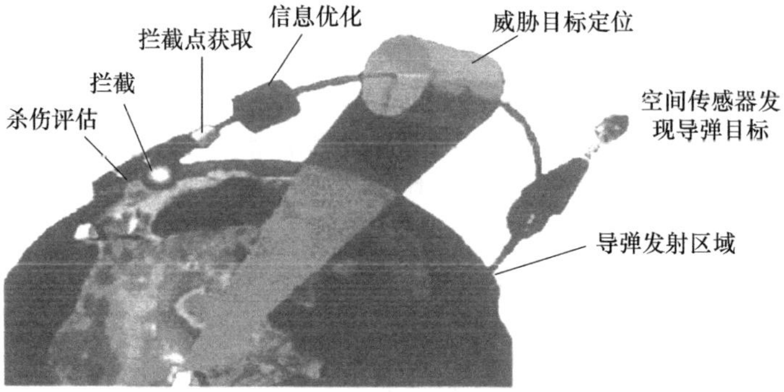

图 5－9　美军 NMD 系统中的信息融合

三、信息融合系统结构模型

20 世纪 80 年代,美国国防部实验室联合领导机构的数据融合专业组建立了两类数据融合处理模型,第一类模型将数据融合分为三级。

一级——融合的目标位置和属性估计;

二级——敌、我战场态势估计;

三级——敌兵力威胁估计。

这些“级”确定了整个数据处理流中产品的人为逻辑划分,每一级描述数据融合处理特定活动的共同术语。第一类模型如图 5－10 所示。

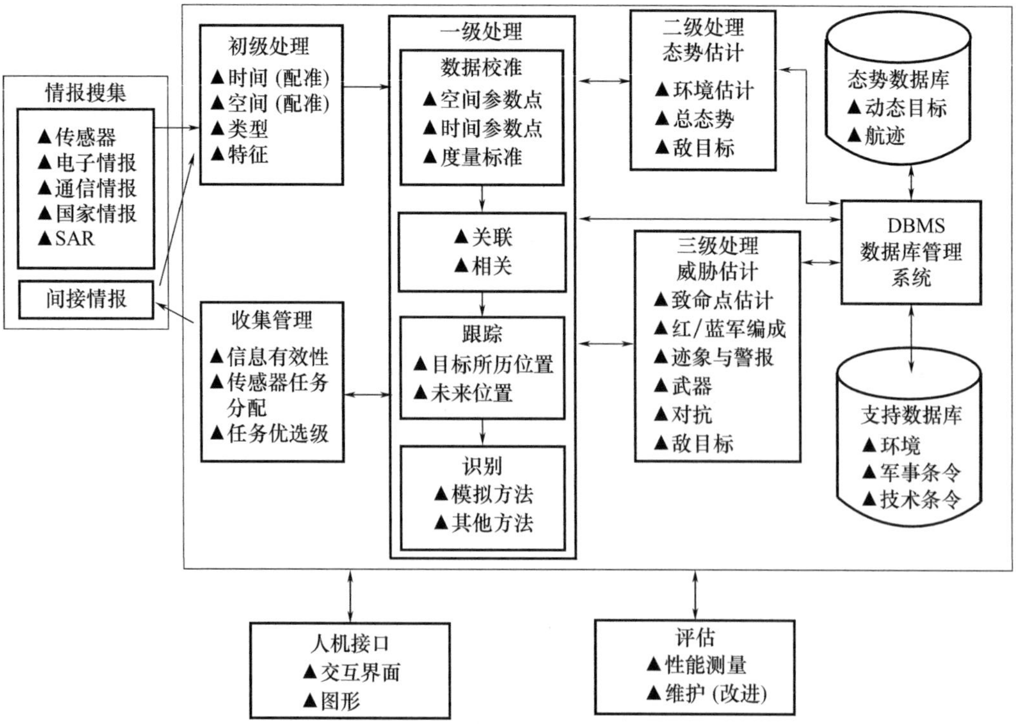

图 5－10　面向产品的数据融合

第二类模型是从考查系统结构建立的。其中,一级融合对同类多传感器(或称可配比传感器)信息的融合方法与不同类(不可配比传感器)多传感器信息的融合方法是有区别的;在每级融合处理中,数据库起重要作用,但级依赖专用数据库不同;多级处理是相互协同的,并且在系统中经常使用跨越多级的复接反馈结合运行;最后,该协同运行的数据融合处理能够扩展到地址上分布式的不同处理节点上。第二类模型如图 5-11 所示。

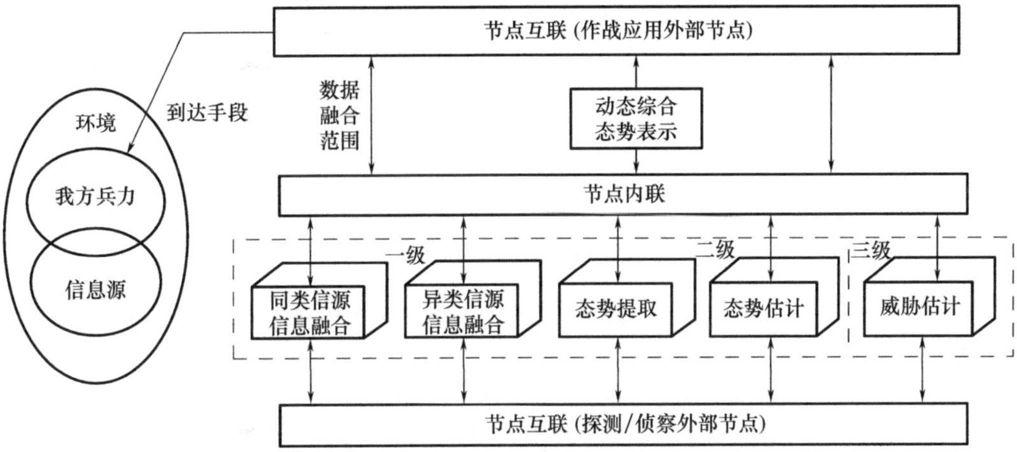

图 5-11　面向实现结构的数据融合

随着数据融合技术的提高和应用领域的扩展,尤其是信息化武器装备性能的提高对信息融合技术的发展提出新的需求,20 世纪以来,JDL 将数据融合滚动发展为信息融合,并且功能对下向传感器延伸,对上向作战需求延伸,从而又增加了零级和四级。其中,零级系指对多类(多介质、多频谱)传感器原始测量信号(数据或图像)进行融合,以联合检测弱信号目标(隐身目标或机动目标);四级系指根据作战(指挥决策或武器/火力控制)对信息的需求,评估和反馈控制信息融合系统的多级处理过程,直至对信源的控制,如图 5-12 所示。

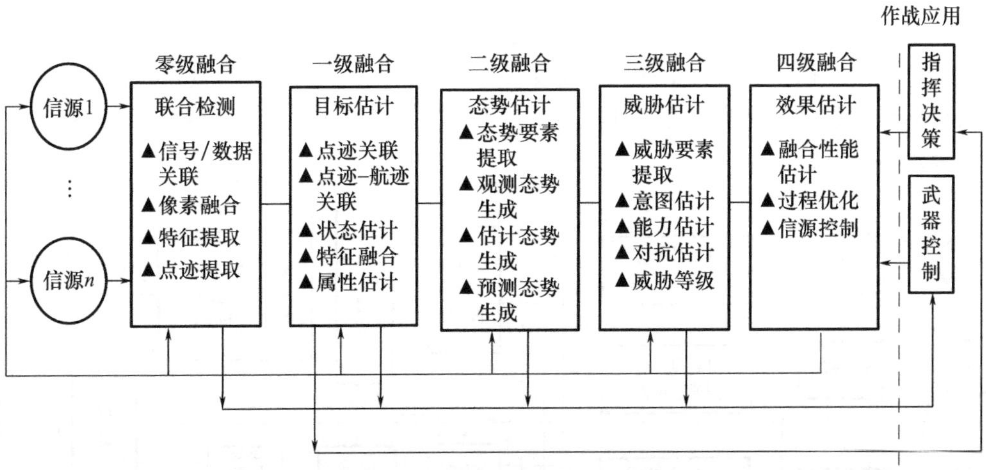

图 5-12　JDL 五级融合模型

如前所述,一级融合是指依据多源感知信息对战场目标进行定位、识别与跟踪。一级融合通常采用集中式融合结构、分布式融合结构和混合式融合结构,分别如图 5-13、

图 5-14、图 5-15 所示。

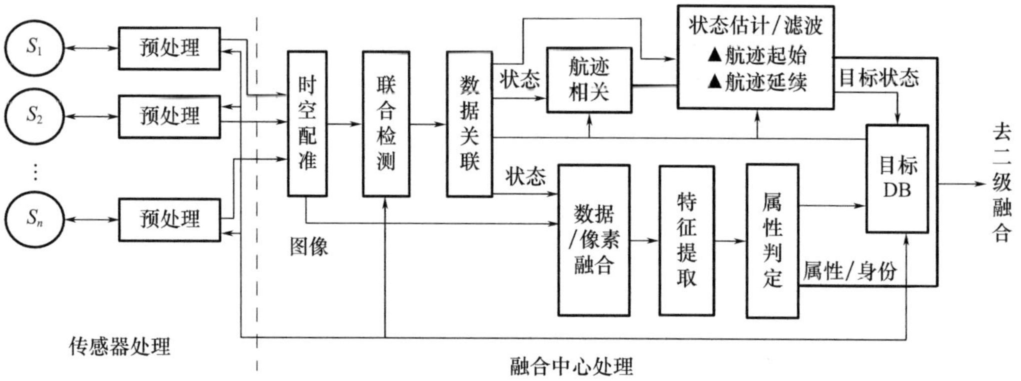

图 5-13　集中式融合结构

在图 5-13 所示集中式融合结构中,零级和一级融合集中在融合中心处理。对于状态处理来说,各信源信号预处理生成数据点迹(带有不同的虚警概率或检测概率),传送到融合中心。融合中心进行时空配准后,方能进行融合(联合)检测,以生成目标点迹数据,然后再进行点迹数据聚集/关联,生成源于同一目标的测量集合。每个测量集合中的测量分别与已有目标外推点进行点迹-航迹关联处理,若关联成功(唯一分配),则对该目标进行状态估计,以进行航迹延续;若关联成功但无法唯一分配,则生成融合测量值对该目标进行航迹延续;若判定某测量集合源于新目标,则延续几个周期进行航迹起始;若判定某测量集合源于杂波或噪声,则滤除之。对于属性估计处理来说,若观测信息是图像类,则在时空配准后直接进行图像融合,然后对融合增强的图像进行特征提取,最后依据提取出的目标属性特征进行属性/身份判定;若观测信息非图像类,则对属性原始测量数据联合检测到属性参数之后进行数据/参数关联,然后对源于同一目标的数据特征进行融合,最后进行属性判定。

在分布式融合结构(图 5-14)中,零级融合由各信源自主进行,各信源依据其自身观测信息和融合中心反馈的指示(综合状态与属性)信息自主进行目标定位、识别与跟踪。而融合中心则依据信源各自生成的判定结论(目标状态、属性)进行判定级融合,包括判定级目标状态融合和属性估计。此时融合中心的主要功能是时空配准和相关处理及对各信源处理器的反馈控制。

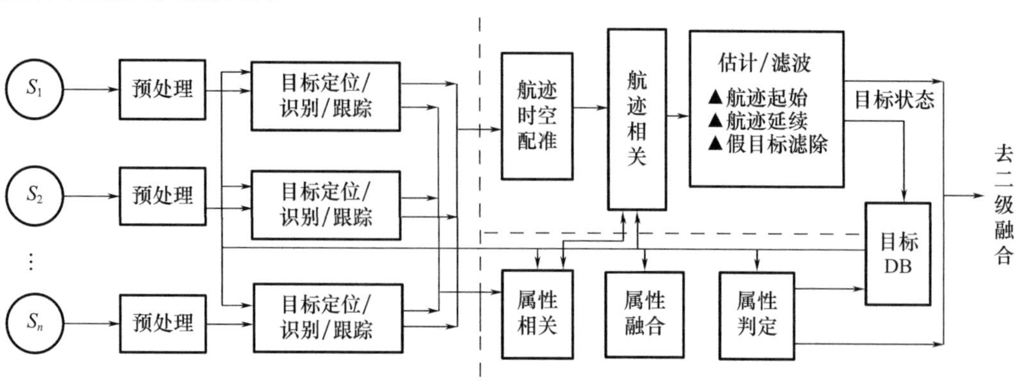

图 5-14　分布式融合结构

在混合式融合结构(图5－15)除了具有分布式的功能结构,还将各信源的原始测量信息复接到融合中心。融合中心根据系统的实际需要,依据某些确定的准则或指挥员的意图,通过对各信源重复测量目标信息的选择与合并,实现航迹相关与属性相关处理。这对于某些特定的系统,如多源图像信息融合目标属性识别,无源多站多目标定位等系统是非常必要的。

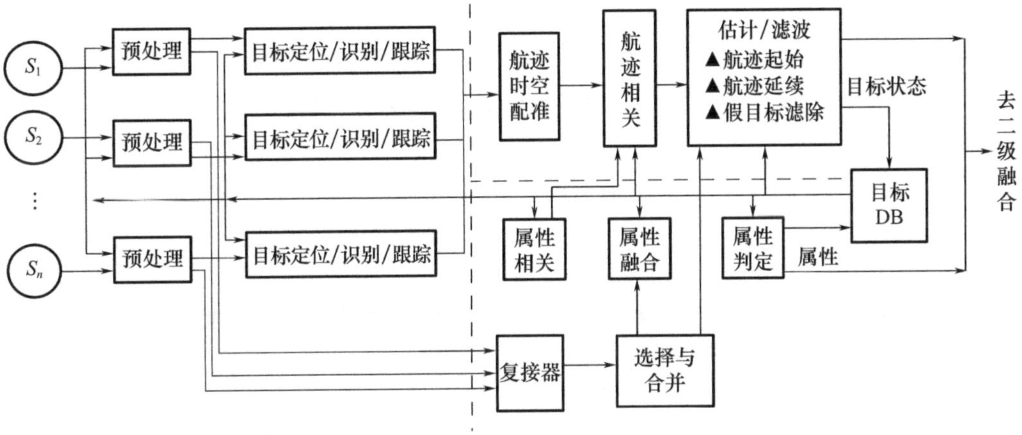

图5－15　混合式融合结构

从物理实现角度分析,集中式融合结构需要大量的通信资源(带宽与速率),才能将各信源的原始测量信息传送到融合中心,同时要求融合中心具有较强的处理能力;但这种结构不损失测量信息,对目标状态和属性识别具有较高精度。分布式融合结构需要较少的通信资源和多节点的处理能力,但损失一些测量信息。混合结构也需要较强的通信能力,但融合中心的处理负担较轻。目前工程中,分布式结构应用较多,随着技术的发展和军事需求的提高,正在向集中式结构过渡。

四、不同测量维数信息融合方法

在一个多传感器组成的数据融合系统中,不同类传感器对目标的测量维数可能不相同,单传感器能自主实现目标定位的测量称为完整测量,如包括距离和角度(方位角、仰角)的二维和三维测量;仅有角度测量或仅有距离测量的传感器无法自主实现目标定位,称为不完整测量。

在多传感器数据融合中,异类传感器(特别是有源和无源传感器)的数据融合一直是一个重要而又困难的问题。有源传感器通常能够对运动目标进行精确定位和连续跟踪,但辐射信号使其位置容易暴露;无源传感器隐蔽性强,可以获得辐射源的信号特征,易于识别目标,但是数据的精度较差。利用这两类传感器所提供信息的互补性,对它们进行联合处理,一方面可以使无源传感器获取到精确的目标定位信息,以利于目标的隐蔽识别与跟踪;另一方面为有源传感器定位目标提供属性识别信息,以利于对重点目标的预警、识别与跟踪。

多传感器数据融合的常用方法基本上可概括为随机和人工智能两大类。随机类算法有加权平均法、卡尔曼滤波法、多贝叶斯估计法、证据推理、产生式规则等;而人工智能类算法则有模糊逻辑理论、神经网络、粗集理论、专家系统等。有些方法前文已经详细地介绍了，在此不再赘述。下面简要介绍几类主要方法的信号融合原理。

（一）加权平均法

信号级融合方法中最简单、最直观的方法是加权平均法，该方法将一组传感器提供的冗余信息进行加权平均，结果作为融合值。该方法是一种直接对数据源进行操作的方法。

（二）卡尔曼滤波法

卡尔曼滤波主要用于融合低层次实时动态多传感器冗余数据。该方法利用测量模型的统计特性递推，决定统计意义下的最优融合和数据估计。如果系统具有线性动力学模型，且系统与传感器的误差符合高斯白噪声模型，则卡尔曼滤波将为融合数据提供唯一统计意义下的最优估计。卡尔曼滤波的递推特性使系统处理不需要大量的数据存储和计算。但是，采用单一的卡尔曼滤波器对多传感器组合系统进行数据统计时，存在很多严重的问题。例如：①在组合信息大量冗余的情况下，计算量将以滤波器维数的三次方剧增，实时性不能满足；②传感器子系统的增加使故障随之增加，在某一系统出现故障而没有来得及被检测出时，故障会污染整个系统，使可靠性降低。

（三）多贝叶斯估计法

多贝叶斯估计法为数据融合提供了一种手段，是融合静态环境中多传感器高层信息的常用方法。它使传感器信息依据概率原则进行组合，测量不确定性以条件概率表示，当传感器组的观测坐标一致时，可以直接对传感器的数据进行融合，但大多数情况下，传感器测量数据要以间接方式采用贝叶斯估计进行数据融合。多贝叶斯估计将每一个贝叶斯估计的传感器数据融合成一个联合的后验的概率分布函数，通过使用联合分布函数的似然函数为最小值，提供多传感器信息的最终融合值，融合信息与环境的一个先验模型提供整个环境的一个特征描述。

（四）证据推理方法

证据推理是贝叶斯推理的扩充，其三个基本要点是基本概率赋值函数、信任函数和似然函数。D－S 方法的推理结构是自上而下的，分三级。第 1 级为目标合成，其作用是把来自独立传感器的观测结果合成为一个总的输出结果（D）。第 2 级为推断，其作用是获得传感器的观测结果并进行推断，将传感器观测结果扩展成目标报告。这种推理的基础是：一定的传感器报告以某种可信度在逻辑上会产生可信的某些目标报告。第 3 级为更新，各种传感器一般都存在随机误差，所以，在时间上充分独立地来自同一传感器的一组连续报告比任何单一报告可靠。因此，在推理和多传感器合成之前，要先组合（更新）传感器的观测数据。产生式规则采用符号表示目标特征和相应传感器信息之间的联系，与每一个规则相联系的置信因子表示它的不确定性程度。当在同一个逻辑推理过程中，两个或多个规则形成一个联合规则时，可以产生融合。应用产生式规则进行融合的主要问题是每个规则的置信因子的定义与系统中其他规则的置信因子相关，如果系统中引入新的传感器，需要加入相应的附加规则。

（五）神经网络方法

神经网络具有很强的容错性以及自学习、自组织及自适应能力，能够模拟复杂的非线性映射。神经网络的这些特性和强大的非线性处理能力，恰好满足了多传感器数据融合技术处理的要求。在多传感器系统中，各信息源所提供的环境信息都具有一定程度的不确定性，对这些不确定信息的融合过程实际上是一个不确定性推理过程。神经网络根据当前系统所接受的样本相似性确定分类标准，这种确定方法主要表现在网络的权值分布上，同时，可以采用神经网络特定的学习算法来获取知识，得到不确定性推理机制。利用神经网络的信号处理能力和自动推理功能，即实现了多传感器数据融合。常用的数据融合方法比较如表5－2所示。通常使用的方法依具体的应用而定，并且由于各种方法之间的互补性，实际上，常将两种或两种以上的方法组合进行多传感器数据融合。

表5－2　常用的数据融合方法比较

融合方法	运行环境	信息类型	信息表示	不确定性	融合技术	适用范围
加权平均法	动态	冗余	原始读数值	高斯噪声	加权平均	低层数据融合
卡尔曼滤波法	动态	冗余	概率分布	高斯噪声	系统模型滤波	低层数据融合
贝叶斯估计法	静态	冗余	概率分布	高斯噪声	贝叶斯估计	高层数据融合
证据推理法	静态	冗余互补	命题	逻辑推理	贝叶斯推理	高层数据融合
模糊推理法	静态	冗余互补	命题	隶属度	逻辑推理	高层数据融合
神经网络法	动/静态	冗余互补	神经元输入	学习误差	神经网络	低/高层

本章小结

信息处理技术是信息作战主体技术之一，是信息技术的重要研究领域。本章主要从信息处理的三个方面进行了分析。

（1）目标信号跟踪技术。该部分主要以现代指控、火控系统中的目标跟踪问题为背景，介绍了目标跟踪中的基本理论和方法，包括机动目标模型的建立、最小二乘滤波和卡尔曼滤波的基本原理及实现。

（2）目标信号识别技术。获得由各种探测技术探测到的某种信号之后，就要对信号进行识别，从而判断其是属于哪一类目标，这就是目标识别问题。该部分重点介绍了相关的基本概念，并总结了几种典型的目标识别方法。

（3）信息融合技术。信息融合是信息化条件下作战的必然要求。该部分介绍了有关信息融合技术的基础知识，主要包括信息融合的基本概念、结构模型和典型算法三个方面的内容。

习　题

1. 简述信息处理的内涵。
2. 信息处理技术有哪些特点？
3. 简述最小二乘滤波的原理。
4. 简述模式识别的典型方法及基本原则。

5. 模式识别系统主要包括哪几部分？各部分的作用是什么？
6. 常用的模式识别方法有哪些？
7. 试对比分析战场信息融合处理与人类感知信息处理的异同点。
8. 试分析总结制约战场信息融合处理能力的主要因素。

第六章　信息对抗

军事在信息化条件下，夺取制信息权已是现代战争的焦点，以削弱、破坏敌方信息设备与系统效能，保障己方信息设备与系统正常发挥效能为目的的信息对抗，成为现代战争作战行动的先导，在改变双方力量对比、决定战争进程乃至胜负上均具有重要的作用。

信息对抗有广义信息对抗和狭义信息对抗两种类型。广义信息对抗，又称全面信息对抗，是指在平时、危机时和战时敌对双方在政治、经济、外交、军事、科技和文化等领域运用信息技术手段，为争夺信息优势而进行的秘密或公开的，控制性的、破坏性的或毁灭性的对抗或斗争。狭义信息对抗，又称为军事信息对抗，是指敌对双方在军事领域为争夺信息优势或制信息权而进行的斗争，是利用、破坏敌方的信息、信息系统以及认知信念系统，同时保护己方的信息、信息系统和认知信念系统而展开的一系列作战行动。本章讨论的是狭义信息对抗，主要包括电子对抗和网络对抗。

第一节　电子对抗

电子对抗是现代化战争中的一种特殊作战方式，也是一种重要的作战手段。西方国家称之为“电子战”（Electronic Warfare，EW），苏联称之为“无线电电子斗争”。

一、电子对抗的定义

电子对抗是为削弱、破坏敌方电子设备的使用效能和保障己方电子设备正常发挥效能而采取的综合技术措施的总称。其实质是敌我双方在电磁频谱领域内的斗争，它是与军用无线电装备（通信、导航、雷达、敌我识别、计算机、制导武器等）一起诞生、成长和发展起来的。

随着反辐射武器、定向能武器及隐身技术在军事斗争中的出现，电子对抗的概念也在不断拓展。融入“硬杀伤”概念和隐身技术的电子对抗，发展成当今的“电子战”概念。在电子战概念中，特别强调了基于“软杀伤”和“硬杀伤”相结合的电子进攻概念。电子进攻包括电子战摧毁和定向能武器等，而隐身技术则是一种很有效的电子防御手段。

二、电子对抗的分类

按照电子对抗的定义分类，电子对抗包含电子侦察、电子攻击、电子防护等几方面内容，如图 6－1 所示。

按照工作频域，电子对抗可分为光电对抗和射频对抗。其中，光电对抗包括红外对抗、电视对抗和激光对抗，波长为 1mm～0.005μm；射频对抗包括雷达对抗、通信对抗、导航对抗、制导对抗、敌我识别对抗、无线电引信对抗、遥控遥测对抗等，波长从米波、厘米波到毫米波。

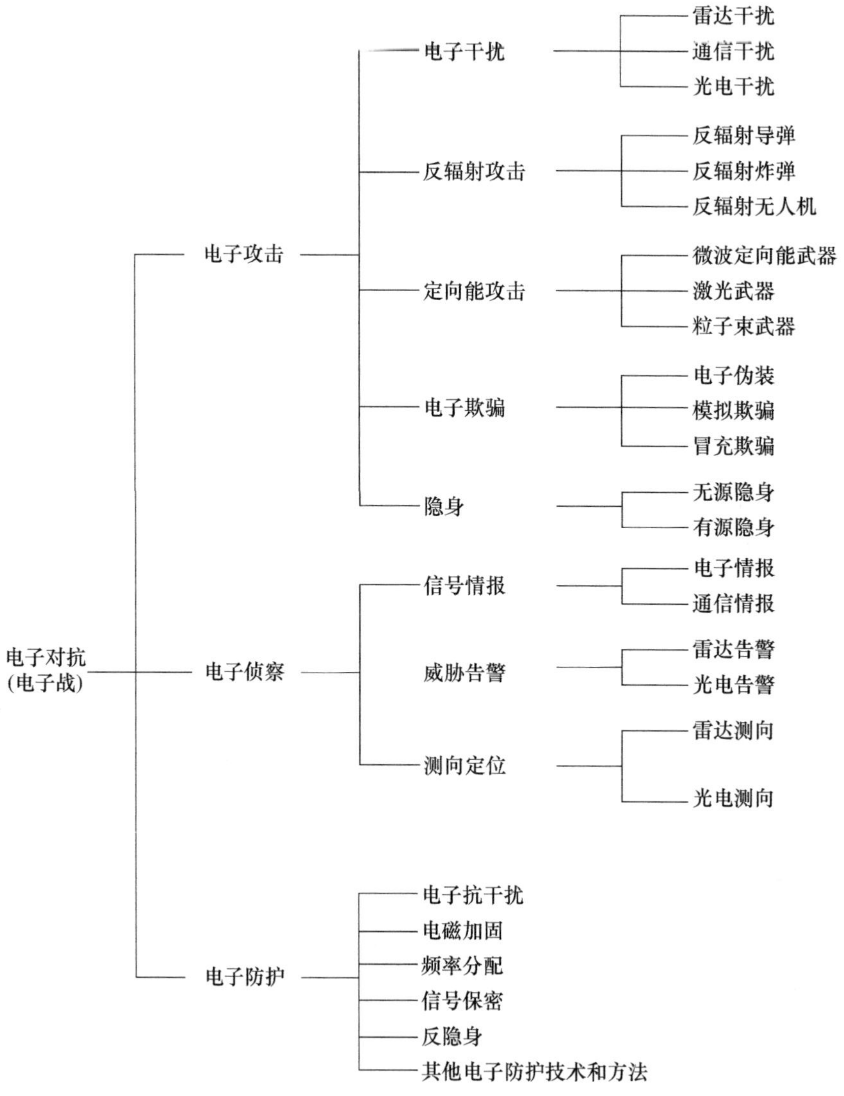

图 6-1　电子对抗分类

按照技术领域，电子对抗包括雷达对抗、光电对抗、通信对抗等，以及雷达、通信、光电等装备的反对抗。

三、雷达对抗

雷达对抗是电子对抗的主要组成部分。它是以雷达为主要作战对象，通过电子侦察获取敌方雷达、携带雷达的武器平台和雷达制导武器系统的技术参数及军事部署情报，并利用电子干扰、电子欺骗和电子攻击等软硬杀伤手段，削弱、破坏敌方雷达的作战效能而进行的电子斗争。

雷达对抗是根据雷达的工作原理，应用雷达侦察接收机获取敌方雷达电磁辐射信号，测量、分析雷达信号的特征参数、工作特性和状态等，并利用所获取的雷达数据产生与雷达特征参数相同或相近的各种干扰信号，这些干扰信号被雷达接收机接收后，在雷达荧光屏上出现，以扰乱或遮盖真实目标的信息，从而破坏敌方雷达对真实目标信息的提取。这一对抗原理如图 6－2 所示。

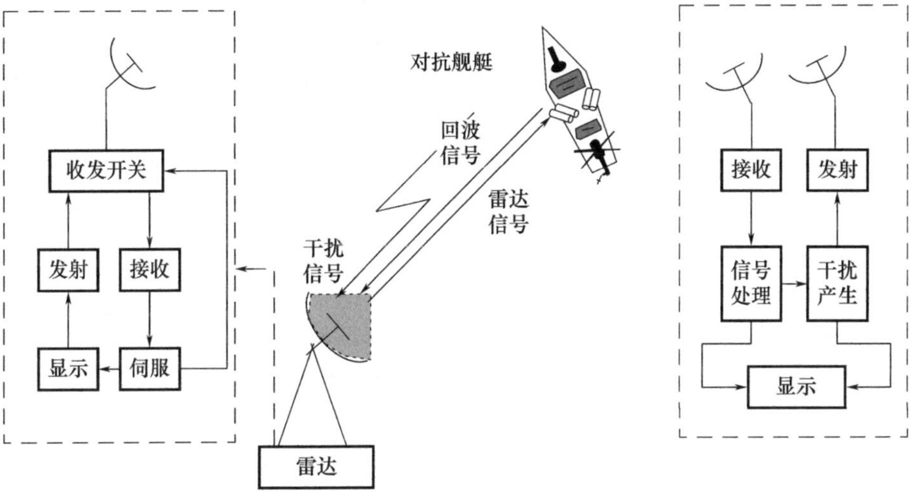

图 6－2　雷达对抗原理

（一）雷达对抗定义和分类

舰艇雷达对抗是舰艇以雷达作为主要作战对象的一种电子对抗行动，其定义是采用专门的电子设备和器材，对敌方雷达进行侦察、干扰、反辐射攻击，削弱或破坏其有效使用的各种战术技术措施的总称。根据该定义，雷达对抗的基本内容可分为雷达侦察、雷达干扰和反辐射攻击三大技术领域。

1. 雷达侦察

雷达侦察是利用雷达侦察设备探测、截获和测量敌方各种雷达电磁辐射信号的特征参数和技术参数，通过记录、分析、识别和辐射源测向定位，掌握敌方雷达的类型、功能、特性、用途、部署地点以及相关武器或平台的属性与威胁程度的一种电子侦察行动。雷达侦察可分为雷达情报侦察和雷达告警侦察两大类。

2. 雷达干扰

雷达干扰是利用干扰设备或器材发射干扰电磁波或反射、吸收敌方雷达辐射的电磁波，对敌方雷达实施压制性或欺骗性干扰，以破坏或削弱敌方雷达对目标的探测和跟踪能力的一种电子干扰行动。雷达干扰可根据其干扰源性质、战术应用和干扰效果进行分类：

（1）按干扰源性质可分为有源干扰和无源干扰两类。有源干扰是指利用专门的电子干扰机，主动发射或转发某种形式的干扰信号，以扰乱或欺骗敌方雷达，使其无法正常工作的一种电子干扰，又称为积极干扰。无源干扰是指利用箔条、角反射器等特制器材，反射或吸收雷达辐射的电磁波，扰乱雷达电磁波的传播，改变目标的雷达散射特性或形成雷达假目标和干扰屏障，以掩护真实目标的一种电子干扰。由于这类干扰器材本身不辐射电磁波，只是以反射或吸收电磁波来干扰敌方雷达的正常工作，故又称为消极干扰。

（2）按战术应用方式可分为支援性干扰和自卫性干扰两类。支援性干扰是用专用干扰舰船、专用电子干扰飞机等对敌方雷达及其控制的武器系统实施电子干扰，以掩护己方作战平台和其他军事目标的安全。自卫性干扰是舰艇及舰载机等作战平台为自身安全而对敌方雷达辐射源所施放的干扰。

(3)按干扰效果可分为压制性干扰和欺骗性干扰。压制性干扰是指通过人为发射噪声干扰信号或大量投放无源干扰器材，使敌雷达接收到的有用信号模糊不清或完全被干扰信号所淹没，从而破坏敌雷达对目标的观察和跟踪的一种电子干扰。欺骗性干扰是指人为地发射、转发或反射与目标回波信号相同或相似的假信号、假目标，以扰乱或欺骗敌雷达系统，使其接收到的信号真假难辨，以致产生错误信息的一种电子干扰。

雷达干扰是攻防兼备的雷达对抗手段，通常称为电子软杀伤。其基本功能是：对敌方各种军用雷达实施有效的干扰和欺骗，以降低或削弱敌雷达的作战效能，掩护己方兵力、兵器，完成进攻或防御作战任务。

3. 反辐射攻击

反辐射攻击是应用反辐射武器（包括反辐射导弹、反辐射无人机等），以敌方雷达辐射的电磁信号作为制导信息，跟踪和摧毁敌雷达辐射源的一种摧毁性手段，通常称为电子硬杀伤。其基本功能是与雷达干扰配合使用，直接攻击敌方各种防空雷达和杀伤操作人员，使其雷达造成永久性的毁坏，有效地压制敌防空系统，掩护己方顺利完成空中进攻作战任务。

雷达对抗技术领域除了上述三类，随着隐身技术和定向能武器的研制成功和投入使用，以降低目标雷达信号特征为目的的隐身技术，以降低隐身目标隐身能力为目的的反隐身技术，以及以干扰或烧毁军事电子设备为目的的定向能攻击技术也将成为新的雷达对抗技术领域。

（二）雷达对抗的特点

雷达对抗与雷达之间的相互斗争是“矛与盾”的对抗关系。每当出现一种新的雷达体制，必然会引出一种相应的雷达对抗措施，而新的雷达对抗措施反过来又会产生新的雷达对抗措施。这种对抗与反对抗既相互斗争又相互促进，从而导致雷达对抗技术的不断发展。

近年来，随着微电子、计算机、人工智能、信号处理等高新技术以及雷达新技术在雷达中的广泛应用，雷达装备技术已取得了许多新的突破性进展，雷达的性能和作战效能正在大幅度提高。可以预计，21 世纪军用雷达的主要特点可概括为：雷达占用的频谱极宽；雷达部署的空间立体性明显突出；雷达信号密度日趋密集，信号波形日益复杂、隐蔽；多种抗干扰技术相互兼容，综合抗干扰能力极大增强；各种新体制雷达层出不穷，竞相争艳，雷达抗干扰、反隐身、抗反辐射攻击和抗低空突防（称为“四抗”）能力大大提高。雷达发展的这些特点表明，在未来的信息化战场上，将形成一个以陆、海、空、天多层次、高密度雷达部署，多频谱、大时宽、大带宽雷达信号，多参数捷变以及各种工作体制和多种抗干扰技术综合应用为特征的极为复杂的雷达信号环境，从而给雷达对抗带来严重的困难。为了适应这种复杂的雷达信号环境，雷达对抗将具有下列一些重要特点：

1. 全频域的对抗

20 世纪 60 年代以前，各种军用雷达多以微波频段为主，其相应工作波长为 22 ~ 3cm。但是进入 80 年代，随着新的电磁频谱资源的开发利用和高技术武器系统的不断涌现，各种不同用途雷达的工作频率从微波向米波和毫米波频段扩展。目前，毫米波雷达在战场上已广泛应用于各种导弹、制导炸弹和制导炮弹、目标跟踪和火控等防空武器和防空压制武器系统中，成为战场上新的电磁频谱威胁源；超视距雷达、米波雷达、超带宽雷达和激光雷达作为重要的反隐身手段正在加速研制之中，部分已装备部队使用。此外，随着新的雷达抗干扰波形和新的雷达体制的加速研制大量使用，雷达占有的瞬时带宽正在不断拓宽，如脉间随机跳频的跳频带宽可达到千兆赫兹。这意味着雷达对抗正面临着极宽频带捷变雷达信号环境的威胁。因此，雷达对抗的第一个特点就表现在对雷达的全频谱、宽频带做出实时或准实时的对抗响应。

2. 对捷变参数的快速对抗

为了较大幅度地提高雷达的抗干扰能力和作战效能，在时域上许多新体制雷达已广泛采用频率捷变、重频参差、重频抖动、重频滑变、重频随机捷变以及频率分集和跳频等抗干扰技术体制，频率捷变的范围达到基本载频的5% ~30%，重频捷变的范围已达基本重频的80%，而且可在一部雷达中综合应用。雷达的这些时域特征不仅给雷达对抗的信号处理带来了极大的困难，还使雷达侦察和干扰变得更加复杂，这就要求雷达对抗系统能以极快的速度发现雷达的时域特性，并根据雷达新的工作参数和状态，采用相应的对抗手段做出快速的反应。实际上，目前使用的雷达对抗系统已具备侦察干扰频率捷变、重频捷变、跳频等多种新体制雷达的能力，因此对捷变参数的快速对抗是舰艇雷达对抗的第二个特点。

3. 全时空的对抗

从时间维度来看，雷达对抗不存在和平时期、危机期间和战争时期的时限，不管有无战争，雷达对抗在所有级别、所有阶段都一直在进行着，永远不会停息。和平时期为了获取敌国大量的战略、战术军事情报，雷达对抗情报侦察活动十分频繁。在危机期间，雷达对抗更为紧张而激烈，它可拓展和平时期的雷达对抗活动范围，以发现隐蔽的军事活动。在战争时期，从战争爆发前夕到战争结束，雷达对抗日日夜夜、分分秒秒都在紧张地进行着。雷达对抗侦察活动紧张而激烈，并不失时机地在关键时刻和重要攻击方向引导雷达干扰机和反辐射武器对敌雷达和雷达制导武器实施软硬杀伤。

在空间维度上，随着不同功能和用途的雷达大量应用于战场，雷达部署的空间已从地面、海上、空中向外层空间拓展。因此，雷达对抗必须具备陆、海、空、天全域、全方位和全高度的对抗能力。

由此可见，雷达对抗是无处不在、无时不有的，除了直接为战争服务的雷达对抗行动，还包括和平时期或危机期间的雷达对抗。即使是军事对抗停止以后，雷达对抗活动作为军事领域的一个组成部分也始终是不会停止的。因此，雷达对抗的第三个特点就是全时空的对抗。

4. 多干扰样式多目标对抗

由于现代雷达总是综合采用多种抗干扰兼容体制，因此现代雷达对抗只采用单一的干扰样式已难以奏效，为此现代雷达对抗总是采用多种干扰手段和干扰样式的巧妙综合应用，以获得最有效的干扰效果。现代一部雷达对抗系统的干扰样式多达几十种，此外，干扰机的有效干扰功率可达兆瓦级，能同时干扰几十部雷达，如美国的AN/SLQ-32(V)3舰载综合雷达对抗系统可同时干扰80多部雷达，充分体现了这一点。因此，多种干扰样式的综合应用和多目标干扰能力是现代雷达对抗的第四个特点。

5. 自适应对抗

由于雷达作为重要的军事电子装备大量应用于战场,辐射到各作战空间的雷达信号高度密集,在一个大战区范围内可能配置上千部各种雷达,雷达信号密度每秒达上百万到上千万个脉冲,一架飞机可能要受几百部各种雷达的照射。在技术上,雷达采用的信号波形日益复杂隐蔽,抗干扰技术多种多样。在战术运用上,现代雷达是以雷达组网的形式工作的,它使雷达威力空域扩展,预警时间增长,反应时间缩短,情报可靠性可置信度提高,抗干扰、抗软硬杀伤、反隐身和抗低空突防能力增强。因此,为了应对这种密集、复杂、捷变的雷达信号环境,雷达对抗必须具有自适应和可现场重编程序的对抗能力,它是以高速计算机为核心,以实时数字控制技术、自适应阵列技术、自适应信号处理技术以及功率管理技术为基础,构成在空域、频域和时域上的自适应雷达对抗系统。这种系统能根据新的电磁环境编制新的管理软件,产生新的对抗方法,因而只要改变系统的软件而不需改变硬件,就能对动态变化的威胁做出实时的自适应响应;系统采用模块化设计,能根据不同的雷达对抗任务进行最佳条件下的重新组配,以达到最佳的干扰效果,同时还具有根据技术发展扩大系统功能的灵活性。因此,采用自适应和可编程技术以应对密集、复杂、捷变的信号环境是雷达对抗的第五个特征。

6. 综合对抗

如上所述,在现代战场上雷达对抗面临的是敌方的雷达组网,这种雷达网的效能不是网内各种雷达功能的简单叠加,而是充分利用频率分集、空间分集和能量分集等特点,将各种功能的雷达混合交叉和相互重叠配置,形成一个高、中、低空和远、中、近距离相互结合而又相互补充的综合集成化探测网,雷达探测空间立体化、探测空域大、探测距离远,从而极大地提高了雷达的综合作战效能。雷达对抗与雷达的相互斗争同样体现在系统对系统的整体对抗。因此,利用多种对抗手段构成功能互补的综合雷达对抗系统来应对敌方采用多种综合抗干扰措施的雷达和雷达网是雷达对抗的第六个特点。

(三)雷达对抗的作战对象

根据现代战场上所使用的军用雷达类型和用途,雷达对抗的主要作战对象包括预警雷达、目标监视雷达、火控制导雷达、末制导雷达等,如图 6-3 所示。

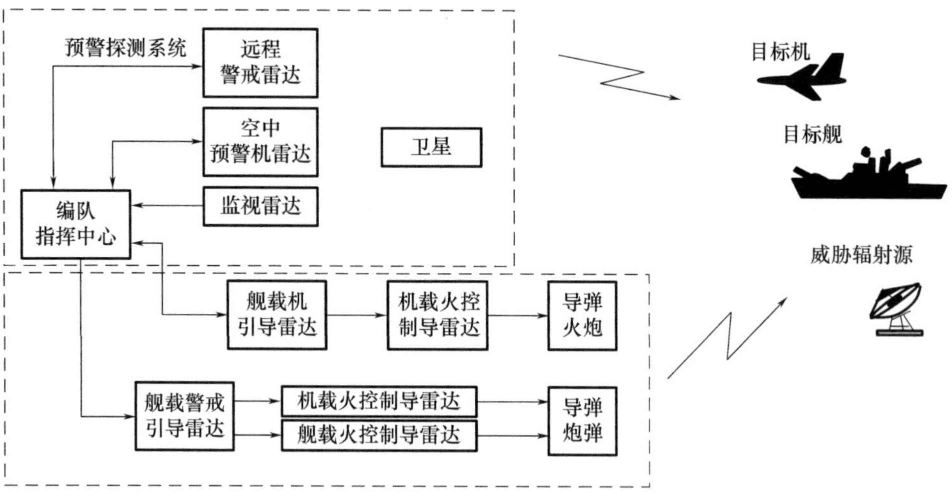

图 6-3　海、空雷达部署

1. 预警雷达

这种雷达主要包括地面远程警戒雷达和空中预警机雷达。地面远程警戒雷达主要用来探测来袭的飞机或导弹,为防空武器拦截提供较长的预警时间。工作频率多为甚高频、超高频和L波段(1200～1400MHz),最大作用距离可达400km以上,高频超视距雷达可达1000km以上。目前,地面远程警戒雷达采用相控阵体制越来越多,其特点是可以产生很大的合成功率并具有很大的波束控制灵活性,因此对这种雷达体制的侦察和干扰较困难。空中预警机雷达由于其平台处于中高空,因而具有广阔的视野,增大了对低空目标的探测能力。这种雷达易受到地、海杂波干扰,因此通常采用脉冲多普勒和动目标显示相结合的雷达体制,最大作用距离可达600km。预警雷达对海上水面舰艇编队的行动隐蔽性造成了极大的威胁,因而成为雷达对抗的主要作战对象。

2. 目标监视雷达

这种雷达一般采用三坐标雷达和多功能相控阵雷达体制,工作频率多为1～2GHz和2～4GHz,其功能是空间搜索,并在搜索覆盖范围内确定目标精确的位置,主要用于引导飞机及导弹对目标实施拦截打击。

3. 火控制导雷达

这种雷达波束很窄,它在警戒雷达的引导下搜索、截获和跟踪目标,为导弹或火炮攻击提供精确的目标位置,并控制武器对目标实施攻击。一般这种雷达系统的作用距离大于武器的有效射程。

4. 末制导雷达

这种雷达一般配置在导弹和制导炸弹上,当制导雷达系统在完成对导弹制导的同时,末制导雷达被启动、跟踪目标,把导弹引向目标,其制导距离一般小于25km。

由此可见,雷达对抗的作战对象繁多,性能和用途各异,对抗的雷达体制复杂,包括相控阵、脉冲多普勒、脉冲压缩、多参数捷变、频率分集、单脉冲以及双基地和多基地等雷达体制;对抗的平台包括陆、海、空多种雷达平台。

(四)雷达侦察

雷达侦察是海上舰艇编队获取海战场雷达情报的主要手段,其基本任务是:利用装有雷达侦察系统的电子侦察飞机和电子侦察舰船,对海空敌方各种雷达辐射信号进行不间断的电子侦察。其主要用途如下。

(1)军事情报侦察:以获取敌方军事情报为主要目的,通过获取敌方雷达的类型、用途、数量、位置以及相关武器配备和行动企图,掌握敌人战略和战术军事情报,用以判明敌人的动态,为高层领导决策提供可靠的情报依据。

(2)技术情报侦察:以获取敌方雷达技术情报为主要目的,查明敌方雷达的战术技术性能,如雷达的工作频率、发射功率、调制方式、脉冲宽度、脉冲重复频率、天线形式、波束宽度等技术参数,特别是要查明敌方雷达的新波段、新调制样式、新天线扫描方式以及各种新工作体制,从中掌握敌方雷达技术水平和发展动向,为做出雷达对抗战术技术决策、指导雷达对抗装备发展以及建立雷达威胁数据库提供可靠的技术情报数据。

(3)雷达威胁告警:利用雷达告警侦察设备实时对敌方雷达威胁信号进行截获、参数测量、信号分选识别,确定敌方雷达类型,目标属性和威胁程度,实时地以灯光或音响等方式发出威胁告警,并显示出威胁的方向、距离和威胁程度,以便操作员灵活采取雷达对抗或其他战术措施,保护平台的安全。

(4)引导雷达干扰和杀伤武器攻击:根据雷达侦察引导系统获取的敌方雷达信号的各项参数,确定敌雷达的工作频率和信号到达方向,然后引导电子干扰机在频率上和方向上对准敌方雷达,并选择最佳干扰样式,对敌雷达实施最有效的干扰;利用无源精密定位系统对敌雷达辐射源进行测向、定位、瞄准和跟踪,同时引导杀伤性武器摧毁敌雷达系统。

从以上用途可以看出,雷达侦察是进攻性雷达对抗的基础和保障条件。因此,在实施雷达软硬杀伤之前,统一组织各种侦察力量和侦察手段,对敌雷达网实施周密的预先侦察并贯穿于整个雷达对抗的始终,适时准确地给雷达对抗提供充分的情报支援,对于夺取海战场电磁优势,赢得战役战斗胜利具有十分重要的意义。

1. 雷达告警侦察

雷达告警侦察是指采用电子侦察接收机接收空间存在的各种雷达信号,通过设备内部的信号处理机,识别其中是否存在与威胁关联的雷达信号;如果有,就实时发出告警信号,并立即采取各种对抗措施规避威胁。因此,雷达告警侦察已成为保护作战平台不可缺少的手段之一。

雷达告警侦察是一种简单的雷达侦察手段,其基本特点是不需发射电磁波,但能够接收与各种威胁相关的雷达信号,从中提取信息和识别威胁,并给出对敌方威胁的某种告警。它具有以下几个特点:①告警隐蔽;②告警距离远;③告警实时;④告警设备相对简单。

1)雷达告警侦察设备测向原理

测向是雷达告警侦察设备中的重要部分,为了快速和简单,大部分的雷达告警侦察设备都采用幅度比较的办法测定信号的方位。它是将一组天线放置成指向不同的方向,如一个圆周的东、南、西、北 4 个方向,如图 6－4 所示。假设天线所接收的信号方向是正东北方向,图中 1、4 两根天线指向该方向附近,收到的信号较 2、3 两根天线强,而且正东北方向正好在北和东之间,从而 1、4 两根天线收到的信号从它们各自的端口输出时强度将相当。这样,如果知道 4 根天线输出信号的相对强弱就可以换算出信号的方位。很容易想象,如果采用数量更多的天线,可供计算的信息就更多,测向的精度可能就更好。天线使用多少,将根据不同的要求而定,可以有 4 根、6 根、8 根等。但大部分告警设备的测向精度不一定要求很高,为了简单和降低成本,大多采用 4 根天线的比幅系统。

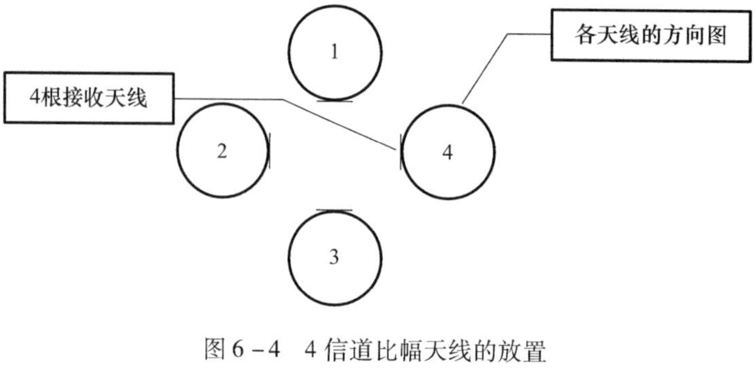

图 6－4　4 信道比幅天线的放置

2)雷达告警侦察设备测频原理

测频对于雷达告警侦察设备也是不可少的,但对测频的要求却有很大的差别,它取决于设备的档次。如果设计需求的是简单，那么测频精度往往不高；如果设计需求的是准确，那么测频机构将要复杂得多，但精度就会较好。比较简单的测频可以用滤波器组的办法实现，即一个信号进入接收机后，被加往一个滤波器组，满足信号频率f高于f_i低于f_{i+1}的信号将从第i个滤波器输出，从而区分并测定了信号的频率。这样测频的误差将是半个滤波器的带宽；在滤波器的数量仅为3～6个时对于总的告警范围10～20GHz而言，其频率测量精度之低可想而知。机载雷达告警设备由于只希望接收对平台有威胁的雷达信号，因此，接收机的灵敏度大多做得不高。所以大部分接收机不需要达到高灵敏度所需的大的高放增益，有些甚至用直检式接收机就可以了。也就是说，信号在进入接收机后就可以直接检波，后续放大器仅对检波后的视频信号进行放大。为了测量信号载波频率，有可能在微波频段将信号分路，而为了测量信号的脉冲参数，往往又可能对视频将信号进行合并，这样每一根天线所接的接收机如图6－5所示。

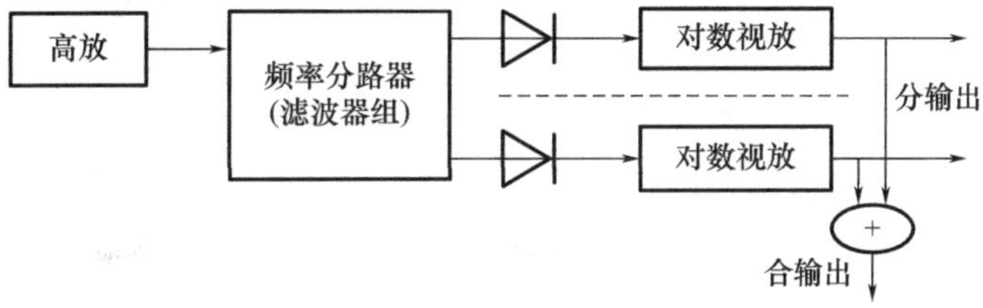

图6－5　典型的机载雷达告警接收机

2. 雷达情报侦察

不少人误解雷达情报侦察是用雷达探测来获取敌方军事和技术情报。其实，雷达情报侦察与雷达的工作原理是完全不同的。雷达情报侦察是侦察有无雷达在工作，它自己完全不发射电磁信号，只是接收正在工作的雷达发射的信号，通过处理确定这些雷达的参数、方向和位置。如果雷达不开机，雷达情报侦察就收不到任何信息。

由于雷达情报侦察是通过侦察敌方电磁辐射源的特性来获取情报的，因而与雷达相比具有以下特点：①侦察的隐蔽性；②侦察的宽开性；③信号分选的复杂性；④测量的高精度。

1）雷达情报侦察测向原理

雷达情报侦察接收天线不仅仅用来接收信号，而且还用来测量雷达信号的进入方位角，称为无源测向。由于测向是雷达情报侦察设备的重要用途之一，因此用什么办法测向实际上成了选择天线式样或组成天线阵的最重要的依据。到目前为止，无源测向的基本方法包括最大（或最小）信号测向法、比幅测向法、比相测向法、时差测向法、混合式和方位估计测向法。

（1）最大（或最小）信号测向法。对于任何一个有方向性的接收天线，接收同一个辐射源目标时，接收天线指向不同，接收到的信号强度将会不同。如果用接收天线的增益最大点对准辐射源，收到的信号就最强；用接收天线的增益最小点对准辐射源，收到的信号就最弱。由于已知具体的接收天线方向图，所以就可以求出辐射源的方位。用最大信号法测向，设备和处理过程都比较简单，但是它的精度一般很难超过接收波束宽度的1/5，而且从原理上讲，它要求辐射信号是稳定的，在整个测量过程中自始至终地存在。一旦信号强度迅速变化，如辐射源的波束在空间扫描，它一会儿用主波束对准接收天线，过一会儿又用它增益很小的一个旁瓣对准接收天线，那么最大信号法测向工作的条件就不复存在，导致无法测向或测向错误。尽管这样，由于它的简单性，人们有时仍喜欢用这种方式测向，特别是把信号强度直接指示在显示屏上；当接收天线作圆周扫描时，在屏幕上呈现图 6－6 那样的波形，观察者可以一目了然，认定辐射源方向为波形最大点处。

(2)比幅测向法。如果用指向不同的两根天线同时接收一个信号，就会表现出接收到的信号强度不同，比较这两个信号的幅度也可以计算进入的辐射源信号的方位，这就称为比幅测向法，如图 6－6 所示，其中图(a)为两个接收信号的情况，图(b)为它们的相对比较。

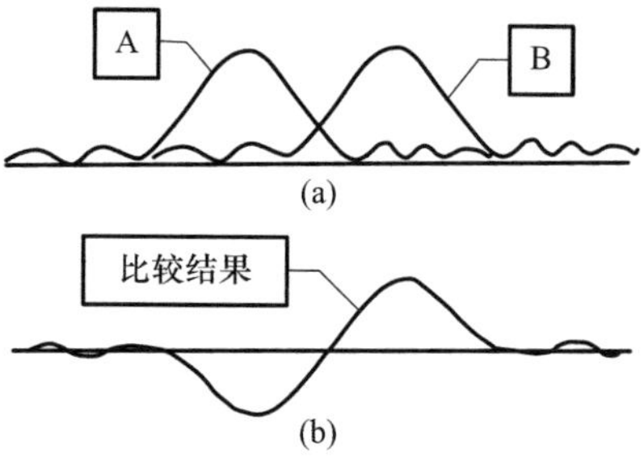

图 6－6　比幅测向法中的信号幅度

可以看到，在两根天线指向的中间附近，比较结果与信号方位有一个较为简单的一一对应关系，从而可以完成测向。比幅法的优点在于它测量方位所需的信号存在的时间极短(称为瞬时测向)，接收天线不必转动，可能达到的精度略优于天线波束宽度的 1/10。但是，比幅测向仍然存在两个问题：一是能够测向的范围只能是两根天线主波束共同覆盖的方位范围内，一般来说，这比一个波束覆盖的区域小；二是对于非主波束范围，实际上天线仍在工作，但比较也仍在进行，而结果却是错误的，因此必须另外有设备限定正常工作区域，或切除非正常工作区域，这给工程实践带来了不少麻烦。因此通常采用多信道比幅的办法。

多信道比幅就是采用多个角度指向不同的天线，形成一个天线阵，用它们的总和对全部方位覆盖范围进行正常测向。在这一类测向的方法中又可以有两种。一种是首先比较所有天线所接收的信号强度，找出其中相邻的强度最大的一对天线，然后用二信道比幅的办法测出信号的方位。采用这种方法，处理虽比较简单，但没有利用多信道的优点，在每次计算中，只有两个信道是有效的，其他信道都属于陪衬，没有起作用。另一种是利用所有天线的幅度信息，采用一定的算法，用一种通用的方式计算信号的方位。这种方法处理同样是简单的，但寻求最佳的算法，有效地利用所有天线的信息是人们最为关心的。原则上讲，可将通过对信号的加权来合理地计算方位，加权的原则无非是各天线放置的角度和收到的信号强度。目前，在工程上已经有几种可用的方法，使测向精度能优于一根天线波束宽度的 1/10。

(3)比相测向法。通过对被接收的信号作相位比较进行测向的方法称为比相测向法。由于电磁波在空间传播需要时间，它到达不同的天线口面时会有微小的时间差，使不同天线之间的信号有一定的相位差，这可以用来作无源测向，如图 6－7 所示。若对于两根天线的连线方向，信号的进入角为 θ，两根天线间距为 l，那么信号到达两根天线的距离差将与 θ 有关，不难推导出由此造成的频率为 f 的两信号的相位差也与 l 和 θ 有关，只要求出相差就可推算出方位角，而且在推算过程中，只要设置 l 足够大，由相位误差构成的方位误差将足够小，换句话说，比相测向法有可能达到较好的测向精度。在电子对抗领域内，宽频带的应用可做到优于 1°。同比幅

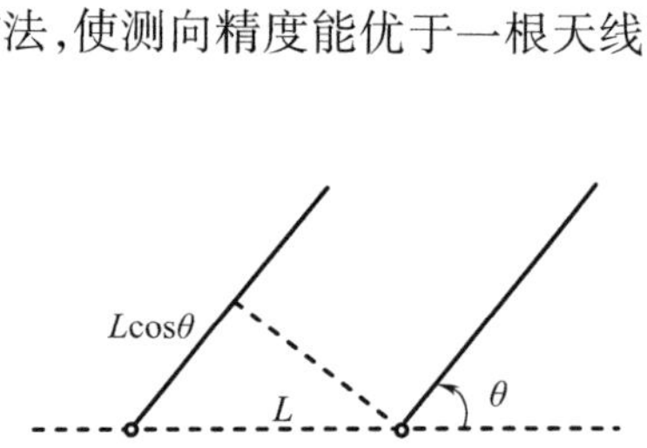

图 6－7　比相测向法的相位差产生原理

测向法一样,比相法也是一种瞬时测向的办法。

尽管比相测向法有精度高的优点,但是在很多情况下,其使用不像比幅测向法那样方便。从图6-7可以看到,信号从两根天线连线的上侧进入与下侧进入,也就是θ取正值和负值,由于路径差相同,能测到的两根信号的相位差是一样的,因此不能区分信号方位在天线连线的哪一侧。进一步分析还表明,当θ接近0°或180°时,也就是信号方位很靠近天线连线方向时,由方位转成相位的放大因子很小,从而使一定的相位误差引起的方位误差变大,在工程上不太好用。这么一来,比相测向法原则上就不是全向的了,类似于只有两个天线的比幅测向法,它一定要用其他办法来限定被测方向的范围。其次,在推算过程中需要频率信息,要想测向就首先要测频。这不但将增加设备的复杂性,而且,一旦测频有较大的误差时,测向也就不那么准确了。最后,相位差这个物理量在数学上可以有任意值,比如说20°与380°和740°是一样的,但在物理上,它只限于360°一个周期的范围,用任何手段都只能测出相差小于360°的一个尾数;这给推算带来了一个称为模糊的问题。为了解决这一问题,工程上的办法是采用多组比相的天线对,它们的天线间距不同。这样一来,工程实际使用的比相法往往使用多根天线。

(4)时差测向法。随着测量技术的发展,对于图6-7中信号到达两根天线的路程差产生的时间差可以被精确测量,这时就可以通过直接测量时间差来求出路程差,从而得到信号到达方向。由于用了时间差,将不再需要知道信号频率,也不再会出现相差限制于360°的模糊,因此也就不一定有必要使用多个天线对。这种测向法就是时差测向法。当然采用时差测向的最大难度是如何将时差测准,因为当两根天线间距为30m时,不同方向来的信号到达两根天线的最大时差只有0.1μs,要测准方向,对时间差的测量精度应当在10^{-3}μs以下。

(5)混合式和方位估计测向法。很容易设想,以上所说都是一些原理性的方法,在工程使用时完全有可能把它们组合起来。随着现代技术的发展,人们还推导出一些更好的办法。从信息的角度来看,信号的进入方位角如同频率等一样,是信号固有的信息,只要处理得当,就可以把它提取出来,这类方法称为方向估计。从概念上讲,它可能把信号方位角测得更精准,而且有可能同时测量多个信号,甚至频率完全相同的多个信号的方位。

雷达对抗情报侦察在测向方面没有独立的电路,它借用的是雷达电子支援措施(Electronic Support Measure,ESM)的测向电路,即采用的是多波束比幅测向原理,使用的天线为宽带多波束透镜天线。

2)雷达情报侦察测频原理

接收机是雷达情报侦察设备的另一大组成部分,它有两个功效:一是把信号接收进来,称为截获;二是测量某些信号参数,同时往信号处理部分输送信息,让它完成其他测量和处理。

为了能够截获信号,首先接收机要有一定的灵敏度,其办法是采用放大器,不加放大器的接收机已经很少在雷达侦察中采用。放大器要有大量的分配,可以在高频、中频或视频之间进行。如图6-8所示,由于雷达侦察接收机的宽开特性,它工作的高频总带宽必定是宽的,这就构成了它与所有其他接收机的最大差别,那就是它的高放(如果有)的带宽一定是宽的,它的绝对值有可能超过10GHz,相对值可能超过10:1。与此关联的不仅是放大器,还将导致接收机中的其他高频部件都应有宽带特性。这是电子对抗技术的一大特色。在宽频带内做成高灵敏度不是一件容易的事。但是,由于雷达情报侦察接收机侦收的是由雷达发射的直达信号,雷达情报侦察只是一份单程的工作,因而对雷达情报侦察设备的灵敏度要求不是很高。

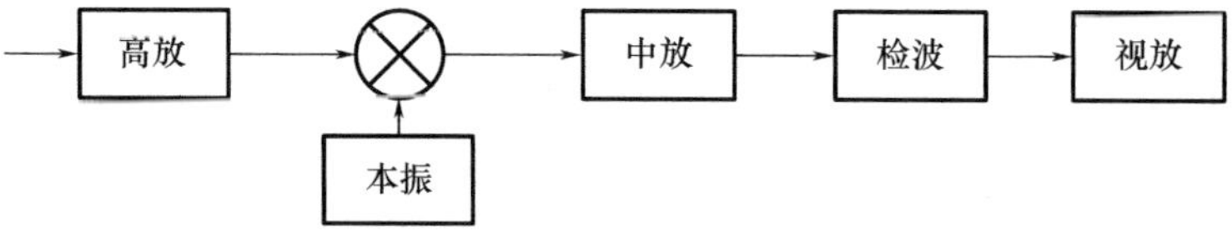

图 6-8 接收机放大链的一般组成

雷达情报侦察接收机测量被接收信号载频的办法有多种,在目前较为成熟采用的有超外差、比相法瞬时测频、信道化接收机等。电声、电光转换也可用来测频,但应用并不广泛。采用数字式接收机在信号截获后可以用计算求出载频,应当说也是一种先进的办法,但目前用于实际设备中的还不多。一种最简单最有效的测量频率的办法是采用超外差式接收,用一个比较小的中频带宽,如 10MHz,在高频范围内扫描,当这个小窗口的频率对准雷达信号时,接收机就截获了信号,并测量了信号的频率,这种办法如同使用收音机,当收音机调谐到某个广播电台时,一方面收听了广播;另一方面收音机面板的频率指数应当就是该广播频率。

超外差式接收机原则上只能接收持续时间较长的信号,因为接收机在一个时间只对一小段频率开门,如果当接收机的频率正好对准雷达信号时,该信号已经消失,那么,将无法收到该信号。为此,电子对抗专门采用宽开的接收机,它处于永远的等待状态,信号一出现就被截获。瞬时测频就是这样一种接收机,它是基于相位干涉原理的,原理性示意图如图 6-9 所示。信号在进入接收机后被分成两路,经过长度不同的两个传输线,合成后加到检波器上,由于这两个信号的相位差正比于信号频率,所以测出这一相位差就可以间接地测出信号频率。

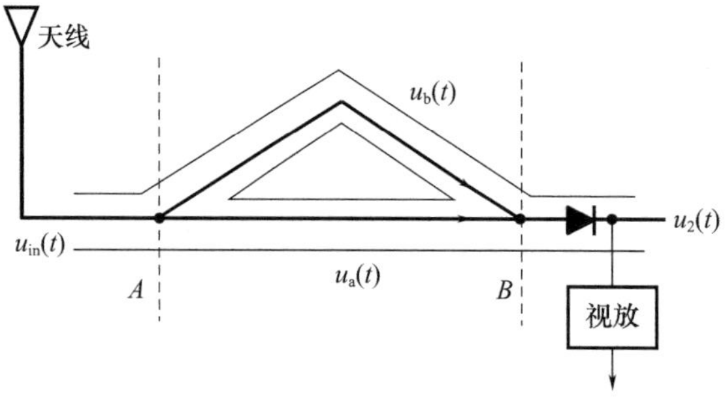

图 6-9 相位干涉原理示意图

假定输入电压为

$$u_{in}(t)=U_{\theta}\cos(\omega t-\phi_0) \tag{6-1}$$

则到达 B 点时,两路信号电压分别为

$$u_a(t)=KU_{\theta}\cos\left[\omega\left(t-\frac{L}{V_{\phi}}\right)-\phi_0\right] \tag{6-2}$$

$$u_b(t)=KU_{\theta}\cos\left[\omega\left(t-\frac{L+\Delta L}{V_{\phi}}\right)-\phi_0\right] \tag{6-3}$$

两路信号在 B 点合成并经过二极管平方律检波后,输出电压 $u_2(t)$ 的包络为

$$U_2 = 2K_d U_0^2[1+\cos(\omega T)] \tag{6-4}$$

式中：T 为时间延迟，$T=\Delta L/V_\phi$；ΔL 为两路径差；V_ϕ 为电磁波传播速度；ω 为雷达工作频率；K_d 为检波系数。

两路信号为了能在 B 点发生干涉，其最大延时必须满足 $T<\tau_{min}$，τ_{min} 为最小脉宽；为了保持单值性，$\omega T<2\pi$，即 $T<1/f$，或者 $f=f_2-f_1<1/T$。输出信号的幅度应仅和输入信号的频率值有关，因此必须消除其他因素对输出信号幅度的影响。为此，一个常用的微波鉴相器如图 6－10 所示。

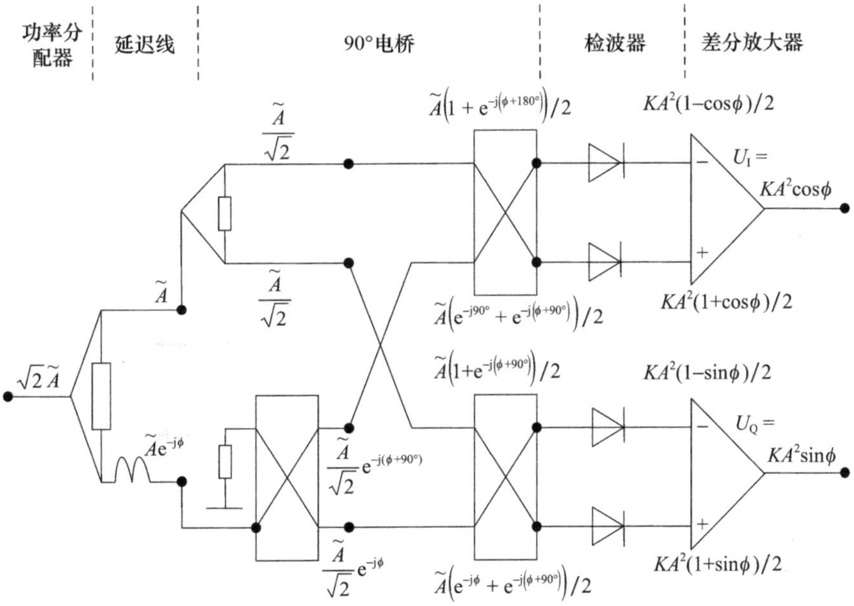

图 6－10　一个常用的微波鉴相器

上述微波鉴相器尚不能满足实际的需要，因为它的带宽不足。从相关性要求和宽带宽要求来看，延时 T 应该比较小。但当 T 过小时，单位频率变化引起的相位变化又太小，这是因为 $\Delta\theta=2\pi\Delta fT$，由此引起的输出电压幅度变化 ΔU_2 也很小，会对频率的测量精度产生影响。为了提高测频精度同时又不影响带宽，本书采用多路微波鉴相器构成一个实际的瞬时测频接收机，其基本组成如图 6－11 所示。信号在进入接收机后分成两路，经过具有不同延时的两个鉴相器。短延时的一路保证测频的单值性，而长延时的一路则保证测频的精确性。

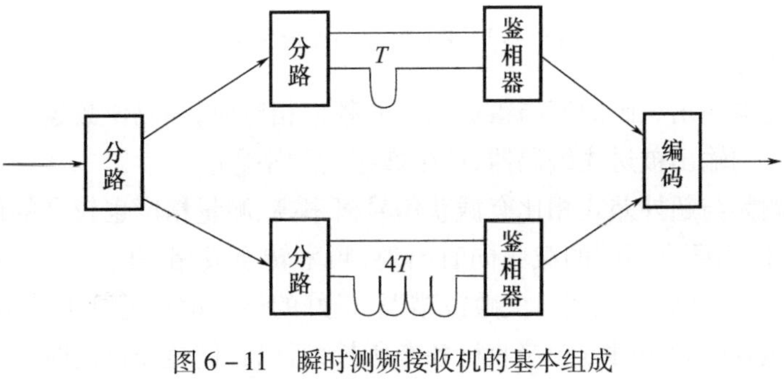

图 6－11　瞬时测频接收机的基本组成

为了消除输出信号幅度的波动而引起的测频误差，本书采用极性量化器来进行编码。极性量化器的输出与输入电压的高低无关，而仅与输入电压的极性有关。极性量化器是瞬时测频接收机的另一个重要组成部件。其工作原理是，如果将正交的两路正弦电压分别加到两个电压比较器上，输出正极性时为逻辑“ 1”，输出负极性时为逻辑“0”，这样就把360°范围分成4 个区域，从而构成 2bit 量化器。如果再将这两路信号经过适当变换，给每个信号一个相位上的滞后，就可以得到更小的相位量化。其方法如下：将正交信号 $\sin\varphi$ 和 $\cos\varphi$ 进行加权处理，变成相位滞后为 α 的两路正交信号，即

$$\begin{cases} \tan\alpha\sin\phi+\cos\phi=\dfrac{\sin\alpha\sin\phi+\cos\alpha\cos\phi}{\cos\alpha}=\dfrac{\cos(\phi-\alpha)}{\cos\alpha} \\ \sin\phi-\tan\alpha\cos\phi=\dfrac{\sin\phi\cos\alpha-\cos\phi\sin\alpha}{\cos\alpha}=\dfrac{\sin(\phi-\alpha)}{\cos\alpha} \end{cases} \tag{6-5}$$

由式(6－5)就可以看出，只要对微波鉴相器的两个输出适当加权，然后进行求和与求差，就相当于把信号进行了移相。例如，希望在原来一对正交信号的基础上增加相移为 $\alpha=45°$ 的一对正交信号，由于 $\tan45°=1$，所以，只需将鉴相器的两个正交输出进行相加和相减后再作为两路输出，就可以将 360°范围分成为 8 等分，构成 3bit 量化器；在此基础上，再增加 $\alpha=22.5°$和 $\alpha=67.5°$的两对正交信号，就可以构成 4bit 量化器。以此类推，可以构成 5bit、6bit 等量化器。图 6－12 所示为 4bit 量化器的波形及其编码。

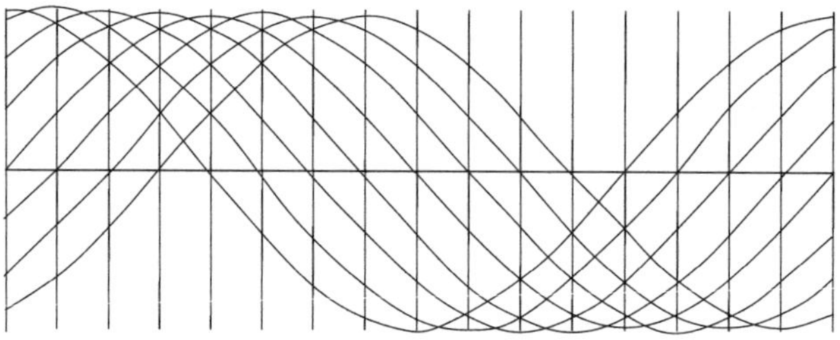

U_1I	1	1	1	1	0	0	0	0	0	0	0	0	1	1	1	1
U_1Q	1	1	1	1	1	1	1	1	0	0	D	0	0	0	0	0
U_2I	1	1	1	1	1	1	0	0	0	0	0	0	0	0	1	1
U_2Q	0	0	1	1	1	1	1	1	1	1	0	0	0	0	0	0
U_3I	1	1	1	1	1	0	0	0	0	O	0	0	0	1	1	1
U_3Q	0	1	1	1	1	1	1	1	1	0	0	0	0	0	0	0
U_4I	1	1	1	1	1	1	1	0	0	0	0	0	0	0	0	1
U_4Q	0	0	0	1	1	1	L	1	1	1	1	0	0	0	0	0

图 6－12　4bit 量化器波形和编码

多比特量化器输出编码的值与雷达信号的频率相对应，编码位数越多，则测频精度就越高。全部单元的输出被送往编码器，产生数字的频率码。

虽然瞬时测频与超外差式相比有截获信号概率高、测量精度也较高的优点；但也正是由于它的宽开性，当两个不同的载频同时出现，频率转换成相位时会产生差错，编码器只能生成一个频率码，从而导致测量失败或错误，最好的情况也只是测出其中一个频率。正由于超外差式接收机和瞬时测频接收机各有所长，所以它们至今仍同时并存，被大多数雷

达侦察机同时采用。

除了上述两种接收机，常见的雷达情报侦察接收机还有信道化接收机。它是一种并行的接收机，由很多路组成，其中的每一路专门用来接收一个小频率窗口的信号，它们的总和构成了一个宽开接收机。很显然，可以把它理解成多个超外差式接收机并行工作，从而在理论上讲，它有最优越的性能。但是这种理想化的信道化接收机的成本、体积、重量、耗电都较大，因此在工程实现时都不得不采取折中的方法。

（五）雷达干扰

雷达干扰分为雷达有源干扰和雷达无源干扰两类。

1. 雷达有源干扰

雷达有源干扰是用电子设备产生射频信号，扰乱或阻断敌方雷达对目标的探测和跟踪。雷达有源干扰是雷达对抗中具有威胁力的进攻性部分。

1）对雷达进行有效干扰的条件

当今，雷达干扰机种类繁多。这些干扰机对雷达实施有效干扰必须满足的基本条件，概括起来有如下 4 条。

首先，干扰机发射的干扰信号的频率必须对准雷达的工作频率，使干扰功率能进入雷达接收机。对噪声干扰来说，干扰信号的频谱还必须覆盖雷达的工作频带；对常规脉冲雷达来说，雷达工作在一定的射频频率，并且其发射信号有一定的频谱宽度。雷达接收机中有一窄带中频滤波器，使得雷达信号能被接收，而滤除滤波器频带外的噪声，如图 6－13 所示。图中，干扰机发射的噪声中心频率瞄准了雷达信号的中心频率，噪声频谱覆盖了雷达接收机的滤波器带宽。这样，干扰信号就能被雷达接收机接收，构成了有效干扰的必要条件。

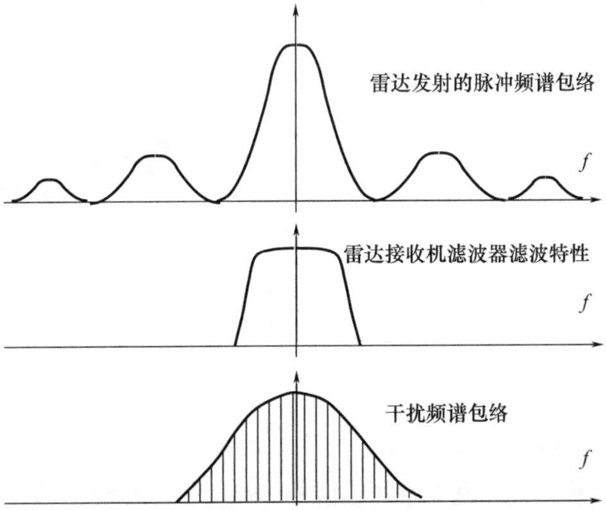

图 6－13　干扰噪声与雷达信号及滤波器的关系

其次，干扰天线主波束要对准雷达且干扰信号功率必须足够大，使得经过雷达处理后的干扰信号强度大于或等于雷达目标回波信号的强度。这样在雷达显示器上的目标就被淹没在干扰信号中，雷达操作员在显示器上看不到目标回波信号，或只看到假目标信号；

如果雷达是自动录取信号或跟踪回波信号，由于干扰信号比目标回波信号强，雷达就不能录取到回波信号，也不能对目标回波信号进行跟踪。

再次，干扰信号发射的时间要合适并且足够长。以一般噪声干扰为例，对每个雷达脉冲信号，干扰信号要在雷达目标回波回到雷达之前开始干扰并持续到目标回波到达雷达之后一段时间，如图 6－14(a)所示。若雷达在接收到目标回波之前首先收到干扰信号，而且比目标回波还强，那么操纵员就无法从 A 型显示器看到目标；若干扰时间足够长、干扰能量足够大，就能使雷达在一定角度范围内发现不了目标，此时会在雷达的平面位置显示器(通常又称为 PPI 显示器)上形成一定的干扰扇面。如图 6－14(b)所示，雷达操作员就不能判断目标在什么方位、什么距离上出现。

最后，干扰信号要有合适的干扰样式(又称为干扰技术)。干扰样式是干扰信号的幅度调制或相位调制或者幅度和相位的联合调制，或对干扰信号发射的时间进行一定改变(称为时间调制)，使雷达收到这些干扰信号后在显示器上产生按一定规律变化的干扰信号，以淹没目标或者对雷达操纵员进行欺骗，使其分不出哪是真目标哪是假目标，或破坏雷达对目标的跟踪。前者称为压制性干扰或噪声干扰，后者称为欺骗性干扰。

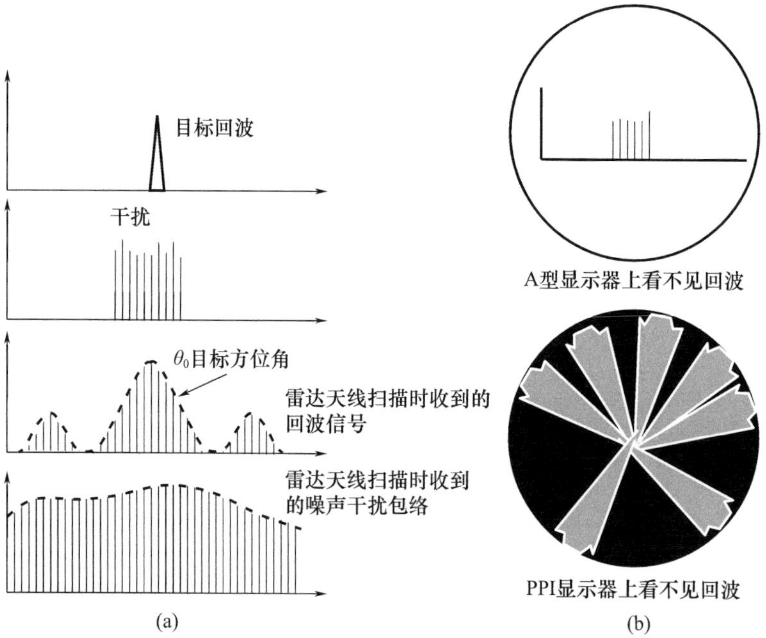

图 6－14　合适的干扰时间使雷达不能判断目标的距离和方位

2)雷达有源干扰分类

雷达有源干扰分类如图 6－15 所示。

(1)噪声干扰。噪声是杂乱无章的电信号，所以又称为杂波。但为与地面、海面杂乱反射的回波相区别，称其为“噪声”。噪声干扰是一种类似于接收机内部噪声的干扰信号。它通常是用低频噪声对微波信号进行调频、调相、调幅，或三者兼而调制而产生，也可用微波噪声产生器直接在微波段产生噪声，经放大后发射出去对雷达进行干扰。噪声干扰信号进入雷达接收机内与热噪声类似，雷达接收机无法消除它。此外，噪声信号中的低频部分还可以在雷达接收机内形成杂乱脉冲,致使得雷达接收机检测不出目标回波。这种干扰对多种雷达的各种工作状态均起到有效的压制干扰作用。

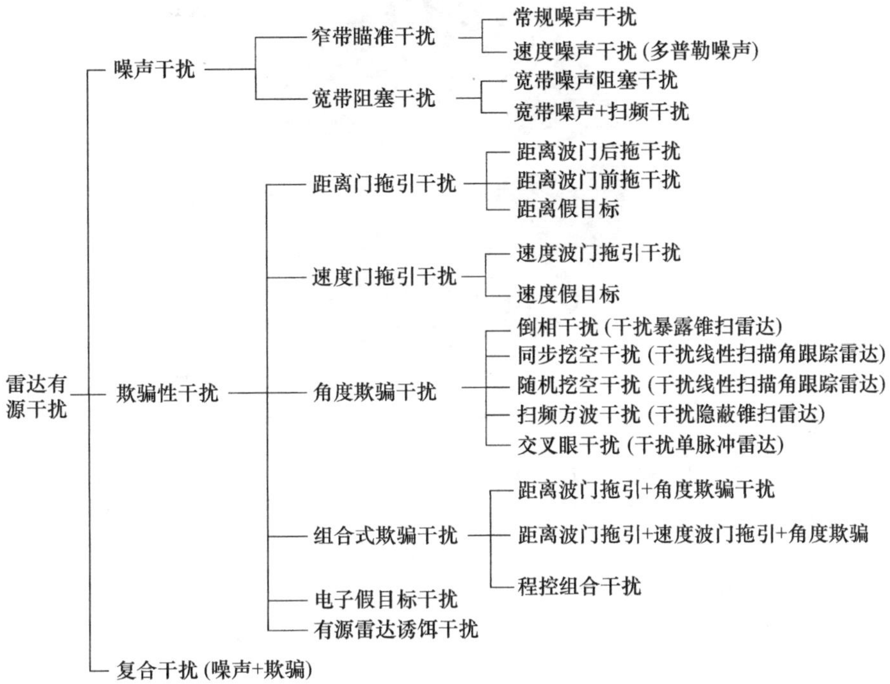

图 6-15　雷达有源干扰分类

噪声干扰有两种基本形式。一种是瞄准噪声干扰,其干扰信号频谱的中心频率瞄准雷达的工作频率。它又分两种类型:一类是常规噪声干扰,用来干扰各种雷达,其干扰频谱较一般雷达的中频带宽宽一些;另一类是速度噪声干扰,瞄频精度更高,干扰带宽与脉冲多普勒雷达的多普勒滤波器带宽相当,主要用来干扰脉冲多普勒雷达。窄带瞄准噪声干扰的优点是干扰功率比较集中,单位频带内的干扰功率比较大,进到雷达接收机内的功率强,干扰效果好。另一种是宽带阻塞噪声干扰,与窄带瞄准噪声干扰的区别在于干扰信号频谱比雷达接收机中频带宽宽得多,主要用来干扰频率捷变雷达,或者同时干扰在同一频段内的多部雷达。这种干扰方法有一个缺点,那就是因为干扰频谱比较宽,单位频带内的功率比较小,因而进到雷达接收机内的干扰功率小得多。譬如,窄带瞄准噪声干扰的频谱宽度为10MHz,宽带阻塞干扰的频谱宽度为500MHz,那么,用同一部干扰机发射宽带阻塞干扰时进到雷达接收机的干扰功率是发射窄带瞄准干扰的1/50,因而干扰效果比较差。宽带阻塞干扰又有两种:一种是宽带噪声阻塞干扰,其宽带干扰频谱是由视频噪声调制产生的;另一种是噪声加扫频干扰,其宽带干扰频谱是由噪声加上低频三角调制形成的。

对用荧光屏来观察目标的雷达(警戒雷达、目标指示雷达和大部分处于搜索状态的火控雷达)在噪声干扰情况下的干扰强度分为三级:一级干扰强度是指雷达受干扰后并不影响目标的检测观察,只是荧光屏上稍有些麻点;二级干扰强度是指荧光屏上干扰比较强,但有经验的观测员仍能从干扰背景下发现目标;三级干扰强度是荧光屏上干扰严重,目标完全被淹没,任何观察员都发现不了目标。在强噪声干扰下雷达显示的图像如图 6 - 16 所示。

图 6 - 16　雷达显示器在强干扰情况下的典型画面

(2)欺骗性干扰。欺骗性干扰多用于干扰火控雷达的截获系统、跟踪系统和末制导雷达的跟踪系统。其目的是使雷达无法截获目标,不能进入跟踪状态;或者使雷达的跟踪状态遭到破坏、退出跟踪状态;或者使跟踪系统跟踪到错误的方向,从而瞄不准、打不中目标。这类干扰可分为以下几种型式。

①距离门拖引干扰。距离门拖引干扰是主要破坏雷达的距离波门跟踪系统。其办法是在雷达回波脉冲之后产生一个越来越落后于目标回波的一个强拖距脉冲信号,把雷达距离波门向后拖,拖到一定的距离后再停止发射拖距脉冲。雷达跟踪波门被拖离了目标回波,因而收不到目标信号。又因为干扰停发,所以距离波门内也没有干扰信号。过一定时间后,雷达重新进入搜索状态。如果雷达距离波门重新跟踪了目标回波,由于距拖干扰的周期性,雷达距离跟踪波门会再一次被拖距脉冲拖开,从而使其不能跟踪目标。这种在目标回波之后发射向后拖的拖距脉冲的干扰方法称为后拖干扰。距离波门拖引过程如图 6 - 17 所示。

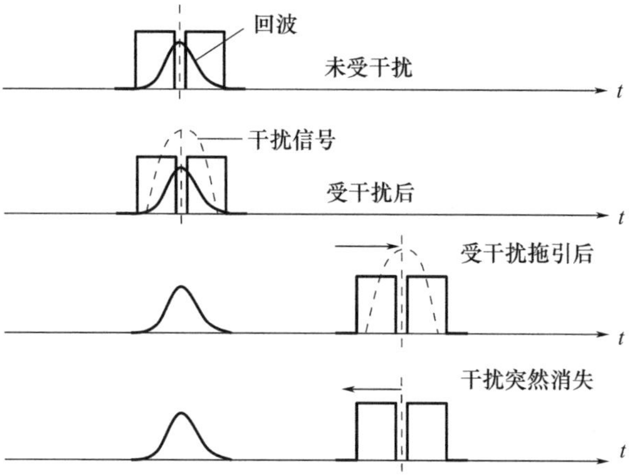

图 6 - 17　距离波门拖引过程

如果在目标之前发射向前拖的拖距脉冲,这种干扰称为前拖干扰。拖距干扰可使雷达产生错误的距离信息,但这不是主要目的。拖距干扰的主要用途是配合其他的干扰方式破坏雷达的角跟踪系统，方法是把距离波门拖离目标后继续发射幅度调制的脉冲。这样雷达跟踪系统已经收不到目标回波，不能从回波提取角度误差信息，而是把加有幅度调制的干扰信号当作回波信号来提取角误差信息，结果是假的角度信息，从而破坏了雷达对目标的角跟踪。

②速度门拖引干扰。与距离门拖引干扰类似，速度门拖引干扰主要是对雷达的速度波门进行拖引。

机载火控脉冲多普勒雷达设有多普勒滤波器组和速度跟踪波门。设置多普勒滤波器的目的是滤除强的地物杂波和区分不同径向速度的目标。速度跟踪波门的用途则是把特定径向速度的目标与其他目标分离开。雷达在进行速度跟踪的基础上再进行距离跟踪，在实现了速度跟踪和距离跟踪之后再进行角度跟踪，控制武器对目标实施攻击。对这种雷达，首先是干扰它的速度跟踪波门，进行速度波门拖引。拖引的方法与距离波门拖引有点类似，但与距离波门拖引中干扰脉冲逐渐远离目标回波的情况不同。速度波门拖引中是干扰信号的中心频率逐渐变高或变低，如图 6－18 所示。图中起始段的干扰信号频率基本上与雷达信号相同，目的是使雷达对干扰信号建立起稳定的速度跟踪。之后干扰信号的频率开始逐渐增大，模拟多普勒频移越来越大，对应的目标径向速度也越来越大，雷达的速度跟踪波门跟着干扰信号产生的多普勒频率移动，这就是速度门拖引。干扰信号的频率逐渐变到一定数值（对应于干扰信号模拟的假目标的速度）后，停在这个频率上，或加上多普勒噪声，使雷达的速度波门在远离目标速度的位置上对干扰信号的假速度（即假多普勒频率）进行稳定跟踪或在一定范围内抖动。在经过足够的时间后，突然停止发拖速干扰信号，使雷达速度跟踪波门内既无干扰又无目标回波。速度跟踪波门丢失信号后，进入搜索捕获过程。当雷达速度跟踪波门捕获到目标后，新的一轮拖速过程又开始了，从而使得雷达速度波门无法对目标速度建立稳定的跟踪。如果雷达已经对目标进行稳定的跟踪，那么一旦实施速度门拖引干扰，就会立即破坏掉雷达的速度门跟踪。速度门跟踪被破坏后，雷达的距离跟踪和角度跟踪状态也就被破坏。雷达进不到稳定角跟踪状态，也就无法去控制武器系统发射和进行必要的制导。

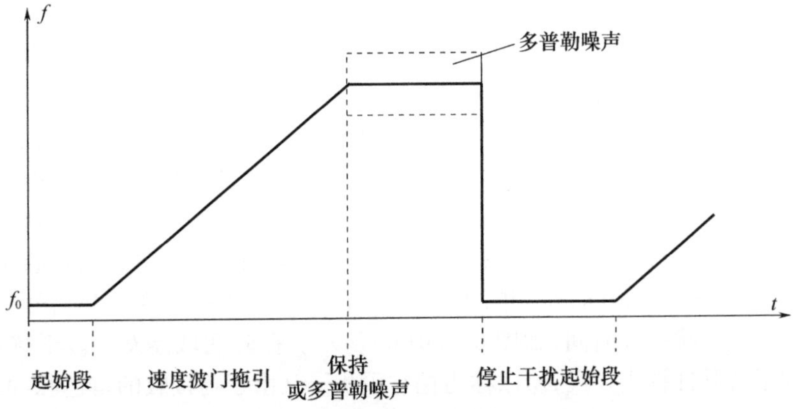

图 6－18　速度波门拖引的时间关系

③角度欺骗干扰。

a. 倒相干扰。暴露式圆锥扫描跟踪雷达的针状波束在跟踪目标时天线高速旋转，如

图 6-19 所示。

倒相干扰是干扰机侦收到雷达信号先提取雷达信号的幅度包络,然后将幅度包络信号倒相后再用它对干扰发射信号进行幅度调制,显然这个信号与目标回波包络的相位相反,结果雷达天线转轴会跟踪与目标相反的方向。如控制火炮射击,就可能打偏;如果是进行导弹制导,那么就会把导弹引偏,这是非常有效的干扰角跟踪系统的方法。由于暴露式圆锥扫描跟踪雷达的抗干扰性能较差,目前这种雷达已基本淘汰。

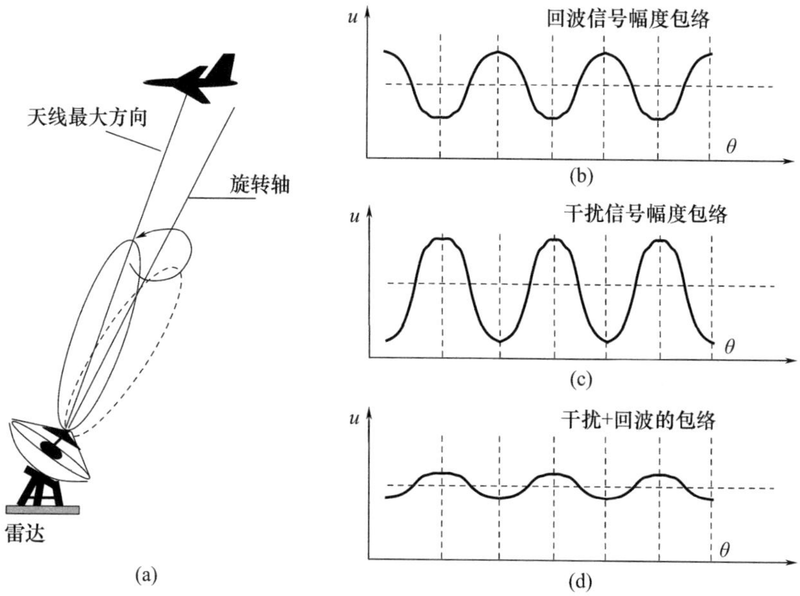

图 6-19　对暴露式圆锥扫描雷达的倒相角欺骗干扰

b. 同步挖空干扰。同步挖空干扰与倒相干扰类似。干扰机发射一种与目标回波包络相位不同的干扰信号,使雷达获取错误的角度信息,跟踪到错误的方向上。它主要用来应对线性扫描跟踪雷达。雷达提取角误差信息和干扰波形如图 6-20(a)所示。天线为扇形波束,扇面与海面垂直。雷达在进行方位跟踪时,波束在方位面进行小范围扇扫。假定天线波束扇扫中心的角度为 θ_0,它不等于目标角 θ_r。波束在以 θ_0 为中心左右小范围内扇扫,则雷达接收到的回波信号如图 6-20(a)所示。在扇扫中心两边一定的范围内雷达接收机设有右角跟踪波门和左角跟踪波门,分别对 θ_0 右边和 θ_0 左边小范围内的回波信号进行积分。通过比较两波门输出的大小及符号,可判断出目标在扇扫中心的哪一边。将两波门积分相减得到的误差电压送伺服跟踪系统,使天线扇扫中心方向向目标方向运动,最终对准目标,实现方位角跟踪。同步挖空干扰的原理是:舰艇雷达侦察接收机解调出雷达信号的包络(和图 6-20(a)是相同的)和扇扫的周期。干扰机在雷达信号包络的峰值所在的部位停止干扰一段时间,如图 6-20(d)所示。在时间域停发一段干扰脉冲,像把连续发射的干扰脉冲挖去一段,所以称为挖空干扰。又由于与接收的雷达脉冲组同步,因此称为同步挖空干扰。在同步挖空条件下,右角跟踪波门(图 6-20(b))内只有目标回波,而在左角跟踪波门(图 6-20(c))内既有目标回波又有干扰信号。干扰信号比回波信号强得多,因而左角跟踪波门积分输出比右角跟踪波门积分输出大。在这个误差信号控制下,伺服系统将进一步使天线的扇扫中心(也就是跟踪轴)向远离目标的方向偏移。最终,雷达天线跟踪到没有目标的方向,使得雷达控制的火炮无法击中目标,雷达制导的导弹也会偏离目标,从而达到很好的干扰效果。

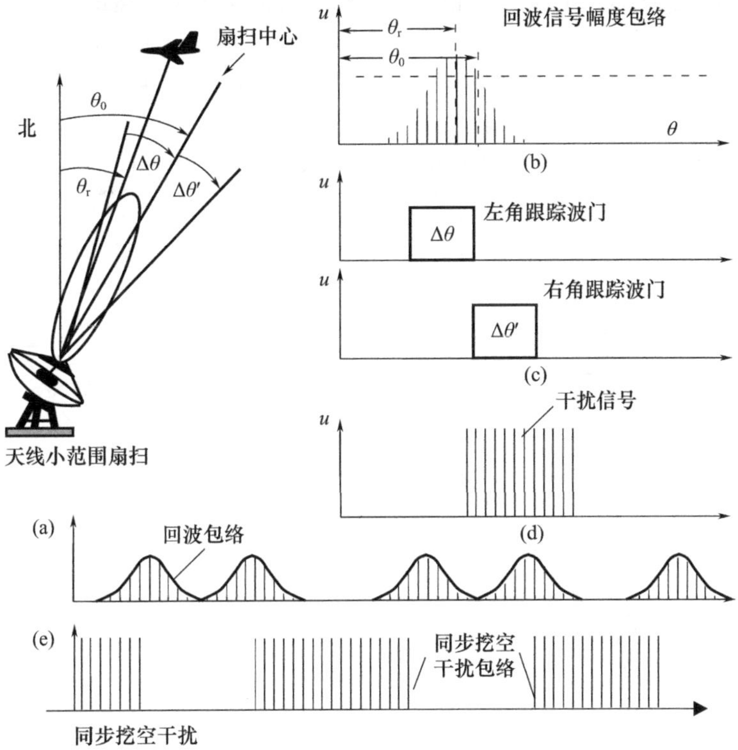

图 6－20　线扫跟踪雷达跟踪回波过程和干扰原理

从同步挖空的原理能够看出,同步挖空也能够干扰暴露式圆锥扫描跟踪雷达。实际上,开关型倒相调幅器的输出就是一种同步挖空干扰。

c. 角度跟踪扰乱干扰(随机挖空干扰)。干扰技术使用了倒相干扰或同步挖空干扰后,使得暴露式圆锥扫描雷达和线扫跟踪雷达无法正常工作,因而雷达采取了相应的抗干扰措施,这就是隐蔽锥扫跟踪和隐蔽线扫跟踪体制。隐蔽锥扫跟踪是指雷达发射部分不用锥扫,仅接收天线进行锥扫。隐蔽线扫跟踪与之类似,雷达发射机不用线扫,仅接收天线线扫。此时,干扰机的侦察接收机就无法收到雷达的扫描幅度包络,因而无法实施倒相干扰或同步挖空干扰。对隐蔽锥扫体制的跟踪雷达的干扰方法是用其他情报渠道获取的粗略的锥扫频率,对发射的干扰信号进行开关调制,也就是发射重复周期与雷达隐蔽锥扫周期相近的干扰脉冲组。雷达在收到这种干扰信号后跟踪天线将会处在不停摇摆的状态,无法对目标进行稳定的跟踪。而对隐蔽线扫跟踪雷达,因干扰机无法获其扫描包络,所以采用随机挖空的干扰方法。这样干扰的结果是使雷达天线的跟踪轴线(扇扫中心)不停地摆动,不能对目标进行稳定跟踪,也就不能使雷达控制的火炮进行瞄准射击,雷达制导的导弹也不能准确飞向目标。

d. 交叉眼干扰。这种干扰方法用来干扰单脉冲跟踪雷达。单脉冲雷达始终跟踪目标反射回波的相位波前的等相面。交叉眼干扰原理如图 6－21 所示。干扰机有两个相距较远的发射天线。干扰机将收到雷达信号放大后从两个天线发射出去。一个天线发射的干扰信号比另一个天线发射的信号的相位落后180°。两个相位相差180°的信号在雷达天线处形成的等相面将不再与目标和雷达连线垂直,而是与该连线成一个很小的角度。雷达会跟踪这个扭了一定角度的相位波前,天线将指向与目标和雷达连线成很大角度的方向,而不是对准目标,从而破坏了雷达对目标的跟踪。这种干扰对破坏单脉冲跟踪雷达的角度跟踪十分有效。但要求两个干扰发射天线间隔比较大,使用受到限制,只有在大的飞行器上才能用。此外,两个天线发射的两个干扰信号的相位差180°允许的误差比较小,通常只允许相差不到10°。换句话说,两干扰信号的相位差在170°~190°以内时才能有好的干扰效果。这在两根天线相距比较远,雷达工作波长比较短,并且两根天线有抖动的情况下,保证这样的相位精度在工程上有一定的难度。因此,这种方法理论上很好,但实际用得比较少。

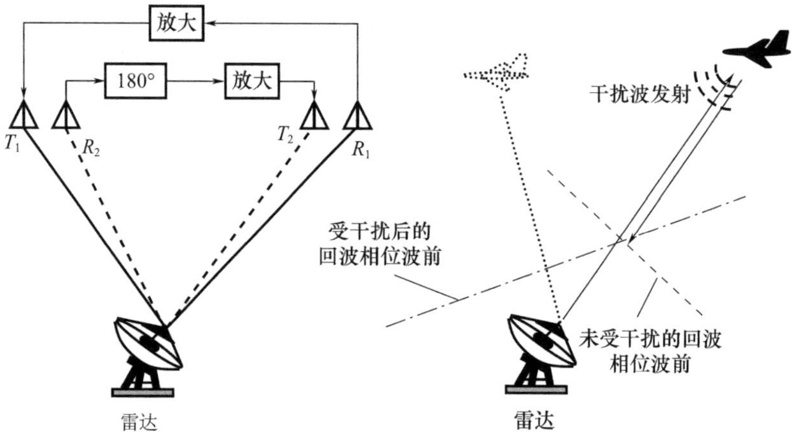

图6-21 交叉眼干扰原理

④组合式欺骗干扰。前面介绍了距离门拖引干扰、速度门拖引干扰和角度欺骗干扰。单独使用一种干扰方法往往效果不好。例如,单纯的距离门拖引干扰,拖引的距离只有几百米,对武器系统的杀伤力影响不大。而单纯的角度干扰,因为雷达既能收到目标回波又能收到干扰信号,使干扰破坏角跟踪的能力受到很大限制,在一定条件下雷达还能从目标回波中提取角误差信息进行角跟踪。事实上,雷达进行距离或速度跟踪的目的是抑制噪声和干扰,提高信噪比,然后对目标进行角跟踪。因此,为了获得好的干扰效果,在实际的干扰机中往往把各种欺骗干扰方法结合起来使用。最常用的是拖距再加角干扰、拖速加上拖距再加上角干扰。还有一种干扰方法是一段时间施放噪声或电子假目标干扰,一段时间拖距再加角干扰。这里以噪声、拖距加角干扰为例来说明为什么复合干扰效果好。对跟踪雷达在进入跟踪前的搜索捕获阶段实施噪声干扰或电子假目标干扰,会使雷达不能捕获目标信号。如果雷达以跟踪上目标,这时实施噪声干扰,使雷达不能稳定跟踪。再实施距离波门拖引,使雷达距离跟踪波门跟踪距拖脉冲,从而被拖离目标回波,使雷达收不到目标回波。这时再实施角度干扰,雷达收到的干扰与信号比(简称干信比)将为无穷大。干扰信号加上角度干扰调制(倒相、同步随机挖空或扫频方波调制),则雷达只能从干扰信号中提取角度信息,使雷达跟踪系统按角干扰信息工作。结果是雷达跟踪系统完全"听任"角干扰信息摆布,彻底破坏雷达对真目标的角跟踪,使雷达控制的火炮或制导的导弹无法发射,已发射的火炮或导弹打偏。这种拖距加角度干扰方法实现起来比较容

易。拖距的时间(或距离)要求不高,只要大于雷达的距离波门宽度,使雷达距离波门内收不到目标回波即可,一般仅有数微秒。

⑤电子假目标干扰。雷达收到目标反射的回波产生一个目标脉冲,在雷达P式显示器上出现一个光点。雷达很容易得到目标的空间坐标参数。电子假目标干扰就是干扰机在不同角度和距离上产生许多和真回波混在一起的假回波,使雷达分不出真目标来。这是干扰常规体制雷达的一种方法,也是干扰特殊体制雷达的有效方法。为了抗噪声干扰,雷达设计了新型的信号形式进行复杂的信号处理,使其具有很强的抑制能力,如线性调频或脉冲相位编码脉冲压缩雷达。雷达利用这种信号本身的相关性进行压缩处理,可使压缩处理器输出的信号与噪声比(简称信噪比)比处理器输入端的信噪比提高几十到上千倍。为了有效地破坏这种特殊雷达的正常工作,越来越多地采用电子假目标干扰。电子假目标一般有两个特点:一是电子假目标要足够多,最好多到使雷达信号处理机饱和,即处理不过来,不能提取信息。即使不足以使雷达信号处理机饱和,也使它处理许多假目标信息,难以区分真假目标。二是电子假目标信号的信号形式和结构与真的回波信号的形式和结构相同或相似,具有与雷达目标回波相同的处理特性。换句话说,电子假目标经雷达信号处理器后,信噪比提高的倍数与目标回波经信号处理后信噪比提高的倍数相同。这样雷达的信号处理器就无法抑制电子假目标干扰。这样一来干扰机可以在很大的空间范围内使雷达不能获取真实目标的信息,有效地保护己方的作战目标。电子假目标的另一种用途是进行战术欺骗。适当设计电子假目标的数目,恰当控制发射时间,可以制造在某一方向有许多作战平台(飞机、军舰)对敌进行接敌攻击的假象,使敌人把迎击兵力调动到错误的区域,而在我方真正的攻击方向和区域实施噪声干扰,掩护我方作战平台突然接敌攻击,可获得很好的作战效果。

⑥有源雷达诱饵干扰。由于现代雷达抗干扰能力越来越强,即使是自卫干扰机对雷达实施噪声干扰和各种欺骗干扰,有时也难以使干扰机载体获得足够的保护。因此,近年来发展出各种有源雷达诱饵。有源诱饵实质是一种投放式的、一次性使用的欺骗干扰机,通常体积较小,重量较轻,小的只有红外或箔条干扰弹那么大,一个手掌内可以放两个,用箔条弹发射器发射,大的也只有小型炮弹那么大,用炮或火箭发射。诱饵接收雷达信号经放大后重新发射出去,在遇到雷达制导的导弹攻击时将有源诱饵干扰机从飞机或舰船发射出去。由于诱饵发射的信号是经过放大的雷达信号,因而雷达接收到诱饵发射的信号要比从目标反射的雷达信号强,这样雷达将跟踪诱饵。诱饵脱离其载体后,向远离被保护目标的方向飞行或坠落。制导导弹的雷达或导弹末制导雷达跟踪诱饵,把导弹引向诱饵实施攻击,从而可使诱饵的载体(如飞机、舰船)免遭导弹的杀伤。

(3)复合干扰。复合干扰是噪声干扰与多种欺骗干扰的组合,以增加雷达抗干扰的复合性,提高干扰效果。

2. 雷达无源干扰

雷达无源干扰是利用本身不产生射频电磁辐射的干扰材料、器材,根据己方军事目标所处的威胁环境、自然环境和自身状态,预先或采用控制投放设备,适时地将干扰材料、器材布设到敌雷达电磁波传播空间中,对雷达电磁波造成散射或吸收、改变目标电磁散射特性、形成虚假目标回波等,从而破坏或削弱敌雷达探测目标能力的一切军事行动。常用的舰艇雷达无源对抗技术手段包括:

(1)箔条。箔条产生干扰回波遮盖目标或破坏雷达对目标的跟踪。

(2)反射器。反射器以强回波形成假目标或改变地形、地物的雷达图像进行反雷达伪装。

(3)假目标、雷达诱饵。假目标主要应对警戒雷达,大量假目标可使雷达目标分配系统饱和;雷达诱饵主要应对跟踪雷达,使雷达不能跟踪真目标。

(4)隐身技术。隐身技术减小目标的二次辐射,使雷达难以发现目标。

舰艇雷达无源干扰也称雷达消极对抗,与舰艇雷达有源干扰共同构成舰艇雷达对抗的两大基本手段,在实战中相互配合。雷达有源干扰以主动的电磁辐射干扰雷达,而舰艇雷达无源干扰则以各种干扰材料、器材等物质实体为干扰手段。由于作为干扰手段的干扰材料、器材与目标属性相似,使舰艇雷达无源干扰能够从根本上影响雷达工作的物理基础,破坏或妨害雷达获得目标回波,具有雷达难以抗拒的干扰效果。舰艇雷达无源干扰具有如下特点:

(1)适应性强。舰艇雷达无源干扰对雷达技术体制发展具有极强的适应性,能干扰各种体制的雷达,对频率捷变、频率分集、单脉冲雷达等都有干扰效果;舰艇雷达无源干扰覆盖频带宽,干扰材料、器材一般均具有较大的作用带宽,多种频段的干扰材料、器材组合可以容易地获得极宽频段的干扰能力。舰艇雷达无源干扰具有同时干扰不同方向、不同频段多部雷达的能力。

(2)使用方便、干扰可靠、效果明显。舰艇雷达无源干扰设备适用于装备各种作战平台,可根据作战要求、环境、保护目标等因素,灵活采用各种方式投放、布设干扰材料、器材。战术应用领域涉及海、空各种战场环境,可以对雷达构成压制干扰和欺骗干扰,效果明显、可靠。

(3)技术简捷、易于大量生产装备。

雷达无源干扰通常有以下 4 种干扰方式。

1)迷惑式干扰

迷惑式干扰是用箔条干扰火箭布设远程雷达假目标,迷惑敌方导弹发射平台上的搜索雷达和火控雷达。舰艇雷达侦察告警设备发现敌搜索雷达和火控雷达开机搜索目标时,用远程箔条干扰火箭向本舰周围数千米距离发射若干枚箔条弹,形成多个雷达假目标。箔条云雷达截面积应与被掩护舰艇相当,使敌雷达难以判别真假。迷惑式干扰原理如图 6 – 22 所示,没有干扰时,在敌雷达 P 型显示器上,只有舰船目标;实施迷惑式干扰后,敌雷达 P 型显示器上会出现多个目标。

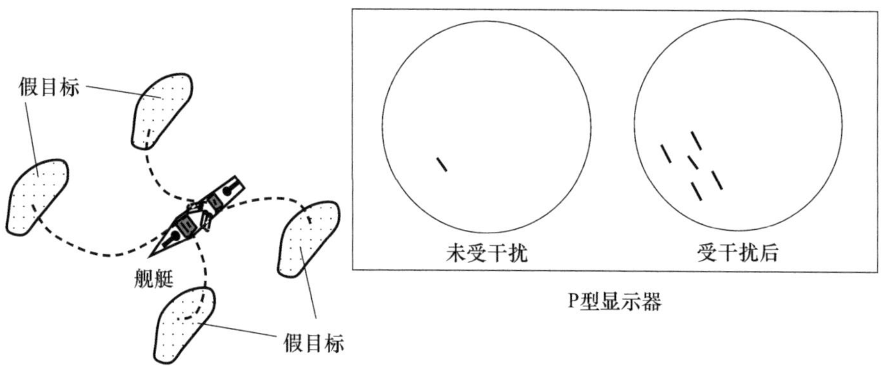

图 6 – 22　迷惑式干扰示意图

2)冲淡式干扰

冲淡式干扰用于应对导弹末制导系统。当发现敌方发射导弹后,在敌导弹末制导雷达开机前,向舰船周围发射数发箔条干扰火箭,形成多个雷达假目标,使导弹末制导雷达开机搜索目标时首先捕捉到假目标箔条云,如图 6－23 所示。

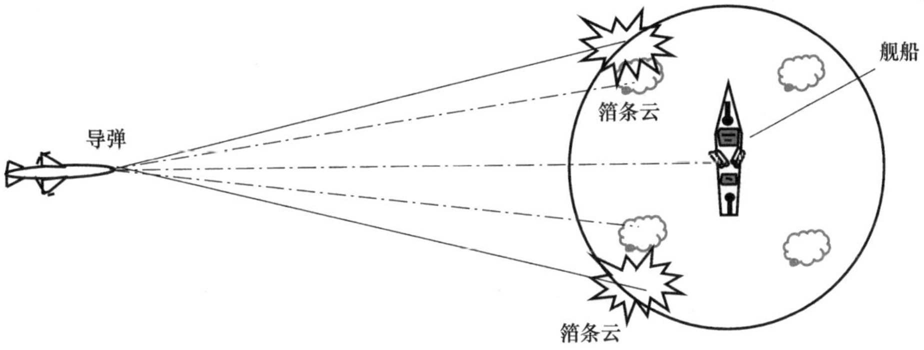

图 6－23　冲淡式干扰示意图

3)转移式干扰

转移式干扰是当舰艇已被敌方导弹跟踪,为摆脱被跟踪状态而采取的一种雷达无源干扰和有源干扰的联合行动。在距舰较近距离,且与导弹来袭方向相反的方向上,投放箔条,形成雷达假目标,有源干扰采用距离跟踪波门拖引技术,将导弹跟踪波门拖向箔条云,使导弹跟踪“转移”到假目标上去,舰艇快速脱离箔条回波区,避免被直接击中,如图 6－24 所示。

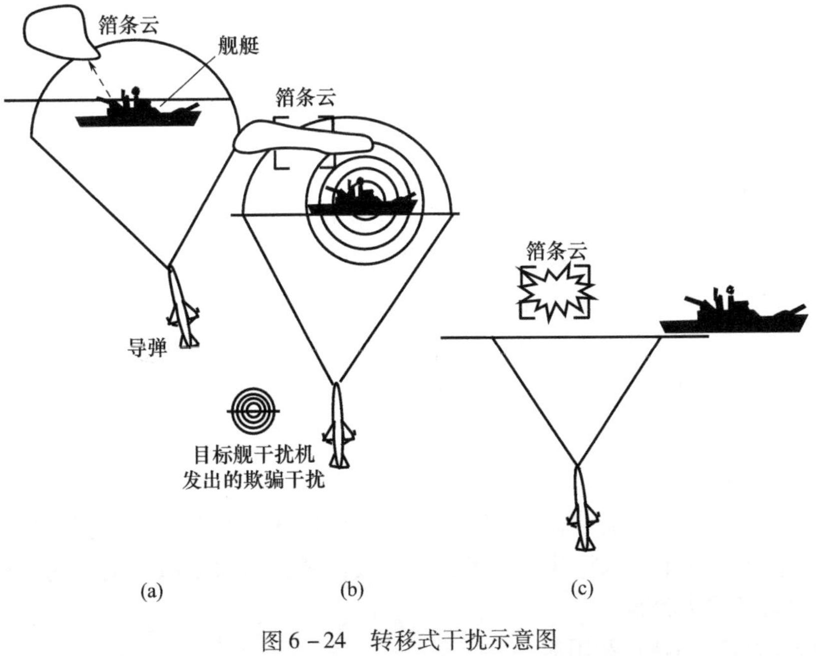

图 6－24　转移式干扰示意图

4)质心式干扰

与飞机投放箔条弹欺骗雷达跟踪相同。水面舰艇通过发射箔条弹对来袭的反舰导弹实施质心式干扰的过程,如图 6－25 所示。导弹末制导雷达原来跟踪舰艇(图 6－25(a)),实施质心干扰后,开始时舰艇回波与箔条云回波重叠或靠得很近,末制导雷达的跟踪波门套住两个回波(图6-25(b))。随着箔条云的移动和舰艇的机动,两个回波快速分开,由于末制导雷达自动增益控制电路对小信号(目标回波)的抑制,致使末制导雷达跟踪箔条云,舰艇避开了导弹的攻击(图6-25(c))。如果两个回波幅度差别不大,又靠得很近,导弹将瞄准两者的质量中心。质心式干扰的效果与很多因素有关,如风速、风向、舰艇的航向和航速、箔条弹发射的时机、箔条云与被保护目标的雷达截面积之比等。

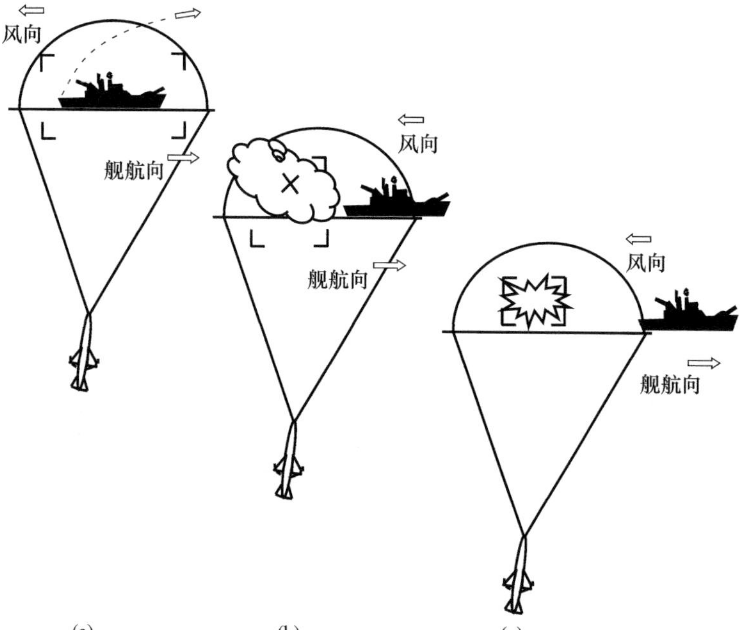

图6-25　质心式干扰示意图

质心式干扰是对抗反舰导弹的有效手段,尤其是雷达截面积小、机动灵活的小型舰船特别适宜于应用质心干扰,大型舰船也把质心干扰作为对抗反舰导弹的"最后一着"。

上述各种干扰方式的干扰效果还与应用时机、反应时间、箔条干扰弹的技术参数有很大关系。应用时机是战术使用问题,反应时间则是对抗设备本身的性能问题。舰载诱饵发射系统的反应时间定义为从控制设备收到告警信号到形成干扰能力的时间,其中包含控制设备解算时间、干扰弹发射及飞行时间、箔条云散开形成时间:一般来说,舰载诱饵发射系统的反应时间应尽可能短。

(六)反辐射攻击

反辐射攻击是利用反辐射武器系统截获和跟踪敌防空体系中的雷达等电磁辐射信号而直接将其摧毁的战术技术行动。由于目前主要的攻击对象是敌方的雷达系统,故反辐射武器又称为反雷达武器。

1. 反辐射攻击的特点和用途

作为电子对抗武器系统中的一种硬杀伤手段,反辐射武器攻击有着与电子对抗软杀伤手段(电子干扰)不同的特点:

(1)电子干扰是对敌防空雷达实施电子干扰和欺骗,使其暂时失去探测能力,从而掩护己方作战飞机（军舰）完成突防任务；而反辐射武器攻击则是直接对敌雷达辐射源实施攻击，使其完全毁坏，掩护己方舰艇与飞机突防，其特点是对敌雷达具摧毁性打击。

（2）攻击速度快。从发射到击中目标只需要短短 1min 左右的时间。因而可能使敌雷达来不及关机就被摧毁。

（3）攻击方式灵活。现代的反辐射武器可以从雷达的各个方位进行攻击，反辐射无人机甚至可以从雷达的顶空进行俯冲攻击。而早期的反辐射武器只能跟踪雷达的主瓣进行攻击。

（4）现代反辐射武器的导引头可以在很宽的频率范围内工作，无论是敌方的警戒雷达（频率较低）还是导弹制导雷达（频率较高）均处于其攻击范围内，因而反辐射武器对敌方的各种雷达都是一个很大的威胁。

（5）反辐射武器对雷达实施摧毁性打击属一次性使用的消耗性武器，且技术指标要求较高，因此武器的使用代价也较大。一次投入，一次使用；而电子干扰设备则可重复使用，相对来讲，作战使用代价要小一些。尽管如此，反辐射攻击仍将是未来战争中取胜的一大法宝。

2. 反辐射攻击武器的分类

反辐射攻击武器的主要作战对象是敌方空中、海上和地面的各种防空雷达，包括预警雷达、目标指示雷达、控制截击雷达、舰空导弹和高炮雷达、空中截击雷达以及相关的运载体和操作人员。根据攻击方式，舰艇使用的这类武器可分为反辐射导弹和反辐射无人机两大类。每类反辐射武器又可根据战术应用分成许多不同的类型，如图 6－26 所示。

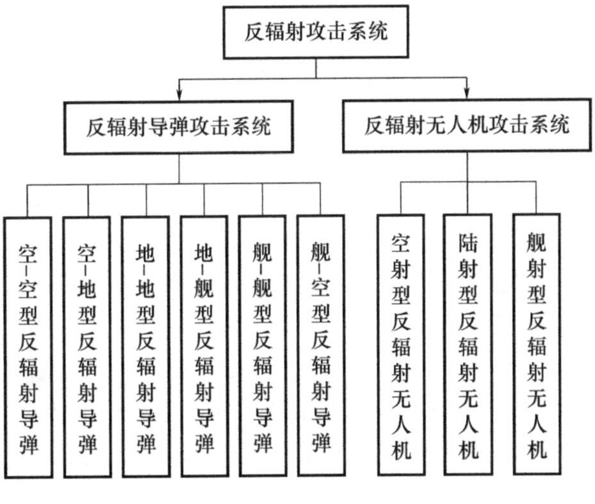

图 6－26　反辐射攻击武器的类型

1）反辐射导弹

反辐射导弹一般有两种构成：一是专用反辐射导弹，如美国的 AGM－88A“哈姆”高速反辐射导弹；二是在各种现役导弹的基础上进行改装，如美国第一代反辐射导弹 AGM－45“百舌鸟”是在 AIM－7“麻雀”空－空导弹的基础上改装而成的。从原则上讲，各种战术导弹都可以改装成反辐射导弹。总体上，反辐射导弹可划分为空－空型反辐射导弹、空－地型反辐射导弹、地－地型反辐射导弹、地－舰型反辐射导弹、舰－空型反辐射导弹和舰－舰型反辐射导弹等。目前，使用最多和最成功的是各种空－地型反辐射导弹，因此本节主要介绍这类导弹。在水面舰艇编队中，使用的反辐射导弹主要有舰－空型和空－舰型两种。许多反舰导弹在采用被动工作方式制导时，也可以看成反辐射导弹。

2）反辐射无人机

反辐射无人机是反辐射武器的一种，是近年来无人机在电子对抗应用方面的发展重点之一。它是通过在无人机上安装被动导引头和引信战斗部，利用敌方雷达发射的电磁信号，发现、跟踪直至摧毁敌方的雷达。反辐射无人机可分为三种：短航时（2h）反辐射无人机；中航时（4～8h）反辐射无人机；长航时（8h 以上）反辐射无人机。目前，研制、使用比较多的是飞行滞空时间在 4～8h 的中航时反辐射无人机。

四、光电对抗

近年来，舰艇光电对抗技术随着光电精确制导武器的广泛应用而迅速发展起来。在 20 世纪 70 年代中期，“精确制导技术”概念正式提出，应用精确制导技术的武器包括各种制导导弹、制导炮弹和制导炸弹，当时的精确制导武器主要有无线和有线指令制导、红外制导、电视制导、激光制导和雷达制导等多种体制，其中光电制导武器装备居多。另外，由于光电制导武器具有制导精度高、抗干扰能力强和全天候作战等特点，因此光电精确制导武器已成为现代化高科技战争中的主要进攻武器。光电精确制导武器的发展大大刺激了舰艇光电对抗技术和装备的迅速发展，对抗技术与反对抗技术互相促进、交替发展，使舰艇光电对抗技术体系逐步完善。

（一）光电对抗定义和分类

舰艇光电对抗是指敌对双方在海上的光波段的抗争，即在紫外、可见光、红外波段，一方使用电磁能量去探测、利用、削弱或阻止敌方使用电磁频谱，并保护己方有效使用电磁频谱。具体来说，光电对抗是指敌对双方在光波段范围内，利用光电设备和器材，对敌方光电制导武器和光电侦测设备等光电武器进行侦察告警并实施干扰，使敌方的光电武器削弱、降低或丧失作战效能；利用光电设备和器材，有效地保护己方光电设备和人员免遭敌方的侦察告警和干扰。这种在舰艇上采取的侦察干扰及反侦察、反干扰的各种战术技术措施的总称就是舰艇光电对抗。

舰艇光电对抗是电子对抗领域中的一个重要组成部分。舰艇光电对抗按波段分类包括激光对抗、红外对抗和可见光对抗。光电波段分布如图 6－27 所示。

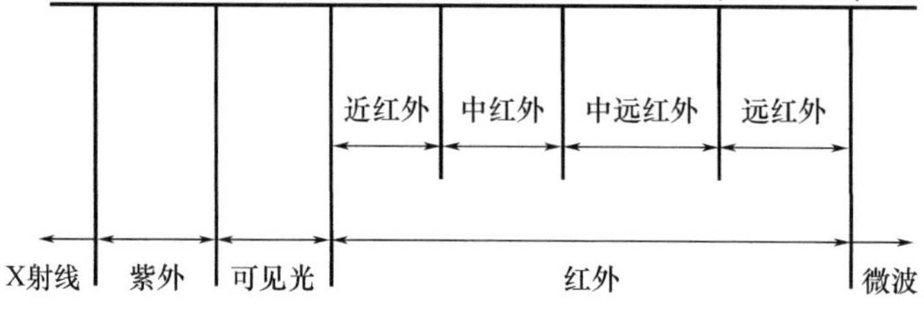

图 6－27　光电波段分布示意图

舰艇光电对抗按平台分类包括机载光电对抗和舰载光电对抗。

舰艇光电对抗按功能分类包括光电侦察告警、光电干扰和反光电侦察与干扰。

1. 光电侦察告警

光电侦察告警是实施有效干扰的前提。光电侦察告警是指利用光电技术手段对敌方光电装备辐射或散射的光波信号进行搜索、截获、定位及识别,并迅速判别威胁程度,及时提供情报和发出告警。

光电侦察告警有主动侦察告警和被动侦察告警两种方式。主动侦察告警是利用对方光电装备的光学特性而进行的侦察,即向对方发射光束,再对反射回来的光信号进行探测、分析和识别,从而获得敌方情报的一种手段;被动侦察告警是指利用各种光电探测装置截获和跟踪对方光电装备的光辐射,并进行分析识别以获取敌方目标信息情报的一种手段。

2. 光电干扰

光电干扰是指采取某些技术措施破坏或削弱敌方光电设备的正常工作,以达到保护己方目标的一种干扰手段。光电干扰分为有源干扰和无源干扰两种方式。有源干扰又称为积极干扰或主动干扰,它是利用己方光电设备发射或转发敌方光电装备相应波段的光波,对敌方光电装备进行压制或欺骗干扰;无源干扰也称消极干扰或被动干扰,它是利用特制器材或材料,反射、散射和吸收光波能量,或人为地改变己方目标的光学特性,使敌方光电装备效能降低或被欺骗而失效,以保护己方目标的一种干扰手段。

3. 反光电侦察与干扰

反光电侦察与干扰是指防御敌方对己方光电设备的发现、探测和干扰所采取的对抗措施。

(二)光电对抗基本特征

舰艇光电对抗的作战对象主要是来袭光电制导武器和敌方光电侦测设备。目前,除激光制导武器、激光雷达、激光目标指示器、激光测距机等激光设备外,其他光电设备都是“静默”工作方式,并且光电装备种类繁多,使光电探测、识别、告警和光电干扰都变得十分复杂,尤其给综合对抗带来较大技术难度。舰艇光电对抗的有效性取决于频谱匹配性、视场相关性和快速反应性三个基本特征。

1. 频谱匹配性

光电频谱匹配性是指干扰的光电频谱必须覆盖或等同被干扰目标的光电频谱。例如,没有明显红外辐射特征的地面重点目标,一般容易受到激光制导武器的攻击,因此采用相应波长的激光欺骗干扰和激光致盲干扰手段对抗敌方激光威胁;具有明显红外辐射特征的动目标(如飞机),一般容易受到红外制导导弹的攻击,则采用红外干扰弹或红外有源干扰机与之对抗。

2. 视场相关性

光电干扰信号的干扰空域必须在敌方装备的光学视场范围内,尤其是激光干扰,由于激光波束窄、方向性好,使其对抗难度加大。例如,在激光欺骗干扰中,激光假目标必须布设在激光导引头视场范围内。

3. 快速反应性

战术导弹末段制导距离一般在几千米至1万米,而且导弹速度很快,马赫数一般在1~2.5,从告警到实施有效干扰必须在很短的时间内完成,否则敌方来袭导弹将在未受到有效干扰前就已命中目标,因此要求舰艇光电对抗系统具有快速反应能力。

（三）光电对抗的作战对象

1. 光电威胁环境

现代局部战争首先是电子战，争夺电磁频谱使用权和控制权，并主要通过隐身突防、精确攻击及夜间作战迅速摧毁敌方军事指挥机构、C^4I 系统设施、交通枢纽及其他重要军事目标，破坏敌防空体系的指挥通信控制系统，掌握制空权。这时，没有电磁频谱使用权和制空权的作战体系就会失去有效的作战能力，变得不堪一击。

光电侦察及光电精确制导武器是主要的攻击作战手段，不论是陆战、空战及海战，光电精确制导武器都是一种主要进攻手段。海湾战争中伊拉克重点军事目标大部分是被光电精确制导武器摧毁的。美国成功地运用隐身突防、夜间作战及精确攻击战术，充分地发挥了先进的光电技术及优异的光电武器装备的优势。

随着军用光电技术的日趋成熟和完善，作战性能优异的光电制导武器及光电侦察设备越来越多，光电威胁环境也越来越复杂，主要表现如下。

（1）光电威胁波段宽：其中包括紫外波段 0.2 ~ 0.38μm，可见光波段 0.38 ~ 0.76μm，激光 0.53μm、0.904μm、0.98μm、1.06μm、1.54μm 及 10.6μm，红外波段 1 ~ 5μm 和 8 ~ 12μm。

（2）光电威胁种类多：光电侦测包括激光测距、激光雷达、红外侦察、电视跟踪及微光夜视等十几种技术体制数百种型号；光电制导包括红外点源制导、红外成像制导、红外和雷达复合制导、红外和紫外双色制导、激光制导及电视制导等十几种技术体制数百种型号。

（3）光电威胁全方位：光电威胁已在海、陆、空、天全方位进行实战应用。

（4）光电威胁全天候：包括白天、黑夜及能见度较差的雨雾天气。

（5）光电威胁装备量大：光电制导武器连同它们的发射系统与其他制导武器相比，具有造价低、命中精度高的优点，因而被大量装备。到目前为止，几乎所有的作战平台都装备了光电侦测设备和光电精确制导武器。

（6）光电威胁发展迅速：激光制导从 1.06μm 发展到 10.6μm，红外制导已从点源式发展到红外成像制导及红外和紫外双色制导。

现代战场的主要光电威胁如图 6 - 28 所示。

2. 光电对抗作战对象

未来的海战场面临着复杂的光电威胁，并已逐步形成海、陆、空、天一体的立体威胁环境。下面就光电制导威胁和光电侦测威胁做简要介绍。

1）光电制导威胁

光电制导威胁有空对空光电制导武器、空对舰光电制导武器、舰对舰光电制导武器、舰对空光制导武器等。

（1）空对空光电制导武器：点源红外制导导弹（如美国“响尾蛇”AIM - 9L）、红外成像制导导弹（国际合作 AIM - 132）、雷达和红外复合制导导弹（如苏联 AA - 3 导弹）等。

（2）空对舰光电制导武器：激光制导导弹（如美国“幼畜”AGM - 65E）、激光制导炸弹（如美国“宝石路”GBU - Ⅰ ~ Ⅲ）、电视制导导弹（如美国“秃鹰”AGM - 53A）、电视制导炸弹（如美国 AGM - 130）、红外成像制导导弹（如美国“幼畜”AGM - 65D）、点源红外制导导弹（如挪威“企鹅 3”空舰导弹）、雷达和红外制导导弹（如美国 AASM）等。

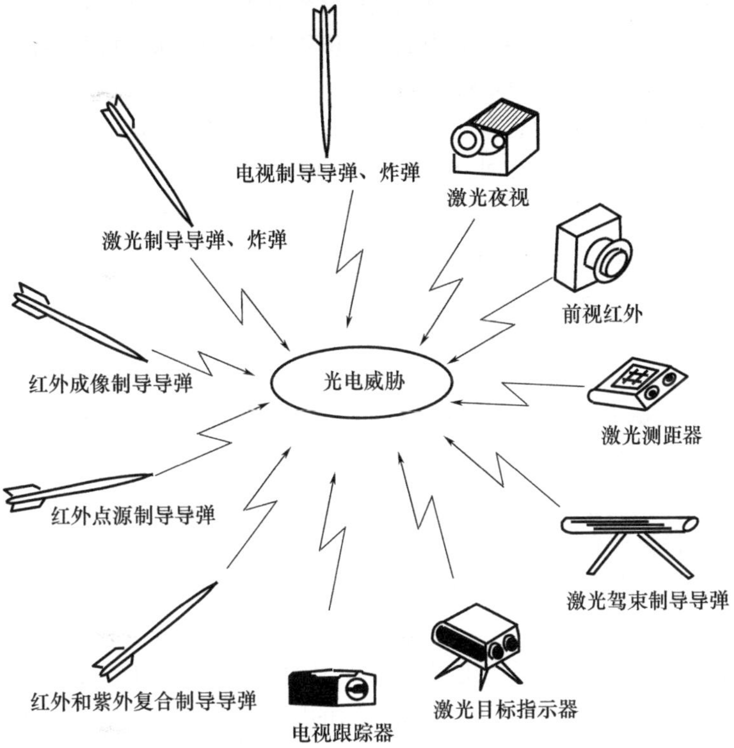

图 6－28　现代战场的主要光电威胁

(3)舰对舰光电制导武器:巡航导弹(如苏联 SS－N－19)、激光制导导弹(如以色列炮射激光制导导弹)、激光制导炮弹(如美国“铜斑蛇”激光制导炮弹和美国 5 英寸/8 英寸制导炮弹)、红外制导导弹(如美国“龙”式导弹)、红外成像制导导弹(如国际合作舰对舰导弹 ASSMⅡ)、激光驾束制导导弹和光纤制导导弹(如美国 FOGMS 系统)等。

(4)舰对空光电制导武器:电视制导导弹(如英国“标枪”防空导弹和苏联 SA－N－6 防空导弹)、红外和紫外双色制导导弹(如美国“毒刺”防空导弹)、雷达和红外制导导弹(如美国“西埃姆”SIAM 导弹)、八点源红外制导导弹(如美国“小檞树”,MIN－72A/C 导弹)、红外成像制导导弹(如法国 SADRAL 导弹)和激光驾束制导导弹(如瑞典 RBS－70 防空导弹)等。

2)光电侦测威胁

光电侦测威胁主要包括空中光电侦测威胁和舰载光电侦测威胁两个方面。

(1)空中光电侦测威胁:卫星光学侦察、战术航空侦察(如美国 TARPS 系统)、激光测距机(如美国 AN/AVQ－26)、激光目标指示器(如美国 AV/AVQ－27)、前视红外系统(如美国 LANTIRN 吊舱装用)和微光夜视(如美国 ZRVS－606)等光电侦测设备。

(2)舰载光电侦测威胁:激光测距机(如英国 908 型)、激光目标指示器(如法国 TMY185 型)、红外和电视搜索跟踪系统等光电侦测设备。

(四)光电告警侦察

光电告警侦察是指利用光电技术手段,对敌方光电武器和侦测器材辐射或散射的光信号进行探测截获、识别,并及时提供情报和发出告警的一种军事行为。根据其工作波段属性,一般分为激光告警侦察、红外告警侦察、紫外侦察告警等几种形式。将各单项告警综合起来就是光电综合告警侦察。光电告警侦察能快速判明威胁,并将威胁信息提供给被保护目标,使其采取对抗措施或规避行动。

光电告警侦察设备一般用告警距离、探测概率、虚警率等指标来描述其性能。其中,告警距离是指设备确认威胁存在时,威胁距被保护目标的距离;探测概率是指威胁目标出现在视场时,设备能够正确探测和发现目标并告警的概率;虚警是指事实上威胁不存在而设备发出的告警,虚警发生的平均间隔时间的倒数称虚警率。

在光电告警侦察中,使用较多的是激光告警侦察,下面重点介绍其原理。

激光侦察是指利用激光技术手段获取激光武器及其他光电装备技术参数、工作状态、使用性能的军事行为。激光告警是一种特殊用途的侦察行为,它针对战场复杂的激光威胁源,及时准确地探测敌方激光测距机、目标指示器或激光驾束制导照射器发射的激光信号,确定其入射方向,发出警报。

激光告警侦察分为主动激光告警侦察和被动激光告警侦察两类。

1. 主动激光告警侦察

利用激光告警侦察设备发射的激光对目标进行探测,分连续波激光告警侦察和脉冲激光告警侦察。

(1)连续波激光告警侦察:利用己方设备发射的连续波激光对目标进行侦察告警。

(2)脉冲激光告警侦察:利用己方设备发射的脉冲波激光对目标进行侦察告警。

主动激光告警侦察设备工作原理是基于光学设备的“猫眼”效应,它通过主动向敌方光学或光电设备发射激光束,而对敌方光学和光电子设备进行侦察。由于望远镜的分划板和光电设备的光敏面位于光学系统的焦平面附近,对来自远处的激光产生部分反射,相当于在焦平面上与入射激光对应的位置有一个光源,其反射光通过光学系统沿入射光路返回,这种特性称为“猫眼”效应,其原理简要分析如下。

图6-29给出一个“猫眼”效应原理示意图。G 为分划板或探测器的光敏面,L 为等效物镜,OO' 为其光轴,C 为光学焦点。

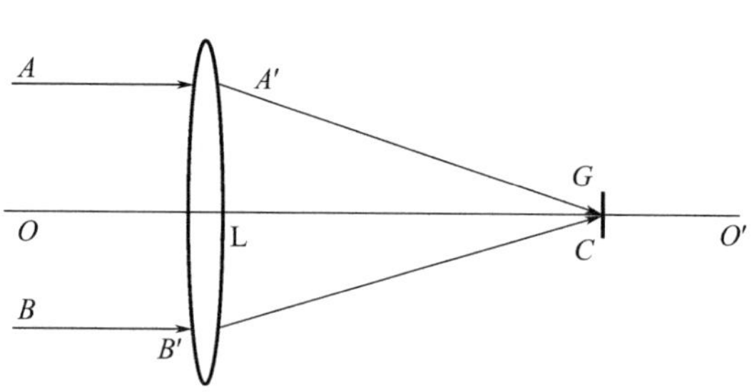

图6-29 光学系统“猫眼”效应原理示意图

由于系统具有圆对称性,光束 AA' 会聚于 C 点,被光敏面反射后沿 CB' 传播,光束 BB' 会聚于 C 点,被光敏面反射后沿 CA' 传播。所以,光敏面产生的部分反射光就以镜面反射方式,近似按原光路返回。通常分划板或光敏面都不是正好位于焦点上,有时是由于安装误差引起离焦,有时则是有意离焦放置(如四象限探测器),这种离焦效应会引起后向反射回波的发散,降低回波强度。

主动侦察的激光波长应与敌方光学或光电设备工作波段相匹配,这是“猫眼”效应的基本要求。根据现役光学或光电设备的一般工作波段,主动激光告警侦察主要为1.06μm和10.6μm波长两种。波长不同,设备的具体构成形式也不同。

主动激光告警侦察设备通常由高重频激光器、激光发射和接收系统、光束扫描系统和信号处理器组成,它利用高重频的激光束对侦察的区域进行扫描,在扫描到光学和光电设备时,由于被侦察对象的“猫眼”效应,能接收到比漫反射目标强得多的信号,信号处理器通过一定的信号处理方法,抑制掉漫反射目标的回波信号,达到侦察光学和光电设备的目的。

现代战场上,光学和光电装备大量使用,如望远镜、激光测距机、电视跟踪仪、红外热像仪以及各种光电制导武器。因此,对光学和光电子设备进行侦察、定位是目前各国军方十分重视的一项技术。美国研制的“魟鱼”系统包含了激光主动侦察手段。工作时,首先利用1.06μm的高重频低能量激光对侦察的区域进行扫描,一旦发现目标,立即启动大功率激光对目标进行致盲干扰。美国空军的“灵巧”激光定向红外对抗(Directed Infrared Countermeasure,DIRCM)系统采用“闭环”技术,首先利用激光主动侦察设备向导引头发射激光,然后分析反射信号,确定导弹种类,选择干扰方式,以便有效地对抗制导武器。

2. 被动激光告警侦察

设备本身不发射激光,它利用激光威胁源辐射或散射的激光对目标进行侦察告警,根据工作原理分为以下几种。

(1)光谱识别激光告警侦察接收机。光谱识别型激光告警侦察是比较成熟的体制,国外在20世纪70年代就进行了型号研制,80年代已大批装备部队。它通常由探测头和处理器两个部件组成(图6-30)。探测头是由多个基本探测单元所组成的阵列,阵列探测单元按总体性能要求进行排列,并构成大空域监视,相邻视场间形成交叠。当某一光学通道接收到激光时,激光入射方向必定在该通道光轴两旁一定视场范围内。当相邻二通道同时收到激光时,激光入射方向必定在二通道视场角相重叠的视场范围内。以此类推,探测部件将整个警戒空域分为若干个区间。接收到的激光脉冲由光电探测器(一般为PIN光电二极管)进行光电转换,经放大后输出电脉冲信号,经过预处理和信号处理,从包含各种虚假的信息中实时鉴别信号,确定激光源参数并定向。激光威胁源的一些典型特征是:激光武器波长特定、脉冲持续时间较长;测距机脉冲短、重频低;指示器类似于测距机,但重频高;对抗用的激光器类似于测距机,但强度高;通信激光器是调制的连续波光源或很高重频的脉冲串。对于引导干扰机的激光告警侦察接收设备必须给出激光波形的详细特征,包括脉冲重复率、脉冲间隔。

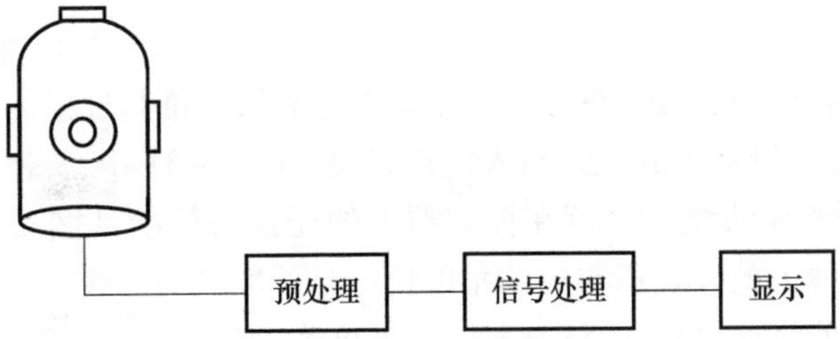

图6-30 光谱识别激光告警侦察接收机

激光告警侦察设备为大幅度降低虚警,除了采用电磁屏蔽、去耦、接地等措施,还常采用多元相关探测技术。它是在一个光学通道内采用两个并联的探测单元,对探测单元的输出进行相关处理。该技术可使虚警率大幅度下降。挪威、英国联合研制的 RL2 型激光告警侦察机、以色列的 LWS－20 型激光告警侦察机均采用了多元相关探测技术。

(2)成像型激光告警侦察设备。成像型激光告警侦察设备是一种复杂的透镜组合系统,通常也由探测和显控两个部件组成。探测部件采用 180°视场的等距投影型鱼眼透镜作物镜,采用面阵 CCD 成像器件接收图像。由于成像型激光告警侦察设备的角分辨率通常为零点几度到几度,因而可精确确定辐射源的位置及光束特性(包括光谱特性、强度特性、偏振特性等)、时间特性、编码特性。

美国 LAHAWS 成像型激光告警系统采用了 100×100 面阵 CCD 成像器件及双通道消除背景措施,其工作原理为:由鱼眼透镜把会聚的光通过 4∶1 分束镜分成两个光学通道,80% 的光能通过窄带滤光片,进入 CCD 摄像机的靶面,其余 20% 再经两块分束镜和窄带滤光片进一步分成 1∶1 的两条光学通道,各自进入一个 PIN 硅光电二极管探测器中,其中一个通道包含激光和背景信号,另一个通道只包含背景信号,经相减放大,把背景信号抵消,当无激光入射时,其输出为零;当有激光入射时,输出不为零。两个 PIN 光电二极管的输出信号,经差分放大和高速阈值比较器处理后,区分出背景照明和激光辐射,进而产生音响及灯光指示。当光电二极管有输出信号时,CCD 面阵输出的视频信号进行模数变换和数字帧相减处理,消去背景,突出了激光光斑图像。随后,由计算机解算出激光源的角度信息送火控或对抗系统,并在显示器上显示。光路中采用了光学自动增益控制以防强光饱和。LAHAWS 激光告警系统主要技术指标是:工作波长 1.06μm;警戒空域方位 360°,俯仰范围 0°～90°;定向精度 3°。

(3)相干识别型激光告警侦察设备。

①法(布里)－柏(罗)型激光告警侦察设备。美国珀金－埃尔默公司的 AN/AVR－2 型激光告警侦察机是相干告警的典型,也是世界上技术较成熟、装备量较大的激光告警侦察机之一。它有 4 个探测头和 1 个接口比较器,可覆盖 360°范围。设备利用法－柏标准具对激光的调制特性进行探测和识别。AN/AVR－2 可与 AN/APR－39(V)雷达告警装置接口,构成激光和雷达综合告警接收系统。

图 6－31 表示法－柏相干型激光告警侦察接收机的工作原理,法－柏干涉仪又称为标准具,它是一块高质量透明材料(如玻璃或锗等)平板,两个通光面高度平行并且镀有反射膜,反射率均在 40%～60% 范围内,当光线入射标准具时,一部分光直接穿过,另一部分光在透明材料中经两个反射面多次反射后再穿出标准具。因激光是相干性极好的平行光,故两部分光将产生相干叠加现象。当两部分光的光程差为波长的整数倍时,同相位叠加,此时标准具的透过率最大。当光程差为半波长的奇数倍时,两部分光相位差 180°,光强相互抵消,这时标准具的透过率最小,绝大部分光被标准具反射。光程差随入射角的不同而变化,故落在探测器上的光强与入射角有关。图 6－31 中,标准具 z 轴周期性左右摆动(z 轴垂直于通光面法线)时,落在探测器上的光强与标准具摆动角之间的关系如图中的曲线所示。曲线上的 A 点所对应的角度恰好是标准具的法线与激光平行时标准具的摆动角,因此,只要测定此时标准具的摆动角,就可确定激光束的入射方向。同时,确定曲线中 A 点与 B 点之间的距离,就可推算出激光波长。非相干光穿过标准具时不产生上述

相干叠加现象，故落在光电探测器上的光强不产生图中曲线所示的变化，这就大大降低了虚警率，提高了鉴别激光的能力。

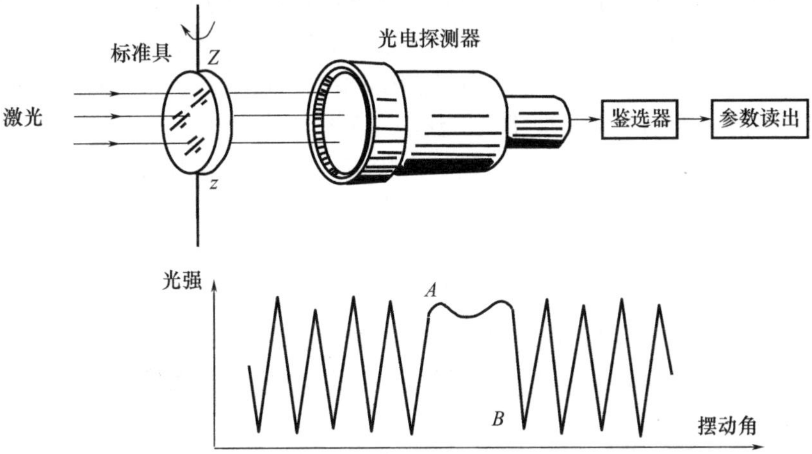

图 6－31　法－柏相干型激光告警侦察工作原理

②迈克尔逊型激光告警侦察设备。迈克尔逊型激光告警侦察机由一个分束镜和两块球面反射镜组成（图 6－32），入射激光经分束镜分为两束光，然后分别由两块球面反射镜反射再次进入分束棱镜，出射后到达一个二维阵列探测器，在观测面上形成特有的“牛眼”状的同心干涉环，由微处理机对干涉条纹进行处理，根据同心环的圆心可计算激光入射角，根据条纹间距计算波长。若是非相干光入射，则不形成干涉条纹。

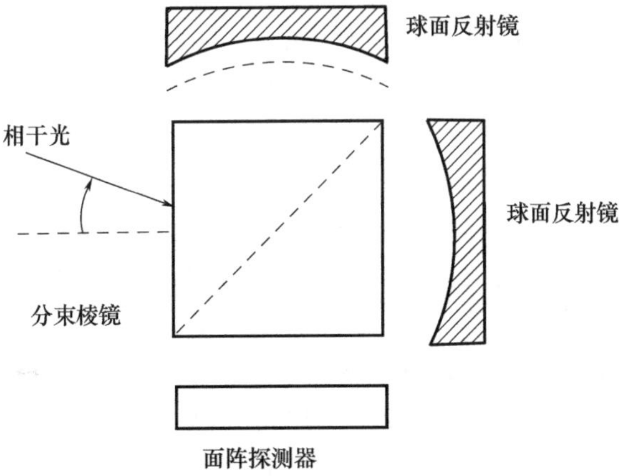

图 6－32　迈克尔逊型激光告警侦察工作原理

美国电子战中心系统实验室的激光接收分析器是典型的迈克尔逊相干识别型告警装置。

（五）光电干扰

光电干扰和雷达干扰一样，也分为光电有源干扰和光电无源干扰两类。

1. 光电有源干扰

光电有源干扰是采用发射或转发光电干扰信号的方法，对敌方光电设备实施压制或欺骗的一种干扰方式，又称光电主动干扰。典型的光电有源干扰技术包括红外干扰弹、红外有源干扰机、强激光干扰和激光欺骗干扰 4 个技术领域。

红外干扰弹是一种具有一定辐射能量和红外频谱特征的干扰器材，用以欺骗或诱惑敌方红外侦测系统或红外制导系统。投放后的红外干扰弹可使红外制导武器在锁定目标之前锁定红外干扰弹，致使其制导系统降低跟踪精度或被引离攻击目标。红外干扰弹又称红外诱饵或红外曳光弹，它是应用最广泛的一种红外干扰器材。

红外有源干扰机是一种能够发射红外干扰信号，破坏或扰乱敌方红外探测系统或红外制导系统正常工作的光电干扰设备，主要干扰对象是红外制导导弹。

强激光干扰是通过发射强激光能量，破坏敌方光电传感器或光学系统，使之饱和、迷盲，以至彻底失效，从而极大地降低敌方武器系统的作战效能。它虽然不像"珊瑚岛上的死光"那样神得令人恐怖，却也有其"神光"般的威力。当强激光能量足够强时，可直接作为武器击毁来袭的飞机和武器系统等，因而，从广义上讲，强激光干扰也包括战术和战略激光武器。

激光欺骗干扰是通过发射、转发或反射激光辐射信号，形成具有欺骗功能的激光干扰信号，扰乱或欺骗敌方激光测距、观瞄、跟踪或制导系统，使其得出错误的方位或距离信息，从而极大地降低光电武器系统的作战效能。

2. 光电无源干扰

光电无源干扰是通过采用无源干扰材料或器材，改变目标的电磁波反射、辐射特性，降低保护目标和背景的电磁波反射或辐射差异，破坏和削弱敌方对光电侦测和光电精确制导武器系统正常工作的一种手段。光电无源干扰技术以遮蔽技术、融合技术和示假技术为核心，以"隐真""示假"为目的。"隐真"即隐蔽目标或降低目标的显著特征，以减少探测、识别和跟踪系统接收的目标信息；"示假"即显示假目标，迷惑、欺骗侦察、识别系统，降低其对真目标的探测识别概率，进而攻击假目标。光电无源干扰技术主要包括烟幕干扰技术、光电隐身技术和光电假目标技术。目前在得到广泛应用的是烟幕干扰技术。

现代烟幕技术主要是通过改变电磁波传输介质特性，来干扰光电侦测和光电精确制导武器的效能。例如，对激光制导武器的干扰，烟幕可以使激光目标指示器的激光束或目标反射的激光束的能量严重衰减，激光导引头无法接收到足够的能量（通常导引头敏感度为 $1\sim2\mu W/cm^2$），从而使制导武器失去制导能力，导弹重新搜索目标或做自由落体运动。另外，烟幕还可以反射激光能量，起到假目标的作用，使导弹被引到烟幕前沿爆炸，而不被导引到目标上。烟幕对可见光产生的遮蔽效应，其根本原因是烟幕对光产生散射和吸收，造成目标射来的光线衰减而使观察者看不清目标，另外由于烟幕反射太阳及周围物体辐射、反射的可见光，增加了自身的亮度，从而降低了烟幕后面目标与背景的视觉对比度，这也是一个不可忽视的重要原因。

烟幕对红外光的遮蔽主要体现在辐射遮蔽和衰减遮蔽两个方面。辐射遮蔽是指烟幕利用燃烧反应生成的大量高温气溶胶微粒所产生的较强红外辐射来遮蔽目标、背景的红外辐射，从而完全改变所观察目标、背景固有的红外辐射特性、降低目标与周围背景之间的对比度，使目标图像难以辨识，甚至根本看不到。目前，以辐射遮蔽效能为主的烟幕主要用于干扰敌方的热成像探测系统，使热像仪上显示的只是一大片烟幕的热像，而看不清烟幕后面目标的热像。衰减遮蔽型烟幕主要靠散射、反射和吸收作用来衰减电磁波辐射。

大家知道，构成烟幕粒子的原子、分子总是处于不断运动的状态，其微粒所带的正负电荷的“重心”有不重合的特征，即产生偶极矩，故微粒本身可视为电偶极子。在电磁辐射场中与周围电磁场发生相互作用，从而改变原电磁场辐射传输特性，使电磁辐射能量在原传输方向上形成衰减，衰减程度取决于气溶胶微粒性质、形状、尺寸、浓度和电磁波的波长。另外，从量子力学的观点来看，烟幕微粒的内部原子中的电子相对原子核的运动以及原子核的振动和原子核的转动能量都是量子化的，即每个原子和分子都存在一定数目的电子能级、振动能级和转动能级，同时每种原子、分子都有各自的振动频率和转动频率，一些极性分子和易极化的分子都具有几种本征振动频率，当这些分子与其谐振频率相同的电磁辐射作用时，产生共振，从而吸收能量，使分子从较低的能级跃迁到较高的能级，即发生了选择性吸收。此外，对于表层含自由电子的良导体材料，由于电磁辐射的激发引起自由电子运动的变化，也表现出对电磁辐射的连续吸收和较强的反射特性，从而在原传输方向上形成衰减。研究表明，提高材料导电能力可增强材料的红外消光特性。

五、通信对抗

由于通信系统对战争的胜负至关重要，所以作战双方必然地会想尽办法保护己方的通信系统，以使其效能得到充分发挥；同时也会千方百计地压制和破坏敌方的通信系统，使其效能无法正常发挥。通信对抗要做的工作正是这些。

（一）通信对抗定义

按《中国大百科全书》的解释，无线电通信对抗就是为削弱、破坏敌方无线电通信系统的使用效能和保护己方无线电通信系统使用效能的正常发挥所采取的措施和行动的总称，简称通信对抗。通信对抗是电子对抗的重要分支，其实质是敌对双方在无线电通信领域内为争夺无线电频谱控制权而展开的电波斗争。

无线电通信对抗之所以成为可能，在于无线电通信过程中电磁波辐射的空间具有开放性。发送的通信信号被己方接收的同时，往往也会被敌方侦察到；而在接收己方通信信号时又难以拒绝敌方干扰信号的侵入。因此，从确保通信有效性的角度考虑，通信方通常会让电磁波传播途径尽量有利于己方而不利于敌方，通信信号在空间暴露的时间要尽可能短，辐射的功率在保证己方能正确接收的前提下应尽可能小，以增加敌方侦察的难度。另外，通信信号的设计还要有尽可能好的抗干扰性，以尽可能地削弱敌方干扰措施的效果等。尽管如此，无线电通信过程仍逃不脱被侦察及被干扰的命运。正像世界上任何一种武器的发展历程一样，“矛”与“盾”总是交替发展、不断提高的。“通信对抗”与“通信”这一对矛盾也是这样，在不断较量斗争中随着科学技术的发展而不断发展与提高。总的来说，通信对抗是在战争中伴随着无线电军事通信技术的发展而发展的。随着高科技战争中通信指挥越来越重要，通信对抗也得到人们前所未有的重视，发挥了越来越大的作用。

（二）通信对抗的作战对象

通信对抗的目的是削弱、破坏敌方无线电通信系统使用效能的正常发挥，也就是说，通信对抗的作战对象是敌方的无线电通信系统。

通信对抗分为通信侦察与通信干扰两大部分。通信侦察的任务主要是搜索和定位敌方通信辐射源，并获取其信息内容，从而为相应的决策部门提供依据。这种功能与非军事的“无线电监视”是很一致的,虽然二者的目的不同。所以,通信侦察技术完全可用于无线电监视,是一门军民两用技术。通信干扰则主要用于军事领域。

(三)通信侦察

通信侦察是利用通信侦察设备对敌方的无线电通信信号进行搜索、截获、识别、测量和分析,从而获得军事或技术情报的过程。通信侦察是信息战、电子战的耳目,其目的是获取情报,即通过对敌方未知的利用电磁辐射进行的通信联络的监听与监视,并对获取的信息进行分析与融合之后,将所得到的关于敌方军事指挥机关的部署、兵力配置、动向以及其技术参数等的综合情报报告上级主管机关。通信侦察所获得的情报信息对判明敌情、分析军事形势和指挥作战具有重要的意义。

通信侦察的对象是敌人的无线电通信信号,这些通信信号是多种多样的。敌人在进行通信时总是千方百计地希望能顺利地进行通信,并且希望通信的内容不被对方窃听到。而作为侦察者则反之,他们总是希望能搜索、截获到尽量多的敌人的通信信号,以便从中分析出更多的情报内容,作为干扰或攻击敌人的作战行动的情报依据。在这种侦察与反侦察的对立斗争中可以看到,通信侦察具有频率覆盖范围宽、信号电平起伏大、侦察对象信号复杂、侦察隐蔽安全、需要实时、面向指挥部等特点。

舰艇通信侦察系统的工作大致包括任务确立、系统展开、原始情报侦察和最终情报获取4个阶段,典型通信侦察系统组成如图6-33所示。

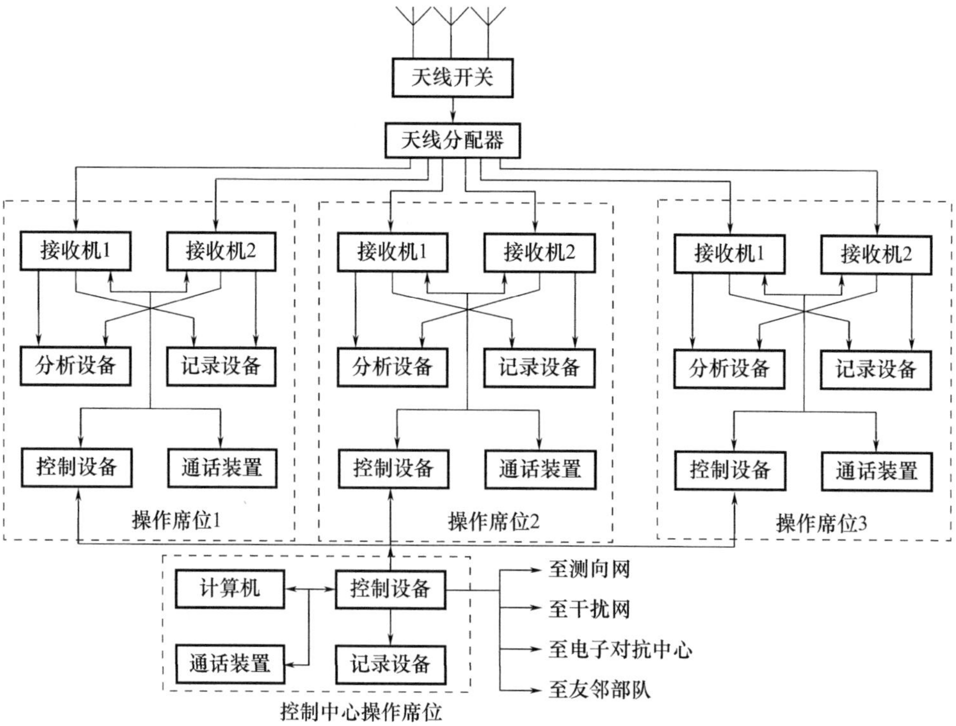

图6-33 典型通信侦察系统组成

1. 原始情报侦察阶段

一般情况下,原始情报侦察是一级侦察站(包括舰载、机载及星载侦察设备等)的任务。侦察目的是向通信侦察数据分析处理中心提供有关敌方通信网络尽可能多的原始情报。

中心控制席位根据上级下达的侦察任务向各操作席位下达侦察任务。按照先验知识的多少决定对侦察目标的搜索或守候。截获信号之后,对出现的信号进行参数测量、特性分析、属性识别和记录存储。在记录信号本身参数的同时,与侦收过程有关的一切数据都应记录下来。

2. 最终情报获取阶段

根据各级通信侦察站送来的原始情报,通信数据融合分析处理中心进行精加工。第一步是对原始数据进行初步相关处理,形成有关敌方通信情报的简洁数据;第二步是对信号参数和指纹图谱特征进行处理,完成对敌通信网台的分类,确定其属性及其相互之间的关系;第三步是对以上数据及情报进行综合相关处理,从而得出敌方通信态势;第四步是对态势的评价及敌方兵力部署和作战意图分析;第五步是产生决策建议。

(四)通信干扰

通信干扰是通信对抗的一个方面,是通信对抗领域中最积极、最主动和最富有进攻性的手段。通信干扰是用人为的辐射电磁能量的办法对敌方获取信息的行动进行的搅扰和压制。

通信干扰按照干扰形式可以分为以下三类:

(1)准确瞄准式干扰。干扰频谱与信号频谱的宽度近似相等,在频率轴上的位置以及出现的时间近似于完全重合的通信干扰称为准确瞄准式干扰。

(2)半瞄准式干扰。干扰频谱的宽度稍大于信号频谱宽度,频谱在频率轴上的位置可完全覆盖信号,其出现的时间与信号近似于完全重合的干扰称为半瞄准式干扰。

(3)拦阻式干扰。干扰频谱宽度远大于信号频谱宽度,一个干扰信号可覆盖多个通信信道,干扰存在时间远大于信号存在时间。也就是说,在频谱上和时间上都可以覆盖多个无线电通信信道的干扰称为拦阻式干扰。拦阻式干扰依其频谱形式可分为连续拦阻式干扰和离散拦阻式干扰(梳状干扰)。

1. 通信干扰基本概念

(1)有效干扰。到目前为止,人们还没有研究出一种办法能用电子技术阻止无线电磁波从发射机传向接收机。为了干扰,唯一可行的办法就是在通信信号到达通信接收机的同时把一个干扰信号也送至通信接收机。干扰信号与通信信号经通信接收机线性部分变换后相叠加,然后进入解调器。解调器从通信信号中还原出被传送的消息,而干扰信号经解调之后形成的仍是干扰。由于解调器的非线性,在其输出端得到的除了有用信号和干扰,还有干扰信号与通信信号相互作用所产生的杂散分量,这些杂散分量相对于消息来讲也是干扰。

当已知传输信号的形式和干扰的特性(统计结构)时,就可以在理论上设计出一种接收机,它能保证解调器恢复出来的消息与所传送的消息在最大程度上相一致,这种在理论上理想的通信接收机称为“理想接收机”。确切地说,它是对已知信号形式和已知干扰形式的理想接收机。理想接收机正确复制消息的概率比任何一种非理想接收机都大,也就是说,理想接收机的抗干扰性比任何一种非理想接收机都高,这种抗干扰性称为“潜在抗干扰性”。

一个成功的无线电通信系统,其通信接收机所具有的抗干扰性应该是很接近于“潜在抗干扰性”的,但它永远不可能达到这个值。也就是说,实际上的通信接收机永远不可能在有干扰存在的情况下实现无差错接收。

如果通信信号还和以前一样,但叠加的干扰是另外一种样式的干扰,那么在这种情况下,对前一种形式的干扰是理想的那种接收机对于新的干扰形式就可能远不是理想的了。由此可见,只要合理地选择干扰形式,在通信系统当中理想接收机是不存在的,任何实际的通信接收机都是可干扰的。

由于干扰的存在,实际的通信接收机可能完全被压制,在给定时间内收不到任何消息或者只能收到零星的极少量消息,在通信接收终端所得到的有用信息量实际上近似于零。这样的干扰称为有效干扰,此时的无线电通信被“压制”了。

由于干扰的存在,实际的通信接收机虽然没有被完全压制,但其在复制消息的过程中产生了大量的错误,差错的存在使得消息总和的内含信息量减少,通信效能降低,通信接收终端可获取的信息量不足,战争行为的决策困难。这样的干扰称为有效干扰,此时的无线电通信链路被“干扰”了。

由于干扰的存在,无线电通信信道容量减小,消息的传输速率降低。单位时间内通信终端所获得的信息量减少,或者说,为传送一定的信息量所花费的时间较长。由于干扰的存在所造成的这种通信(即信息传输)的延误使得通信接收终端不可能及时获取信息,专家系统(人或机)决策迟误,这种迟误造成了战机的贻误。在现代战场上,时间就是生命,战机就是胜利。通信干扰能够从敌人那里夺取到时间,争取到主动。这样的干扰也称为有效干扰,此时的敌方无线电通信被干扰“阻滞”了。

(2)压制系数。为了定量地描述无线电干扰对无线电通信接收机系统影响的程度,引进“压制系数”(用 K 表示)的概念。压制系数 K 为在确保无线电干扰对无线电通信接收机系统完全压制的情况下,在无线电通信接收机系统输入端所必需的干扰功率与信号功率之比,即

$$K = P_j / P_s \tag{6-6}$$

式中:P_j 为在保证完全压制的情况下,在通信接收机输入端所必需的干扰功率;P_s 为通信接收机输入端的信号功率。

这里所说的“完全压制”是一个边界比较模糊的概念。一般来讲,若想在完全压制与非完全压制之间画一条分界线,这条分界线的位置与下面两个因素有关。

①通信接收机终端消息复制差错率(误码率)。多数研究人员认为,譬如,当无线电报或无线电话通信系统工作在传送数字报文时,完全压制的条件应该是传输差错率不小于50%。这个结论是一个统计的结果,分析与实践证明,在这样的差错率情况下,复制消息中所包含的有用信息实际上已趋近于零。

②干扰目标的重要程度。干扰目标的重要程度即威胁优先级。对那些威胁大、特别重要的目标掌握的尺度就要严格些,而对那些不太重要,威胁等级不高的,譬如小型战术通信系统就可以放松些。

由压制系数的定义可知,K 的量值与干扰的形式、接收的方法、信号的结构以及信号的特征(如消息在频率轴上的位置、消息内涵的先验水平等)有关。所以,在谈及压制系数时,必须指明是在什么样的传输形式、接收方法和信号特征情况下,对什么样的干扰而

言,否则 K 的量值将是不确定的。

附带说明一点,无线电通信干扰有破坏性干扰和欺骗性干扰之分。前者是在敌人进行通信时,人为发射干扰信号致使敌人的通信接收机无法获取有用信息、无法完全获取有用信息或无法及时获取有用信息;而后者则是巧妙地利用敌人的无线电通信信道工作的间隙,发射与敌方通信信号参数和特征相同的携带虚伪信息的假信号,用以迷惑、误导和欺骗敌方。这两种干扰的作用机理完全不同。后者属于通信,前者才是通信干扰。

本节所讨论的通信干扰均指前者。

(3)最佳干扰(即最佳干扰样式)。目前军用无线电通信系统是多种多样的,其通信体制、信号形式、通信接收机的工作方式等各不相同。因此,一种通用的、万能的、放之四海而皆准的最佳的干扰样式是不存在的。通常所说的最佳干扰指的是对于给定的信号形式和通信接收方式所需压制系数最小的那种干扰(干扰样式)。也就是说,对于给定的信号形式和通信接收方式为获得有效干扰所需代价最小的那种干扰(干扰样式)。

实际上,在通信干扰的实施过程中,只能在一定程度上知道干扰对象的信号形式,因为可以对其进行搜索、截获,并进一步开展分选识别、分析处理和测量,但却无法确知敌人通信接收机的工作方式。譬如,很难确知敌人在此次通信中是否使用了某种抗干扰措施,所以最佳干扰样式的确定是困难的。

但是,根据博弈理论可知,在通信与通信干扰这一对矛盾斗争中,对给定的信号形式一定有一种通信接收方式,它对所有的干扰样式都有较好的(但不一定都是最好的)抗干扰效果;同样也一定有一种干扰样式,对各种通信接收方式都有较好的(也不一定都是最好的)干扰效果,这种样式的通信干扰称为对给定形式信号的"绝对最佳干扰"。

下面举例说明这一概念,假如对某一给定的信号形式,通信接收机可以有 5 种不同的接收方式,而可选的干扰样式一共有 4 种,表 6－2 中给出了在各种情况下的压制系数 K 的值。

表 6－2　各种情况下的压制系数值

接收方式	干扰 1	干扰 2	干扰 3	干扰 4
接收方式 1	6.00	0.50	0.20	1.00
接收方式 2	2.50	0.75	2.10	0.55
接收方式 3	3.00	0.90	0.50	0.95
接收方式 4	4.00	0.48	0.40	0.48
接收方式 5	0.75	0.80	1.50	2.10

如果知道敌人使用的是哪一种接收方式,那么就可以很容易地确定哪一种干扰是最佳干扰。显然,对于接收方式 1,干扰 3 是最佳干扰;而对于接收方式 2,干扰 4 是最佳干扰等。但是,实际上,敌人使用哪一种接收方式我们是不能确知的,不过,可以估计到敌人一定是采用最不利于干扰的那种接收方式。因为敌人能收到干扰信号,所以敌人总是会针对我们施放的这种干扰采用尽量接近于理想的那种接收方式。就上面的例子来讲,如果利用干扰 1,敌人就会采用接收方式 1,此时 $K=6.00$;如果我们利用干扰 2,敌人就会采用接收方式 3,此时 $K=0.90$ 等。

由表 6－2 可知,不管敌人采用什么样的接收方式,干扰 2 都能保证为获得有效干扰

所需付出的代价 K 比其他几种干扰样式都小；也就是说，不管敌人采用什么样的接收方式，在最不利的情况下，干扰 2 所获得的干扰效果最好，因此把干扰 2 称为对给定通信信号的“绝对最佳干扰”。

从这个定义可以看出，“绝对最佳干扰”不是在给定情况下的“绝对最有效的干扰”。也就是说，“绝对最佳干扰”不是在最有利情况下的最佳干扰，而是在最不利情况下的能以最小代价获取尽量好的干扰效果的那种干扰。

所以，在面对敌人通信接收系统缺乏必要的先验知识的情况下，为了有效压制敌方的通信，就只能采用对已知通信信号的绝对最佳干扰。

2. 通信干扰基本准则

在通信系统中，决定信道容量的三个基本要素是信道的作用时间 T、信道频带宽度 B 和信道的功率裕量 H。$V = T \times B \times H$ 代表的是无线电通信信道空间中的一个体积。就像几何空间里的长、宽、高所表示的体积一样，该体积表明该信道所能包容的最大容量，即信道容量。任何一个信号都可以用三个特征参数来描述，这三个参数即信号存在时间 T_s、信号频谱宽度 B_s 和信号功率电平 P_s。这个信号若想在信道中无失真地传输，信号的体积 $V_s = T_s \times B_s \times P_s$ 必须不大于 V。

一个有效的干扰，由干扰发射机产生经过传输路径之后到达通信接收系统，必须能够有效地通过通信信道。所以，有效干扰的三要素，即干扰作用时间 T_j、干扰带宽 B_j 和干扰功率 P_j 所包围的空间体积 $V_j = T_j \times B_j \times P_j$ 也必须不大于 V。另外，为了保证有效干扰，V_j 要不小于 V_s，所以有效干扰的 V_j 最好是充满 V，即无冗余，又无不足。

(1) 准则 1——时域准则。在无线电通信系统中消息的传输必须是无先验的或极少先验的，这里包括两方面的意思：一方面，通信接收终端无论是人还是机器对消息的内容都应该是无先验的，因为被传送的消息中所包含的信息量与消息发生的概率有关，发生的越少就越使人感到意外和新奇，因此消息中的信息量也就越多。反反复复多次重复的消息其所包含的信息量几乎为零。这样的消息已经失去了利用通信系统传送的意义。

另一方面，消息的发生时间一般来讲也是无先验的或极少先验的，特别是对干扰方而言。正因为如此，为了获得有效干扰就必须采取尽可能有效的措施保证干扰与信号在时域上的一致性，即时域上的瞄准（这里指的是压制式干扰，欺骗式干扰则另当别论）。如果时域上不能瞄准就可能出现在敌人通信时干扰并未发出，通信受不到干扰；而在敌人通信结束或并未通信时发出干扰，这不但白白浪费了干扰能量而且还暴露了自己（图 6－34）。如果在很长时间里都发干扰（图 6－35），虽然可以使敌人的通信受到干扰，但也会暴露自己，浪费能量。这是不希望的。

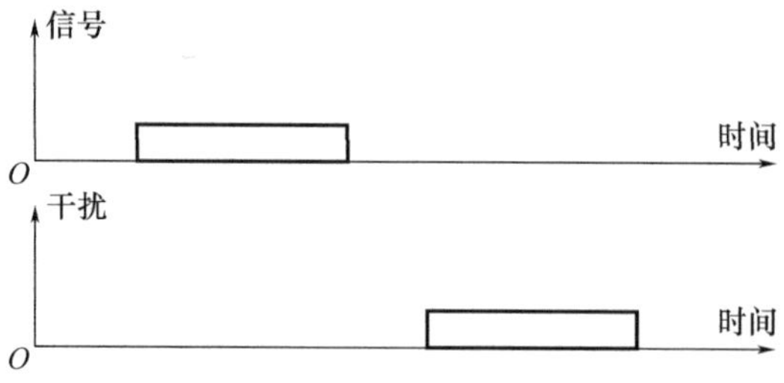

图 6－34　在时域上不瞄准的通信干扰

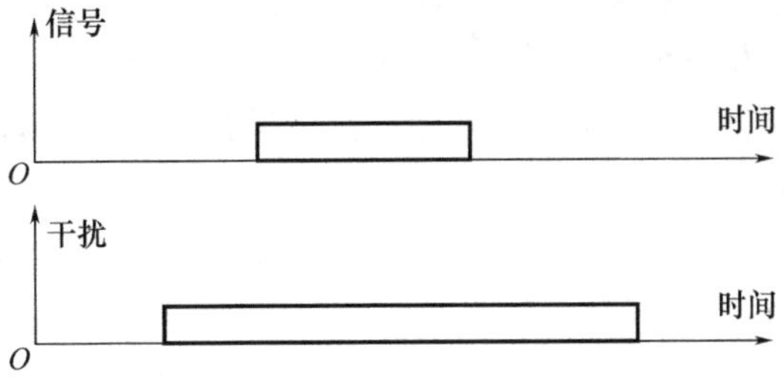

图 6－35 在时域上拦阻的通信干扰

干扰对信号在时域上的瞄准可以是连续的也可以是间断的，时域上的连续瞄准式干扰，即在信号存在期间一直发射干扰，信号始终为干扰所覆盖。

间断的时域瞄准式干扰，是当信号存在时干扰并不连续覆盖，而是断续地覆盖（图 6－36）。干扰段的持续时间及其间隔可以是均匀的，也可以是随机的。这样的干扰由于在干扰的间歇期间通信接收终端仍能接收到通信系统传送的信息，可能获得部分信息，因此，这种间断干扰的效果要稍差些。但是，在总的干扰裕量足够大时，可以利用这种干扰方式，在对一个目标信号干扰的间断期内，系统转而干扰另一个目标信号，即当两个或多个重要的通信目标同时出现时，使用这种时域瞄准方式可以实现准同时的多目标瞄准式干扰。这在通信干扰系统的实战应用当中是十分有意义的。

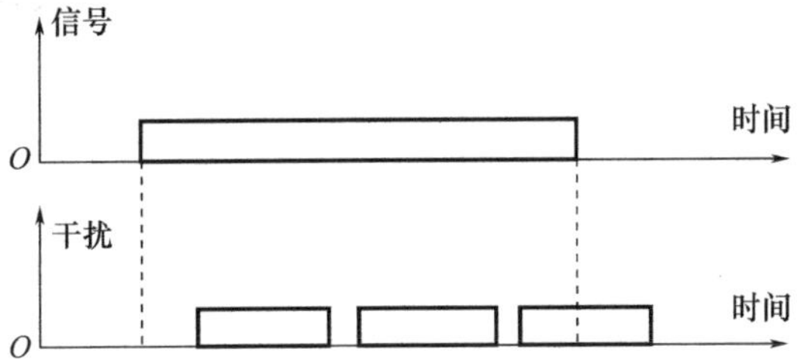

图 6－36 在时域上间断瞄准的通信干扰

通信干扰时域准则的另一个意思是指通信干扰与信号时域特征的一致性。运行于通信系统内部的无线电信号不论在何种情况下，总是一种时间的函数，无线电干扰也是一种时间的函数。无线电通信接收系统总是千方百计地希望抑制干扰而接收信号，也就是说，通信接收系统要从干扰背景下提取有用信号。若想做到这一点，唯一可依据的就是干扰与信号的不同点，利用这种差别来分离干扰与信号。但是，从力争通信干扰有效的角度讲，又希望通信接收机无法分离干扰与信号。这也就是说，要减少干扰与信号的不同点，减少干扰与信号的差别，所以，最佳干扰样式应该是与通信信号时域特性相近似的干扰样式。

（2）准则 2——频域准则。携带消息（或信息）的信号是由消息信号在通信发射机中对载频进行调制而产生的。单纯的载频，带宽等于零，一般来说，它是不能传递消息的。调制之后，已调波的带宽展宽了，消息或信息便存在于信号的带宽之中。无线电通信信号在频域内是以功率谱的形式存在的。

无线电通信接收系统为了保证通信的可靠性，必须保证信号频谱能无失真地通过接收机选择系统，而对带外的干扰则应无条件地抑制掉。因此，通信干扰若想有效，就必须

像信号一样能通过接收机选择系统进入接收机。接收机选择系统是频域选择系统，所以通信干扰必须有与信号相近似的频域特性，也就是说，只有与通信信号频域特性相一致的干扰才有可能成为最佳干扰。频域特性一致，就是说在频域中干扰频谱与信号频谱应该重合，这里包含两方面含义：一是干扰载频与信号载频要重合，二是干扰带宽与信号频谱宽度要一致。当然，频率特性的绝对一致实际上是无法实现的，只能做到"近似"一致。至于近似到何种程度，这将在最佳干扰参数一节中讨论。一般来说，对于不同的信号类型所必须的近似程度是不一样的。例如，对于调幅话音通信，载频重合误差的容许值 $\Delta f = |f_j - f_s|$ 一般不大于 350Hz；而对于调频话音通信，容许的 Δf 则可大到 1～2kHz。对于手工莫尔斯电报，则 Δf 不能大于 5Hz。

当干扰带宽小于信号频谱宽度时，干扰频谱只能覆盖信号频谱的一部分。成功的通信接收系统从未被覆盖的那一部分信号频谱中仍可复制部分消息，获取一定信息，因此这样的干扰是不可取的。当干扰带宽大于信号频谱宽度时，信号被干扰完全覆盖，但是由于干扰带宽较宽，一部分干扰能量会被通信接收选择系统滤除掉，而使进入接收机能起到干扰作用的干扰能量减弱。另外，由于干扰带宽较大，带内功率分散，致使与信号重合的那部分干扰电平降低，接收系统终端有效干扰分量减少，频谱分布也更为分散。

一般来说，接收机频带宽度比信号的频谱宽度要大些，即 $B_r > B_s$，所以有效干扰的干扰带宽可以稍大于信号频谱宽度，即允许 $B_j > B_s$，但必须保证 $B_j \leqslant B_r$。

信号的频谱结构是由信号类型决定的，譬如调幅信号载频的存在便是其制度缺陷造成的。干扰信号的频谱结构应该充分考虑干扰的效能和效率，所以在干扰频谱中不应包括如调幅载频那样的不携带"干扰信息"的载频分量（图 6－37）。

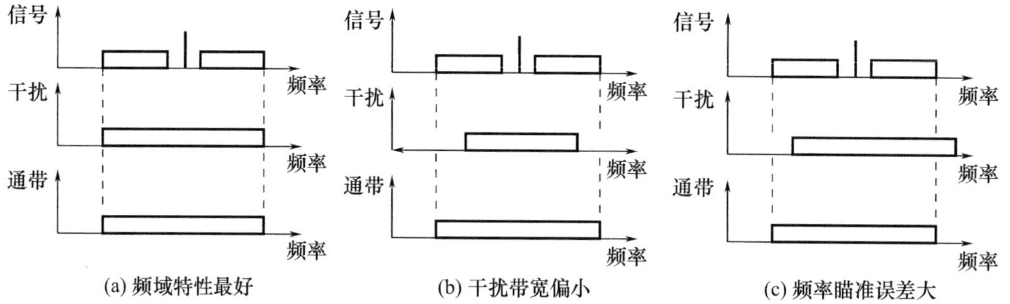

图 6－37　有效干扰的频域准则

（3）准则 3——功率准则。随着干扰功率的增加，信道的传输速率降低，信息损失增加。当信息损失增加到规定的量值（这个量值通常是根据战术运用准则预先确定的）时，就认为此时通信系统已无法正常工作，或者说通信接收系统被压制。前面已经讲过，这时无线电接收系统输入端上干扰功率与信号功率之比称为压制系数 K。压制系数是针对特定的通信信号、通信接收设备和特定的干扰样式而言的，其中任何一项的变化都将导致 K 值的改变。

对于给定的信号形式、通信接收机特性和干扰样式，所得到的压制系数是一个近似值，近似的程度与所采用的关于"有效干扰"的决策准则有关。这些准则在实践中有其客观的真理性，但是运用这些准则在具体事件的判决中也存在其主观的随意性。虽然如此，仍然可以把压制系数 K 作为有效干扰功率准则的重要特征参数。只有在通信接收机输入端干扰功率与信号功率之比达到 K 时,信道传输能力降低所造成的信息损失才能增加到"干扰有效"的程度。这就是干扰的功率准则。

综上所述,从干扰的基本准则可知,在无线电通信信道中最佳干扰信号的体积应该完全包容目标信号的体积,并且没有冗余。

无线电通信系统的无线电信号除了信号的作用时间 T_s、信号频谱宽度 B_s 和信号功率电平 P_s 三项主要表征,还必须考虑的一个表征参数是调制样式。作为最佳通信干扰,对于这一参数也必须有符合性与适宜性的要求。

(4)准则 4——样式准则。干扰样式是指携带干扰信息的电信号的类型及其对射频载波的调制方式。在模拟通信领域中最有效的干扰样式并不一定与通信信号具有同样的结构特征。不同形式的通信信号可能具有相同的最佳干扰样式。

3. 通信干扰能力

除了系统功能方面所体现的能力,干扰能力主要是指通信干扰系统的有效干扰作用距离。干扰作用距离是一个多变量函数,它不但与干扰机有关,而且与通信接收机的体制与性能、相互之间的空间配置关系以及通信机使用者的水平等有关。如果除去人的主观因素,那么对干扰作用距离可以作如下的一些分析和说明。为了说明方便,首先写出干扰方程。假如通信发射机、接收机和干扰发射机同处于一个水平面内(图 6-38),则

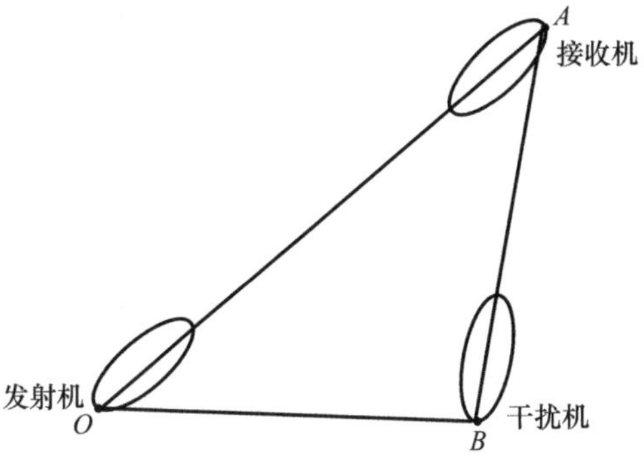

图 6-38　通信发射机、接收机与干扰机的平面配置

$$(R_s/R_j)^2 = C \tag{6-7}$$

式中:

$$C = K\times(P_s/P_j)\times(G_s/G_j)\times\{g_r^2(\phi_s)\times g_s(\phi_s)/[g_r^2(\phi_j)\times g_j(\phi_j)]\}$$
$$\times(\Delta f_j/\Delta f_s)\times\gamma_j\times e^{-\partial(R_s+R_j)}$$

P_j,P_s 为干扰和通信发射功率;G_j,G_s 为干扰和通信天线增益;g_r 为接收天线方向图;ϕ_j 为最大接收方向与干扰方向的夹角;ϕ_s 为最大接收方向与信号方向的夹角;g_j 为干扰天线方向图;g_s 为信号发射天线方向图;Δf_j 为干扰带宽;Δf_s 为通信接收机通带宽度;γ_j 为取决于干扰与信号极化不一致的系数;$e^{-\partial(R_j+R_s)}$ 为取决于传输路径不一致的系数。

在给定目标通信系统和给定通信干扰系统的情况下,C 是一个常数。于是,在图 6-39 的坐标系中,便可以写出干扰有效区的边界方程式为

$$[x+CD/(1-C)]^2+y^2 = CD^2/(1-C)+[CD/(1-C)]^2 \tag{6-8}$$

式(6-8)表明,干扰有效压制区的边界是一个圆,对应于三维空间里的情况就是一

个球。圆心 O 的坐标为 $[-CD/(1-C),0,0]$，半径为 $r=\{CD^2/(1-C)+[CD/(1-C)]^2\}^{1/2}$。由此可知：

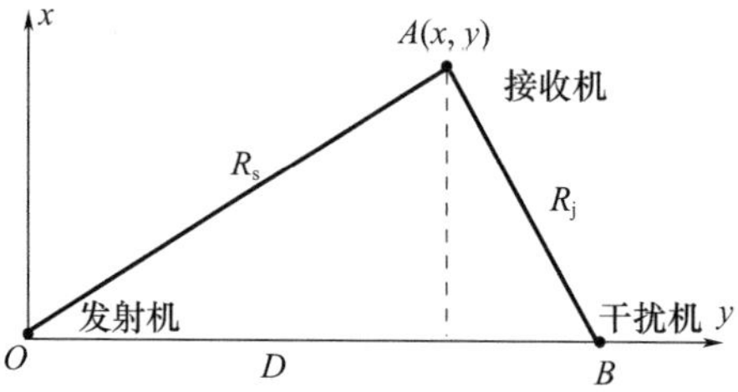

图 6－39　坐标系中的通信发射机、接收机与干扰机

(1) $C>1$ 时，即干扰功率不太大，或要求的压制系数 K 比较大时。

这时圆心（如果在平面坐标上讨论）就在原点 O 的右方，距原点的距离 $d=|-CD/(1-C)|$，圆半径 $r=\{CD^2/(1-C)+[CD/(1-C)]^2\}^{1/2}$。一个包围干扰发射机的圆，圆周上及圆内为干扰有效区，圆外为干扰无效区（图 6－40(a)）。

(2) $C=1$ 时，即干扰功率较大，或所需压制系数不大时。

随着 C 值的减小，干扰有效区的圆扩大。当 $C=1$ 时，圆心移至无限远处，圆周变成平行于 x 轴的直线，直线的右边（干扰机一侧）为干扰有效区，直线的左边（信号发射机一侧）为干扰无效区（图 6－40(b)）。

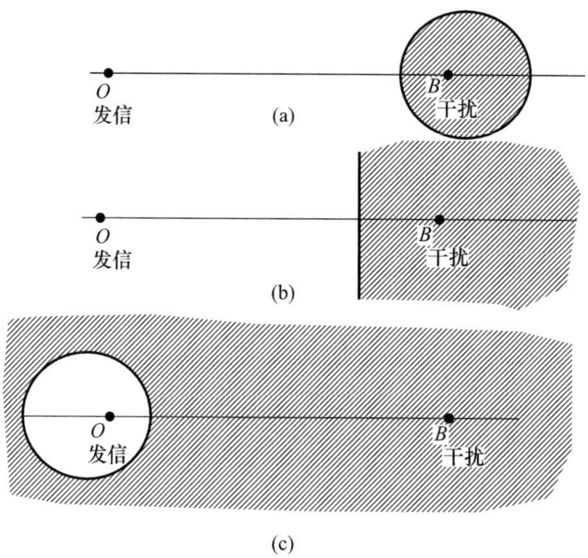

(c)

图 6－40　不同情况下的干扰有效区

(3) $C<1$ 时，即干扰功率足够大或干扰样式最佳，所需压制系数较小时。

当 C 值继续减小时，干扰有效区的范围继续扩大，干扰有效区边界变成一个将通信发射机包围在内的圆，圆心移至坐标原点 O 的左边。圆内为干扰无效区，圆周上及圆外为干扰有效区（图 6－40(c)）。

上述分析表明，欲增加有效干扰范围必须减小 C 值，其途径可以从 C 值的定义中得知。

通常,人们习惯上用的"有效干扰距离""干扰通信距离比"等概念都是一些比较含混、模糊的概念,它们有时并不能给出干扰有效范围的明确性的表达。所以,为了避免这种概念的不明确性,建议使用"干扰有效区"

4. 跳频跟踪干扰时的干扰有效区域

跳频跟踪干扰,依定义就是要跟踪跳频通信系统的频率跳变而进行的干扰。根据对跳频通信干扰的分析知道,欲获得有效干扰,干扰信号必须在每个跳频驻留时间 T_h 的中点之前到达通信接收机,即必须满足

$$d_2 + d_3 \leqslant c \times (\eta T_h - T_p) + d_1$$

式中:c 为电磁波传播速度;T_p 为干扰系统的处理时间;η 为采样点位置系数(通常,$\eta \leqslant 0.5$);T_h 为跳频信号在每个频率点上的驻留时间;d_1、d_2 和 d_3 为距离(图 6-41)。

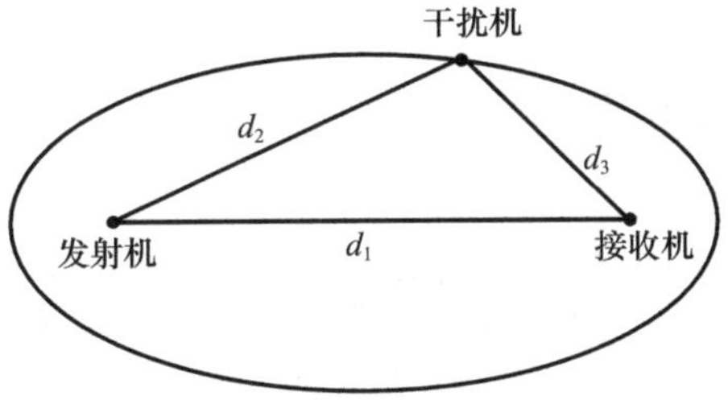

图 6-41 跳频通信发射机、接收机与干扰机的平面配置

式(6-9)中取等号,等号右边部分对于给定的跳频通信系统与干扰系统而言等于一个常数。于是可知,满足式(6-9)的点的轨迹是一个以跳频通信发射机和接收机位置为焦点的椭圆。如果干扰机位于椭圆之内干扰可能有效,若干扰机位于椭圆之外则干扰不可能有效。另外,从干扰功率方面来看,当 C 为不同值时干扰有效区域如图 6-42(a)、(b)和(c)所示(图中阴影区)。

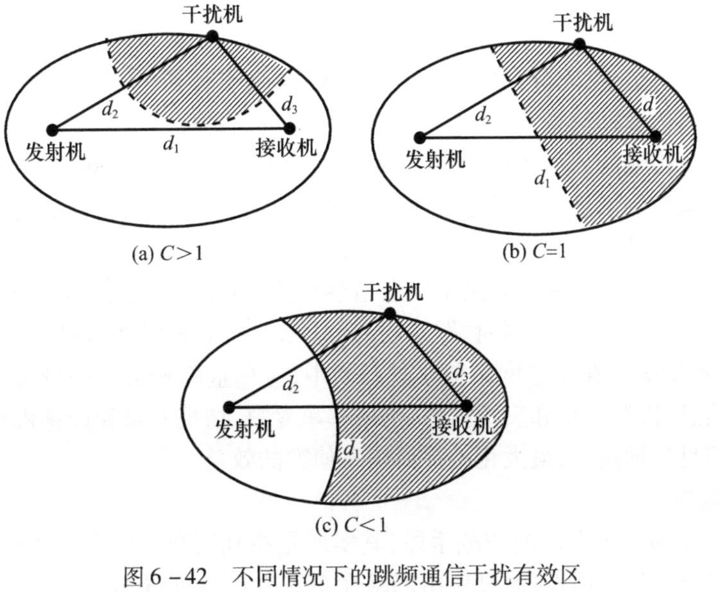

图 6-42 不同情况下的跳频通信干扰有效区

第二节 网络对抗

网络对抗作为信息战的主要形式之一已获得了各国广泛的认同,20 世纪 90 年代各国加大对该领域的投资和研究步伐,网络对抗理论与技术得到了迅猛的发展,一些国家甚至专门组建了网络作战部队,组织实施针对信息网络的对抗活动。研究与发展计算机网络对抗能力,不仅是各国争夺制信息权的焦点,也是获取信息优势的必要途径。

网络对抗技术包括网络侦察、网络攻击与网络防御三个方面。通常意义上的网络对抗攻击技术包括:计算机病毒或蠕虫、特洛伊木马;分布式拒绝服务攻击;多变代码技术、反侦破技术和跳板式攻击技术等。网络防御技术包括防御黑客攻击;访问控制技术、防火墙技术、信息加密技术;防御计算机病毒;病毒制作技术、注入技术、激活技术和隔离技术等。

一、网络对抗概念及特点

(一)网络对抗定义

网络对抗是指在信息网络环境中,以信息网络系统为载体,以计算机或计算机网络为目标,围绕信息侦察、信息干扰、信息欺骗、信息攻(反)击,为争夺信息优势而进行的活动的总称。

网络对抗的目的是获取和保持信息网络优势,掌握并确保网络空间的制信息权。其主要包括保障己方网络信息系统安全及瓦解、破坏敌方网络信息系统的方法手段等。网络对抗以敌方的战略目标作为首要进攻对象,如军队的 C^4ISR 系统、国家的决策指挥枢纽系统、通信中枢系统等。大体上,网络对抗涉及网络侦察、网络攻击和网络防护三个方面的关键技术。

(二)网络对抗的关键技术

1. 网络侦察

在信息网络对抗中,充分利用信息网络系统,采取多种措施,全方位、有重点地拦截对方信息网络上所传输的信息流,是确保对抗主动权的关键环节。

信息网络上传输的信息,特别是作战指挥控制信息,是传输方尽力保护的资源,也是对方企图全力截获的信息流。通过全面拦截网上的信息,可全面了解敌情,为确定后续采用的对抗措施奠定基础。

网络信息侦察可分为主动式网络信息侦察和被动式网络信息侦察技术。

主动式网络信息侦察包括各种踩点、扫描技术。被动式网络信息侦察包括无线电窃听、网络数据嗅探等。在实施网络侦察过程当中,应尽量隐蔽自己的身份,重点截流信息网络的指令信息、协调信息和反馈信息,借助军事专家、情报专家和计算机专家的力量,综合利用各种信息处理技术,最大化地提高信息侦察的效益。

2. 网络攻击

网络攻击作为一种全新的作战手段,其实质是指利用敌方信息系统自身存在的安全漏洞和其电子设备的易损性,通过使用网络命令和专用软件,进入敌方网络系统,或使用强电磁脉冲武器摧毁其硬件设施的攻击。其目的是通过网络攻击形成网络优势，进而夺取制网络权，对目标信息网络的关键主机、节点、网络，通过实施信息攻击，达到破坏对方网络系统的目的。

信息网络通常是由中心控制单元、节点和有线及无线信道组成的多层次、多结构、连接复杂的信息网络体系。破坏信息网络体系，就会从总体上削弱对方运用信息网络的效果。

网络攻击的手段非常多，包括电磁干扰目标网络正常运作，利用各种黑客技术进行网络入侵、信息欺骗和干扰，传播感染病毒，使目标网络拒绝服务等。这些网络攻击的目的都是围绕制信息权展开的。

3. 网络防护

网络攻击作为一种对未来战争胜负具有重大影响的全新作战手段，作为具有战略威慑力的信息战利剑，在一定程度上改变了弱守强攻的传统战争法则，为劣势一方开辟了以劣胜优的新途径。同时，它也是一把双刃剑，要求人们在重点研究发展网络攻击手段和战法，不断提高网络攻击能力的同时，还应不断增强信息系统的安全防御能力，形成以攻为主，攻防兼备的网络战能力。

网络防护是指为保护己方计算机网络和设备的正常工作、信息数据的安全而采取的措施和行动。网络攻击和网络防护是矛与盾的关系，由于网络攻击的手段是多样的、发展变化的，因此在建立网络安全防护体系时，必须走管理和技术相结合的道路。网络安全防护涉及面很宽，从技术层面上讲主要包括防火墙技术、入侵检测技术、病毒防护技术、密码技术、身份认证技术、(信源、信道)欺骗技术等。

(三)网络对抗的特点

网络对抗具有以下几个特点。

(1)没有国界。在网络空间中，距离的概念不复存在，网络战场疆域不定。网络作战，其作战范围瞬息万变，网络所能覆盖的都是可能的作战地域，而所有网络都是可能的作战目标。传统作战改变作战方向需要长时间的兵力机动，而网上作战，只需单击鼠标即可完成作战地域、作战方向、作战目标和作战兵力的改变，前一个进攻节点与后一个进攻节点在地域上也许远隔咫尺，也许远隔万里。

(2)没有痕迹。网络行动悄无声息，不留痕迹。网络对抗不会出现刀光剑影、炮火阵阵、车轮滚滚的场景，施放病毒、窃取数据、引爆网络炸弹都在瞬间完成，可以说是来无影，去无踪。网络作战行动速度快，时间短，常常在敌方尚未察觉之时，网络行动就已经完成。此外，网络行动经常以正常的信息交流形式出现，无迹可查、无影可随，具有很强的欺骗性和隐蔽性，难以一一检测和监视，也很难提前预设针对性强的应对措施。

(3)作战效果难以评估。网战效果难以预测，同样一次网络攻击行动，可能对敌方丝毫无损，也可能篡改或窃取其数据，阻断其网络通道，使敌遭受惨重损失，甚至可能完全瘫痪其指挥控制系统，导致其社会混乱、经济崩溃，达到不进行火力战而屈人的目的。俄罗斯已将网络攻击确定为大规模毁灭性武器，美军也有人认为网络攻击属于大规模毁灭性武器。

(4)鼠标单击就是扣动扳机。网络对抗主要有两种形式：一是进行网上技术和信息支援，提供网络最新进攻技术和手段，或者提供敌对网络的信息情报等；二是在网络部队指挥员的统一组织下，直接参与网络作战。它改变了传统作战之前人力和物力集中的方式，而是技能和智能的汇集，通过网上单击鼠标的方式实现。这种形式的改变，意味着战前行动将由人力密集型向知识密集型转化。

(5)人民战争。未来的网络作战并非是单靠军人利用计算机对敌军事信息系统进行的攻击，而是“所有具备网络攻击能力的人”，对敌交通、金融、贸易、军事等各个领域的全面攻击，以达到制止战争的目的。正因为信息技术的军民通用性和计算机网络的相互关联性，使得网络作战力量趋于大众化，不管是国家还是个人，不管是军人还是平民，只要具备网络攻击能力，都可以在计算机网络战中一展身手。

(四)网络对抗的层次

第一个层次，实体层次的计算机网络对抗。以常规物理方式直接破坏、摧毁计算机网络系统的实体，完成目标打击和摧毁任务。在平时，主要是指敌对势力利用行政管理方面的漏洞对计算机系统进行的破坏活动；在战时，是指通过运用高技术明显提高传统武器的威力，直接摧毁敌方的指挥控制中心、网络节点以及通信信道。这一层次计算机安全的首要任务是做好重要网络设施的保卫工作，加强场地安全管理，做好供电、接地、灭火的管理，与传统意义上的安全保卫工作的目标相吻合。

第二个层次，能量层次的计算机网络对抗。敌对双方围绕着制电磁频谱权而展开的物理能量的对抗。敌对双方通过运用强大的物理能量干扰压制或嵌入对方的信息网络，甚至像热武器一样直接摧毁敌方的信息系统(如高能射频枪、脉冲变压器弹等)；另外，又通过运用探测物理能量的技术手段对计算机辐射信号进行采集与分析，获取秘密信息。这一层次计算机安全的对策主要是做好计算机设施的防电磁泄露、抗电磁脉冲干扰，在重要部位安装干扰器、建设屏蔽机房等。

第三个层次，逻辑层次的计算机网络对抗。运用逻辑手段破坏敌方的网络系统，保护己方网络系统的对抗。这个概念接近于美国人讲的“cyberspace warfare”，包括计算机病毒对抗、黑客对抗、密码对抗、软件对抗、芯片陷阱等多种形式。它与计算机网络在物理能量领域的对抗区别表现如下：

(1)在逻辑的对抗中获得制信息权的决定因素是逻辑的而不是物理能量的，取决于对信息系统本身的技术掌握水平，是知识和智力的较量，而不是电磁能量强弱的较量。

(2)计算机网络空间(cyberspace)成为战场，消除了地理空间的界限，使得对抗双方的前方、后方、前沿、纵深的概念变得模糊，进攻和防御的界限很难划分。

(3)虽然它基本上属于对系统的软破坏，但信息的泄露、篡改、丢失乃至网络的瘫痪同样会带来致命的后果。有时，它也能引起对系统的硬破坏。

(4)由于计算机系统本质上的脆弱性，为了应对内行的系统入侵者，信息系统安全的核心手段应该是逻辑的(如访问控制、加密等)，而不是物理的(如机房进出入制度等)，即通过对系统软硬件的逻辑结构设计从技术体制上保证信息的安全。

网络技术惊人的发展速度和网络日益扩大的覆盖面，使逻辑意义上的网络对抗将不仅局限在军事领域，而且会成为波及整个社会大系统的全面抗衡和较量，具有突发性、隐蔽性、随机性、波及性和全方位性。

第四个层次，超逻辑层次(也可称为超技术层次)的计算机网络对抗，即网络空间中面向信息的超逻辑形式的对抗。网络对抗并不总是表现为技术的、逻辑的对抗形式，如国内外敌对势力利用计算机网络进行反动宣传、传播谣言、蛊惑人心，进行情报窃取和情报欺骗，针对敌方军民进行心理战等。这些都已经超出了网络技术设计的范畴，属于对网络的管理、监察和控制的问题。利用黑客技术篡改股市数据以及对股市数据的完整性保护属于逻辑的对抗，而直接发表虚假信息欺骗大众则属于超逻辑的对抗。后一种意义上的网络对抗瞄准了人性的弱点，运用政治的、经济的、人文的、法制的、舆论的、攻心的等各种手段，打击对方的意志、意念和认知系统，往往以伪装、欺诈、谣言、诽谤、恐吓等形式出现。

超逻辑层次的对抗与逻辑层次的对抗的主要区别是：它把信息看作难以用形式化语言描述的、不可分析的对象，其概念更加接近于信息的本质内涵，类似于历史上对信息战概念的传统理解，其战例和作战理论古已有之，并且在运用了现代网络技术后其形式已变得更加丰富多彩。虽然这一层次的对抗也要使用大量高科技，但它本质上是对技术的超越，其关键因素是策划创意的艺术，而不是具体的技术。后者是逻辑上可递归的，本质上可计算的；前者则是对逻辑的超越，本质上不存在可行的求解算法，否则敌方的作战意图、社会政治动向就可以准确地算出来了。显然，后者属于更高层次的信息类型。

以上 4 种网络对抗的概念既有本质上的内在联系，又有各自不同的展开空间：第一个层次的对抗在常规物理空间上展开；第二个层次的对抗在电磁频谱空间上展开；第三个层次的对抗在计算机网络空间上展开；第四个层次的对抗则在一个更为广泛而深刻的精神空间上展开。

（五）网络对抗与电子对抗

从 20 世纪 70 年代开始，以瓦解破坏敌方电子设备，打乱其组织指挥为作战目的的电子对抗，一直作为一种效能独特的作战手段在战争中发挥着重要作用，成为信息领域的“大哥大”。但是，基于信号理论的电子对抗，是一种比能量、比功率的耗能战，不仅给己方带来电磁兼容问题，还很容易成为敌方反辐射武器的攻击目标。在战场信息系统网络化的今天，电子对抗已不再是唯我独尊的“软”杀伤手段。

网络对抗则是以比特流对抗为着眼点的比知识、比算法的智力战，无须辐射大功率信号，具有简单易施、隐蔽性强和级连破坏效应等特点，可以以低成本换取高的军事效益；网络空间的虚拟性、瞬时性和异地性的特征，又赋予网络战隐蔽无形、攻防兼备、全向渗透的优势，所达成的作战效果是传统军事手段难以比拟的。

由此提出了综合运用电子战和网络对抗手段，对目标网络化信息系统进行一体化攻击的“网电一体战”，其目的就是夺取电磁空间和网络空间的制信息权。

首先，电子战攻击目的的实现离不开网络战。在技术性能上，电子技术与网络技术的发展已经到了一个融合的关口，电子战需要依赖于网络技术的优化组合才能发挥出更大的作用；在战术运用上，电子战更是需要借助于网络战的协同配合才能达到整体的攻击效果。因此，电子战与网络战的有机结合必将成为信息战的基本表现形式。

其次，网络战整体效能的发挥也离不开电子战。网络的正常运行离不开电子技术，网络攻击手段的使用更是有赖于对电磁频谱的控制，绝大部分信息必须依靠发送和接收无线电磁信号来完成网络系统的连接，进而实现对己方部队的指挥与控制。而对敌方网络的破坏也将主要通过电子战手段在电磁频谱领域展开，“网电一体”的对敌方战场信息网络实施攻击才能取得最佳效果。

因此，信息战场需要电子战与网络战共同承担夺取制信息权的重任，促使二者相互融合、相互依存、互为对方提高作战效能创造条件，从而形成“网电一体战”。例如，对敌指挥控制中枢实施计算机病毒攻击时，一个重要的方法，就是通过电子手段将计算机病毒注入敌方信息网络系统的接收处理系统，瘫痪敌方的指挥控制中枢。这种方法的实现，需要电子战和网络战紧密结合。

二、网络侦察

军事打击前通常首先要进行的是情报搜集。要达到这个目的，可以有很多方法。例如，利用军事通信卫星对目标区域进行拍照，或者利用其他特殊侦察设备如高空侦察机、无线电接收机等对目标实施情报搜集。当然，在进行情报获取时必须保持高度警惕，以防被敌方察觉。在获得足够的作战信息之后，将采取一系列的军事行动对敌军事目标实施打击，进而完成作战任务。

在此过程当中，情报搜集是非常重要的一个环节。如果无法获得足够多的情报（信息），换句话说，即目标的防护体系非常严格，那么就不太可能对其发动有效进攻。

这同样适用于计算机网络的入侵和对抗。

聪明的黑客在尝试获得系统的特权之前，会做大量的信息获取工作。如果从获取的信息显示出目标计算机系统的安全防护水平低下，那么黑客就很容易发动一次攻击，并且获得系统的非授权访问。

然而，如果目标计算机系统保护森严，黑客在发动攻击之前将不得不三思而后行。这将依赖于目标计算机系统所采用的防护工具和安全系统。因此，事先获得的有关目标系统的信息量多少将是攻击成功与否的关键。

网络侦察主要包括以下三个方面：

（一）踩点

踩点（Footprinting）是指获取有关目标计算机网络和主机系统安全态势的信息。不同的系统有不同的轮廓（Profile），也就是说，对于其他站点来说是独一无二的特性。在踩点这一步骤当中，主要收集的信息包括：①各种联系信息，包括名字、邮件地址和电话号码、传真号；②IP 地址范围；③域名系统（Domain Name System，DNS）服务器；④邮件服务器。此外，还可以标识出那些直接连接到互联网的主机系统。这些信息大多数可以从互联网上自由获取。

1. 信息收集内容

在攻击者对特定的网络资源进行攻击以前，需要了解将要攻击的环境。这需要收集汇总各种与目标系统相关的信息，而获取攻击目标系统的信息主要包括以下几个方面。

（1）收集操作系统信息。要攻击一台计算机，首先要确定其运行的操作系统和版本。不同的操作系统和版本，其系统漏洞差异较大，攻击的方法可能截然不同。

（2）收集提供的服务信息。明确攻击目标提供哪些服务及服务的类型、使用的软件和版本等。因为已知的漏洞一般都是针对某一服务的，如系统是否禁止远程登录、服务器是否支持别名等。确定这些信息有助于利用系统漏洞攻破网站。

（3）试探口令的安全性。检查系统是否存在弱口令，默认用户的口令是否有改动等。

（4）探测系统的安全性。从该系统是否提供安全性较差的服务、系统服务的版本是否为弱安全版本,以及是否存在其他的一些不安全因素来做出判断。

(5)收集社会信息。收集社会信息本身与网络系统无关,如网站所属公司的名称、规模、电话号码等。这些信息看起来与网站没有关系,实际上很多攻击者都是利用了这类信息攻破网站的。例如,有些用户用自己的电话号码作为系统密码,如果掌握了电话号码,那么就等于掌握了管理员权限。

2. 信息收集工具

信息收集并不对目标本身造成直接危害,它通常用来为进一步入侵以获得有用的信息。攻击者收集目标信息一般采用多个步骤,每一步均有可利用的工具。许多常见合法的网络命令,既是有用的网络服务命令,又是常用的以进行网络攻击获取信息的工具。攻击者可能会利用下列的公开协议或工具,收集远程目标系统中各个主机的相关信息。例如,简单网络管理协议(Simple Network Management Protocol,SNMP)用来查阅网络系统路由器的路由表,从而了解目标主机所在网络的拓扑结构及其内部细节;TraceRoute 程序能够用该程序获得到达目标主机所要经过的网络数和路由器数;Whois 协议的服务信息能提供所有有关的 DNS 域和相关的管理参数;DNS 服务器提供了系统中可以访问的主机地址表和它们所对应的主机名;Ping 实用程序可以用来确定一个指定的主机位置。信息收集可以手工进行,也可以利用工具来完成,收集系统信息主要包括信息流和开放端口分析、利用信息服务、体系结构探测和社会工程学等方式。采用扫描工具可以一次对多个目标进行扫描,效率高,是攻击者常用的收集信息方法。

(1)信息流分析:通过对对方网络中通信情况的监听,对通信的总量、频度、信息流向等特征量及其变化进行分析,可以由此发现网络的通信枢纽位置、网络的结构特点等信息,以便确定网络攻击的策略和目标,还有可能据以直接判明敌方军事网络部署和行动企图。

(2)开放端口分析:首先攻击者要知道目标主机采用的是何种操作系统以及何种版本。其次攻击者还会检查其开放端口,并对这些端口进行服务分析,查看是否有能被利用的服务。网上的主机大部分都提供 WWW、E - mail、FTP、Telnet 等日常网络服务。

(3)利用信息服务:像 SNMP 服务、TraceRoute 程序、Whois 服务可用来查阅网络系统路由器的路由表,从而了解目标主机所在网络的拓扑结构及其内部细节,TraceRoute 程序能够获得到达目标主机所要经过的网络数和路由器数,Whois 协议服务能提供所有有关的 DNS 域和相关的管理参数,finger 协议可以用来获取一个指定主机上的所有用户的详细信息。如果没有特殊的需要,管理员应该关闭这些服务。

(4)体系结构探测:使用具有已知响应类型数据库的自动探测攻击,对来自目标主机的、对坏数据包传送所做出的响应进行检查。由于每种操作系统都有其独特的响应方法,通过将此独特的响应与数据库中的已知响应进行对比,攻击者经常能够确定出目标主机所运行的操作系统。

(5)社会工程学:通过对受害者心理弱点、本能反应、好奇心、信任、贪婪等心理陷阱进行诸如欺骗、伤害等危害手段,取得自身利益的手法。攻击者在日常的社交活动中,通过接触目标网络的相关人员或相关信息而获得有价值信息。例如,攻击者会非常留意对方的出生日期、电话号码或电子邮箱的地址,或者在与对方的交谈中获知对方网络的拓扑信息,这些零散的信息很可能会为攻击者分析目标系统提供有价值的信息。

(二)网络扫描技术

网络扫描(Scanning)技术是指检测目标系统是否同互联网连接、所提供的网络服务类型等。扫描采用的技术包括 Ping 扫射、端口扫描和操作系统识别等。通过网络扫描所能够获得的信息有:①被扫描系统所运行的 TCP/UDP 服务;②系统体系结构(Sparc, Alpha, ×86);③通过互联网可以访问的 IP 地址范围;④操作系统类型。

网络扫描类似于小偷检查一所房子的门窗,它属于信息获取的第二步。

扫描工具又称为扫描器,是一种能自动检测远程或本地网络主机安全漏洞或隐患的软件,是目前最常使用也最危险的入侵工具,许多网络入侵是从使用扫描工具开始的。扫描工具也是一把双刃剑,既可用于扫描目标主机和网络的安全漏洞,为进行有针对性的网络入侵寻找突破口;又可用作“系统安全风险评估工具”,用于网络本身的安全检查,扫描网络环境的各个角落,寻找容易受攻击的弱点,先于入侵者发现网络安全漏洞,对潜在危险进行优先级分类,提供统计数据,提示用户弥补网络缺陷,采取网络安全防护措施进行堵塞。因此,扫描工具既是网络攻击工具,又是网络安全检测工具。网络扫描可以运用的软件工具,包括各种扫描工具和一些操作系统本身提供的实用程序或命令(如 Finger、Rusers 等)。目前,虽已有许多可运行于各种操作系统平台的扫描工具,但主要可分为两大类:第一类是短小而实用的端口扫描工具,如常用的 Port Scanner 等。这类工具通过对目标主机的知名端口发出信息包请求连接,由此来判断哪些端口处于开放状态、目标主机提供哪些服务、目标主机的服务器版本等信息,第二类是功能强大的综合性扫描工具,如常用的 SATAN、ISS 和 SAFESuite 等。这类工具既可进行端口扫描,又可进行网络安全漏洞扫描。常用的网络扫描主要包括地址扫描、端口扫描。

(1)地址扫描。地址扫描是最简单、最常见的一种扫描方式。简单的做法就是通过 Ping 这样的程序判断某个地址是否有活动的主机,或者某个主机是否在线。Ping 程序向目标系统发送互联网控制消息协议(Internet Control Message Protocol,ICMP)回显请求报文,并等待返回的 ICMP 回显应答。一般地,如果 Ping 不能连到某台主机,就表示这台主机并不在线。利用这一点,入侵者可以判断一个网络中有哪些主机在线。Ping 程序一次只能对一台主机进行测试,对于庞大的互联网以及较大的企业网,这种方法效率极低。现在已经有很多的工具可以用来执行大范围的地址扫描。例如,Ping,能以并发的形式向大量的地址发出 Ping 请求,这样就能很快获得一个网络中所有在线主机地址的列表。

(2)端口扫描。互联网上通信的双方不仅需要知道对方的地址,还需要知道通信程序的端口号。入侵者在进行攻击前,首先要了解目标系统的一些信息,如目标主机运行的是什么操作系统;是否有保护措施;运行什么服务;运行服务的版本;存在的漏洞等。而判断运行服务的方法就是通过端口扫描,因为常用的服务是使用标准的端口,只要扫描到相应的端口,就能知道目标主机上运行着什么服务,然后入侵者才能针对这些服务进行相应的攻击。通常使用一些软件,向局域网内指定的主机建立一系列的 TCP 端口连接,扫描软件报告与它成功连接的主机所开的端口。例如,扫描到目标主机开着 23 端口(通常对应 Telnet 服务),就可以利用一些口令攻击程序对 Telnet 服务进行口令的暴力破解。

(三)查点技术

提取系统的有效账号或者输出资源名的过程称为查点(Enumeration)。通常这种信息是通过主动同目标系统建立连接来获得的，因此这种查询在本质上要比踩点和端口扫描更具入侵性（Intrusive）。

查点技术通常跟操作系统有关，所收集的信息有用户名和组名信息、系统类型信息、路由表信息以及SNMP信息。

表6-3列举了在网络信息获取阶段所能识别的信息。

表6-3　可识别的关键信息

技术	获取的信息
互联网	域名 网段 IP地址范围 TCP和UDP服务 系统体系结构 访问控制机制和相关的访问控制列表 入侵检测系统 系统列举（用户名、组名、系统标志、路由表、SNMP信息）
内联网	使用的网络协议 内部域名 网段 IP地址范围 TCP和UDP服务 系统体系结构 访问控制机制和相关的访问控制列表 入侵检测系统 系统列举（用户名、组名、系统标志、路由表、SNMP信息）
外联网	连接的源地址和目的地址 连接类型 访问控制机制
远程接入	模拟/数字电话号码 远程系统类型 认证机制

三、网络攻击

网络对抗攻击也称网络攻击，作为一种对未来网络信息战胜负具有重大影响的全新作战手段，也作为具有战略威慑力的网络对抗利器，在一定程度上改变了弱守强攻的传统战争法则，为劣势一方开辟了以劣胜优的新途径。网络攻击也是一把双刃剑，它要求人们在重点研究发展网络攻击手段和战法、不断提高网络攻击能力的同时，还应不断增强网络系统的安全防御能力，进而形成以攻为主、攻防兼备的网络对抗能力。

（一）网络攻击概述

1. 网络攻击基本概念

从网络安全的角度来看，网络攻击是指攻击者利用网络途径自身的脆弱性，如通信协议自身存在的或因配置不当而产生的安全漏洞，或是系统内在缺陷、用户使用的程序语言本身所具有的安全隐患等，通过使用网络命令、专用工具软件，或者攻击者自己编写的软件等技术手段，非法侵入他人本地或者远程系统（主机或网络）中进行非授权的访问、控制和危害网络信息安全的一系列活动的总称。

从网络战的角度来看，网络攻击是指利用敌方网络系统自身存在的安全漏洞或隐患，通过使用网络命令、专用软硬件工具等技术手段，进入敌方网络系统，获取、修改、删除敌方网络系统中的信息以及添加无用或有害信息等，以控制和破坏敌方网络系统资源的一系列作战行动的总称。也就是说，利用多种攻击技术手段达到打击敌方网络的两种目的：一是有效地控制利用敌方网络，使敌方网络为我方服务，从敌方网络获取的信息为我方所用；二是有效地破坏敌方网络，使敌方对网络提出的服务要求被拒绝，敌方从网络获得的信息被破坏，其最终目的是防御敌方利用网络对我方军事目标实施攻击，从而使我方在网络对抗中占据信息优势，在网络信息战中处于主动地位。

2. 网络攻击基本要素

网络攻击包括5个基本要素。

（1）攻击者：根据目标不同区分不同类的攻击者，如网络黑客、网络罪犯等。

（2）攻击目标：依据攻击目的确定攻击目标，通常与攻击类型密切相关。其大致可分为三种情况：一是已有明确目标（如已知或DNS）；二是没有明确目标，但有大致对象范围；三是利用探测工具获取潜在目标。

（3）攻击技术：依据攻击类型使用不同的攻击技术及工具。

（4）攻击权限：对攻击目标系统的访问权限级别，可分为以下几种情况：一是攻击者没有获得访问权，却使用某些破坏程序，引起网络持久性或暂时性的运行失败、重新启动、挂起或其他无法操作的状态，这就是常见的拒绝服务；二是攻击者只获得目标系统的访问权，即只是非法进入一个需要登录名和口令的系统；三是攻击者获得目标系统的访问权，并且能够改变、删除或破坏数据；四是攻击者获得访问权，并获得系统部分或整个系统的控制权，拒绝拥有合法权限用户的访问。

（5）攻击结果：往往是多种攻击结果共存，可能是服务的拒绝、信息的破坏或窃取等。

3. 网络入侵攻击的途径

攻击者的入侵攻击网络的途径有三种：一是物理途径，攻击者利用硬件设施缺陷（如搭线窃听、电磁泄露），或利用管理缺陷及人们的疏忽大意，乘虚而入，侵入目标主机，或企图登录系统，或偷窃重要资源进行研究分析；二是系统途径，攻击者利用软件系统缺陷（如软件漏洞、程序后门），获取系统权限，或凭借自己所拥有的较低级别的操作权限进入目标系统，或安装“后门”、复制信息、破坏资源，或寻找系统可能的漏洞以获取更高级别的操作特权等；三是网络途径，攻击者利用通信系统缺陷（如协议端口开放性与脆弱性），通过网络渗透到目标系统中，进行破坏活动。

4. 网络入侵攻击的过程

常见的网络攻击分为破坏型攻击和入侵型攻击。破坏型攻击是仅破坏攻击目标，使其不能正常工作，但不控制目标系统的运行。入侵型攻击则以最大限度地控制攻击目标，这种攻击比破坏型攻击更为普遍，威胁性更大。已获取攻击目标的管理员权限后，就可以对攻击目标做任意动作，包括破坏型攻击。

网络攻击是入侵者实施入侵所采取的技术手段。入侵的整个过程分为两个阶段，伴随着入侵的攻击也分为两个阶段：一是入侵前的攻击，采用入侵型攻击的技术手段，包括信息收集型和利用型攻击等,如采用的手段包括攻击目标的探测、信息的收集、弱点的挖掘、身份欺骗、行为隐藏、权限获取等;二是入侵后的攻击,可能采用入侵型和破坏型两者兼有的攻击手段,常见的攻击手段如拒绝服务、逻辑炸弹、病毒、木马等。

5. 军网会遭攻击的主要原因

通常民网遭受攻击,如网络堵塞、服务器瘫痪等,那么最多就是长时间断网,或者无法访问,导致的后果是经济上的损失。而军事网络由于其网络结构和用途的特殊性,若出现服务器被攻击瘫痪、网络设备被堵塞,在信息化作战中各级指挥机关和作战部队无法通过军网获取信息,那么将导致各级指挥员得不到实时信息,无法定下作战决心和制订作战计划,从而耽误战机,严重的话将会使接入终端即各作战单元陷入混乱,导致某个作战行动失败,可能直接影响整个战役的成败。

我军现有的全军综合信息网、军事训练信息网、指挥自动化专网和各单位组建的局域网已在全军各单位陆续建成,这些网络信息通道纵横交错,部分单位的各种网络之间还进行了互联。我军网络不同于美军,它只是在军内连接,在物理上与外界绝对隔离,黑客将无法从互联网上找到军网的入口,这在一定程度上保证了军网的安全。但是,并不是说军网就是很安全的,它仍然存在被攻击的因素。尤其是很多军事装备秘密大量存在于声、光、电、磁之中,境外情报机构将卫星、遥感、遥测、激光、微电子等高新技术广泛应用于情报窃取活动,几乎到了无孔不入的程度,特别是跨地区、跨国界网络的普及,为窃密、传密带来了极大的方便。敌对势力曾对我军长城网进行了多次有组织的攻击,数十台上网计算机被控,大量文件资料被窃取。目前,军网会遭攻击的主要原因可以归结为以下几个方面。

(1)网络组建的不安全。在组网、建网时,一些装备部门和单位由于技术人员短缺,大多借助军外网络专家和地方技术人员,有的甚至完全依赖于地方网络公司,这在网络建设的开始阶段就埋下了不安全的隐患。而且在网络建设初期缺少与网络配套的密码保密系统,网络安全保密技术基础、防护能力比较薄弱,其硬件平台和操作系统基本上是依托进口的国外产品,这些产品大多数没有经过权威机构的安全测评,也存在着安全隐患。

(2)物理链路的不安全。网络端口、物理链路等都可能因屏蔽不严或未加屏蔽而产生电磁波辐射,涉密信息在传输过程中如果未加密,不法分子就可利用专门的设备通过接收电磁波获取秘密信息,造成信息泄露。要使全军的所有作战单位全部接入军网必然将部分物理链路,如光纤放在非军事管理区内,这样地方人员将能够接触到这些链路,这部分物理链路在战时将会成为攻击、窃取的目标。小、远、散单位由于到接入端距离较远,它的物理链路也会暴露。这些光纤翻山越岭,穿过非军事管理区,这些地域可以说是造成军网最大的不安全地域,如果敌方知道这些光纤的埋放地点,战时便可将这些地方的光纤剪断或者在光纤处进行搭线信息窃取。网络覆盖面越广,通信线路就越长,截取信息的条件就越便利。

(3)信息接入点的不安全。对军网来说,接入端的信息接入点大部分在军事管理区内,非军方人员极难接触。但是,接入端也有不安全因素,主要是由于接入点分布较散,如小、远、散单位,侦察哨所,友邻部队临时作战单位的接入点,单兵作战系统中的每一个单兵的信息接入点,都将是敌对分子可能窃入的地方。只要有一个信息接入点被成功窃入,那么敌方就有可能以此为突破口对军网发动攻击。

(4)网络管理的不安全。近年来,频发的网络失泄密事件,其主要原因是网络管理方面存在薄弱环节,缺少严格有效的法规制度和素质过硬的管理队伍。管理不善已成为目前网络安全的重要隐患,其主要表现为非法外联、非军方下发的软件用到军网、涉密移动存储介质在军网和互联网之间混用或滥用、安装使用不信任软件和黑客软件、输出设备的滥用、不必要的内部共享、非法更改地址、非法接入内网、电子邮件传播涉密信息、多人共用计算机、信息泄露事件追溯周期长等。由于网络管理人员技术不精或责任心不强,对网络系统不能按规定进行必要的安全配置和管理。例如,对接触军网内的设备和使用人员没有严格检查管控,访问权限的控制粒度不够细。甚至还有网管人员经不起敌特网谍人员的金钱引诱而投敌变节等,这些都可能对军网造成致命的危害。

(二)网络攻击方法

网络攻击作为一种在无形的信息网络空间遂行的信息作战方式,其攻击方法包括两个方面:一是采用电子手段的"硬摧毁",即用强电磁能、定向能、辐射能击穿和烧毁敌方重要网络系统设施,破坏敌方网络的电力供应等保障系统,从而使其网络系统摧毁瘫痪;二是利用软件手段的"软杀伤",即对敌方网络系统进行军事欺骗、强烈干扰等手段,导致其信息失真、控制失灵。比较而言,"软杀伤"表现出更为突出的特征。在这里讨论的主要是"软杀伤"方法。

1. 恶意程序攻击

恶意程序(代码)是利用网络途径传播的有害程序,达到破坏目标网络系统之攻击目的,如种类繁多的网络病毒是网络软杀伤力最大的武器。恶意程序可在特定的条件下执行,一般可通过网络(有线、无线)、存储介质(软盘、光盘、U 盘、移动硬盘、存储卡)、终端和芯片固化等多种途径侵入网络系统。恶意程序攻击有三大特点:一是传播速度惊人。恶意代码不仅能实现自我复制,还能自动攻击内外网上的其他主机,并以受害者为攻击源继续攻击其他网络和主机;代码设计的多线程繁殖速度,一个新蠕虫在一夜之间就可以传播到互联网的各个角落;"大型推土机"(Mass Rooter)技术,是新一代规模性恶意代码具备的显著功能。二是攻击范围惊人。许多国家的能源、交通、金融、化工、军事、科技和政府部门等关键领域的信息化程度逐年提高,这些领域用户单位的网络,直接或间接地与互联网相连。各种病毒、蠕虫等恶意代码攻击,通过互联网,对全球各行业的网络用户都造成了严重的影响。三是穿透深度惊人。蠕虫和黑客越来越不满足于攻击在线的网站,各种致力于突破各种边界防线的攻击方式层出不穷。一个新的攻击手段,第一批受害对象是那些 24h 在线的网站主机和各种网络的边界主机;第二批受害对象是与互联网有联系的、经常收发邮件的个人用户;第三批受害对象是办公自动化(Office Automation,OA)网或其他二线内网的工作站;最终的受害对象可能会波及生产网络和关键资源主机。

(1)病毒程序,网络的杀手。病毒程序(Virus)是一种依附在计算机合法程序中、破坏计算机和网络正常运行的有害程序。伴随着网络技术的发展应用而产生的网络病毒程序,可以将自身纳入网络系统程序之中,自我隐蔽、自我繁殖,利用合法程序在网络上传播、扩散,专门攻击网络薄弱环节,修改、破坏或窃取网络数据,导致入网计算机无法工作甚至整个网络系统瘫痪。病毒可通过存储介质进入、终端进入、无线注入等多种方式侵入网络系统,造成网络系统运行紊乱甚至崩溃。网络病毒攻击以其传播性强、破坏性大的特性,将在未来网络对抗中发挥任何其他武器系统所难以起到的独特作用,甚至从某种程度上说,它具有核武器所不具有的破坏力。网络病毒种类繁多,如“爱虫”“疯牛”“冲击波”“振荡波”等,数不胜数,防不胜防。

(2)木马程序,幕后的黑手。木马程序(Trojan Horse)是隐藏在合法程序中的非法程序,它是一种特别的C/S程序,包含“服务端”和“控制端”,“服务端”运行在中木马的主机,“控制端”运行在攻击者的电脑,攻击者利用“控制端”与运行在中木马者主机中的“服务端”里应外合就可以对受控计算机进行任意操作,包括查看、删除、篡改,或以此为跳板发动对其他计算机实施攻击。木马既不传播也不复制,它们依靠网络下载和安装来路不明、非授权的免费软件将其置入系统。木马攻击以其突发性强、危害性大的特性,成为危害网络安全的一大毒瘤。木马程序的多变性,也成为恶意软件制作者的首选工具。

(3)蠕虫程序,网络的瘟疫。网络蠕虫(Worm)是无须计算机使用者干预即可运行的独立程序,它是一种通过网络传播的恶意程序,且通过不停地获得网络中存在漏洞的计算机上的部分或全部控制权来进行传播。与单机的病毒相比较,网络中的蠕虫传染方式多、传播速度快、清除难度大、破坏性强,可直接破坏数据,或因消耗系统资源而降低系统性能,甚至造成网络系统的瘫痪。蠕虫一旦被激活,其行为类似于传统病毒,可以自我复制传播,不感染其他程序,所以人们也常称其为蠕虫病毒。相对于木马、宏病毒来说,它出现得比较晚,但是蠕虫病毒无论从传播速度、传播范围还是从破坏程度上来讲,都是以往的传统病毒所无法比拟的。蠕虫程序是通过不停地获得网络中存在漏洞的主机上的部分或全部控制权来进行爆炸性繁殖传播的,如它利用系统漏洞和E－mail复制自身病毒体以达到迅速传播,攻击网络。蠕虫病毒可以说是近年来发作最为猖獗、影响最为广泛的一类网络病毒。“红色代码”“SQL蠕虫王”“爱虫”“求职信”等都是属于这一类病毒。国产“熊猫烧香”病毒在近乎一夜之间使数以百万台计算机遭到感染和破坏。

(4)后门程序,黑客的暗道。后门(Back Doors)或称陷门(Trap Doors)是系统中未公开的通道,本意是软件公司的程序设计人员为了维护软件方便而设置的程序入口。由系统设计者预先在系统内构造的、可以越过正常的系统保护机制未经用户授权而潜入系统的一种隐蔽的软件或硬件。如果将其设于加密芯片,就可绕过安全控制而解读加密的数据信息。一旦“后门”洞开,被原来的程序员利用或者被黑客发现,就为攻击者提供了进入系统的秘密入口,就成为攻击者越过系统正常的安全检查,以非授权方式访问系统的秘密通道,其造成的后果不堪设想。例如,攻击者可由此侵入主机远程执行任意命令,可以利用后门在程序中建立隐蔽通道,甚至植入一些隐蔽的病毒程序等,进而可以非法访问网络以达到窃取、更改、伪造和破坏信息的目的,甚至有可能造成网络信息系统大面积瘫痪。因此,后门程序无疑是一类成本极低、威胁极大的攻击武器。

(5)逻辑炸弹,隐藏的杀机。逻辑炸弹(Logical Bombs)是由系统开发者或程序员按特定条件设计、蓄意埋置在系统内的有害程序。在预定的特定条件具备时,即会引发相应有害程序的执行,对目标网络系统实施破坏,有可能使整个系统瘫痪或大量信息被删除。逻辑炸弹一般隐藏在具有正常功能的程序中,在正常条件下难以检测;逻辑炸弹是在满足特定条件时按某种不同的方式运行;如果特殊的逻辑条件出现,则程序会按照完全不同的方式运行。在特定时间发作的逻辑炸弹称为时间炸弹。诱发逻辑炸弹发作的逻辑条件称为逻辑诱因。相对于病毒和特洛伊木马程序,逻辑炸弹要更隐蔽一些。逻辑炸弹可以理解为在特定逻辑条件满足时实施破坏的计算机程序。与计算机病毒相比,逻辑炸弹强调破坏作用本身,但它不会传播。如果把计算机病毒看成飞行中的导弹,那么逻辑炸弹就是待发射的导弹或定时炸弹。一旦某个逻辑诱因满足,逻辑炸弹随时都可能对用户造成无法预料的后果。在用于军事目的的网络设备中(如大型计算机、程控交换机等),都有存在逻辑炸弹的极大可能性。在这些设备中安放逻辑炸弹,或者是为了窃取国家和军队的机密信息,或者是在某些关键时刻使国家或军队的信息系统、指挥控制系统崩溃。

(6)细菌程序,贪婪的使者。细菌程序或称贪婪程序是通过自身大量复制,以耗尽系统资源直到造成系统崩溃或网络拒绝服务。这类有害程序不明显破坏系统程序和数据,目的是占用系统所有的资源,造成网络意外阻塞,使合法用户被排挤在外,无法得到服务。

(7)间谍软件,网谍的工具。间谍软件(Spyware)是通过网络途径专门用来窃取用户机密信息的有害程序。它窃取用户信息并通知攻击者,但这只需要单向的数据流动,攻击者不用或者根本不能控制被植入间谍软件的计算机。目前的间谍软件,主要还是采用共享软件和免费软件来散发,不过一些僵尸网络也用于下载间谍软件,很方便地就可以在受害用户的计算机中实现窃密功能。

(8)僵尸程序,黑客的帮凶。僵尸(Bot)程序是指秘密运行在被控制计算机中、可以接收预定义的命令和执行预定义的功能,具有一定人工智能的有害程序。被植入了Bot程序的计算机,由于受到攻击者控制,任人摆布,被人利用,如同中国古老传说中的丧失了自我意识的僵尸一样,由此称为“僵尸计算机”,这种有害程序称为僵尸程序。Bot的本质是一个网络客户端程序,它会主动连接到攻击者指定的服务器读取控制指令,按照指令执行相应的代码。僵尸程序实质上是木马的一种变体。它本身通常并不具备自我传播的能力,需要借助其他自动或手动进入用户计算机的方式实现传播。例如,僵尸程序可以利用蠕虫传播,蠕虫可以内置Bot或在已感染的主机上下载Bot。通过僵尸程序工具先控制某个网上主机,将其作为跳板,通过操纵它来攻击真正的目标。这样既可掩护攻击者的真实身份,增加事发后追查难度,又能借跳板的身份来麻痹对方。通过这些中转跳板,向外发出很多经过伪装的邮件,侵入其他一些重要部门的网络进行监听窃密。由黑客集中控制的一群僵尸主机可组成僵尸网络(BotNet)。它是往往被黑客用来发起大规模的集中攻击目标的工具,如分布式拒绝服务(Distributed Denial of Service,DDoS)攻击、海量垃圾邮件等。根据目前的估算,全球现有数以千百万计的家用PC都被僵尸网络所控制。Bot和传统的木马最主要的区别是Bot会主动向外连接,而传统的木马则像服务器那样等待控制者的连接。也有人将僵尸程序称为“反弹端口型木马”。不过和木马相比,Bot的自动化程度更高,新感染Bot的主机仍然在攻击者的控制之内,这些特点超出了木马的范畴。

(9)摆渡程序,窃密的木马。摆渡程序是近年来境外间谍部门专门设计的一类变形木马,是设法通过网络途径窃取对方移动存储介质上的机密信息的有害程序。它是一种利用移动存储介质接力式的网络窃密攻击,主要利用的是像U盘、移动硬盘、存储卡之类的载体,并且收集大量保密单位工作人员的个人网址或邮箱,只要这些人联网使用移动介质,摆渡木马就会悄悄植入移动介质。一旦这些人违反规定在内部工作网的涉密主机上插入U盘等移动介质,摆渡木马立刻就感染内网,把保密资料打包下载到移动介质上。完成这样的摆渡后,只要使用者再把这个移动介质接入联网电脑,被打包下载的情报就自动传到控制端的网络间谍那里,达到窃取机密数据信息的目的。

2. 拒绝服务攻击

拒绝服务(Denial of Service,DoS),又称为服务阻断,是一种破坏性的网络攻击武器。通常,攻击者利用TCP/IP协议中的某个弱点,或者系统存在的某些漏洞,对目标系统发起大规模的进攻,使目标主机(服务器)系统死机(即网络瘫痪),或者被毁坏信息资源,如删除文件或格式化磁盘,致使攻击目标无法对合法的用户提供正常的服务。和完全攻破一个系统比较(如获取系统的最高访问权限、破坏数据的完整性等),拒绝服务更加容易,因此许多黑客新手都会以这种相对容易的方法来攻击网站。常见的攻击有洪水淹没SYN flooding攻击、死亡之Ping、消耗带宽Smurf攻击及邮件炸弹等。目前,流行的分布式拒绝服务,攻击者是利用成百上千个被"控制"节点,向受害节点发动大规模的协同拒绝服务攻击,同时用一股拒绝服务洪流冲击受害节点,使其因过载而崩溃。由于攻击来自很多节点,因此受害程度更加严重,涉及范围更广,攻击者也更难被发现。DDoS攻击已发展为"火力"最为猛烈的分布式集群攻击。

对任何网络来说,其通信容量和内存容量都是有限的,如果在网络通信信道上发送的信息超过网络的通信容量,那么,网络的信道就会发生阻塞,形成信道干扰。同样,如果一个站点接受的信息过多,超过其服务器的内存容量时,其服务器的工作就会受到影响,甚至"死机"。在网络战中,通过阻塞性攻击等方式,向所要攻击的网站发送大量错误信息、垃圾邮件等,对其造成信息"堵塞",以破坏、干扰对方网络的运行效能,是一种十分常用的网络攻击方式。在科索沃战争中,北约组织的网站不断收到南联盟发出的大量反对战争、呼吁和平的电子邮件,数量以百万计,使许多北约网站的网络服务器几乎瘫痪,变成"植物网站",达到了很好的网络攻击效果。

3. 软件漏洞攻击

网络安全漏洞是指组成网络系统的硬件或软件在安全方面存在的缺陷。网络安全漏洞的直接危害是非法用户利用这些漏洞,中断、降低或妨碍系统的正常工作,或未经授权而获得网络系统的访问权。每个网络系统都有已被发现的或潜在的、尚未被发现的各种安全漏洞,不存在绝对安全的网络系统。软件漏洞攻击是利用普遍存在于各种网络操作系统、协议软件和网络应用软件中的程序设计漏洞(Bug)实施的系统攻击。攻击的目的使软件或系统崩溃,进而取得系统控制权。

缓冲区溢出(Buffer Overflow)攻击是最常见的漏洞攻击,首先是指利用网络系统软件和应用软件中存在的缓冲区溢出错误,故意向这些软件的缓冲区写入超出其长度的字符串,造成缓冲区溢出,以破坏软件程序的堆栈,使软件运行失败(严重时可引起系统死机和重启动),或使程序转而执行任意指令(甚至取得系统控制权),从而达到攻击的目的;其次是指利用系统或应用程序本身的漏洞进行攻击,如互联网信息服务(Internet Information Services,IIS)、结构化查询语言(Structured Query Language,SQL)、动态服务器页面(Active Server Pages,ASP)、Activex等的漏洞。近年来,网络漏洞频出,攻击者越来越锁定一些实用软件的安全漏洞来进行攻击。

随着互联网的发展,软件系统的漏洞已经被越来越多的病毒编写者利用,遭受的攻击也越来越频繁。从某种意义上讲,操作系统的漏洞已经成为孕育计算机病毒的温床。

"零日漏洞"是指被发现后立即被恶意利用的安全漏洞。由于缺少补丁,一旦被黑客所发现,"零日漏洞"攻击就会迅速传播,从而造成巨大损失。

4. 信息欺骗攻击

网络欺骗是攻击者利用破坏网上计算机之间的信任关系而进行的信息欺骗。将一台计算机假冒为另一台被信任的计算机来实施信息欺骗。网络欺骗作为一种主动攻击手段,可发生在TCP/IP网络的所有层次上。利用网络欺骗建立虚假的信任关系后,可破坏通信连接中正常的数据流,或插入假数据,或骗取对方的敏感数据。网络欺骗主要包括IP欺骗、E-mail欺骗、Web欺骗、DNS欺骗和网络钓鱼(Phishing)等。

(1)IP欺骗攻击:利用主机间的信任关系伪装成被信任主机,即伪造目标合法用户主机的地址与目标主机建立连接关系,以便蒙混过关,实现对目标主机的访问。可见,欺骗攻击实际上是地址欺骗攻击。欺骗之所以能够成功,是因为网络主机间的信任关系仅建立在地址验证的基础上,而地址是容易伪造的。

(2)E-mail欺骗攻击:电子邮件传输协议(Simple Mail Transfer Protocol,SMTP)并不对邮件发送者的身份进行鉴定,因此攻击者可以对内部客户伪造电子邮件,声称是来自某个客户认识并相信的人,并附带上可安装的特洛伊木马程序,或者是一个引向恶意网站的连接。

(3)Web欺骗攻击:攻击者建立一个使对方相信的Web站点拷贝,这个Web站点拷贝具有所有的页面和连接,攻击者控制了这个Web站点的拷贝后,被攻击对象和真的Web站点之间的所有信息流动就都被攻击者控制了,攻击者就可以监视被攻击对象的所有活动,包括他的账户、口令以及其他信息。攻击者既可以假冒用户给真实的Web站点发送数据,也可以假冒真实的Web站点给用户发送假冒的消息。

(4)DNS欺骗攻击:就是取得目标DNS服务器的信任,更改其维护的主机的地址表,并将这些变化写入DNS数据库中。当假冒DNS收到其用户发出的域名解析请求时,就会提供用户一个错误的或虚假的地址。

(5)网络钓鱼(Phishing):从根本上来说是利用互联网实施的网络诈骗,目前较为常见的是通过提供假链接诱骗用户访问假网站。攻击者利用欺骗性的电子邮件和伪造的Web站点来进行诈骗活动,受骗者往往会泄露自己的个人数据,如信用卡号、账户、密码等内容。诈骗者通常将自己伪装成知名银行或信用卡公司等信誉度较高的知名品牌以博得用户的信任。据统计,大约有5%的用户接到诈骗邮件或访问诈骗者网站后会轻易上当,按照诈骗者的要求,“主动”提供个人信息。

利用网络进行军事信息欺骗,是指通过各种途径把己方的虚拟信息即假情报、假决心、假部署传输给敌方,迷惑敌人,诱敌判断失误;向敌指挥官和士兵发布敌方军官假命令,使敌听命是从,改变敌方指挥官的作战意图,使敌方军事行动陷入混乱。由于虚拟现实技术在军事上能把接受者投放到一种逼真的、为作战而设置的“现实”中,因而信息欺骗攻击具有很大的迷惑性。

5. 口令破解攻击

口令是网络系统的第一道安全防线。当前网络系统都是通过口令来验证用户的身份和实施访问控制的。口令攻击是指攻击者运用各种软件工具,利用安全漏洞,破解目标网络合法用户的口令,或避开目标网络系统口令验证过程,进而冒充合法用户潜入目标网络系统,夺取目标网络系统的控制权。攻击目标网络,可把获取用户的口令作为攻击的开始。虽然伺机窃取系统口令文件或从端口处截获口令代码自然是最为快捷、最为有效的手段,但无疑也是最为困难的。目前,最常用的口令获取手段是口令破解攻击。攻击者首先对口令进行尝试攻击,一般是从易到难,往往先用“Finger”(目标主机名)找出目标主机上的用户账号名,然后通过猜解攻击(概率30%)、字典攻击(词语程序猜解)、穷举攻击(86%口令可在一周内被程序暴力猜解)三种手段逐步深入,以实现对用户口令的破解。经过口令攻击获取了目标网络用户的账号和口令,进入了目标网络系统,就好比打进了敌人内部。当一个攻击者得到了初始的访问权时,便可四处查看,寻找目标系统的其他安全漏洞,来获取高一级的访问权。如果获取了目标网络的特权用户账号和口令,进入了目标网络系统,就如同打入了敌人的心脏,可以随心所欲地窃取、破坏和篡改对方信息,完全控制目标网络系统,其杀伤力可比作网络信息战中的“核武器”。因此,如何获取目标网络用户的账号和口令并进入目标网络系统,是网络攻击中最基本、最重要、最有效的方法之一。

6. 密码分析攻击

密码攻击是在不知道密钥的情况下,恢复出明文的攻击。常用的密码分析攻击有唯密文攻击、已知明文攻击、选择明文攻击和自适应选择明文攻击4类。

(1)唯密文攻击:密码攻击者有一些消息的密文,这些消息都用同一加密算法加密。攻击者的任务是恢复尽可能多的明文,或者最好是能推算出加密消息的密钥来,以便可采用相同的密钥解出其他被加密的消息。

(2)已知明文攻击:密码攻击者不仅可得到一些消息的密文,而且也知道这些消息的明文。攻击者的任务就是用加码信息推出用来加密的密钥或导出一个算法,此算法可以对用同一密钥加密的任何新的消息进行解密。

(3)选择明文攻击:攻击者不仅可得到一些消息的密文和相应的明文,而且也可选择被加密的明文。这比已知明文攻击更有效。因为密码攻击者能选择特定的明文块去加密,那些密块可能产生更多关于密钥的信息,攻击者的任务是推出用来加密消息的密钥或导出一个算法,此算法可以对用同一密钥加密的任何新的消息进行解密。

(4)自适应选择明文攻击:这是选择明文攻击的特殊情况。密码攻击者不仅能选择被加密的明文,而且也能基于以前加密的结果修正这个选择。在选择明文攻击中,密码分析者还可以选择一大块被加密的明文。而在自适应选择密文攻击中,可选取较小的明文块,然后基于第一块的结果选择另一明文块,以此类推。

7. 身份鉴别攻击

由于网络身份鉴别协议设计的安全性在理论上还无法完全证明,因此,对身份鉴别协议的攻击加密的密钥常常可以使攻击者成功地冒充合法用户的身份入侵目标系统或是获取数据。针对身份鉴别协议的攻击最典型的有反射攻击、中间人攻击和重放攻击。

(三)网络攻击的一般流程

网络攻击是一项具有很强步骤性和系统性的工作,也是一项很费时的工作。虽然网络攻击的目标各不相同,常用的攻击步骤可以说复杂多变,但纵观其整个攻击过程,还是有一定规律可循的。一次完整的攻击一般分为准备阶段、实施阶段和善后处理阶段。网络攻击的一般流程如图6-43所示。准备阶段包括信息收集、锁定目标、弱点挖掘等环节,善后处理包括开辟后门、掩饰踪迹等过程。网络攻击可以看作一个迭代过程,随着迭代过程的进行,攻击者对攻击目标(主机或网络)的掌握程度不断深入,最后达到侵入、破坏直至控制目标系统的目的。

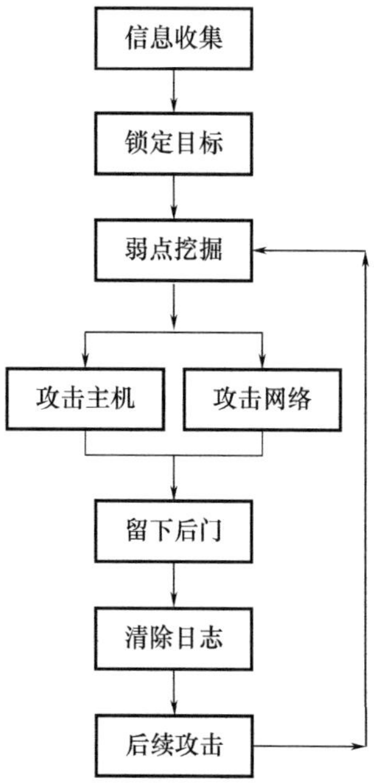

图 6－43　网络攻击的一般流程

从以上网络攻击过程可以看出,网络攻击是一项步骤性很强的工作,其能否成功的关键在于发现并利用目标网络系统安全漏洞或弱点的能力,漏洞查找得越多,攻击越有效。虽然攻击者的目标各不相同,但他们所采用的攻击手段和过程却具有一定的共性。一个简单的网络攻击手段的实施过程如图 6－44 所示。在一般的攻击过程中,攻击者会遍历所有的过程。也有几步并作一步走的情况,如通过口令猜测攻击获得系统管理员的口令后,可以直达第四、第五、第六步。

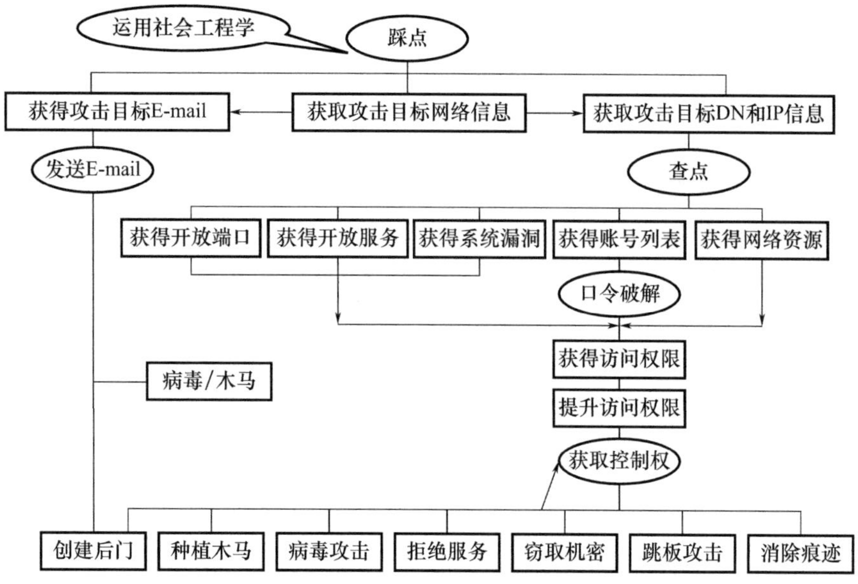

图 6－44　一个简单网络攻击手段的实施过程

四、网络防御

网络防御泛指为阻止来自敌方的网络入侵，保护己方网络信息安全而采取的一切保护行动。相对于网络攻击称为“破网”，网络防御又称“护网”。网络防御作为一种全新的信息防御手段，已成为守护“网络信息边疆”的坚实盾牌而贯通未来信息化战争防御的始终，并直接影响对网络制信息权的控制。可以预见，在未来的网络战中，谁忽视了网络的防御，谁就必然会被动挨打，这决不是危言耸听。对网络对抗样式的研究表明，无论防御多么严密，只要有充分的时间，攻击者总可以攻进网络，所以只有通过积极的防御，灵活地运用各种技术和手段，才能最终达到有效地保护己方网络的目的。据美国军方统计，在采取防御措施前，闯入网络系统的成功率为46%（23%完全成功），报告发现袭击只有13%；使用监控等防护手段后，入侵成功率下降到12%，完全成功的只有2%；而且到现在为止，还没有完全侵入美军核心网的成功先例。

“君子安而不忘危，存而不忘亡，治而不忘乱，是以身安而国家可保也。”魔高一尺，道高一丈，网络攻击和网络防御是相克相生、相辅相成的。须知，一个没有安全防御的网络，有不如无。没有安全防御优势，就没有网络优势，没有网络优势，就没有信息优势，没有信息优势，建设信息化军队，打赢信息化战争就将成为一句空话。网络防御不是纯粹的技术问题，是一项集安全策略、安全技术与安全管理于一体的系统工程。只有树立网络安全观念，从思想上筑牢防线；掌握网络安全技术，从战术上积极防御；落实网络监控措施，从管理上主动防护；完善网络法规制度，从行为上自觉防范，才能修筑信息时代国家和军队“网络信息边疆”的万里长城。

（一）网络防御概述

1. 网络防御的主要目标

网络防御的基本任务可分为两个方面：一是为保护己方网络和设备的正常工作、信息数据的安全而采取的预见性防护措施和行动；二是当己方网络系统受到攻击时而采取的一系列反应性防御措施和行动。由此可见，网络防御是一个系统性的工作，包括外部防御、内部防御、主机安全环境等。从功能实现的角度，网络防御的主要目的有两个：一是尽可能地提高和加固己方的网络保护能力；二是要形成对敌方攻击的快速反应和反击能力。从信息防御的角度，网络防御的主要目的就是实现网络信息的可靠性、可用性和完整性。

（1）网络可靠性。可靠性是系统安全的基本要求之一，是一切信息系统建设和运行的目标。网络可靠性主要是指构成系统的网络、硬件、软件无故障、无差错，能够在规定的条件和时间内完成规定的功能，确保网络系统在各种可能的攻击条件下以一个可接受的质量等级持续地运作。其主要包括硬件可靠性、软件可靠性、人员可靠性和环境可靠性等。其主要措施包括提高软、硬件质量，严格质量管理，采用冗余、备份、容错、纠错等措施，建立灾难恢复等机制。可靠性的测度标准有抗毁性和有效性两种。抗毁性是指系统在人为破坏下的可靠性。有效性是指基于网络性能的可靠性，如网络在部分受损的情况下是否造成平均延时增加、线路阻塞等现象。

（2）网络可用性。可用性主要是指网络系统向授权用户提供有效服务的特性，包括系统在正常情况下允许授权用户使用和在部分受损或需要降级时仍能为授权用户提供服务等，它包含两个方面的内容：一是可生存性，即确保在某个攻击过程中网络信息服务在所定义的某个等级上的继续存在；二是可恢复性，即确保网络系统在受到攻击后恢复全部服务功能的能力。可用性是系统面向用户的安全性能，一般以系统正常使用时间和整个工作时间之比作为测度标准。

（3）网络完整性。完整性是指通过诸如加密、数字签名以及非法入侵探测等技术确保信息和过程免于受到未获授权用户篡改和损害。网络完整性分为硬件完整性和软件完整性两个方面。硬件完整性是要求构成网络的通信线路和硬件设备满足用户需要的特性。软件完整性是要求软件具有唯一标识，可以防止复制、防止静态分析、防止动态跟踪；要求软件有抗分析能力和完整性检验手段，以防止遭到非法修改。

2. 网络防御的关键要素

在网络对抗防御中，要把握战场攻防的主动权，必须把握关键要素。

（1）威胁告警响应。由于网络防御具有时间连续性特点，因此能否及时发现己方系统遭到敌方攻击的征兆，迅速对各类入侵和干扰做出响应并判明其威胁性质，是在网络防御战中争取主动的首要环节。没有一套完整的威胁告警和响应系统，是无法取得网络防御的主动权。

（2）信息抗毁保护。一旦确认网络系统遭到外来入侵，保证或基本保证网络系统不至一触即溃，是网络对抗的又一个重要环节。要做到这一点，就要使信息网络系统具有信息抗毁能力。它包括网络系统的完整性、网络自我保护能力和对外来信息的鉴别能力等。

（3）毁伤效果评估。当遭到外来攻击并迅速做出反应以后，及时、准确地评估在网络攻防方面的毁伤效果和对后续行动的影响，是有效实施网络防御战的前提。

（4）强行反击能力。在己方网络遭受攻击之时，能够通过有效技战术手段强行攻入敌方信息网络系统或数据库，是网络反击防御的关键环节。一旦进入敌方信息系统便可按己方意愿获取高价值情报，或根据己方要求修改敌方信息，或通过某种手段破坏敌方整个网络，达成己方的作战目的。

（5）实现阻断瘫痪。采取多种技术手段在敌方网络中引起混乱，中断网络通信，瘫痪网络系统，是网络防御的重要作战内容。这里包括切断敌方信息流动的任何途径，阻止敌方对任何功能的访问和使用其信息系统。这些行动既包括传统的硬摧毁，也包括引起服务中断等软杀伤行动。

（二）网络防御方法

网络安全防护是指采取各种网络安全防护措施，预先对网络系统进行安全加固，构建全方位、多层次、立体化的安全防护体系。其目的是降低网络面临的安全风险，预防或阻止网络攻击事件的发生。安全防护是网络防御的第一道防线，是网络防御体系中最重要的环节。安全防护要依据防御策略，针对不同防护对象，在做好基本防护的基础上，按照从外至内、层层设防的原则和步骤，加强重点防护，构建多层纵深的网络安全防护体系。

（1）网络信息安全防护。网络信息的安全防护可采取加密、数字签名、数据备份等措施。加密是通过变换或编码的方法，将明文信息变成难以读懂的乱码型信息。加密体制主要有对称（单钥）加密体制和非对称（双钥）加密体制等。信息在存储和传输过程都可进行加密，以防止未授权用户查看或篡改信息。数字签名能实现对电子文档签名者的辨认和其完整性的验证。数据备份的目的是在数据遭到破坏时，能及时地恢复。数据备份的存储介质主要有磁带、硬盘和光盘等。

(2)网络用户安全防护。网络用户的安全防护可采取身份认证、访问控制等措施。身份认证是对网络用户的真实身份进行鉴别,能让合法用户进入网络,而将非法用户拒之网外。合法用户进入网络后,还要进行访问控制,限制其对系统资源的访问权限,这样即使非法用户通过窃取口令等方式侵入网络后,也不能为所欲为。访问控制的主要方法有自主访问控制和强制访问控制等。

(3)网络主机安全防护。网络主机(上网终端和网络服务器等)的安全防护可采取防病毒软件、单机防火墙等措施。在网络主机上安装防病毒软件,可防止其感染病毒。在网络主机上安装单机防火墙,可检查和控制对该主机的访问活动。

(4)网络边界安全防护。网络边界的安全防护可采取边界防火墙等隔离措施。边界防火墙是内部网和外部网之间的一道安全屏障,实现内部网和外部网之间的逻辑隔离,通过检查进出网络的数据流,封堵被禁止的访问行为,记录进出网络的信息内容和活动,来防止外部网对内部网的非授权访问,限制内部网对外部网的自由访问。边界防火墙可分为数据包过滤、应用网关和代理服务器三大类。对机密性很高的网络,必须实行物理隔离,即不允许其边界与其他网络之间有任何形式的连接存在。

(5)网络环境安全防护。网络物理环境的安全防护可采取电磁防护措施,即通过各种有效的技术、战术手段,对我方网络设备产生的电磁辐射信号,减小其强度或改变其规律,使敌方无法侦测。其主要技术有屏蔽、隔离、接地和滤波。

(6)网络管理安全防护。对整个网络要实施严格的安全管理。网络安全问题并非只是一个单纯的技术问题,也是一个十分重要的安全管理问题,主要是抓好硬件、软件和人员的严格管理。在硬件管理上,入网设备必须符合统一规定的标准,并且要通过权威部门的安全认证;在软件管理上,必须加强日常维护,做好资料归档工作,认真细致地定期进行安全检查,经常性地进行软件更新。在人员管理上,要进行经常性的安全保密教育,提高安全意识,明确每个人的进网操作权限。无论是硬件管理、软件管理,还是人员管理,都必须制定相应的法规制度,按章实施。

对于非法用户,多层设防技术可以简述如下:使用身份认证和边界防火墙,可以阻止非法用户进入网络,使其“进不来”;使用访问控制,可以使非法用户即使进入网络,也“拿不走”被保护的信息;使用数据加密机制,可以使非法用户即使进入网络,也“看不懂”被保护的信息;使用数据完整性机制,可以使非法用户即使看到信息,也“改不了”被保护的信息;使用数字签名,可以使非法用户即使进行了非法操作,也会留下痕迹,“赖不了账”。

1. 网络防火墙技术

防火墙(Firewall,FW)一词来源于建筑业,是指建筑中特殊设计的墙,它能够阻止火苗蔓延到其他区域,或者延迟蔓延的速度。网络防火墙是构造在一个可信网络(一般指内部网)和不可信网络(一般指外部网)之间的保护装置,强制所有的访问和连接都必须经过这个保护层,并在此进行连接和安全检查。只有合法的数据包才能通过此保护层,从而保护内部网资源免遭非法入侵。网络防火墙现已成为网络内外网之间互联的标准安全隔离设备,属于用户网络边界的安全保护设备。它也是目前防止外部攻击的有效方法。

自从1986年美国Digital公司在互联网上安装了全球第一个商用防火墙系统,并提出了防火墙概念,之后防火墙技术得到飞速发展。特别是1996年以后,随着防火墙技术和密码技术相结合，防火墙已发展了4代：第一代防火墙，又称包过滤路由器，即通过检查经过路由器的数据包源地址、目的地址、TCP端口号、UDP端口号等参数来决定是否允许该数据包通过，对其进行路由选择转发；第二代防火墙，也称代理服务器，它用来提供网络服务级的控制，起到外部网络向被保护的内部网申请服务时的中间转接作用；第三代防火墙具有状态监控，它在网络层对数据包内容进行检查；第四代防火墙建立在安全操作系统基础之上，是一种全方位的安全技术集成系统。

1）网络防火墙的主要功能

防火墙通过有效、细致的访问控制规则来满足用户必要的通信和信息共享需求，并屏蔽其他任何未经授权的网络访问。对于两个或多个网络之间传输的数据包，防火墙按照一定的安全策略来实施检查，以决定网络之间的通信是否被允许，并能够监视网络运行状态。防火墙是一种综合性的技术，涉及网络技术、密码技术、安全协议、安全操作系统等多方面的内容。防火墙是一个系统或系统组，包括硬件和软件，它在两个网络之间实施相应的访问控制策略。网络防火墙的主要功能有：①按照安全策略进行检查，并过滤进出网络的数据包；②所有内外通信都必须通过防火墙，可以管理进出网络的访问行为；③封堵被禁止的访问行为；④记录通过防火墙的信息内容和活动；⑤对网络攻击进行检测和警告等。

2）网络防火墙的安全策略

（1）用户账号策略：包括用户的多项信息。其中，最主要的包括用户名、口令、用户所属的工作组、用户在系统中的权限和资源存取许可。

（2）用户权限策略：用来允许授权用户使用系统资源。用户权限一般有两类：一是对执行特定任务用户的授权可应用于整个系统；二是对特定对象（如目录、文件、打印机等）的规定，这种规定限制用户对该对象的访问方式或权限。

（3）信任关系策略：通过信任关系在网络中建立域的安全性。信任关系都是在两个域中，一个域信任另一个域。它包括信任域和被信任域两个方面。信任域可允许被信任域中的用户在一定规则下访问其受信任的资源。

（4）包过滤策略：包过滤路由器根据过滤规则，来过滤基于标准的数据包，完成包过滤功能。其中，包括：包过滤控制点、操作过程、规则；对地址欺骗、输入/输出端口的过滤；TCP包与UDP包的过滤等。

（5）认证、签名和数据加密策略：目前已有的可以公开的加密算法很多，其中最有名的传统加密算法是美国国际数据加密算法（International Data Encryption Algorithm，IDES）和RC5算法、欧洲的IDEA算法、日本的FEAL算法；最有名的公开密钥体制是RSA体制、Elgamal体制等；最有名的数字签名体制是DSS体制、Elgamal体制等；最有名的消息签名体制是MD5等。

（6）安全审计策略：审计用来记录哪个用户访问哪个对象、访问类型、访问过程是否成功等事件。

3）网络防火墙的常用分类

很多厂商提供各种类型的防火墙平台，常用的分类方法有：按工作层次可分为包过滤型（工作在网络层）和应用代理型（工作在应用层）防火墙；按使用范围可分为网络防火墙（保护内部网络）和单机（个人）防火墙（保护单机系统）；按照性能可分为百兆级防火墙和千兆级防火墙两类；按照操作模式可分为透明模式防火墙、路由模式防火墙和网络地址转换(Network Address Translation, NAT)防火墙三类；按照部署位置可分为边界防火墙和主机/个人防火墙两类。

2. 网络安全隔离技术

面对新型网络攻击手段的不断出现和高安全网络的特殊需求，全新的安全防护理念——“安全隔离技术”应运而生。它的目标是在确保把有害攻击隔离在可信网络之外，并在保证可信网络内部信息不外泄的前提下，完成网络间信息的安全交换。

网络隔离，简要地讲就是把被保护的内部网络从开放的、无边界的和自由的网络环境中分割与独立出来的方法技术。当然，不管网络隔离采用什么样的方法，如果网络中的一台计算机能够连接两个或多个网络，那么所有的网络隔离就可能失去意义。如果没有把存储设备隔离，使得同一个操作系统连接不同的网络，则计算机病毒就会很容易地从一个网络流向另一个网络，使另一个网络遭到破坏。即使这些网络已进行隔离，网络安全的威胁也同样存在。所以，在网络隔离的同时，应对信息数据进行隔离。为此，网络隔离产品发展至今，经历了完全物理隔离、硬件卡隔离、数据转播隔离、网闸开关隔离、安全通道隔离等几代隔离技术的演变，不仅解决了以往隔离技术存在的问题，并且在网络隔离的同时实现高效的内外网数据的安全交换，透明地支持多种网络应用，成为网络安全防护技术的有效方法。一个典型的军事内网(涉密网)、军事外网和外网(互联网)的安全隔离的解决方案如图 6 – 45 所示，军事内外网之间采用网闸物理隔离，而军事外网与外网之间可采用逻辑隔离技术。

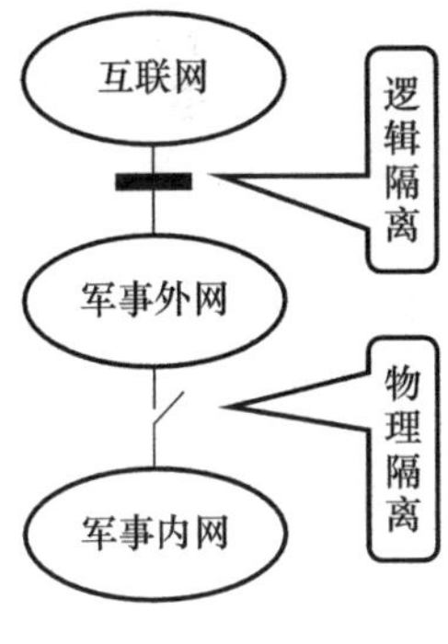

图 6 – 45　安全隔离方案

1) 网闸隔离技术

网闸隔离是一种使用带有多种控制功能的固态开关读写介质来连接两个独立主机系统的信息安全设备。物理隔离网闸所连接的两个独立主机系统之间不存在通信的物理连接、逻辑连接、信息传输命令、信息传输协议，仅存在依据协议的信息包转发，因此只有数据文件的无协议“摆渡”，且对固态存储介质只有读和写两个操作命令。

网闸技术的工作流程是：切断网络之间的通用协议连接；将数据包进行分解或重组为静态数据；对静态数据进行安全审查，包括网络协议检查和代码扫描等；确认后的安全数据流入内部单元；内部用户通过严格的身份认证机制获得所需数据。这样就在两个网络安全隔离的基础上实现了安全信息交换和资源共享的功能。网闸技术的主要功能有：一是能阻断网络的直接物理连接，即物理隔离网间任何时刻都只能与非可信网络和可信网络之一相连接，而不能同时与两个网络连接；二是能阻断网络的逻辑连接。由于物理隔离网闸不依赖操作系统，不支持 TCP/IP 协议，两个网络之间的信息交换必须剥离 TCP/IP 协议，将原始数据通过存储介质的“写入”与“读出”完成数据转发。

2) 物理隔离技术

网络物理安全的目的是保护路由器、工作站、网络服务器等硬件实体和通信链路免受自然灾害、人为破坏和黑客等不法分子的攻击。物理隔离技术能够实现内外网信息的隔离。实现网络物理隔离，最直观、简单和可靠的方法就是实现网络与网络设备空间上的分离，即没有电气线路连接，是指内部网络不直接或间接地连接公共网络。例如，只有使军事内部网和公共网物理隔离,才能真正保证我军事信息网络不受来自互联网的黑客攻击。

物理隔离技术具体实现方式有以下三种:①用户端的物理隔离,是目前应用最多的物理隔离方案。这种方案主要用于解决网络用户端的信息安全间题。例如,军事网络分为两个网络:一个是内部涉密网络,另一个是外部公共网络。内部涉密网络用于安全的涉密环境,不与外部网络有任何连接;外部公共网络则是开放的,可以连接互联网等公网以获取及发布信息。在网络的用户端,应用物理隔离卡产品可以使计算机既能连接内网,又能连接外网,并保证内外网之间的物理隔离,而且可在内外网上分时工作,从而达到方便工作、节约资源、较高安全性等目的。②集线器级的物理隔离,应与用户端的物理隔离产品结合使用。它可以在用户端内外双网的布线上使用一条网线,并通过远端切换器连接内外双网,实现一台工作站同时连接与隔离内外两个网络的目的。③服务端的物理隔离,是通过复杂的软硬件技术,实现了服务器端的数据过滤。其技术的关键是保证在同一时刻内外网络没有物理上的数据通路,但又能快速、分时地传递数据。该产品是一种崭新的高级隔离产品,现在国内外的相关产品已经开始应用。

3)VPN 隔离技术

虚拟专用网络(VPN)是指利用公共网络,形成逻辑上的专用网络。利用 VPN 技术实现不同网络之间的逻辑隔离。从逻辑上看,不同的用户是连接在互相不连接的不同两层设备上的,VPN 的数据传输只能通过三层路由进行。从安装角度讲,VPN 首先分割了广播域,在划分 VPN 的交换机上,处于不同 VPN 的端口间无法直接通过两层交换设备进行通信。外部攻击者无法利用用户认证及访问控制等技术,在同一广播域内对其他用户实施攻击。

VPN 实际上是一种服务,一是采用加密和认证技术,利用公共通信网络设施的一部分来发送专用信息,为相互通信的节点建立一个相对封闭的、有逻辑的专用网络;二是用于大型组织跨地域的各个机构之间的联网信息交换,或者是流动工作人员与总部之间的通信;三是只允许特定集团内建立对等连接,保证在网络中传输的数据的保密性和安全性。

4)网络设施电磁隔离技术

网络设施防电磁泄露隔离技术是将系统中的设备或设备中的不同器件实行电磁隔离。网络通信中并不是所有电路都包含重要的电磁信息,如电源电路部分一般就不包含有用信息。防电磁泄露隔离体现了保护重点的思想,将网络系统中需要重点防护的设备从系统中分离出来,加以特别防护,并切断其与系统中其他设备间的电磁泄露通路。例如,将涉密局域网中处理重要秘密信息的服务器或终端放置在屏蔽室内,并通过光纤与局域网连接来实现重点目标的电磁防护。电磁防泄漏除选用低辐射设备外,其主要技术还有电磁屏蔽技术、电磁相关干扰技术、滤波技术、隔离技术等。

3. 网络数据加密技术

数据加密技术是通过数学或物理的方法来改变信息数据的表现形式,隐藏信息的真实含义的技术。数据加密技术是保护信息的机密性、完整性、可用性的有力手段,它使得在一种潜在不安全的环境中保证通信及存储数据的安全成为可能。数据加密技术是网络信息安全的核心技术,已经渗透到大部分网络安全产品之中,并正向芯片化方向发展。

1)数字签名

在传统的以书面文件为基础的事务处理中,采用书面签名的形式,如手签、印章、手印等。在网络通信技术迅速发展的今天,如何证明在网络中传送的消息的真实性呢？数字签名可以解决这一问题。在以计算机文件为基础的现代事务处理中,应采用电子形式的签名,即数字签名(Digital Signature)。

数字签名利用密码技术进行,是附加在文档后的数字。其安全性取决于密码体制的安全程度,因而可以获得比书面签名更高的安全性。例如,在使用公用密钥加密的认证系统中,数字签名用于签署证书。此签名可为用户确定两件不同的事情:一是消息的完整性,即消息自发生数字签名后是否被修改过:二是消息签署者的身份真实性,即该消息实际上是否由声明签署它的用户所签署。数字签字和认证机构是身份鉴别的核心技术。目前,比较成熟的、使用方便、具有可操作性的、在世界先进国家和我国普遍使用的电子签名技术是基于公钥的数字签名技术。

2)文件加密

加密系统都是通过使用户的数据或文件特定变换,起到真正可靠和安全的保护作用,这种系统的特点是具有安全的严谨性。文件保护专家是一款加密类共享软件。文件保护专家能够提供安全的文件数据保护,它对个人计算机中一些重要信息(如军事秘密和个人隐私)提供安全的保密功能,同时它也能用于网络信息保密。文件保护专家使用了国际公认的 RC4、RSA、MD5 等多种加密算法。文件保护专家是国内外针对个人用户最好的中文加密软件之一。

3)数字证书

数字证书又称为数字标识(Digital Certificate,Digital ID),它提供了一种在网络上验证身份的方式,是用来标志和证明网络通信双方身份的数字信息文件。通俗地讲,数字证书就如同个人或单位在网络通信中的身份证。数字证书将身份绑定到一对可以用来加密和签名数字信息的电子密钥上,它能够验证一个人使用给定密钥的权利,这样有利于防止他人利用假密钥冒充其他合法用户。它与加密技术配合使用,可以提供一个更加完整的信息安全技术方案。

数字证书是由权威公正的第三方机构(即认证中心)签发的,以数字证书为核心的加密技术可以对网络上传输的信息进行加密和解密、数字签名和签名验证,确保网上传递信息的机密性、完整性,身份的真实性,签名信息的不可否认性,从而保障网络应用的安全性。

4)信息隐藏

信息隐藏(Information Hinding)技术是一门古老而有趣的技术,也称为信息伪装技术。它是利用人类感觉器官对数字信号的感觉冗余,将一个消息(秘密信息)隐藏在另一个消息(非秘密信息)之中,实现隐蔽通信或隐蔽标志。信息隐藏技术是多种学科理论与技术的综合,它隐藏了秘密信息的存在(与传统的密码技术有明显的区别),表面上看起来与一般的非保密信息没有两样,因而十分容易跳过攻击者的破解(与生物学上的保护色相似,巧妙地将自己伪装隐藏于环境中,避免遭受天敌的攻击)。如今,网络数字化技术和多媒体技术的飞速发展,特别是在信息时代信息安全技术的迫切需求的情况下,使信息隐藏技术已成为近年来信息科学领域研究的一大热点。

信息隐藏的具体过程是:在密钥的控制下,通过嵌入算法(Embedding Algorithm) 将秘密信息隐藏在公开信息中,隐蔽宿主(隐藏有秘密信息的公开信息)则通过通信信道传递,接收方的检测器利用密钥从隐蔽宿主中恢复/检测出秘密信息。信息隐藏技术不同于传统密码技术,其真正目的不在于限制正常资料的存取,而是保证隐藏数据不被侵犯和发现。信息隐藏技术还必须考虑对正常的数据操作具有免疫能力,其关键在于保证隐藏信息部分不轻易被正常的数据操作(如数据压缩等)破坏。数据隐写术是信息隐藏技术家族中的重要成员,它能将要加密的敏感信息隐藏在其他信息之中,这样的解密就像大海捞针一样困难,没有密码,根本就不可能存取其中的信息。

5)数字水印

随着数字技术和网络的飞速发展,数字式多媒体信息(如图像、文本、音频、视频等)的存储、复制与传播纷纷在网络上进行,然而这也使得盗版者能以低廉的成本复制及传播未经授权的数字产品内容。出于对利益的考虑,数字产品的版权所有者迫切需要解决知识产权的保护问题。密码学的加/解密技术是保护数字产品的一种方法,它能够保护数字产品安全传输,并可作为存取控制和征收费用的手段,但它不能避免数字产品解密后的盗版问题。作为信息隐藏技术的一个重要分支的数字水印(Digital Watermarking)技术就是近年来比较热门的数字产品版权保护技术,其目的是鉴别非法复制和盗用数字产品。

数字水印是永久镶嵌在其他数据(宿主数据)中具有可鉴别性的数字信号或模式,而且不影响宿主数据的可用性。因此,数字水印技术是通过一定的算法将一些标志性信息直接嵌入宿主数据中。目前,大多数水印制作方案都采用密码学中的加密(包括公开密钥、私有密钥)体系加强,在水印的嵌入、提取时采用一种密钥,甚至几种密钥的联合使用。随着数字水印技术的不断发展,其应用也在不断深入,数字水印已不再局限于标注版权信息,它在多媒体作品的销售、播放和使用的各个环节中都产生了新的用途。

4. 网络身份认证技术

开放网络环境中用户身份认证是开放网络安全的关键问题之一。身份认证(Authentication)是指计算机及网络系统确认操作者身份的过程。在一个安全系统设计过程中,身份认证是第一道关卡。用户在访问所有系统之前,首先应该经过身份认证系统鉴别身份,然后由安全系统根据用户的身份和授权数据库决定用户是否能够访问某个资源。

身份认证通常包括身份鉴别和身份验证两个过程,它是确认通信双方真实身份的两个重要环节。身份鉴别是指要明确访问者是谁,即必须对系统中的每个合法用户都有识别能力。要保证识别的有效性,必须保证任意两个不同的用户都不能具有相同的识别符。身份验证是指在访问者声明自己的身份后(向系统输入他的识别符),系统还必须对他所声明的身份进行验证,以防假冒。识别信息(识别符)一般是非秘密的,而验证信息必须是秘密的。

身份认证的实现原理是依赖于信任关系的传递和保密信息的证明。其中,信任关系的传递是通过鉴别协议实现,保密信息则一般由以下三种唯一的信息源提供:一是用户知道的某类信息,如密钥、口令等;二是用户拥有的某类信息:如磁卡、令牌、身份证明等;三是用户本身具有的某类信息,如指纹、视网膜、DNA 等。

一般是以电子技术、生物技术或者电子技术与生物技术结合来鉴别授权用户身份的真实性。最常用和最方便的身份鉴别方法是用户名(User ID)和密码(Password),但由于许多用户为了便于记忆而使用了如姓名、年龄、生日等容易记住的 Password,使得基于 Password 的鉴别经不起攻击考验。另外,口令在网络上传输等原因也会带来很大的风险。

安全性更高的身份鉴别则需要建立在安全的密码技术之上。

身份鉴别按采用的密码体制可分为基于对称密钥密码体制的身份鉴别技术和基于非对称密钥密码体制的身份鉴别技术。按密钥管理的方式可分为基于密钥分配中心(Key Distribution Center,KDC)的身份鉴别技术和基于证书授权机构(Certificate Authority,CA)的身份鉴别技术。按鉴别涉及的对象可分为单向鉴别(One－way Authentication)和双向鉴别(Mutual Anthentication)。

5. 网络访问控制技术

访问控制技术主要限制对网络关键资源的访问,防止非法用户进入系统和合法用户对系统资源的非法使用。访问控制最初是指对进入系统的控制,其一般程序是用户标识＋口令/生物特性＋访问卡。现在,其一般概念是指针对越权使用资源的防御措施,目的是限制访问主体(用户、进程、服务等)对访问客体(文件、系统等)的访问权限,从而使计算机系统在合法范围内使用,它决定用户能做什么。其作用是对需要访问系统及其数据的人进行鉴别,并验证其合法身份,也是进行记账和审计的必要环节。

在所有的信息安全策略中,访问控制策略起着非常重要的作用。信息安全中的访问控制是一种保证信息资源不被非授权使用的管理方法,而访问控制策略中定义了如何对访问行为进行验证、授权和记录,即其主要内容包括认证、授权、记录三个方面。

(1)认证。对于具有价值的信息资源的访问都应该通过认证,这可以有效地保证信息访问管理的质量。用户在进行访问之前,通常会被要求提供正确的认证。最常见的认证方法是用户名和口令的组合。

(2)授权。在通过了认证之后,用户将被赋予规定的权限。用户在启用一个访问控制体系之前,通常已经定义了权限的分配,其基本内容是决定谁在什么时候可以访问什么。通常,用户在应用程序的层次进行授权,因为在这个层次授权可以更好地反映用户对整个应用基础设施的理解。

(3)记录。通常的访问控制系统都会对认证和授权过程中产生的各种事件进行记录,这也构成了安全审计活动的基础。目前,大多数的现代操作系统均配备了集成的日志系统以记录系统产生的各种事件,其中的访问控制事件就是其较重要的组成部分之一。

访问控制策略是保证计算机安全的至关重要的核心策略之一。在实际制定访问控制策略过程中,一般主要遵循以下三个原则。

①最小特权原则。最小特权原则是指当主体执行操作时,计算机安全系统应该按照主体所需权力的最小化原则分配给主体权力。

②最小泄露原则。最小泄露原则是指当主体执行任务时,计算机安全系统应该按照主体所需要知道的信息最小化的原则分配给主体权力。

③多级安全策略原则。多级安全策略原则是指主体和客体间的数据流向和权限控制按照安全级别的绝密、秘密、机密、限制和无级别5级来划分,主体和客体之间存在着对应的访问关系可避免敏感信息的扩散。

访问控制策略的类别包括入网访问控制策略、操作权限控制策略、目录安全控制策略、属性安全控制策略、网络服务器安全控制策略、网络监测和锁定控制策略、网络端口和节点的安全控制策略、防火墙控制策略等。

(1)入网访问控制策略。入网访问控制策略是网络访问的第一层安全机制,它控制哪些用户能够登录到服务器并获准使用计算机资源，控制准许用户入网的时间和位置。用户的入网访问控制通常分为三步执行：一是用户名的识别与验证，二是用户口令的识别与验证，三是用户账户的默认权限检查。在这三道控制关卡中，只要任何一关没有通过，用户便无法进入网络。

（2）操作权限控制策略。操作权限控制策略是针对可能出现的网络非法操作而采取的安全保护措施。用户和用户组被赋予一定的操作权限。网络管理员能够通过设置，指定用户和用户组可以访问网络中的哪些服务器和计算机，可以在服务器或计算机上操控哪些程序，访问哪些目录、子目录、文件和其他资源。网络管理员还可以根据访问权限将用户分为特殊用户、普通用户和审计用户，可以设定用户对可以访问的文件、目录、设备能够执行何种操作。特殊用户是指包括网络管理员在内的对网络、系统和应用软件服务有操作许可特权的用户，普通用户是指那些由网络管理员根据实际需要为其分配操作权限的用户，审计用户负责网络的安全控制与资源使用情况的审计。系统通常将操作权限作为控制策略的基础，通过访问控制表来描述用户对网络资源的操作权限。

（3）目录安全控制策略。访问控制策略应该允许网络管理员控制用户对目录、文件、设备的操作。目录安全允许用户在目录一级对目录中的所有文件和子目录进行操作。用户还可进一步自行设置对目录下的子控制目录和文件的权限。对目录和文件的常规操作有读取（Read）、写入（Write）、创建（Create）、删除（Delete）、修改（Modify）等权限。网络管理员应当为用户设置适当的操作权限，操作权限的有效组合既能让用户有效地完成工作，又能有效地控制用户对网络资源的访问。

（4）属性安全控制策略。访问控制策略还应该允许网络管理员在系统一级对文件、目录等指定访问属性。属性安全控制策略允许将设定的访问属性与网络服务器的文件、目录、网络设备联系起来。属性安全控制策略在操作权限安全策略的基础上，提供更进一步的网络安全保障。对网络上的资源都应预先标出一组安全属性，用户对网络资源的操作权限对应一张访问控制表，该表的属性安全控制级别高于用户操作权限设置级别。属性设置经常控制的权限包括向文件或目录写入、复制文件、删除目录或文件、查看目录或文件、执行文件、隐含文件、共享文件或目录等。允许网络管理员在系统一级控制文件或目录等的访问属性，这样可以保护网络系统中重要的目录和文件，维持系统对普通用户的控制权，防止用户对目录和文件的误删除等操作。

（5）网络服务器安全控制策略。网络允许在服务器控制台上执行一系列操作。用户使用控制台可以执行装载和卸载模块、安装和删除软件等操作。网络服务器的安全控制包括可以设置口令锁定服务器控制台，以防止非法用户修改、删除重要信息或破坏数据；可以设定服务器登录时间限制、非法访问者检测和关闭的时间间隔。

（6）网络监测和锁定控制策略。网络管理员应对网络实施监控，服务器需记录用户对网络资源的访问情况，当出现非法的网络访问时，服务器应以图形或文字或声音等形式报警，以引起网络管理员的注意。如果攻击者试图进入网络，网络服务器应会自动记录企图尝试进入网络的次数，如果非法访问的次数达到设定数值，那么该账户将被自动锁定。

（7）网络端口和节点的安全控制策略。网络中服务器的端口往往使用自动回呼设备、静默调制解调器加以保护，并以加密的形式来识别节点的身份。自动回呼设备用于防止假冒合法用户的行为，静默调制解调器用以防范黑客的自动拨号程序对计算机进行攻击。此外,网络还常对服务器端和用户端采取控制,用户必须携带证实身份的验证器(如智能卡、磁卡、安全密码发生器),在对用户的身份进行验证之后,才允许用户进入用户端。然后,用户端和服务器端再进行相互验证。

(8)防火墙控制策略。防火墙是一种保护网络安全的技术性措施,是用以阻止网络中的黑客访问某个机构网络的屏障,也可称为控制进/出两个方向通信的“门槛”。在网络边界上通过建立起来的相应网络通信监控系统来隔离内部和外部网络,以阻断外部网络的侵入。

本章小结

本章讨论了信息对抗的两种主要对抗形式:电子对抗和网络对抗,介绍了电子对抗的定义和分类,并从雷达对抗、光电对抗、通信对抗三方面阐述了电子对抗的基本技术原理;同时介绍了网络对抗的概念和特点,并从网络侦察、网络攻击、网络防御三方面说明了网络对抗的基本技术原理。

习　题

1. 电子对抗的定义和分类是什么?
2. 雷达对抗告警侦察和情报侦察的异同点是什么?分别阐述其测向测频原理。
3. 雷达对抗有源干扰的基本原理和基本形式有哪些?
4. 雷达对抗无源干扰的基本原理和基本形式有哪些?
5. 光电对抗的概念和作战对象是什么?
6. 简述激光告警侦察的原理。
7. 光电有源干扰和无源干扰的主要方式是什么?
8. 通信干扰与雷达干扰的异同点是什么?
9. 简述通信干扰最佳干扰和绝对最佳干扰的计算方法。
10. 简述通信干扰有效区域的计算方法。
11. 简述网络对抗的概念及分类。
12. 网络侦察包含哪些内容?主要特点各是什么?
13. 网络攻击方法有哪些?
14. 简述网络攻击的一般流程。
15. 网络防御的方法有哪些?

第七章　军事信息系统安全

随着信息时代的到来,日趋完善的社会信息系统极大地改变着人们的日常生活。与此同时,也对人们在社会政治生活中的极端行为——战争形态,产生了猛烈的冲击。现代高技术战场是一个信息化的战场,作为一把双刃剑的军事信息系统,具有重要和脆弱的两重性,它使得军事家们在充分享受信息系统带来的便利和快捷的同时,不得不为其致命的脆弱性感到忧虑。随着信息系统更加广泛、深入地渗透于军事各个领域,不安全因素将越来越对国防安全构成威胁。因此,军事信息系统安全成为关系战争胜负和国家安危的重大问题。

第一节　军事信息系统安全概述

一、军事信息系统安全的概念与内涵

军事信息系统安全是指为防止军事信息系统的软、硬件资源受到破坏、信息失泄(窃)或遭受攻击而采取物理的、逻辑的,以及行为管理的方法与措施,以保证信息系统可靠运行与数据存储、处理的安全。

军事信息系统安全程度反映的是信息系统对因信息系统故障、人为失误、恶意攻击以及各种自然环境灾害而引起正常业务中断的抵抗能力。完整准确地理解军事信息系统安全,应注意把握5个关键要点。

(1)军事信息系统的安全是一个相对概念,而不是一个要求达到的绝对量。因为处于不同层次、担负不同任务、运用于不同工作(战斗)时节的信息系统具有不同的安全要求,必须符合实际需要,追求不切合实际的高安全性不仅会造成浪费,还会引起操作上的不便。

(2)军事信息系统的安全是一个不断完善的过程。这是因为系统在规划、设计和运行的过程中,不安全因素的存在是绝对的,对原有不安全因素的排除,并不代表遏制了新的不安全因素的出现,所以,在信息系统生命周期内,对安全的追求是不间断的。

(3)军事信息系统安全防范的主体是通信系统,核心是计算机。

(4)对军事信息系统的安全性,考虑的是4个同等重要的方面,即泄露信息、修改信息、毁坏系统、中断业务,因为这4个方面中任何一个出现问题,安全都将无从谈起。

(5)对上述4个方面的安全问题,在强调系统的物理结构的安全功能同时,要求管理者和使用者的政治素质、军事素质、业务素质要与之相适应。

二、军事信息系统安全的内容

军事信息系统按系统属性,区分为内部安全和外部安全。按系统运行的条件可区分

为军事信息系统的实体安全、运行安全、信息安全等。

1. 内部安全与外部安全

(1)内部安全。内部安全是指在对信息进行采集、处理、传输、存储过程中,不致因信息系统软硬件的可靠性、完整性及电磁信号泄露等原因造成信息系统的运行失常、数据被非法访问、修改等。内部安全通常由信息系统设施、设备的质量和计算机的软件、硬件来实现。其包括4个主要方面:①系统设施、设备的质量;②操作系统安全;③应用程序安全;④数据库、通信导航等文件资料安全。

(2)外部安全。外部安全是指保护系统及其有关设施不致因火力打击、黑客入侵、电磁干扰、自然灾害和其他环境危害而造成系统破坏、信息丢失和泄露。外部安全通常由实体、过程、人事安全三方面组成,运用警卫、隐蔽伪装、防护装置、标记和类似的管理措施来控制。其主要包括三个方面:①系统的安全管理措施;②系统抗御干扰、打击和入侵的能力;③系统的环境适应性等。

军事信息系统的内、外部安全相互联系,紧密相关。此外,军事信息系统规模庞大,分布面广,因此,其外部安全重点应放在信息节点及重要信息传输路径上。

2. 实体安全、运行安全及信息安全

(1)实体安全。实体安全是指为了保证军事信息系统安全可靠运行,确保系统在对信息进行采集、传输、处理、存储过程中,不致受到人为(敌对方攻击或未经授权使用资源)或自然因素的危害,而使信息丢失、泄露或破坏,对系统设备、设施(包括机房建筑、供电、空调等)、环境、人员等采取适当的安全措施。其包括环境安全、设备安全、媒体安全等。

①环境安全:主要包括区域保护和灾难保护。

②设备安全:主要包括设备的防毁、防盗、防止电磁信息辐射泄漏和干扰及电源保护等方面。

③媒体安全:主要包括媒体数据的安全及媒体(网络实体)本身的安全。

(2)运行安全。运行安全是指对信息系统的运行过程进行管理控制,以消除隐患并对出现的紧急情况采取相应的应急处置措施。

(3)信息安全。信息安全是指防止军事电子信息资源被故意地或偶然地泄露、更改、破坏或使信息被不可用的系统辨识、控制、策略的过程。也就是确保军事信息的完整性、保密性和可用性。其内容包括操作系统安全、数据库安全、病毒防护、访问控制、加密与消息鉴别6个方面。

三、军事信息系统的安全特征

研究信息安全性的目的就是要确保信息的安全,保护信息资源免受各种威胁。根据国际标准化组织(International Organization for Standardization,ISO)的定义和美国政府有关国家信息基础结构(National Information Infrastructure,NII)安全问题的最新文件定义,信息安全性的含义主要是指信息的完整性、可用性、保密性、可靠性、实用性和占有性。军事信息系统的安全同样也表现为六大特征。

1. 完整性

完整性是指信息在存储或传输过程中保持不被修改、不被破坏和不丢失的特性。保证信息的完整性是信息安全的基本要求，而破坏信息的完整性则是对信息系统发动攻击的目的之一，也是影响信息安全的常用手段。

2. 可用性

可用性是指信息可被用户访问并能够按需求的特性进行使用，即指当需要时能否存取所需信息。对可用性的攻击就是阻断信息的可用性。例如，在网络环境下干扰破坏系统的正常运行，就属于这种类型的攻击。

3. 保密性

保密性是指静态信息防止非授权访问和动态信息防止被截取解密。这是信息安全最重要的要求。例如，存诸在数据库中的数据及在通信线路上的传递的信息内容不会被不正当地盗听、篡改和破坏。

4. 可靠性

可靠性即信息的可信度，是指保证信息系统能按规定的质量水准持续运行的程度（包括信息的完整性、准确性和发送人的身份证实等方面）。

5. 实用性

实用性即信息加密密钥不可丢失，否则信息也就丢失了其实用性，成为信息垃圾。

6. 占有性

占有性即信息的独享性。例如，存储信息的主机、磁盘等信息载体被盗用，传愉信息的通信资源（如频率、呼号、通信代密等）被窃取，都将导致对信息占用权的丧失。保护信息占有性的方法通常有提供物理和逻辑的存取限制方法；维护和检查有关盗窃文件的审记记录、使用标签；严格通信纪律等。

第二节　军事信息系统实体安全

军事信息系统的实体安全，是指为保证军事信息系统安全可靠运行，确保系统在对信息进行采集、处理、传输、存储过程中，不致受到人为（包括未授权使用信息资源的人）或自然因素的危害而使信息丢失、泄露或破坏，对系统设备、设施（包括机房建筑、供电、空调等）、环境、人员等采取适当的安全措施。确保军事信息系统各种设备的实体安全，是整个信息系统安全的前提。实体安全技术主要有信息泄露防护技术、安全薄弱环节检测技术等。

一、信息泄露防护技术

信息泄露是指电子信息系统设备工作时其主机以及外部设备所产生的电磁辐射和各种电源线、信号线及地线所产生的传导发射。信息泄露有两种途径：一是辐射泄露，即辐射发射，通过空间传播有用的或不希望有的电磁能量；二是传导泄露，也称传导发射，是指信息通过电源线、控制线、传输线、地线等向外辐射造成的泄露。以计算机为例，其所产生的辐射频带很宽，为10kHz～600MHz。这些含有信息的电磁波，很容易被截获。实验证明，只要对家用普通电视稍加改制，就可接收方圆几十米之内正在工作的计算机辐射信息。如果使用专用接收设备，接收距离将远远超过上述距离。利用电磁辐射接收的非法手段窃取信息，窃取者不用冒很大的风险，便可从容窃取信息系统（设备）中的大量机密信息。

1. 电磁信息泄露分析

电磁泄露分析、预测包括发射源的确定、发射源数学模型的建立及其发射特性分析。瞬态电磁脉冲辐射标准(Transient Electro Magnetic Pulse Emition Standard,TEMPEST)技术的主要目标是抑制红信号的辐射,以达到保护信息安全的目的。现今,通常将TEMPEST引用为对军事信息系统的泄露发射进行研究和控制的代名词。

为了更准确地分析和了解“红区”与“红信号”特性,可剖析各“红区”的结构,按层次(如元器件、插件、整机、系统)建立“红信号”数学模型及其在“红区”运动中各部位电磁发射的数学模型。从防窃听考虑,信息设备的输入、输出信息是需要重点抑制的“红信号”,如显示器的视频信号、打印机打印头的驱动信号、磁盘机磁头的读写信号、键盘输入以及传输线、通信线路上的输入、输出信号等。以建立的数学模型来分析电磁发射机理与特性,通过算法可以计算发射场的强度、频谱范围、空间近远、场区衰减特性和主要参数的影响。理论分析、预测还可由实验系统的测试来比较、验证。

2. 接收复原信息

军事信息系统中大量使用数字设备,它采用的信号可使其在几千赫到几百兆赫的频率范围内产生电磁辐射,即窄带发射和宽带发射,以及各种“随机”的数字信号。一般来说,窄带辐射是由设备的各种时钟频率引起的,而宽带辐射可以是信息流所产生的,也可以是各种电气开关引起的。计算机视频信息的主要辐射源是显示器,除此以外,还有互联电缆、主机视频输出口。串行信息要比并行信息易接收、复原。视频信号因其帧重复性(一个满屏显示为一帧)而要比其他信号易接收、复原。其次,要有足够的带宽才能使接收的信号达到可恢复的程度。为此,接收系统要有足够的灵敏度,接收距离不仅与灵敏度有关而且还与环境噪声有关。要有足够宽和矩形系数好的中频带宽,要有多种解调和检波方式,以便从复杂的发射频谱中提取出多种调制形式的信号。最后,自动化程度要高,以适应对各种混杂信号进行大量信号检测和处理的需要。接收质量和同步提取是具体实现时的关键技术。

3. 防止信息泄露的方法

防信息泄露的重点在于系统的输入、输出信号,目前主要采取包容和抑源两种方法:前者用于已有设备的改造,后者便于新设备研制和批量生产时的质量控制。两者结合可取得较好的防护效果。其着眼点应放在抑制“红”信号在传输过程中的泄漏,使“红”信号局限在安全区域内。为了防止“红”信号在红黑区之间传输,红黑区不能直接相连。其主要技术是屏蔽、隔离、接地和滤波。机壳、可视窗、通风口、接缝处均要屏蔽处理,要从结构、材料、器件和工艺处理等方面综合考虑,具体可采取以下措施。

1)使用低辐射计算机设备

低辐射设备是指经测试合格的TEMPFST设备。这些设备在设计生产时,已对能产生信息辐射的元器件、集成电路、连接线和CRT等采取了防辐射措施,把设备的辐射抑制到最低限度,使用低辐射设备,能够完全达到防止信息泄漏的安全标准,但是这类计算机的价格较贵,大约是普通计算机设备的25倍。

2)距离防护

电子设备的电磁波辐射在空间传播时,其强度随距离的增加而衰减,超出一定距离(安全控制区),就无法接收到辐射的信号。安全防护距离(安全半径)与计算机设备的辐射强度和接收设备可接收的最小场强有关。这种方法经济可靠,但仅适用于较大防护距离的单位,在选择机房位置时应考虑这一因素。

3)利用噪声干扰源

噪声干扰源主要有白噪声干扰器和相关干扰器。运用这种方法共有三种形式:一是将一台能够产生白噪声的干扰器放在计算机设备旁边,干扰器产生噪声与计算机设备产生的辐射信息混杂在一起向外辐射,使计算机设备产生的辐射信号不易被接收复现(干扰器的电磁辐射强度不能超过电磁干扰的有关标准);二是在处理重要信息的计算机设备四周放置处理一般信息的计算机设备,使接收复现时难辨真伪,增加接收难度;三是采用相关干扰方法。例如,用视频辐射相关干扰机来模仿计算机的显示规律,使辐射信号和干扰信号在空间叠加成一种复合信号,破坏原辐射信号形态,使接收机无法还原其信息。这种方法比白噪声干扰的效果好得多,白噪声干扰器的干扰信号与计算机辐射信号两者是不同特征的信号,易于被区分后提取计算机的辐射信息。另外,噪声干扰多采用覆盖式,干扰信号的场强较大,易造成环境电磁噪声污染,但可大大降低辐射接收的可能性。

4)屏蔽

电磁屏蔽是指采用低电阻金属导体材料制成的一种屏蔽(即屏蔽室),用于抑制电磁辐射。从电磁兼容角度来说,屏蔽室从功能上分有两种形式:一种是使外部干扰不能进入室内的被动屏蔽室;另一种是使室内的电磁能量不外泄的主动屏蔽室,此处仅讨论后者。按屏蔽室的材料可分为钢网式、单层钢板式、双层钢板式及多层复合式。按屏蔽室的安装形式可分为固定式和可拆装式。各种屏蔽室都有其不同的功能。

屏蔽室的工作原理是靠金属屏蔽体遇到辐射电磁波而产生的折射现象和吸收效应来达到抑制电磁辐射的目的。屏蔽室的效能如何,取决于反射衰减值与吸收衰减值的大小,以及屏蔽室的密封是否良好。吸收衰减指的是电磁场射入金属屏蔽体时因集肤效应产生热损耗造成的电磁波衰减。反射衰减是指当电磁场射入金属屏蔽体时,由电磁感应产生感应电流,在感应电流的作用下,会产生新电磁场。当新电磁场与原来的电磁场方向相反时,将会使部分电磁场相互抵消,从而达到电磁场屏蔽的目的。

电磁屏蔽可有效降低室外的信息辐射强度,是一种比较理想的防辐射泄漏的措施,但这种方法的造价比较高。

近年来,军队在电子信息化建设中,从国外引进了一定数量的计算机设备,这些设备大部分装备在军队的重要部门,用于处理一些非常敏感的信息。从设备的电磁辐射强度上讲,这些设备均属于民用设备,个别的属于军用设备,但绝非是国外用于处理重要信息的 TEMPEST 设备。之所以造成这种情况,有两方面的原因:首先是国外 TEMPEST 设备是禁止出口的;其次是财力上的原因,一台 TEMPEST 设备要比具有同样性能设备的价格高 3 ~4 倍。因此,必须了解国外计算机的辐射标准及其设备产生的电磁辐射的场强,以便在引进和使用进口设备处理敏感数据时采取必要的保护措施。

二、安全薄弱环节检测技术

军事信息系统的安全首先取决于它的软硬件的设计和使用。软硬件设计和使用过程中的安全漏洞,通常是错误地使用系统特性,即系统或用户的环境参数设置得不当或错误。安全薄弱环节检测(以下简称为安全检测)工具正是用于发现系统管理员和用户错误设置环境导致的安全漏洞,避免因此引发可能的危险。

一般的活动监视和入侵检测,是在危害发生时进行的,而安全检测工具是对系统的当前状况进行分析。通过对系统中对象的检测,找出那些有可能威胁系统的异常现象,防止入侵设置特洛伊木马、冒充其他用户或突破系统防范措施,造成文件的非法修改和程序的非法执行等。

(一)安全检测方式

1. 主动式检测与被动式检测

主动检测的本质具有攻击性,在利用系统缺陷的同时发现缺陷的存在。被动检测则只是对系统各个对象进行测试,并分析系统的运行状态以发现系统的缺陷。两种测试都是行之有效的。如果口令文件没有得到妥善保护,那么被动检测会更有效、更现实、更彻底一些。如果测试程序无法访问到编码数据,主动检测则可能是唯一可行的方法。

2. 单一检测和系统检测

根据测试范围的不同,安全检测可分为单一检测和系统检测。单一检测程序只用于对单一安全问题进行检测,检测范围狭窄;系统检测则是执行多个这样的单一测试,检测范围就要大得多。研究分析系统访问控制机制并对整个系统的安全性加以判断,才能制定对策,因此,系统检测要比一系列的单一检测有用得多。检测出的缺陷未必都可以得到更正,但系统检测可以帮助系统管理员针对该缺陷对整个系统产生的影响做出判断。

3. 本地、网络检测和分布式检测

本地检测是检测本地系统。大多数检测程序是为本地测试设计的,它们可以对本地以及通过数据通信设备连接的远程系统对象的内容和保护权限进行检查,对无法接触到的远程系统对象则无能为力。

网络检测是通过通信网络连接访问各种服务和对象,检查远程系统的实际运行状况,对远程系统进行测试。这种类型的检测可以使网络安全管理员对整个网络的安全有一个全面了解。

分布式检测是根据系统工程各自所起的不同作用对各个系统执行不同的测试。对于不信任其他网络的主机来说,网络检测就足够了。但如果该主机是一个分布系统的子系统,远程系统可以对本地对象进行授权和访问控制,那么,与安全有关的资源和控制权就分散在整个系统之中。要对整个分布式系统的安全性进行全面评估,就必须对各个主机的有关元素进行检测。

(二)安全检测的实施

安全检测程序能提高整个系统的安全水平。这种程序本身就是一种管理工具。实施安全检测,首先要明确安全检测实施要点,其次要明确安全检测过程与责任,最后应当建立安全检测工具箱。

1. 安全检测实施要点

系统安全员应当确定:一是“典型”系统所要求的检测级别和频度;二是谁有权获得安全检测工具以及他们应采取的检测方法;三是要求更严格测试的关键系统;四是保证对常用系统有足够的工具可以利用;五是保证在检测不可进行时应有确实可行的解决办法和措施。

2. 安全检测过程与责任

系统安全检测最终成败与否取决于系统管理人员,安全检测程序的基本目标就是通过可以实施的控制获得最佳的安全性能,而且必须由系统管理员进行检测并解决查出来的安全问题。对此要做到以下几点。

1)适时进行安全检测

系统管理员应当有规律地(每周或每月)进行系统安全检测,在一些关键时刻也应该进行系统安全检测。关键时刻包括:安装或升级系统软件;修改用户权限;系统受到侵袭(或怀疑受到侵袭)。无论何时安装系统软件都应该检查它的允许性和基本内容,避免给非法用户提供机会,使系统处于危险状态。

2)增加对关键节点的分析

对军事信息系统而言,某些子系统要比其他子系统更重要,检测时应该反映这个事实的存在。例如,指挥控制子系统是军事信息系统中的重中之重,应重点分析。又如UNIX系统网关的作用可能比单个用户的工作站更重要,对网关就应该使用更有效的安全测试技术。安全员应该找出这些关键节点并决定检测要达到的级别。

3. 建立安全检测工具箱

在建立安全检测工具箱的过程中,基本的任务就是保证安全检测的全面性测试本身不会对系统造成危害。为了得到充分的检测,可以采取一些具体步骤;对系统进行评估,按照系统的功能确定检测要求和检测内容;为每一类进行这些测试的人员(如系统管理员和网络安全管理员)选择合适的方法;明确每一类系统的测试要求;按照具体要求分析可以获取合适的软件;通过开发或购买专门的软件来解决尚不能满足的要求。

第三节 军事信息系统运行安全

一、军事信息系统的审计跟踪

(一)审计跟踪的目的

为了保证军事信息系统安全可靠地运行,保证系统处理信息的完整性、准确性和可靠性,防止有意无意地出现错误,防止和发现信息犯罪。除了采用其他安全措施,利用对信息系统的审计方法,可以对系统的工作过程进行详尽的审计跟踪,同时保存审计记录和审计日志,以便从中发现问题。

本章所述内容,主要是针对以计算机设备为核心,且自动化程度较高的电子信息系统或子系统。人工审计跟踪方法不在此列。

(二)审计的主要功能

1. 记录和跟踪系统状态的变化

运用审计跟踪工具,记录用户的活动情况,如用户姓名、使用系统的时间和日期、正在被访问的文件和各种其他的系统服务功能。也可记载对用户账号进行的修改、增加或删除等操作,并保存在日志文件中。日志文件所记录的审计跟踪结果放在存储设备中,并可根据需要调阅、打印。同时,还可对系统管理进行记录,如记录某用户注册尝试的状态、用时的状态等，可对程序和文件的使用进行监控，记录程序和文件的各种处理过程。

2. 监控和定位系统的安全事故

监控和捕捉各种安全事件，如多次使用错误的口令试图进入系统，试图越权对某些程序或文件进行操作。可对上述操作的时间、终端号等有关信息进行定位，以便发现和解决信息系统中出现的安全问题。

3. 保存和管理系统的审计日志

审计日志是审记跟踪的最终结果，是记录系统出现问题的依据，是非常重要的文档资料，必须认真保存和严格管理，使之不被任意删除或篡改。

（三）审计工作过程

审计通常作为一个相对独立的子系统来实现，其过程分为三步：一是确定审计范围，明确审计重点；二是收集审计事件，产生审计记录；三是根据记录进行安全事件的分析，采取处置措施。

在审计过程中，对审计事件的收集就是收集来自内核和核外的事件，根据相应的审计条件，判断是否是审计事件。对审计事件的内容按日志的模式记录到审计日志中。当审计事件满足报警阈值时，则向审计员发送报警信息并记录其内容。当事件在一定时间内连续发生，满足逐出系统阈值，则将引起该事件的用户逐出系统并记录其内容。

为了支持审计工作，要求数据库管理系统具有高可靠性和高完整性。数据库管理系统要为审计的需要设置相应的特性。

二、容错存储技术

容错存储技术是非常有效的信息安全保护技术。容错存储的常用方法有磁盘冗余阵列（Redundant Arrays of Independent Disks，RAID）、磁盘镜像、磁盘双工等。

（一）磁盘冗余阵列

对一个要容错的系统来说，它必须能够发现和确认错误，评估已发生的损坏，然后试图恢复。如果把操作员当作系统的组成部分，则在这些的任何步骤中，都应允许人的介入。但当操作员未被纳入该系统中时，硬件和软件就必须能够在线而且独立地完成这些步骤。RAID 正是这样一种能够由硬件和软件在线独立完成这些步骤的技术。

RAID 是一种允许 10 个左右低成本的硬盘管理方法。RAID 技术为响应下列要求而发展起来：一是 CPU 的增长速度比驱动器增长速度更快，这就要一种技术以允许驱动器赶上 CPU 的需求；二是长期用于改进数据传递速率的高速缓存法尚不能满足多处理器甚至多用户的需求。RAID 允许在若干磁盘中创建单个逻辑驱动器。

RAID 分为 6 个一般复杂度级别：

（1）第 0 级。提供没有任何容错的分片，它将存储空间 100% 地提供给数据存储，因而是所有 RAID 方法中最快的一种。第 0 级可提供足够的速度，但没有容错能力。

（2）第 1 级。磁盘镜像，一个文件有两个备份。但通常是对扇区作镜像，而不是针对文件本身作镜像。此种方法仅将总存储空间的 50% 用于传送数据的存储。

（3）第 2 级。通过放弃分片并将阵列中的各存储器的纠错功能移到其他驱动器，有些驱动器存储数据，在其中纠错码被合并，有些驱动器评估精度并纠错，从而改进第 2 级的性能。此种方法仅将总存储空间大约70%用于数据存储。

(4)第3级。改进第2级的纠错方法，在第2级中，纠错通过对数据进行位交叉纠错码(Hamming码)而进行。通过对每个字符的比特的混合找到这些码。第3级结束时，数据和纠错比特的相互混合并将所有的纠错移到单个校验磁盘。如果丢失了一个比特、字节、扇区或文件，存储在该校验磁盘上的信息可将它再生出来；如果丢失了该校验磁盘，另外的驱动器可将它再生出来。此种方法仅将总存储空间的85%用于数据存储。

(5)第4级。第4级是第3级的变种，在提供速度方面上有重大提高；交叉是在扇区级而不是在比特级进行。采用单个校验磁盘，但两个工作驱动器每个都同时读一个扇区，且两个同时的扇区写操作不能进行，因为每一个都要求访问该校验磁盘，因此，对第4级，读比写快。

(6)第5级。第5级省略了校验磁盘，把校验盘放在工作盘上，每个磁盘可同时读或写，而不必等待校验磁盘。第5级将总存储空间的85%用于数据存储使用。

所有的RAID系统都使用了某种形式的分片技术。除第0级外，全都提供容错能力。第0级针对需求可提供最快的速度，第1级到第5级提供可比拟的容错能力。第5级一般(但并不总是)比第4级能提供更好的性能，第4级一般比第3级快些。

(二)磁盘镜像

磁盘镜像是一种信息被写入一个物理驱动器的同时被写入第二个物理驱动器的方法，也称为热备份。与其他容错存储方法相比，磁盘镜像有如下缺点：

(1)所用驱动器的存储容量恰好是其总存储容量的一半。

(2)操作系统必须做两次读和写，因此完成一次写所要求的时间可能减慢一半。

(3)作磁盘镜像并不提供针对控制器故障的保护，因此需要磁盘双路复接。

(三)磁盘双工

磁盘双工是通过两个控制器提供作业，并使用成对的驱动器，从而使磁盘镜像更进一步。因为涉及额外的开销，所以需要评估在做了镜像的系统中控制器失效的概率，并确定这种失效的耗费是否超过了作磁盘双工的耗费。

三、应急措施

没有一个系统是“万无一失”的，所以军事信息系统还必须具备在“万一发生事故”“系统无法运行”时，能保证各项工作的正常进行。此外，定期检查这种应急能力也是十分必要的。经验表明，未经检测或长期未作检测的应急能力，有可能无法及时地实施应急处理，从而造成一种虚假的“安全感”，危害甚大。

应急措施的制定应该是一个井然有序的过程，由于信息系统的规模不同，重要程度不同以及用途和人员组成不同，所制定的应急措施也不可能完全相同。但在制定应急措施时，应考虑下述几个方面。

(一)应急反应

1. 应急反应的概念

应急反应是对各种突发事件做出快速反应，以保护系统内人员安全，尽可能减少对信息系统、处理操作的影响，降低对信息系统所造成的损失。所采取的措施和方法主要包括：

(1)对火灾、水害等自然灾害事件的响应程度,其中包括主动的和被动的报警措施。

(2)一旦发生了灾害事件,如何使人员、数据信息及设备撤离的计划。

(3)医药紧急供应。确保在发生灾害事件并造成人员伤害时,能得到及时的救助。

总之,制订紧急行动方案和发生灾害事件时,尽可能采取措施,最大限度地保护生命财产,限制损失程度和减少对数据处理操作造成的影响。

2. 备份操作

备份操作的措施应能确保原始数据在遭受破坏之后,基本的信息处理操作仍能进行。

3. 恢复措施

恢复措施提供了由于物理故障、损坏或丢失信息后,信息处理设备得以迅速恢复的条件。

应急计划的制订应尽可能简洁明了,以提高其实用性并为用户接受,同时应急计划还应定期检查,发现问题后做相应的增改。必须分析应急安全措施及采用这些措施所需的费用,使各种资源受到有效而且廉价的安全保护。

(二)应急措施

1. 资源的备份

对于具有一定规模的信息系统,所有的信息资源,都必须保持有足够的备份文件,这样在无意或有意的情况下被删除或丢失的程序与数据文件,均可能被重建起来,备份方法主要有以下几种。

(1)全盘备份。把全部的文件进行复制备份,一般称为0级备份。

(2)增量备份。在备份之后,对系统中新增的文件与数据进行复制备份。

(3)应用项目基本备份。对于系统中的各个应用项目所涉及的文件数据进行复制备份。

(4)后备媒体。系统上安装两个或两个以上的存储媒体,有一个作为另一个媒体的后备媒体,并对前一个媒体上所有数据进行备份。磁盘镜像技术就属于此类。

(5)离开计算中心进行复制。将文件、数据备份到远离主机的设备中。

2. 设备备份

除了进行信息资源的备份之外,应根据本部门或本系统的需要与可能,采取以下设备备份措施。用以在灾害发生或损坏后,尽快恢复正常运行。

(1)主机、驱动器等部件现场备份。

(2)外部设备、空调设备备份。

(3)电源备份。使用不间断电源(Uninterruptible Power System,UPS)电源、发电机,用以在电源不能正常供电的情况下,继续供电,使系统不致中断运行。

(4)整机备份。在同一部位,使用两台完全相同或基本相同的处理机,其中两台作为备份。此种方法通常称为双机热备份技术。

(5)建立专门的后备服务单位,建立备份库,为各单位、各部门提供备用部件。

3. 快速恢复

在建立了安全系数较高的应急备份计划和采取了切实可实的应急措施之后,还应着力于对系统的快速恢复。首先要制订快速恢复的实施计划,对快速恢复的整个过程做出周密可行的计划,而且还要对该计划定期进行实验,以检验其可靠性与可行性。

当发生了灾害和设备失效、毁坏或信息丢失以后，要严格按照快速恢复的实施计划，对信息系统进行快速恢复，以尽可能减少由此产生的损失。总之，如果建立了完善可行的应急计划和快速恢复计划，采取了可行且可靠的应急措施，就可在信息系统崩溃后，尽快地恢复，使系统能正常运行。制订应急计划和应急备份措施，其目的是快速恢复，减少损失，所以计划和措施务必具体并切合实际。

第四节　军事信息系统信息安全

军事信息系统信息安全包括操作系统安全、数据库系统安全、密码技术、访问控制技术和网络信息安全5部分，其内容与第六章中网络安全内容类似，因此仅作简单介绍。

一、操作系统安全

操作系统安全是指操作系统对信息系统的硬件和软件资源进行有效控制，并提供相应的安全保护。操作系统安全包括两个方面：一是操作系统为整个信息系统所提供的安全保护措施，二是系统本身的安全性。

（一）操作系统实现的主要安全功能

操作系统实现的主要安全功能包括：

（1）用户认证。识别请求访问的每个用户，并对该用户的身份进行验证，常用的验证方法是口令字比较。

（2）存储器保护。每个用户程序必须在受保护的存储器内运行，受保护是指其他未经批准的用户不能访问。这种保护也包括限制用户自己对程序空间受限制部分的访问。

（3）文件和输入/输出设备的访问控制。保护系统文件和用户程序不被非法用户访问，同时限制输入/输出设备的访问。

（4）一般目标的定位和访问控制。允许并行操作和同步的一般目标必须提供给用户，但这些目标的使用必须受到控制，以保证一个用户的访问不致对其他用户的使用产生影响。

（5）共享的实现。共享应保证资源在为用户获利时，其完整性和一致性不受损害。

（6）公平服务。所有用户都希望提供CPU的使用和其他服务，以使每个用户尽快得到服务。硬件时钟结合调度规则可以提供这种公平服务。

（7）内部过程的通信和同步。正在执行的过程有时需要与其他过程通信或者需要使它们对共享资源的访问同步。操作系统正如这些过程之间的桥梁，响应过程之间异步通信或同步通信的请求，从而提供上述服务。

（二）操作系统安全的实现方法

操作系统安全可以通过用户认证、隔离、存取控制、侦察和监视等方法来实现。

1. 用户认证

用户是其信息受系统保护和控制，并能够存取这些信息的人员，是人机系统的重要组成部分。必须使系统能够做到、拥有或生成某一数据的用户不会将该数据泄露给不应看到它的其他用户,同时也不会对数据进行不适当的修改。对系统的存取控制需要制定一个良好的用户接口,以最大限度地防止用户意外泄密事件的发生。认证的方法通常通过口令机制实现。除此以外,还有指纹鉴别等先进技术。

2. 隔离

隔离技术是在电子数据处理成分的周围建立屏障,以便在该环境中实施存取规则。操作系统的安全性可以通过以下物理隔离、时间隔离、密码技术隔离和逻辑隔离 4 种方式获得。在物理隔离中,过程处理使用了不同的硬件设备,如敏感的计算任务在指定的系统中执行,非敏感的计算任务在开放系统中执行。时间隔离指的是不同运行时间运行不同的过程。例如,在上午 8 点到中午执行非敏感任务,中午到下午 5 点执行敏感任务。密码技术隔离是将加密技术用于隔离,使未授权用户不能以读的形式存取敏感数据。逻辑隔离也称分离,是操作系统限制程序的访问,不允许程序访问其授权之外的目标。安全操作系统的隔离是所有的这些隔离形式的组合。

3. 存取控制

存取控制是对处理状态下的信息进行保护,是保证对所有的直接存取活动进行授权的重要手段。存取控制对程序执行期间访问资源的合法性进行检查,并通过控制对数据和程序的读、写、修改、删除和执行等操作进行保护,防止因事故和有意破坏造成对信息的威胁。对于一个系统可以采用以下两种方式进行自我保护:一是限制访问系统的人员,二是限制进入系统的用户所做的工作。

4. 侦察和监视

一个侵入攻击事件在系统控制台日志上、硬盘监测器上和安全控制台上都会产生可疑的迹象,在安全控制台上的安全员可以采取直接行动来制止这个侵入攻击。由控制台记录和硬件监测器积累的证据可以用于事后调查,并且可以通过审查踪迹产生文字材料证明所负的责任。

二、数据库系统安全

数据库系统的安全主要通过制定合理的安全策略来实现,主要包括以下几个方面:

(一)安全管理策略

安全管理策略可分为集中控制和分散控制两种方式。集中控制是由单个授权者控制系统安全维护的各个方面;分散控制是采用不同的管理程序控制数据库的各个部分。除此以外,还可运用以下方法强化数据库管理安全功能。

(1)构架安全的数据库系统结构,确保逻辑结构机制的安全可靠。

(2)强化密码机制。

(3)严格用户的身份鉴别和访问控制。

(4)友好的用户界面,方便使用。

(5)加强电源供给、电磁环境、介质备份等物理安全保护。

(6)加强用机管理和运行维护。

(二)存取控制策略

存取控制策略也称访问控制策略,在第六章第二节已经做过介绍,此处不再赘述。

（三）数据库加密

1. 加密要求

（1）数据库数据信息的生命周期一般较长，无论采用何种加密方法，都应达到实际不可破译的程度。

（2）数据信息在加密后，其占用的存储空间不宜明显增大。

（3）加密和解密速度都应足够快，尤其对解密的速度要求更高，尽可能减少延时。

（4）加密系统要有尽可能灵活的授权机制。

（5）加密系统应同时提供一套安全的、灵活的密钥管理机构。

（6）对数据库加密不应影响系统的原有功能，应保持数据库操作的灵活性和简便性。

（7）加密后的数据库能满足用户在不同类别程度上的访问。

2. 加密方法

（1）库内加密。一是数据元素加密，将一条记录的某个属性值作为一个文件进行加密；二是记录加密，将一个记录作为一个文件进行加密。

（2）整个数据库加密。将整个数据库（包括库结构及数据内容）当作一个文件进行加密。这种方式，加密、解密及密钥管理均较为简单，但也有一定缺点，如仅访问库中某一记录时，也要解密整个数据库。

（3）硬件加密。使用设计硬件（如保密芯片、卡、板、机、软件狗等）来实现数据库的加密。

密码技术、访问控制技术和网络信息安全与第六章第二节网络防御中内容类似，此处不再赘述。

本章小结

本章主要对军事信息系统安全的概念与内涵、基本内容和安全特征进行了介绍。其中，重点介绍了军事信息系统实体安全的信息泄露防护和安全薄弱环节检测技术；军事信息系统运行安全的审计跟踪、容错存储与应急措施；军事信息系统信息安全的操作系统安全、数据库系统安全、密码技术、访问控制技术和网络信息安全技术。

习　题

1. 军事信息系统安全的概念、内涵与内容是什么？
2. 请简述军事信息系统的安全特征。
3. 如何做好军事信息系统实体安全防护？
4. 如何做好军事信息系统运行安全防护？
5. 如何做好军事信息系统信息安全防护？

参考文献

[1] 赵小松,魏玉福. 军事信息优势论[M]. 北京:国防大学出版社,2008.
[2] 阎毅,信息科学技术概论[M]. 武汉:华中科技大学出版社,2008.
[3] 李衍达,李志坚,张钹,等. 信息科学技术概论[M]. 北京:清华大学出版社,2005.
[4] 沈其聪,彭设强. 军事信息技术[M]. 武汉:通信指挥学院,2009.
[5] 周航慈,孙丽华,王仁波,等. 信息技术基础[M]. 北京:北京航空航天大学出版社,2002.
[6] 张明友. 信号检测与估计[M]. 3 版. 北京:电子工业出版社,2011.
[7] 王建华. 信息技术与现代战争[M]. 北京:国防工业出版社,2004.
[8] 苏宣,杨清杰. 军事信息技术[M]. 北京:解放军出版社,2007.
[9] 张官海,魏长智. 军事信息技术基础[M]. 北京:蓝天出版社,2006.
[10] 任连生. 基于信息系统的体系作战能力概论[M]. 北京:军事科学出版社,2009.
[11] 赵桂夫,程新. 军事信息系统概论[M]. 北京:军事科学出版社,2007.
[12] 周俊. 信息系统集成理论与方法[M]. 北京:解放军出版社,2008.
[13] 毛钧杰,刘荧,朱建清. 电磁场与微波工程基础[M]. 北京:电子工业出版社,2004.
[14] 邓劲生,郑倩冰. 信息系统集成技术[M]. 北京:清华大学出版社,2012.
[15] 刘培国,毛钧杰. 电波与天线[M]. 长沙:国防科技大学出版社,2004.
[16] 熊皓,等. 无线电波传播[M]. 北京:电子工业出版社,2000.
[17] 周朝栋,王元坤,杨恩耀. 天线与电波[M]. 西安:西安电子科技大学出版社,1994.
[18] 吴京,等. 信号分析与处理[M]. 北京:电子工业出版社,2008.
[19] 郑君里,应启珩,杨为理. 信号与系统引论[M]. 北京:高等教育出版社,2009.
[20] 罗鹏飞,张文明. 随机信号分析与处理[M]. 北京:清华大学出版社,2006.
[21] 周荫清. 信息理论基础[M]. 4 版. 北京:北京航空航天大学出版社,2012.
[22] 傅祖芸. 信息论:基础理论与应用[M]. 3 版. 北京:电子工业出版社,2013.
[23] 曹丽娜,张卫纲. 通信原理大学教程[M]. 北京:电子工业出版社,2012.
[24] 张卫钢. 通信原理与通信技术[M]. 3 版. 西安:西安电子科技大学出版社,2012.
[25] 王红军,戴耀,陈奇. 舰艇电子对抗原理[M]. 北京:国防工业出版社,2016.
[26] 胡建伟,汤建龙,杨绍全. 网络对抗原理[M]. 西安:西安电子科技大学出版社,2004.
[27] 刘升俭. 网络对抗技术[M]. 长沙:国防科技大学出版社,2008.
[28] 韩林,李建华,孙克兴. 军事信息系统安全[M]. 北京:军事科学出版社,2002.